"双高建设"新型一体化教

应 用 化 学

（第 3 版）

Applied Chemistry

（3rd Edition）

主　编　杜重麟　高红武

副主编　李芬锐　李旭东　朱宏伟

阎崔蓉　宁门翠

北　京

冶金工业出版社

2023

内 容 提 要

本书共分为9章，内容包括绪论、物质结构基础、化学反应速率和化学平衡、定量分析基础、酸碱平衡和酸碱滴定、沉淀溶解平衡和沉淀滴定法、氧化还原和氧化还原滴定、配位平衡和配位滴定及元素化学。

本书可作为高等职业院校化工、冶金、环保、材料、食品等相关专业的化学基础课教材，也可作为上述相关专业职业技能培训教材或参考书。

图书在版编目（CIP）数据

应用化学／杜重麟，高红武主编 . —3 版 . —北京：冶金工业出版社，2023. 1

"双高建设"新型一体化教材

ISBN 978-7-5024-9402-5

Ⅰ.①应…　Ⅱ.①杜…　②高…　Ⅲ.①应用化学—高等职业教育—教材　Ⅳ.①O69

中国国家版本馆 CIP 数据核字（2023）第 023170 号

应用化学（第 3 版）

出版发行	冶金工业出版社	电　　话	(010)64027926
地　　址	北京市东城区嵩祝院北巷 39 号	邮　　编	100009
网　　址	www.mip1953.com	电子信箱	service@ mip1953.com

责任编辑　杨盈园　美术编辑　彭子赫　版式设计　郑小利
责任校对　郑　娟　责任印制　禹　蕊
三河市双峰印刷装订有限公司印刷
2005 年 9 月第 1 版，2011 年 8 月第 2 版，2023 年 1 月第 3 版，2023 年 1 月第 1 次印刷
787mm×1092mm　1/16；19.5 印张；469 千字；294 页
定价 49.00 元

投稿电话　(010)64027932　投稿信箱　tougao@cnmip.com.cn
营销中心电话　(010)64044283
冶金工业出版社天猫旗舰店　yjgycbs.tmall.com
（本书如有印装质量问题，本社营销中心负责退换）

第3版前言

《应用化学》第2版出版至今，得到了使用本书教学的院校及广大读者的一致认可。编者在此基础上，遵照2019年国务院印发的《国家职业教育改革实施方案》所确定的具体改革指标，根据专业人才培养目标，并结合使用教材院校反馈的意见和建议，对第2版教材进行了进一步修订。

本书主要包括两方面内容，即无机化学和分析化学，具体内容包括物质结构基础、化学平衡理论及其在专业领域中的应用、化学分析基础及元素化学。

本次修订主要包括如下几个方面内容：

1. 根据专业人才培养目标，进一步优化了教材内容，调整了教材的部分结构，增强教材的适用性和针对性。保留原教材的主要内容和结构，按照新形态下的教学要求，增减优化了部分内容形式。

2. 增加了学习目标（含知识目标和能力目标）和章节主要知识点归纳，使得教材内容重点突出、脉络清晰。

3. 对思考与习题进行优化，删除了偏难的题目，并给出全部配套答案，有利于学生自主学习。

4. 作为新型一体化教材，充分利用微课、动画和视频等融媒体资源，丰富教学内容，帮助学生理解相关知识，提升学习兴趣。

本教材可作为高等职业院校化工、冶金、材料、环保、生物、食品等专业的化学教学用书，也适用于函授教育、成人教育和自学考试授课，对从事相关专业的技术与管理人员也有较好的参考价值。

参加本次修订的人员包括：朱宏伟（第1、2、4章），阎崔蓉（第3、7章），宁门翠（第5章），杜重麟（第6章及附录），李芬锐（第8章），李旭东（第9章）。全书由杜重麟、高红武统稿。

　　尽管编审人员都殚精竭虑，不敢有懈怠，但由于编写时间仓促，如有疏漏之处，恳请读者批评指正。

编　者

2022 年 6 月

第 2 版前言

《应用化学》于 2005 年 9 月出版，至今已 6 年，期间得到了广大读者的认可。同时使用本教材的院校也反馈了建设性意见和建议。第二版《应用化学》教材是对《无机化学》和《分析化学》教材的有机整合，对第一版的部分章节及内容进行删除和调整，并进行了勘误。增强教材的适应性，突出其针对性。在保证学生稳固掌握基础理论的前提下，使学生能真正学到有用的、实用的知识，能在相对较短的学时内掌握化学学科的基础理论和实验研究方法，为专业课的学习奠定良好的基础。

教材内容总体上为两个部分：理论部分和实验部分。实验部分针对理论部分内容的实验而编写。两部分独立成册，以便教师和学生使用。

本书主要是理论部分。本书分为九章，教学学时建议安排如下：

第一章绪论 4~6 课时，第二章物质结构基础 8~12 课时，第三章化学反应速率和化学平衡 4~6 课时，第四章酸碱平衡和酸碱滴定 14~16 课时，第五章沉淀溶解平衡和沉淀滴定（包括重量分析）6~8 课时，第六章氧化还原平衡和氧化还原滴定 12~14 课时，第七章配位平衡和配位滴定 10~14 课时，第八章元素 14~20 课时，第九章现代化学进展 4 课时，总计 80~100 课时。

参加本书修订的人员有：高红武（第一、七章），周清（第八章），杜重麟（第三、五、六章），张云梅（第二、四章及附录），张润虎（第九章）。全书由高红武、周清、张云梅统稿。

由于编者水平有限，编写时间仓促，书中内容难免存在疏漏和错误，恳请读者批评指正。

编 者
2011 年 8 月

第1版前言

我们的教育目标是培养具有全面素质的人才，所谓素质，是指人的生理、心理、知识和技能等要素的总和。包括良好的文化知识基础、适应当前就业的技能以及进一步接受教育和培训的能力；还应具有良好的思维分析判断能力、良好的理解表达能力、强烈的社会责任感和敬业精神等。素质的培养不是加强一二门课程或个别教学环节所能奏效，而是要通过扎实的文化科学教育、实践技能训练以及思想品德熏陶等多方面多环节才能完成。作为自然科学的重要组成部分，化学对培养学生素质起着不可缺少的作用。例如，通过化学原理（充满量变和质变、内因和外因、化合和分解、氧化和还原等对立统一关系）的学习，有助于科学世界观的树立和归纳、推理等逻辑思维能力的培养；通过对常用材料、能源、资源的认识，有助于为专业学习和就业以及日常生活奠定必要的基础，树立环境保护和可持续发展的意识；通过对科学家及其贡献的了解，有助于培养求实创新的科学态度以及良好的团队精神；通过化学实验，提高观察、分析能力和实际操作技能。

高职教育是最贴近社会、经济和市场变化的高等教育，其目标是培养直接面向生产、建设、经营、管理和服务第一线的高级技术应用性人才，为配合高职高专教育教学改革工作的需要，在各级教育行政部门、学校和有关出版社的共同努力下，各地已出版了一大批高职高专教材。随着市场对应用型、技能型人才的需求，要求学生"上手快、用得上"，有较强的实践动手能力。各高职高专院校为适应市场需求，培养具有较强的实际操作能力和综合运用知识能力的学生，在"必须够用为度"的基础上，压缩纯基础理论教学学时，加大应用技术理论方面的教学力度，增强实验、实作技能的操作训练，同时也对教材的适应性、针对性提出了更高的要求。因此，我们对现行高职高专《无机化学》、《有机化学》和《分析化学》教材进行有机整合，编写适用于高职高专冶金、环保、化工、轻工等专业的《应用化学》。

由于新教材是对《无机化学》、《有机化学》和《分析化学》教材的有机整合，为了能有效准确地把握教材的编写内容，我们对全日制初、高中的化学教材进行了分析和研究，考虑了新教材与高中教材的衔接，将相关知识按照逻辑关系进行重组、归纳、整合，以期达到对课程体系和知识结构的优化，突出高职高专教育特色，增强了教材的适应性，突出其针对性。在保证学生稳固掌握基础理论的前提下，尽量避免具有理论相关性的内容在教学中出现重复教授的弊端。通过学习，使学生能真正学到有用的、实用的知识，能在相对较短的学时内掌握化学学科的基础理论和实验研究方法，为专业课的学习奠定良好的基础。

　　教材内容总体上分为两个部分：理论部分和实验部分。实验部分是针对理论部分内容的实验而编写的。两部分独立成册，以便教师和学生使用。

　　本书主要是理论部分。本书分为十一章，教学学时建议安排如下：

　　第一章绪论4~6课时，第二章化学反应速率和化学平衡4~6课时，第三章酸碱平衡与酸碱滴定12~14课时，第四章沉淀和溶解（包括重量分析）6~8课时，第五章原子结构和元素周期律6~8课时，第六章化学键与分子结构4~6课时，第七章氧化还原反应及氧化还原滴定法12~14课时，第八章配位化合物及配位滴定法12~14课时，第九章元素16~20课时，第十章有机化合物18~28课时，第十一章现代化学进展4课时，总计98~128课时。

　　本书由高红武、周清担任主编，杜重麟、张云梅任副主编。具体编写人员为：高红武编写第1、8章，周清编写第9章，杜重麟编写第2、4、7章，张云梅编写第3、5章，朱波编写第10章，许吉平编写第6章，张润虎编写第11章。全书由高红武、周清统稿。

　　由于编者水平有限，编写时间仓促，书中内容难免存在疏漏和错误，恳请读者批评指正。

编　者

2005 年 9 月

目　录

1 绪 论

本章学习目标

知识目标

1. 了解应用化学的基本内容和任务。
2. 掌握物质的量及其相关的化学基本概念。
3. 掌握理想气体状态方程。
4. 掌握道尔顿分压定律。

能力目标

1. 熟悉物质的量，能够描述其定义并进行计算。
2. 能将物质的量、物质的量浓度、摩尔质量、质量分数、物质的量分数、摩尔体积等概念关联起来，形成体系，能够进行相关计算。
3. 了解理想气体，并能够用理想气体状态方程进行相关计算。
4. 能熟练使用道尔顿分压定律分析并进行有关计算。

1.1 本课程的基本内容和任务

化学是自然科学中的一门重要学科。化学是在分子、原子或离子等层次上研究物质的组成、结构、性质及其变化规律、相变化过程中能量关系的一门科学。简言之，化学是研究物质变化的科学。

化学来源于生产，从最初的制陶、金属冶炼到纸的发明、火药的使用等，其产生和发展与人类最基本的生产活动紧密联系。

材料科学、能源科学、环境科学和生命科学是关系人类生存和发展的现代科学的 4 大支柱，它们与化学密不可分且互相促进。如材料科学的发展是社会文明进步的物质基础和显著标志。因为有了耐腐蚀的含氟聚合材料，才解决了原子能工业制取浓缩铀的问题；有了耐高温和耐烧蚀的增强复合材料，才有可能制造人造卫星、洲际导弹和航天飞机。信息工程中采集、储存、处理、传输和执行都需要相应的功能材料，这些都是化学工业提供的。

化学通过了解物质的结构，设计新物质的合成，目前世界上每年增加 100 万种以上的新物质。化学在注意合理利用传统能源的同时，开发新型、清洁的能源，以克服能源危机。满足社会发展的需要，改善因消耗能源对环境造成的污染。化学还探索解决人类生产过程给环境带来的负面影响的问题，寻找既能使社会持续发展又保持良好生态环境的道路。生物化学和分子生物学通过揭示生命与疾病的奥秘，设计、生产新的药物和进行转基因工程，为不断提高人的健康水平，最终战胜癌症、艾滋病、老年痴呆症和心血管等顽疾带来了希望。由此可见，化学涉及科技、农业、国防和工业生产的机械、电子、冶金、建筑、石油、医药、食品、纺织、造纸、皮革、橡胶等各个领域。

1.1.1 化学变化的基本特征

物质的变化有物理变化和化学变化。化学变化的基本特征为：

（1）化学变化是"质变"，其实质是化学键的重新改组，即旧的化学键破坏和新的化学键形成过程。因此，有关原子结构、分子结构的知识是化学学科的重要基础内容。

（2）化学变化是"定量"的变化，在化学变化中，参与反应的元素种类不会变化，各元素的原子核和核外电子的总数不变。因此，化学变化前后物质的总质量不变，服从质量守恒定律，参与反应的各种物质之间有确定的计量关系。

（3）化学变化中伴随着能量的变化。化学变化中化学键的改组，伴随着体系与环境之间的能量交换，服从能量守恒定律。

了解并掌握化学变化这 3 个重要的基本特征，有助于加深对各种化学变化实质的理解，更好地掌握化学的基本理论和基本知识。

1.1.2 应用化学课程的基本内容

应用化学课程是高等职业院校化工、冶金、材料、环保、生物、食品等专业学生必修的专业基础课，其主要内容整合了无机化学和分析化学中，关于物质的组成、结构、性质及其变化规律等知识，具体包括物质结构基础、化学平衡理论及其在专业领域中的应用、化学分析基础及元素化学。

本课程教学内容设计有较强的专业针对性和实用性，通过课程学习，为后续专业课程打下扎实的化学基础，同时兼顾学生面向行业企业一线岗位所必备的化学基础知识和基本实验技能，培养学生分析和解决生产实际问题的能力。

应用化学课程的基本内容为：

（1）物质结构基础。研究原子和分子结构，了解物质的性质、化学变化与物质结构之间的关系。

（2）化学平衡理论。研究化学平衡原理以及平衡移动的一般规律，讨论酸碱平衡、沉淀溶解平衡、氧化还原平衡和配位平衡。

（3）物质组成的化学分析法及有关理论。应用平衡原理和物质的化学性质，确定物质的化学成分、测定各组分的含量，即四种平衡在定量分析中的应用，掌握一些基本的分析方法。

（4）元素化学。在元素周期律的基础上，研究重要元素及其化合物的结构、组成、性质的变化规律，了解常见元素及其化合物在各有关领域中的应用。

1.2　常用的基本化学概念和计算

1.2.1　物质的量

在日常生活、生产和科学研究中，人们常常根据不同的需要使用不同的计量单位。例如，用米、厘米等来计量长度，用千克、毫克等来计量质量，等等。同样，人们用摩尔作为计量原子、离子或分子等微观粒子的"物质的量"的单位。

物质的量是一个物理量，它表示含有一定数目粒子的集合体，常用的符号为 n，单位为摩尔，简称摩，符号为 mol。国际上规定，只要指定微粒（如原子、分子、离子、电子等所有微观粒子）的数目与 $0.012kg^{12}C$ 所含碳原子的数目相等，这种微粒的物质的量就等于 1mol。1mol 任何微粒集合体所包含的粒子数约为 $6.02×10^{23}$ 个。1mol 任何微粒的粒子数称为阿伏伽德罗常数，符号为 N_A，约等于 $6.02×10^{23}$ 个/mol。反之。如果某物质系统中含某种微粒的数目为 N_A，则该微粒的物质的量即为 1mol；如果该微粒的数目为 N_A 的 n 倍，则该微粒的物质的量就是 n mol。

小贴士（tips）

"摩尔"的概念与"打"相似。如果做个类比，1 打 = 12 个，1mol = N_A 个。但要注意：摩尔只能表示微观颗粒，而不能用来表示宏观物质，不能说 1mol 大米。

例如：1mol H_2SO_4，表示含有 N_A 个 H_2SO_4 分子、2 倍 N_A 个 H 原子、N_A 个 S 原子、4 倍 N_A 个 O 原子。也就是说，1mol H_2SO_4 系统中，含有 H_2SO_4 分子的数量为 1mol，H 原子或 H^+ 的数量为 2mol，S 原子的数量为 1mol，O 原子数量为 4mol。

物质的量 n 与基本单元数目 N、阿伏伽德罗常数 N_A 之间有如下关系：

$$物质的量 = \frac{物质的基本单元数目}{阿伏伽德罗常数}$$

即

$$n = \frac{N}{N_A} \tag{1-1}$$

由此可见物质的量与物质的基本单元数成正比。所以，要比较几种物质基本单元数的多少，只要比较它们的物质的量的大小就可以了。

1.2.2 摩尔质量

1mol 物质的质量称为摩尔质量，用 M 表示。某物质 i 的质量 m_i 除以其物质的量 n_i，即为该物质的摩尔质量。用数学式表示为：

$$M_i = \frac{m_i}{n_i} \tag{1-2}$$

摩尔质量的国际单位制单位名称为千克每摩尔，符号为 kg/mol，但习惯上常用 g/mol。

任何元素原子、分子或离子的摩尔质量，当单位为 g/mol 时，数值上等于其相对原子质量、相对分子质量或相对离子质量。同理，可推广到分子、离子等。例如：

$$H 原子的摩尔质量 M_H = 1g/mol$$
$$H_2SO_4 的摩尔质量 M_{H_2SO_4} = 98g/mol$$
$$OH^- 的摩尔质量 M_{OH^-} = 17g/mol$$

例 1-1 90g 水的物质的量是多少？

解：水的相对分子质量是 18，$M_{H_2O} = 18g/mol$

$$n_{H_2O} = \frac{m}{M} = \frac{90g}{18g/mol} = 5mol$$

答：90g 水的物质的量是 5mol。

例 1-2　2.5mol 铜的质量是多少？含有多少铜原子？

解：
$$M_{Cu} = 63.5 g/mol$$
$$m_{Cu} = n \times M = 2.5mol \times 63.5 g/mol = 158.8g$$
$$N_{Cu} = n \times N_A = 2.5mol \times 6.02 \times 10^{23} 个 /mol = 1.505 \times 10^{24} 个$$

答：2.5mol Cu 的质量是 158.8g，含有铜原子 1.505×10^{24} 个。

练一练

1. 4.9g 硫酸里含有多少个硫酸分子，能电离出多少摩尔氢离子？

2. 现有（1）4.9g H_2SO_4，（2）0.3mol O_2，（3）9mL H_2O（4℃）。将它们所含氧原子数按由多到少的次序排列。

1.2.3　物质的量分数

练一练 1、2 解答

在混合物中，某物质 i 的物质的量 n_i 与混合物中总的物质的量 n 之比，称为物质 i 的物质的量分数或物质 i 的摩尔分数，常用 x_i 表示：

$$x_i = \frac{n_i}{n} \tag{1-3}$$

x_i 是一个无量纲的常数。例如：在 N_2、H_2、NH_3 的混合气体的平衡系统中，含有 4.0mol 的 N_2，15.0mol 的 H_2，1.0mol 的 NH_3，则它们的物质的量分数分别是：

$$x(N_2) = \frac{4.0mol}{(4.0 + 15.0 + 1.0)mol} = 0.20$$

$$x(H_2) = \frac{15.0mol}{(4.0 + 15.0 + 1.0)mol} = 0.75$$

$$x(NH_3) = \frac{1.0mol}{(4.0 + 15.0 + 1.0)mol} = 0.05$$

1.2.4　物质的量浓度

在均匀的混合物中，某物质 i 的物质的量（n_i）除以混合物的体积（V），称为物质的量浓度，即单位体积内该物质所含物质的量，常用 c_i 表示：

$$c_i = \frac{n_i}{V} \tag{1-4}$$

物质的量浓度的国际制单位名称为：摩尔每立方米，符号为 mol/m^3。习惯上用摩尔每升，符号为 mol/L。

由式（1-4）得出溶液中溶质的物质的量为：

$$n_i = c_i V \tag{1-5}$$

由式（1-2）得出溶质的质量为：

$$m_i = n_i M_i \tag{1-6}$$

将式（1-5）代入式（1-6）得出溶质的质量为：

$$m_i = n_i M_i = c_i V M_i \tag{1-7}$$

例 1-3　将 40g NaOH 溶于少量水，然后稀释至 1L，求所得 NaOH 溶液物质的量浓度。

解：NaOH 的相对分子质量为 40，摩尔质量为 40g/mol，根据摩尔质量的定义：

$$n_i = \frac{m_i}{M_i}$$

$$n(NaOH) = \frac{m(NaOH)}{M(NaOH)} = \frac{40g}{40g/mol} = 1mol$$

$$c(NaOH) = \frac{n(NaOH)}{V} = \frac{1mol}{1L} = 1mol/L$$

答：所得 NaOH 溶液物质的量浓度是 1mol/L。

练一练 3

配制 250mL 0.1mol/L 的 NaOH 溶液需要 NaOH 多少克？

1.2.5 摩尔体积

练一练 3 解答

摩尔体积的概念多用于气体物质。定义为某物质 i 的体积 V_i 除以该物质所含物质的量 n_i，常用 V_m 表示：

$$V_m = \frac{V_i}{n_i} \tag{1-8}$$

V_m 的国际单位制名称为立方米每摩尔，单位符号为 m^3/mol，实际中常用 L/mol。

例 1-4 已知在 273K，100kPa 时，氢气的密度是 0.0899g/L，氧气的密度是 1.429g/L，二氧化碳的密度是 1.964g/L。试求 1mol 这些物质的体积。

解： 已知氢气、氧气、二氧化碳的摩尔质量分别是 2.016g/mol，32g/mol，44g/mol。故 1mol H_2，O_2，CO_2 的质量分别为 2.016g，32g 和 44g。在标准状况时：

$$1mol\ H_2\ 的体积 = \frac{2.016g}{0.0899g/L} = 22.4L$$

$$1mol\ O_2\ 的体积 = \frac{32g}{1.429g/L} = 22.4L$$

$$1mol\ CO_2\ 的体积 = \frac{44g}{1.964g/L} = 22.4L$$

由上面 3 个例子可以看出，在标准状况下，1mol 气体的体积均为 22.4L，而且经过大量事实证明：在标准状况（273.15K 及 100kPa）下，1mol 任何气体所占的体积都约是 22.4L，这个体积称为气体摩尔体积，符号为 V_m，单位是 L/mol，即 $V_m = 22.4L/mol$。

1.2.6 物质的质量分数

物质的质量分数是指物质 i 的质量与混合物质量之比，常以符号 ω_i 表示，即：

$$\omega_i = \frac{m_i}{m} \tag{1-9}$$

式中，物质的质量分数，无量纲，一般采用数学符号"%"表述。该表示方法就是在物质组成测定中应用较多的百分含量表示法。

1.2.7 滴定度

滴定度指每毫升滴定剂溶液相当于待测物质的质量（单位为 g），用 $T_{待测物/滴定剂}$ 表示，单位为 g/mL。

$$T_{待测物/滴定剂} = \frac{m_{待测物}}{V_{滴定剂}} \tag{1-10}$$

例 1-5　滴定含有 0.1645g $H_2C_2O_4 \cdot 2H_2O$ 的溶液时，用去 24.12mL $KMnO_4$ 标准滴定溶液，求该 $KMnO_4$ 标准滴定溶液对 $H_2C_2O_4 \cdot 2H_2O$ 的滴定度。

解：

$$T(H_2C_2O_4 \cdot 2H_2O/KMnO_4) = \frac{m(H_2C_2O_4 \cdot 2H_2O)}{V(KMnO_4)} = \frac{0.1645}{24.12} = 0.006820 \text{g/mL}$$

答：该 $KMnO_4$ 标准滴定溶液对 $H_2C_2O_4 \cdot 2H_2O$ 的滴定度是 0.006820g/mL。

在生产实际中，对大批试样进行组分的例行分析，用滴定度 T 表示很方便，如滴定消耗 V（mL）标准滴定溶液，则被测物质的质量为 $m = TV$。例如：$T(Fe/K_2Cr_2O_7) = 0.003489$g/mL，表示每毫升 $K_2Cr_2O_7$ 标准滴定溶液相当于 0.003489g Fe。

1.2.8　溶液的稀释

将浓溶液加水稀释的过程中，溶液的质量、体积及浓度都发生了变化，但溶质的量不变。例如，一定量的盐水，加水稀释后虽然浓度降低，溶剂增加，但是溶质盐的量没有发生改变。

设稀释前溶液中溶质的物质的量为：$n_1 = c_1V_1$

稀释后溶液中溶质的物质的量为：$n_2 = c_2V_2$

则

$$c_1V_1 = c_2V_2 \tag{1-11}$$

若用不同浓度的溶液相混合来配制所需要浓度的溶液，同样要遵守"溶液配制前后溶质的量不变"的原则，即 $c_1V_1 + c_2V_2 = c_3V_3$。

1.2.9　质量分数、密度与物质的量浓度之间的换算

如已知溶液的密度为 ρ，溶液中溶质 B 的质量分数 w_B，则该溶液的浓度可表示为：

$$c_B = \frac{n_B}{V} = \frac{m_B}{M_BV} = \frac{m_B}{M_Bm/\rho} = \frac{\rho m_B}{M_Bm} = \frac{w_B\rho}{M_B} \tag{1-12}$$

式中　V——溶液的体积；

M_B——溶质 B 的摩尔质量。

求解时要注意单位，若密度的单位为 g/mL，式（1-12）则变为：

$$c = \frac{1000\text{mL/L} \times \rho \times w_B}{M} \tag{1-13}$$

例 1-6　已知浓盐酸的密度为 1.19g/mL，其中 HCl 质量分数为 36%，求该盐酸每升中所含有的 $n(HCl)$ 及其浓度 $c(HCl)$ 各为多少？

解：根据式（1-13）有：

$$n(HCl) = \frac{1.19\text{g/mL} \times 1000\text{mL} \times 0.36}{36.5\text{g/mol}} \approx 12\text{mol}$$

$$c(HCl) = \frac{n(HCl)}{V(HCl)} = \frac{12\text{mol}}{1.0\text{L}} = 12\text{mol/L}$$

答：该盐酸每升中含 HCl 的摩尔数为 12mol，其物质的量浓度 $c(HCl)$ 为 12mol/L。

1.2.10 根据化学方程式计算

根据化学方程式的计算是化学计算中最常见也是最重要的一种类型。初中已学过运用质量比来计算，本节介绍运用物质的量进行计算。

化学方程式中各物质的系数比既表示基本单元数目之比，也表示物质的量之比。例如：

$$2Fe \quad + \quad 3Cl_2 \quad =\!=\!= \quad 2FeCl_3$$

基本单元数目之比　　2　：　　3　：　　2

物质的量之比　　2mol　：　　3mol　：　　2mol

例 1-7　要制取 322g 硫酸锌，需要多少克锌与稀硫酸作用？已知 $M_{ZnSO_4} = 161g/mol$，$M_{Zn} = 65g/mol$。

解：设需锌为 x g：

$$Zn \quad + \quad H_2SO_4 \quad =\!=\!= \quad ZnSO_4 \quad + \quad H_2\uparrow$$

$$1 \qquad\qquad\qquad\qquad\qquad 1$$

$$\frac{x}{65} \qquad\qquad\qquad\qquad\quad \frac{322}{161}$$

$$1 : \frac{x}{65} = 1 : \frac{322}{161}$$

$$x = 130g$$

答：制取 322g 硫酸锌需用 130g 锌与稀硫酸作用。

例 1-8　完全中和 1L 1mol/L NaOH 溶液需要 2mol/L H_2SO_4 溶液多少升？

解：设需 2mol/L H_2SO_4 溶液 x L：

$$2NaOH \quad + \quad H_2SO_4 \quad =\!=\!= \quad Na_2SO_4 \quad + \quad 2H_2O$$

$$2 \qquad\qquad 1$$

$$1 \times 1 \qquad 2 \times x$$

$$\frac{2}{1} = \frac{1}{2x}$$

$$x = 0.25$$

答：需 0.25L 2mol/L H_2SO_4 溶液。

1.3　理想气体定律

气体的基本特征是其具有扩散性和压缩性。将气体引入任何容器中，其分子立即向各方扩散。气体分子彼此相距较远，分子间的引力非常小，分子之间空隙大，各个分子都处在无规则地快速运动中，因此，气体具有较大压缩性。气体的存在状态主要决定于 4 个因素，即：温度、压力、物质的量和体积，它们之间有如下的关系。

1.3.1　理想气体状态方程式

对于理想气体，其温度、压力、物质的量和体积之间满足以下关系：

$$pV = nRT \tag{1-14}$$

式中　p——气体压力，Pa；

　　　V——气体体积，m^3；

　　　n——气体物质的量，mol；

　　　R——摩尔气体常数，又称气体常数，$R = 8.314 J/(mol \cdot K)$。

　　　T——气体的绝对温度，K。

该表达式称为理想气体状态方程，也称为克劳修斯-克拉佩龙方程（Clausius-Clapeyron relation）。

理想气体是一种假想的气体模型，要求气体的分子间完全没有作用力，气体分子本身只是一个一个几何点，不占体积。

真实气体只有在较高温度和较低压力的情况下，才接近理想气体，即气体分子间的距离很大，气体所占体积远远超过气体分子本身的体积，分子间作用力和分子本身体积均可忽略不计。那么，真实气体的相关数据代入理想气体状态方程计算，其结果才不会引起显著的误差。

气体常数 R 的值可由实验测得。如在 273.15K、1 个标准大气压的条件下，测得 1.000mol 气体所占的体积为 $22.4 \times 10^{-3} m^3$，代入式（1-14）则得：

$$R = \frac{pV}{nT} = \frac{101.325 \times 10^3 Pa \times 22.4 \times 10^{-3} m^3}{1.000 mol \times 273.15 K}$$

$$= 8.314 N \cdot m/(mol \cdot K)$$

$$= 8.314 J/(mol \cdot K)$$

例 1-9　当温度为360K，压力为 $9.6 \times 10^4 Pa$ 时，0.400L 的丙酮蒸气重 0.744g，求丙酮的摩尔质量。

解：根据理想气体方程：

$$pV = nRT = \frac{m}{M}RT$$

$$M = \frac{mRT}{pV}$$

$$M = \frac{0.744g \times 8.314 Pa \cdot m^3/(mol \cdot K) \times 360K}{9.6 \times 10^4 Pa \times 4.00 \times 10^{-4} m^3} = 58g/mol$$

答：丙酮的摩尔质量为 58g/mol。

1.3.2　道尔顿分压定律

日常生活和工业生产中，所遇到的气体多为以任意比例混合的气体混合物。例如，空气就是氧气、氮气、惰性气体等多种气体的混合物。混合气体中各组分气体的相对含量，可用气体的分体积或体积分数表示，也可以用组分气体的分压来表示。

当组分气体的温度和压力与混合气体相同时，组分气体单独存在所占有的体积称为分体积，混合气体的总体积 V 等于各组分气体分体积 V_i 之和：

$$V = V_1 + V_2 + \cdots + V_i \tag{1-15}$$

例如，在恒温时，于固定压力下，将 0.04L 氮气和 0.03L 氧气混合，所得混合气体的

体积为 0.07L。每一组分气体的体积分数就是该组分气体的分体积与总体积的比值。体积分数 x_i 表示为:

$$x_i = \frac{V_i}{V} \tag{1-16}$$

上述混合气体中,氮和氧两种气体的体积分数分别为:

$$x(N_2) = \frac{0.04}{0.07} = 0.57$$

$$x(O_2) = \frac{0.03}{0.07} = 0.43$$

在混合气体中,每一种组分气体总是均匀地充满整个容器,对容器壁产生压力,且不受其他组分气体的影响,如同单独存在于容器一样。各组分气体占有与混合气体相同体积时所产生的压力称为分压力(p_i)。

1801 年,英国科学家道尔顿(J. Dalton)总结大量实验数据,归纳出组分气体的分压与混合气体总压的关系为:混合气体的总压等于各组分气体的分压之和。这一关系称为道尔顿分压定律。

例如,混合气体中含有1,2,3,…,i 种气体,混合气体中各种气体的温度及体积都与混合气体相同,则分压定律可表示为:

$$p = p_1 + p_2 + p_3 + \cdots + p_i \tag{1-17}$$

式中 p——混合气体的总压。

理想气体定律同样适用于气体混合物。如混合气体中各气体的物质的量之和为 n,温度 T 时混合气体总压为 p,体积为 V,则 $pV=nRT$。

如以 n_i 表示混合气体中气体 i 的物质的量,p_i 表示分压,V 为混合气体体积,在温度 T 时,则:$p_iV = n_iRT$。

两式相除得:

$$\frac{p_i}{p} = \frac{n_i}{n} \tag{1-18}$$

同理可得:

$$\frac{V_i}{V} = \frac{n_i}{n} \tag{1-19}$$

结合式(1-18)与式(1-19)得:

$$\frac{p_i}{p} = \frac{V_i}{V} \tag{1-20}$$

混合气体中组分气体 i 的分压 p_i 与混合气体总压之比等于混合气体中组分气体 i 的摩尔分数;或混合气体中组分气体的分压等于总压乘以组分气体的摩尔分数。

例 1-10 在18℃时取 0.200L 煤气进行分析,得到气体的含量:CO 59.4%;H_2 10.2%;其他气体30%,假定测定在 100kPa 压力下进行,试求煤气中 CO 和 H_2 的物质的量及物质的量分数。

解:根据分压定律首先求得 CO 和 H_2 的分压:

$$p(\mathrm{CO}) = p \times \frac{V(\mathrm{CO})}{V} \times 100\% = 100 \times 59.4\% = 59.4\mathrm{kPa}$$

$$p(\mathrm{H_2}) = p \times \frac{V(\mathrm{H_2})}{V} \times 100\% = 100 \times 10.2\% = 10.2\mathrm{kPa}$$

由理想气体状态方程：

$$pV = nRT$$

得：

$$n(\mathrm{CO}) = \frac{p(\mathrm{CO})V}{RT} = \frac{59.4 \times 1000 \times \dfrac{0.200}{1000}}{8.314 \times 291} = 4.91 \times 10^{-3}\mathrm{mol}$$

$$n(\mathrm{H_2}) = \frac{p(\mathrm{H_2})V}{RT} = \frac{10.2 \times 1000 \times \dfrac{0.200}{1000}}{8.314 \times 291} = 8.43 \times 10^{-4}\mathrm{mol}$$

当温度和总压为定值时，物质的量分数和体积分数相等，所以 CO 的物质的量分数为 0.594；H_2 的物质的量分数为 0.102。

1.4　本章主要知识点

（1）本课程的基本内容：1）物质结构基础。2）化学平衡理论。3）物质组成的化学分析法及有关理论。4）元素化学。

（2）物质的量。只要指定微粒（如原子、分子、离子、电子等）的数目与 $0.012\mathrm{kg}^{12}\mathrm{C}$ 所含碳原子的数目相等，这种微粒的物质的量就等于 1mol。

1mol 任何物质包含的基本单元数约为 6.022×10^{23}，即阿伏伽德罗常数 N_A。

（3）摩尔质量。1mol 物质的质量称为摩尔质量，用 M 表示。单位为 kg/mol。

摩尔质量和物质的量的关系为：$M_i = \dfrac{m_i}{n_i}$

（4）物质的量分数。某物质 i 的物质的量（n_i）与混合物中总的物质的量（n）之比，称为物质 i 的物质的量分数或物质 i 的摩尔分数，常用 x_i 表示。摩尔分数的表达式为：

$$x_i = \frac{n_i}{n}$$

（5）物质的量浓度。在均匀的混合物中，某物质 i 的物质的量 n_i 除以混合物的体积 V，称为物质的量浓度，常用 c_i 表示，单位为 mol/L。物质的量浓度的表达式为：

$$c_i = \frac{n_i}{V}$$

（6）摩尔体积。摩尔体积的概念多用于气体物质。定义为某物质 i 的体积 V_i 除以该物质所含物质的量 n_i，常用 V_m 表示，单位为 $\mathrm{m^3/mol}$。摩尔体积的表达式：

$$V_m = \frac{V_i}{n_i}$$

在标准状况（273.15K 及 100kPa）下，1mol 任何气体所占的体积都约是 22.4L，这个体积称为气体摩尔体积，符号为 V_m，单位是 L/mol，即 $V_m = 22.4$L/mol。

（7）物质的质量分数。物质的质量分数是指物质 i 的质量与混合物质量之比，常以符号 w_i 表示。物质的质量分数表达式为：

$$w_i = \frac{m_i}{m}$$

（8）滴定度。滴定度指每毫升滴定剂溶液相当于待测物质的质量（单位为 g），用 $T_{待测物/滴定剂}$ 表示，单位为 g/mL。滴定度的表达式：

$$T_{待测物/滴定剂} = \frac{m_{待测物}}{V_{滴定剂}}$$

（9）溶液的稀释定律。$n_{稀释前} = n_{稀释后}$ 也可以用公式表示：

$$c_1 V_1 = c_2 V_2$$

（10）物质的量浓度、密度、质量分数间的关系：

$$c = \frac{1000\text{mL/L} \times \rho \times w_B}{M}$$

（11）化学方程式计算原理：化学方程式中各物质的系数比既表示基本单元数目之比，也表示物质的量之比。

（12）理想气体。理想气体是一种假想的气体模型，要求气体的分子间完全没有作用力，气体分子本身只是一个一个几何点，不占体积。

真实气体只有在较高温度和较低压力的情况下，才接近理想气体。

（13）理想气体状态方程（克劳修斯-克拉佩龙方程）

$$pV = nRT$$

（14）道尔顿分压定律。混合气体的总压等于各组分气体的分压之和。这一关系称为道尔顿分压定律，即 $p = p_1 + p_2 + p_3 + \cdots + p_i$。

推论：混合气体中组分气体 i 的分压 p_i 与混合气体总压之比等于混合气体中组分气体 i 的摩尔分数；或混合气体中组分气体的分压等于总压乘以组分气体的摩尔分数。

思考与习题

思考与习题
参考答案

一、填空题

1-1 在任何温度和压力条件下都服从 $pV = nRT$ 的气体称为_____。

1-2 摩尔气体常数 $R =$ _____。

1-3 溶液的稀释定律原理是稀释前后_____不变。

1-4 0.012kg ^{12}C 所包含的原子数目等于_____。

1-5 0.5mol O_2 与 0.5mol 的 CO_2 所包含的分子数_____，原子数_____。

1-6 3g H_2 的氢原子数目为_____，标准状况下 30 L O_2 所含的氧分子数为_____。

1-7 理想气体是一种假想的气体模型，要求气体分子间_____，气体分子本身_____。

1-8 根据道尔顿分压定律，混合气体的总压应该等于_____。

二、选择题

1-9 400kPa 下，甲烷、乙烷、丙烷组成的气体混合物中，各组分的体积分数分别为 60%，30% 和 10%，则甲烷的分压为_____。

　A. 120kPa　　　　　　B. 240kPa　　　　　　C. 40kPa　　　　　　D. 133kPa

1-10　下列叙述中，正确的是_____。

　A. 12g碳所含的原子数就是阿伏伽德罗常数

　B. 阿伏伽德罗常数没有单位

　C. "物质的量"指物质的质量

　D. 摩尔是表示物质的量的单位，1mol物质含有阿伏伽德罗常数个微粒

1-11　下列说法正确的是_____。

　A. 1mol H_2 的质量是1g　　　　　　　　B. 1mol HCl 的质量是36.5g/mol

　C. Cl_2 的摩尔质量等于它的相对分子质量　D. 硫酸根离子的摩尔质量是96g/mol

1-12　铅笔芯的主要成分是石墨和黏土，这些物质按照不同的比例加以混和、压制，就可以制成铅笔芯。如果铅笔芯质量的一半成分是石墨，且用铅笔写一个字消耗的质量约为1mg。那么一个铅笔字含有的碳原子数约为_____。

　A. $2.5×10^{19}$ 个　　　B. $2.5×10^{22}$ 个　　　C. $5×10^{19}$ 个　　　D. $5×10^{22}$ 个

1-13　下列物质里含氢原子数最多的是_____。

　A. 1mol H_2　　　　　　　　　　　　B. 0.5mol NH_3

　C. $6.02×10^{23}$ 个的 CH_4 分子　　　　D. 0.3mol H_3PO_4

1-14　0.5L 1mol/L的 $FeCl_3$ 溶液与0.2L 1mol/L的 KCl 溶液中，Cl^- 浓度比为_____。

　A. 15：2　　　　　B. 1：1　　　　　C. 3：1　　　　　D. 1：3

1-15　将4g NaOH 溶解在10mL水中，稀至1L后取出10mL，其物质的量浓度是_____。

　A. 1mol/L　　　　　B. 0.1mol/L　　　　C. 0.01mol/L　　　　D. 10mol/L

三、判断题（正确的打"√"，错误的打"×"）

1-16　摩尔是物质的量的单位。（　　　）

1-17　高温低压可将气体近似看作理想气体。（　　　）

1-18　物质的量就是物质的质量。（　　　）

1-19　1mol的大米约有 $6.02×10^{23}$ 个米粒。（　　　）

1-20　摩尔质量和相对分子质量是一个概念。（　　　）

1-21　物质的量浓度等于物质的密度，都等于质量除以体积。（　　　）

1-22　摩尔体积的单位是L。（　　　）

1-23　混合气体的总压等于各组分的分压之和。（　　　）

四、简答题

1-24　什么称理想气体，真实气体什么情况下可以当作理想气体处理？

1-25　简述摩尔的含义。

1-26　写出理想气体状态方程，并分别说出每个字母代表的含义及它们的单位。

五、计算题

1-27　已知0.20mol Mg^{2+} 的质量为 $48.62×10^{-4}$ kg，试计算 Mg^{2+} 的摩尔质量是多少？

1-28　将1mL 18.4mol/L的浓硫酸稀释成10mL，求稀释后硫酸的物质的量浓度。再从其中取出2mL，其浓度为多少？

1-29　在标准状况下，1体积的水能溶解400体积的氨，测其密度为0.9g/mL。求此氨水的质量分数和物质的量浓度。

1-30　25mL NaOH 溶液，用20mL 1mol/L的 H_2SO_4 溶液刚好中和完全。求 NaOH 溶液的物质的量浓度。

1-31　9.8g H_2SO_4 跟多少克 H_3PO_4 所含的分子数相等，9.8g H_2SO_4 中含氢原子多少摩尔，含氧原子多少摩尔？

1-32　已知浓硫酸的相对密度为1.84，其中 H_2SO_4 含量（质量分数）为98%，现要配制0.5L 0.1mol/L的

H_2SO_4 溶液，应取这种硫酸多少毫升？

1-33 在 30℃时，在一个 10.0L 的容器中，O_2、N_2、CO_2 混合气体的总压为 93.3kPa。分析结果得 $p(O_2) = 26.7kPa$，CO_2 的含量为 5.00g，求：容器中 CO_2 的分压是多少，容器中 N_2 的分压是多少，O_2 的摩尔分数是多少？

1-34 一氧气储罐体积为 0.024m³，温度为 25℃，压力为 1.5×10³kPa，问罐中储有 O_2 的质量为多少？

1-35 在 25℃时，将电解水所得 H_2、O_2 混合物 36.0g 通入 60L 的真空容器中，求 H_2 和 O_2 的分压各是多少？

1-36 把含 $CaCO_3$ 90%（质量分数）的大理石 100g 跟足量的盐酸反应（杂质不反应），能生成 CO_2 多少克，把这些 CO_2 通入足量的石灰水 $Ca(OH)_2$ 中，能生成沉淀多少克？

2 物质结构基础

本章学习目标

知识目标

1. 掌握 4 个量子数的意义及取值规律。
2. 掌握原子核外电子排布规律和元素性质周期性的变化规律。
3. 熟悉离子键、共价键的形成条件、特征和共价键的类型。
4. 熟悉杂化轨道理论的要点。
5. 了解分子间力的判断方法,掌握分子间力对物质性质影响的规律。
6. 理解氢键的形成条件、本质特征及其对物质性质的影响。

能力目标

1. 会书写常见元素原子的核外电子分布式、价电子构型。
2. 能根据元素周期律比较、判断元素单质及其化合物性质的差异。
3. 能用杂化轨道理论判断分子的空间构型。
4. 会判断分子的极性,解释分子间力、氢键对物质性质的影响。

2.1　原子核外电子的运动状态

2.1.1　核外电子的运动状态

2.1.1.1　核外电子运动的量子化

1913 年,丹麦青年物理学家玻尔(N. Bohr)在氢原子光谱和普朗克(M. Planck)量子理论的基础上提出了如下假设:

(1)原子中的电子只能沿着一定的轨道运动,这些轨道的能量状态不随时间而改变。称为稳定轨道(或定态轨道)。电子运动时所处的能量状态杯为能级。轨道不同,能级也不同。

(2)电子只有从一个轨道跃迁到另一个轨道时,才有能量的吸收和放出。离核越近电子被原子核束缚越牢,其能量越低;反之离核越远能量越高。

玻尔原子模型成功地解释了氢原子和类氢原子(如 He^+,Li^{2+},Be^{3+} 等)的光谱现象,但不能解释多电子原子光谱等,电子在固定轨道上绕核运动不符合微观粒子的运动特性。随着科学的发展,玻尔理论被原子的量子力学理论所代替。

所谓量子化,是指表征微观粒子运动状态的某些物理量只能是不连续的变化。核外电子运动能量的量子化,是指电子运动的能量只能取一些不连续的能量状态,又称为电子的能级。轨道不同,能级也不同。在正常状态下,电子尽可能处于离核较近、能量较低的轨道上运动,这时原子所处的状态称为基态,其余的状态称为激发态。

2.1.1.2 粒子的波粒二象性

20世纪初,人们发现光不仅具有波动性,而且具有粒子性,即波粒二象性。光的干涉是指同样波长的光束相互重叠时形成明暗相间的条纹现象;光的衍射是光束绕过障碍物弯曲传播的现象。光在传播过程中的干涉、衍射等实验事实说明光具有波动性。而光电效应、原子光谱等现象说明光具有粒子性。

对于电子等具有波、粒二象性的微观粒子,其运动状态和宏观物体的运动状态不同。按照经典力学理论,物体运动有确定的轨道,在任意瞬间都有确定的位置坐标和动量(或速度)。例如,导弹、人造卫星等的运动,在任何瞬间,都能根据经典力学理论,准确地测出其运动轨道。但是经典力学理论无法描述电子的运动状态。所以,经典力学的运动轨道概念在微观世界不适用。也就是说,在认识原子核外电子的运动状态时,必须完全摒弃经典力学理论,代之以量子力学理论。

2.1.1.3 波函数与原子轨道

每个波的振幅是其位置坐标的函数,称为波函数,通常用 ψ 来表示。量子力学中把描述原子核外电子运动的每一个波函数都称为原子轨道函数,简称原子轨道。如 ψ_{1s}、ψ_{2s}、ψ_{2p}、ψ_{3d} 等都称为原子轨道。它们的空间图像可以形象地理解为电子运动的空间范围。

必须注意,上述原子轨道概念,与经典力学中描述宏观物体运动的轨道概念不同。宏观物体的运动轨道,就是物体的运动轨迹。如自由落体、平抛物体的轨迹等。而原子核外电子运动的原子轨道则只能说明电子运动的范围,不能说明电子的运动轨迹。1928年奥地利物理学家薛定谔(Erwin Schrodinger)考虑了微观粒子的波粒二象性概念及总结前人的实验成果后,把核外电子运动特性和光的波动理论联系起来,从数学上推导出描述微观粒子运动状态的数学方程式,称为薛定谔波动方程。薛定谔方程的解不是具体的数值,而是一个一个的函数及其所对应的能量。这些函数就是量子力学中描述原子核外电子运动状态的波函数 ψ(或数学表述式)。在解薛定谔方程的过程中引入了3个参数,即 n、l、m,取值都是整数,体现了微粒运动的量子化特性。所以,又把这3个参数称为量子数,n、l、m 分别称为主量子数,角量子数、磁量子数。根据 n、l、m 3个参数的不同取值,薛定谔求解得到了一系列方程的解。

2.1.1.4 电子云

波函数平方 $|\psi|^2$ 有明确的物理意义。$|\psi|^2$ 表示电子在核外空间某点附近单位微体积内出现的概率,即几率密度。对于原子核外高速运动的电子,并不能确定某一瞬间它在空间所处位置,只能用统计方法计算出电子在空间一定范围出现的几率,或者在一定空间单位体积内出现的机会。为了形象地表示电子运动的几率分布情况,通常用小黑点分布的疏密来表示电子在核外空间出现的几率密度分布情况,这种图像被形象地称为电子云,如图2-1所示。

电子云形象地描绘了电子在核外空间几率密度的大小。这种图形能表示电子在空间不同角度所出现的几率密度大小，但是不能表示出电子出现的几率密度和离核远近的关系。

综上所述，原子轨道和电子云的空间图像既不是通过实验，也不是直接观察到的，而是根据量子力学理论计算得到的数据绘制出来的。

图 2-1　电子在核外空间出现的
几率密度分布情况

2.1.2　4 个量子数

波函数 ψ 的具体表达式与前面所述的 3 个量子数有关，当 3 个量子数的数值改变时，波函数 ψ 的表达式也就随之改变。此外，还有用来描述电子自旋运动的第 4 个量子数即自旋量子数。下面分别予以说明。

2.1.2.1　主量子数

主量子数 n 是表示电子离核距离远近及电子能量高低的量子数。n 的取值是正整数：$n=1,2,3,4,\cdots,\infty$。n 值越大，电子所处轨道离核越远，该轨道所具有的能级越高。$n=1$，称第一电子层；$n=2$，称第二电子层，以此类推。在一个原子内，相同主量子数的电子几乎在离核距离相近的空间内，可看作构成一个核外电子"层"。电子层也常用 K，L，M，N，O，P，…符号表示。n 的取值和各层名称、符号见表 2-1。

表 2-1　主量子数 n 的取值和各电子层名称、符号

n	1	2	3	4	5	6
电子层名称	第一层	第二层	第三层	第四层	第五层	第六层
电子层符号	K	L	M	N	O	P

2.1.2.2　角量子数

角量子数 l 是确定原子轨道的形状，并在多电子原子中和主量子数 n 一起决定电子的能级。

角量子数的取值受主量子数的制约，可取 0 到 $n-1$ 的正整数，共 n 个值。l 的每一个数值表示一个亚层（能级），相应地用 s，p，d，f 等符号表示。另外，每一个 l 值还表示一种形状的电子云。角量子数的取值和轨道形状的对应关系见表 2-2。

表 2-2　角量子数的取值和轨道形状的对应关系

角量子数 (l)	0	1	2	3	…	$n-1$
电子亚层符号	s	p	d	f	…	
原子轨道形状	球形	双球形	花瓣形	复杂花瓣形	…	

$l=0$，即 s 亚层，电子云呈圆球形。

$l=1$，即 p 亚层，电子云呈双球形或哑铃形。

$l=2$，即 d 亚层，电子云呈花瓣形等。亚层符号相同，则该亚层上的电子名称都相同，如 1s，2s，3s，4s，…都称 s 电子；2p，3p，4p 等都称 p 电子等。不同主量子数和角量子数的电子亚层和轨道形状见表 2-3。

表 2-3　不同主量子数和角量子数取值的电子亚层和轨道形状

主量子数	角量子数	电子亚层	轨道形状
当 $n=1$ 时	$l=0$	1s	球形
当 $n=2$ 时	$l=0$	2s	球形
	$l=1$	2p	双球形或哑铃形
当 $n=3$ 时	$l=0$	3s	球形
	$l=1$	3p	双球形（或哑铃形）
	$l=2$	3d	花瓣形
当 $n=4$ 时	$l=0$	4s	球形
	$l=1$	4p	双球形（或哑铃形）
	$l=2$	4d	花瓣形
	$l=3$	4f	复杂花瓣形

在多电子原子系统中，电子的能量由主量子数 n 和角量子数 l 决定。

（1）n 不同，l 相同时，能量大小为：1s<2s<3s<4s，2p<3p<4p。

（2）n 同，l 不相同时，能量大小为：4s<4p<4d<4f。

2.1.2.3　磁量子数

磁量子数 m 用来描述原子轨道在空间的伸展方向，还表示在特定的亚层中所包含的轨道数。磁量子数的取值受角量子数 l 的制约。可取从 $-l\sim+l$ 的任何整数（包括 0 在内），即 $m=0$，±1，±2，…，$\pm l$，共有（$2l+1$）个值。

例如，当 $l=2$ 时，m 有 0，±1，±2，共 5 个值，每个取值表示某一轨道的空间伸展方向或原子轨道的数量，即 d 亚层有 5 个在空间取向不同的轨道。

因此，一个亚层中 m 有几个数值，该亚层中就有几个不同伸展方向的原子轨道。磁量子数 m 和角量子数 l 的关系和它们确定的空间原子轨道数见表 2-4。

表 2-4　磁量子数 m 和角量子数 l 的关系和空间原子轨道数

l	m	空间原子轨道数
0	0	s 轨道，1 个
1	+1，0，-1	p 轨道，3 个
2	+2，+1，0，-1，-2	d 轨道，5 个
3	+3，+2，+1，0，-1，-2，-3	f 轨道，7 个

由表可见，当 $l=0$ 时，$m=0$，表示 s 亚层只有一个轨道即 s 轨道，s 轨道在空间只有一种伸展方向。当 $l=1$ 时 $m=0$，+1，-1，表示 p 亚层中有 3 个不同空间伸展方向的轨道，

即 p_x，p_y，p_z。这 3 个轨道的能量相同，称为等价轨道或简并轨道。

2.1.2.4　自旋量子数

除了上述 3 个量子数外，量子力学中引入描述电子自身运动特征的第 4 个量子数——自旋量子数 m_s。原子中的电子除绕核运动外，还有自旋运动，自旋运动有两个运动方向，顺时针和逆时针方向。m_s 的取值为 $\left(+\dfrac{1}{2}, -\dfrac{1}{2}\right)$，表示电子的两种不同的自旋方式，用符号 "↑" 和 "↓" 表示，由于自旋量子数只有两个取值，因此每个原子轨道最多能容纳两个电子。

综上所述，原子中任何一个电子的运动状态，如电子云或原子轨道离核远近、形状、伸展方向以及电子的自旋方向等，需要 4 个参数才能确定。这 4 个量子数相互联系又相互制约，四者缺一不可。主量子数 n 决定电子的能量和电子离核的远近（电子所处的电子层）；角量子数 l 决定原子轨道的形状（电子所处的电子亚层）；磁量子数 m 决定原子轨道在空间的伸展方向；自旋量子数 m_s 决定电子的自旋方向。可以说，4 个量子数确定了，电子的运动状态也就确定了。核外电子运动的可能状态数见表 2-5，从表 2-5 可以看出根据 4 个量子数数值间的关系算出各电子层中可能有的运动状态。

表 2-5　核外电子运动的可能状态数

主量子数	1	2		3			4			
电子层符号	K	L		M			N			
角量子数	0	0	1	0	1	2	0	1	2	3
原子轨道符号	1s	2s	2p	3s	3p	3d	4s	4p	4d	4f
磁量子数	0	0	0 ±1	0	0 ±1	0 ±1 ±2	0	0 ±1	0 ±1 ±2	0 ±1 ±2 ±3
轨道空间取向数	1	1	3	1	3	5	1	3	5	7
电子层总轨道数 (n)	1	4		9			16			
自旋量子数	↑↓	↑↓	↑↓	↑↓	↑↓	↑↓	↑↓	↑↓	↑↓	↑↓
各轨道电子数目	2	2	6	2	6	10	2	6	10	14
各层电子数目 ($2n^2$)	2	8		18			32			

例 2-1　用 4 个量子数表示 2s 轨道上的 2 个电子的运动状态。

解：这 2 个电子的 4 个量子数分别为 $\left(n = 2,\ l = 0,\ m = 0,\ m_s = +\dfrac{1}{2}\right)$ 和 $\left(n = 2,\ l = 0,\ m = 0,\ m_s = -\dfrac{1}{2}\right)$。

例 2-2　（1）s，p，d，f 各轨道最多能容纳多少个电子，为什么？（2）当主量子数 $n = 4$ 时，有几个亚层能级，共有几个原子轨道，最多能容纳多少个电子？

解：（1）s 轨道只能容纳两个电子，且两个电子的自旋方向相反；p 亚层有 3 个 p 轨道，所以能容纳 6 个电子；d 亚层有 5 个轨道，可容纳 10 个电子；f 亚层有 7 个轨道，可容纳 14 个电子。

（2）当 $n=4$ 时，l 的取值可有 0，1，2，3，所以第四电子层有 4 个亚层能级，分别是 4s，4p，4d，4f，共有 16 个原子轨道，最多能容纳 32 个电子。

2.1.3 多电子原子轨道的能级

对于多电子原子，电子不仅受核的吸引，电子与电子之间还存在着相互排斥作用，因此，原子轨道能级关系较为复杂。原子中各原子轨道能级的高低主要根据光谱实验确定，用图示法近似表示，这就是所谓近似能级图。

鲍林（Pauling L.）根据光谱实验结果，把原子轨道分为 7 个组，按照能级由低到高的顺序排列，将能量相近的能级组成一组，称为能级组，以虚线方框表示，如图 2-2 所示，称为鲍林原子轨道近似能级图。

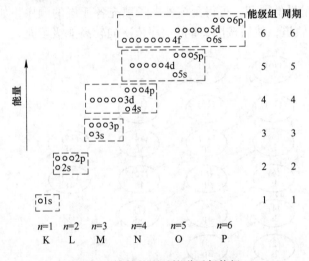

图 2-2 鲍林的原子轨道近似能级

能级图中每个圆圈代表一个原子轨道，方框内同一横排的圆圈代表一个能级（亚层），每一横排的圆圈数目就是各能级（或亚层）中的原子轨道数。如 s 亚层有一个原子轨道，p 亚层有能量相近的 3 个原子轨道，d 亚层有 5 个原子轨道。从图 2-2 可以看出：

（1）当角量子数 l 相同时，随着主量子数 n 增大，原子轨道能量依次升高。例如，$E_{1s} < E_{2s} < E_{3s} < \cdots$。

（2）当主量子数 n 相同时，随着角量子数 l 的增大，原子轨道能量升高。例如，$E_{ns} < E_{np} < E_{nd} < E_{nf} < \cdots$。

（3）当主量子数 n 和角量子数 l 都不同时，且 $n \geq 3$ 时，在能级组中常出现能级交错现象。例如：

$$E_{4s} < E_{3d} < E_{4p}$$
$$E_{5s} < E_{4d} < E_{5p}$$
$$E_{6s} < E_{4f} < E_{5d} < E_{6p}$$

必须指出，鲍林近似能级图反映了多电子原子中原子轨道能量的近似高低，不能用来比较不同元素原子轨道能级的相对高低。

想一想1

根据图2-2，思考一下，假设有4个电子层，电子填入轨道的顺序是什么？

想一想1解答

2.2　原子核外电子排布

2.2.1　原子核外电子排布原则

为了说明基态原子的电子分布，根据光谱实验结果，并结合对元素周期律的分析，科学家们归纳、总结了原子处于基态时核外电子排布遵循的3个基本原则。

2.2.1.1　能量最低原理

自然界中总是体系的能量越低，所处状态就越稳定。基态原子核外电子分布总是尽量先占据能量最低的轨道，使系统能量处于最低状态，这个规律称为能量最低原理。根据鲍林近似能级图和能量最低原理，可得到核外电子填充各亚层的顺序，如图2-3所示。也就是电子首先填充1s轨道，然后按图2-3的次序依次向较高能级填充。

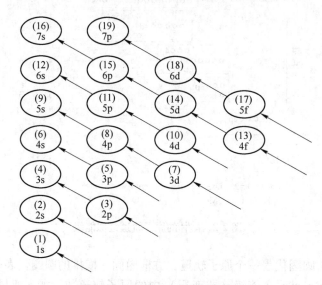

动画：电子填入
各亚层的顺序

图2-3　电子填入各亚层的顺序

2.2.1.2　泡利不相容原理

泡利（Pauli W.）提出：在同一原子中不可能有4个量子数完全相同的两个电子。也就是说，在同一轨道上最多只能容纳两个自旋方向相反的电子。

想一想2

试用归纳法来总结1-4电子层中电子的最大容量。

想一想2解答

2.2.1.3　洪特规则

洪特（Hund F.）提出：在同一亚层的等价轨道上，电子将尽可能占据不同的轨道，且自旋方向相同（这样分布时总能量最低）。例如$_6$C电子分布为

$1s^2 2s^2 2p^2$，其轨道上的电子分布为：

根据能量最低原理、泡利不相容原理和洪特规则，应用近似能级图，可写出已知原子序数元素原子的电子排布式，即电子排布构型。

例如，第 1 号元素氢，核外一个电子，电子排布式为 $1s^1$；

第 5 号元素硼，电子排布式为 $1s^2 2s^2 2p^1$；

第 26 号元素铁，电子排布式为 $1s^2 2s^2 2p^6 3s^2 3p^6 3d^6 4s^2$。

特别注意，对于铁元素，按照近似能级图，由于能级交错，$4s^2$ 应填充在前，$3d^6$ 应填充在后，但在书写电子排布式时，习惯上还是把主量子数相同的亚层写在一起，即按主量子数由小到大将同一电子层各亚层的电子排布在一起。

此外，根据光谱实验结果，归纳出一个规律：等价轨道在全充满、半充满或全空的状态是比较稳定的，即

p^6 或 d^{10} 或 f^{14}，全充满。

p^3 或 d^5 或 f^7，半充满。

p^0 或 d^0 或 f^0，全空。

例如，铬和铜原子核外电子的分布：

$_{24}$Cr   应是 $1s^2 2s^2 2p^6 3s^2 3p^6 3d^5 4s^1$，$3d^5$ 为半充满。

$_{29}$Cu   应是 $1s^2 2s^2 2p^6 3s^2 3p^6 3d^{10} 4s^1$，$3d^{10}$ 为全充满。

为了书写方便，有时用"原子实"表示内层电子。所谓原子实是指某原子的内层电子分布与相应的稀有气体原子的电子分布相同的那部分实体。以上两例的电子分布式也可简写成：

$_{24}$Cr：$[Ar]3d^5 4s^1$ $_{29}$Cu：$[Ar]3d^{10}4s^1$

式中，$[Ar]$ 表示 Cr 和 Cu 的原子实。

练一练 1

写出钒和镍的核外电子排布。

微课：练一练 1
讲解

2.2.2 基态原子中电子的分布

核外电子排布原理是概括了大量事实后提出的一般结论，大多数原子的核外电子的实际排布与这些原理是一致的，然而有些副族元素，特别是第六、七周期中的元素较多，实验测定结果并不能用排布原理完满解释。

2.2.2.1 核外电子的排布

元素基态原子的电子分布见表2-6。从表2-6可以看出，基态原子最外层最多有 8 个电子（第一电子层只能容纳 2 个电子）；次外层最多只能容纳 18 个电子（若次外层 $n=1$ 或 $n=2$ 时，则最多只能容纳 2 个或 8 个电子）；原子的外数第三层最多只能容纳 32 个电子（若该层的 $n=1$、$n=2$、$n=3$ 时，最多分别只能有 2 个、8 个、18 个电子）。

表 2-6　基态原子的电子分布

周期	原子序数	元素符号	元素名称	电 子 层						
				K	L	M	N	O	P	Q
				1s	2s2p	3s3p3d	4s4p4d4f	5s5p5d5f	6s6p6d	7s
1	1	H	氢	1						
	2	He	氦	2						
2	3	Li	锂	2	1					
	4	Be	铍	2	2					
	5	B	硼	2	2 1					
	6	C	碳	2	2 2					
	7	N	氮	2	2 3					
	8	O	氧	2	2 4					
	9	F	氟	2	2 5					
	10	Ne	氖	2	2 6					
3	11	Na	钠	2	2 6	1				
	12	Mg	镁	2	2 6	2				
	13	Al	铝	2	2 6	2 1				
	14	Si	硅	2	2 6	2 2				
	15	P	磷	2	2 6	2 3				
	16	S	硫	2	2 6	2 4				
	17	Cl	氯	2	2 6	2 5				
	18	Ar	氩	2	2 6	2 6				
4	19	K	钾	2	2 6	2 6	1			
	20	Ca	钙	2	2 6	2 6	2			
	21	Sc	钪	2	2 6	2 6 1	2			
	22	Ti	钛	2	2 6	2 6 2	2			
	23	V	钒	2	2 6	2 6 3	2			
	24	Cr	铬	2	2 6	2 6 5	1			
	25	Mn	锰	2	2 6	2 6 5	2			
	26	Fe	铁	2	2 6	2 6 6	2			
	27	Co	钴	2	2 6	2 6 7	2			
	28	Ni	镍	2	2 6	2 6 8	2			
	29	Cu	铜	2	2 6	2 6 10	1			
	30	Zn	锌	2	2 6	2 6 10	2			
	31	Ga	镓	2	2 6	2 6 10	2 1			
	32	Ge	锗	2	2 6	2 6 10	2 2			
	33	As	砷	2	2 6	2 6 10	2 3			
	34	Se	硒	2	2 6	2 6 10	2 4			
	35	Br	溴	2	2 6	2 6 10	2 5			
	36	Kr	氪	2	2 6	2 6 10	2 6			

2.2.2.2 电子构型

表示原子核外最高能级组的电子排布，称为外围电子构型，简称原子电子构型或价电子构型。它能反映元素原子电子层结构的特征，由它推知内层电子排布和原子核外电子数等有关原子的基本性质时，通常只列出价电子构型。所谓价电子，就是原子参加化学反应时易参与形成化学键的电子，价电子的电子排布称价电子构型举例，见表2-7。

表 2-7 价电子构型示例

元素	核外电子分布	最外层电子构型	价电子构型
Na	$[Ne]\ 3s^1$	$3s^1$	$3s^1$
Cl	$[Ne]\ 3s^23p^5$	$3s^23p^5$	$3s^23p^5$
Cr	$[Ar]\ 3d^54s^1$	$4s^1$	$3d^54s^1$

想一想3

最外层电子数和价电子数相等吗？

想一想3解答

2.3 元素周期表

元素及其所形成的单质和化合物的性质，随着元素原子序数（核电荷数）的递增，呈现周期性的变化，这一规律称为元素周期律。按照原子序数排列时，每一周期（除第1周期外）都是由碱金属开始，以稀有气体结尾，最外层电子总是重复 ns^1 至 np^6 的变化。同时，原子最外层电子数目的每一次重复出现，元素性质在发展变化中就重复呈现出某些相似的性质。

元素周期律的图表形式称为元素周期表，元素周期表有多种形式，本书所用的为长式周期表，是目前常用的一种（见书后元素周期表）。

2.3.1 周期与能级组

元素划分为周期的本质是能级组的划分，以7个能级组为依据（图2-2），将周期表分7个周期，见元素周期表。周期系各元素的核外电子排布情况由光谱实验得到，每建立一个新的能级组，就出现一个新的周期。基态原子最后一个电子填入的最高能级组序数与该原子所处的周期数相同。

每一周期中的元素（第一周期例外）随着原子序数的递增，最外层的电子总是以 ns^1 开始至 np^6 结束，如此周期性地重复。在长周期中间还夹着d亚层或f，d亚层，见表2-8。

表 2-8 能级组与周期的关系

周期	能级组	原子序数	能级组内各亚层电子填充顺序	电子填充数	元素种类
1	Ⅰ	2	$1s^{1\sim2}$	2	2
2	Ⅱ	$3\sim10$	$2s^{1\sim2}\cdots2p^{1\sim6}$	8	8
3	Ⅲ	$11\sim18$	$3s^{1\sim2}\cdots3p^{1\sim6}$	8	8

周期	能级组	原子序数	能级组内各亚层电子填充顺序	电子填充数	元素种类
4	IV	19~36	$4s^{1\sim2}\cdots3d^{1\sim10}\cdots4p^{1\sim6}$	18	18
5	V	37~54	$5s^{1\sim2}\cdots4d^{1\sim10}\cdots5p^{1\sim6}$	18	18
6	VI	55~86	$6s^{1\sim2}\cdots4f^{1\sim14}\cdots5d^{1\sim10}\cdots6p^{1\sim6}$	32	32
7	VII	87~118	$7s^{1\sim2}\cdots5f^{1\sim14}\cdots6d^{1\sim10}7p^{1\sim6}$	32	32

镧系元素和锕系元素，第 6 周期中第 3 个元素镧的后面从铈到镥（原子序数由 58～71），新增电子依次填入 $(n-2)f$ 亚层（钆、镥等例外，填充到 5d 轨道上），这 14 个元素性质与镧非常相似，在周期表中放在同一位置上，称镧系元素。由于同一位置不便排列 15 个元素，所以另列在周期表的下面。锕系元素也作同样安排。

2.3.2　族与价电子构型

2.3.2.1　主族元素

周期表中，1~2 列和 13~18 列共 8 列为主族元素，在各族号罗马字旁加 A 表示主族，用符号 IA~VIIIA 表示。凡原子核外最后一个电子填入 ns 或 np 亚层上的，都是主族元素。价电子总数等于其族数。例如，元素 $_9$F，核外电子排布是 $1s^22s^22p^5$，电子最后填入 2p 亚层，价电子构型为 $2s^22p^5$，故为主族元素，价电子总数为 7，所以是 VIIA 族。VIIIA 族为稀有气体，这些元素原子的最外层 ns 和 np 上电子已填满，成为 8 电子稳定结构（He 只有 2 个电子）。它们的化学性质很不活泼，又称为惰性气体。

2.3.2.2　副族元素

周期表中，第 3~12 列共 10 列为副族元素，在各族号罗马字旁加 B 表示副族，用符号 IB~VIIIB 表示，其中 VIIIB（也称VIII族）元素有 3 列，共 9 个元素。凡原子核外最后一个电子填入 $(n-1)d$ 或 $(n-2)f$ 亚层上的，都是副族元素，也称过渡元素，其中镧系元素、锕系元素称内过渡元素。

IIIB~VIIB 副族元素的族数等于最外层 s 电子和次外层 $(n-1)d$ 亚层的电子数之和，即原子的价电子总数。例如，元素 $_{25}$Mn，核外电子填入顺序是 $1s^22s^22p^63s^23p^64s^23d^5$，电子最后填入 3d 亚层，价电子构型是 $3d^54s^2$，故为副族元素，即 VIIB 族。

IB、IIB 族元素由于其 $(n-1)d$ 亚层已填满，所以最外层上电子数等于其族数。元素 $_{29}$Cu，核外电子填入顺序是 $1s^22s^22p^63s^23p^64s^13d^{10}$，电子最后填入 3d 亚层，价电子构型是 $3d^{10}4s^1$，最外层电子数为 1，故为副族元素，即 IB 族。

VIIIB 族有 3 个纵行，价电子数分别为 8、9、10。原子核外最后一个电子仍填在 $(n-1)d$ 亚层上，也称为过渡元素。但外围电子构型是 $(n-1)d^{6\sim10}ns^{1\sim2}$（Pd 无 ns 电子），总数为 8~10。多数元素在化学反应中表现出的价电子并不等于族数。第 6 周期元素从 $_{58}$Ce（铈）到 $_{71}$Lu（镥）共 14 个元素称镧系元素。第 7 周期元素 $_{70}$Th(钍)~$_{103}$Lr(铹) 也是 14 个元素称为锕系元素。

2.3.3 元素周期表元素分区

根据周期、族和原子结构特征的关系，可将周期表中的元素划分成 4 个区域，如图 2-4 所示。

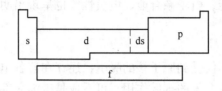

图 2-4 周期表中元素分区

（1）s 区。s 区元素最后一个电子填充在 s 轨道，价电子构型为 ns^1 或 ns^2，包含 I A 族碱金属和 II A 族碱土金属。

（2）p 区。p 区元素最后一个电子填充在 p 轨道，价电子构型为 $ns^2np^{1~6}$，位于周期表右侧，包含 III A ~ VIII A 族。

（3）d 区。d 区元素最后一个电子基本填充在次外层 $(n-1)$d 轨道（个别例外），价电子构型为 $(n-1)d^{1~10}ns^{1~2}$，位于长周期表的中部，包含 III B ~ V 族。d 区中的 I B，II B 族元素由于 $(n-1)$d 已填满，ns 上的电子与 s 区相同，所以又称 ds 区元素。ds 区元素的价电子构型为 $(n-1)d^{10}ns^{1~2}$。

（4）f 区。为镧系、锕系元素。最后一个电子填充在 f 亚层上，价电子构型为 $(n-2)f^{0~14}(n-1)d^{0~2}ns^2$，位于周期表的下方。

原子的电子层结构与元素周期表之间有着密切的关系。对于多数元素来说，如果知道了元素的原子序数，便可写出该元素原子的电子层结构，从而判断其所在的周期、族和区，反之亦然。

例 2-3 已知某元素在周期表中位于第四周期 VII B 族，试写出该元素的电子结构式、名称和符号。

解： 根据该元素位于第四周期可以判定，其核外电子一定是填充在第四能级组，即 4s3d4p。又根据它位于 VII B 族得知，这个副族元素的族数应等于它的价电子数，即 $3d^54s^2$。该元素原子的电子结构式为 $1s^22s^22p^63s^23p^63d^54s^2$，该元素为 25 号元素锰（Mn）。

例 2-4 某元素的原子序数为 24，试问：

（1）此元素原子的电子总数是多少？

（2）它有多少个电子层，有多少个能级？

（3）它的价电子构型是怎样的，价电子数有多少？

（4）它属于第几周期，第几族，主族还是副族？

解：（1）此元素原子的电子总数为 24。

（2）它有 4 个电子层，有 7 个能级。

（3）它的价电子构型为 $3d^54s^1$，价电子数有 6 个。

（4）它属于第四周期，VI B 副族。

2.4　元素性质的周期性

元素性质决定于原子的内部结构。由于原子核外电子层结构周期性的变化，元素基本性质，如原子半径、电离能、电子亲合能、电负性等也呈现出明显的周期性变化规律。

2.4.1　有效核电荷

在多电子原子中电子不仅受到原子核的吸引，还存在着各电子间的相互排斥作用。多电子原子中其余电子对指定电子的排斥作用，可看成是抵消一部分核电荷对指定电子的吸引作用，使核电荷数减少；在多电子原子中其余电子抵消核电荷对指定电子的作用称为屏蔽效应。所以核电荷 Z 减去屏蔽常数 σ 得到有效核电荷 Z^*：

$$Z^* = Z - \sigma \tag{2-1}$$

可见屏蔽常数可以理解为被抵消的那部分核电荷数，有效核电荷是对指定电子产生有效吸引作用的核电荷。

在周期表中元素的原子序数依次递增，原子核外电子层结构呈周期性变化。由于屏蔽常数 σ 与电子层结构有关，所以，有效核电荷也呈现周期性变化，如图 2-5 所示。

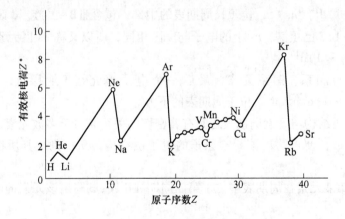

图 2-5　有效核电荷的周期性变化

在同一周期中，从左到右主族元素电子依次增加在最外层上，有效核电荷 Z^* 也明显依次递增。过渡元素电子依次增加在 $(n-1)$d 亚层上，有效核电荷的增加较为缓慢。造成这种差别的原因是：主族是同层电子之间的屏蔽，屏蔽作用较小；而副族是内层电子对外层电子的屏蔽，屏蔽作用较大。

在同一族中，从上到下，由于电子层增加、核电荷数跳跃式增加，但上下两相邻元素的原子依次增加一个电子层，屏蔽常数较大，故有效核电荷增加得并不多。

2.4.2　原子半径

2.4.2.1　原子半径概念

根据量子力学的观点，原子中的电子在核外运动并无固定轨迹，电子云本身也没有明显的界面，所以原子的大小无法直接测定。但在实物中同种原子之间总是紧密相邻，如果设原子为球体，则球面相切或相邻的两原子核间距离的一半，可作为原子的半径。常将此球体的半径称为原子半径，根据原子存在的不同形式，原子半径的数据常用的有以下三种。

A 金属半径

把金属晶体看成是由金属原子紧密堆积而成。因此，测得两相邻金属原子核间距离的一半，称为该金属元素的金属半径。例如把金属铜晶体中，两相邻铜原子核间距离 256pm 的一半 128pm 定义为铜原子的金属半径。

B 共价半径

同种元素的两个原子以共价键结合时，测得它们核间距离的一半，称为该原子的共价半径。如果没有特别注明，通常指的是形成共价单键时的共价半径。例如把 Cl—Cl 分子的核间距离 198pm 的一半 99pm 定义为 Cl 原子的共价半径。

C 范德华半径

在分子晶体中，分子间以范德华力（分子间力）相结合。将相邻分子间两个非键结合的同种原子核间距离的一半，称为该原子的范德华半径。同一元素原子的范德华半径大于共价半径。例如，氯原子的核间距离 360pm 的一半 180pm 为氯原子的范德华半径，氯原子的共价半径为 99pm。氯原子的共价半径与范德华半径两者区别，如图 2-6 所示。

原子半径如不作注明，通常指共价半径。

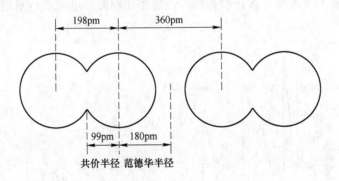

图 2-6 氯原子的共价半径与范德华半径

2.4.2.2 原子半径变化的周期性

原子的半径大小主要决定于核外电子层数和有效核电荷。同一周期中原子半径的递变按短周期和长周期有所不同。

在同一短周期中，从左到右，由于电子层数不变，随原子序数递增，使有效核电荷增加的较多，因此，原子核对外层电子的吸引力增大较多，原子半径逐渐减小。

在同一长周期中，s 区和 p 区元素原子半径的变化趋势与短周期元素基本一致。副族元素原子中新增加的电子进入次外层的 d 亚层，所产生的屏蔽作用比进入最外层所产生的屏蔽作用要大一些，有效核电荷增加得不多，原子核对外层的吸引力也增加较少，使原子半径减小缓慢。长周期内过渡元素，如镧系元素从镧（La）到镥（Lu）原子过渡时，由于新增加的电子填入外层第三层的 $(n-2)f$ 亚层，对外层电子的屏蔽作用更大，因而原子半径减小更慢，半径依次减小的现象称为镧系收缩。

同一主族元素的原子半径从上到下逐渐增大，原因是核电荷数增多，但有效核电荷相差很小，电子层数 n 的增加起了主要作用，因此原子半径显著增大；同一副族元素的原子半径，从上到下过渡时也增大，但增大的幅度较小，尤其是第五周期和第六周期的同族之间原子半径非常接近。

2.4.3 电离能

从基态原子移去电子，需要消耗能量以克服核电荷的吸引力。原子失去电子的难易程度可用电离能来衡量。基态的气态原子失去第一个电子成为气态一价阳离子所需能量，称为该元素的第一电离能，以 I_1 表示，SI 单位为 kJ/mol。从 1 价气态阳离子再失去 1 个电子成为气态 2 价阳离子所需能量，称为第二电离能，以 I_2 表示，依次类推，还可有第三电离能、第四电离能等。

随着原子逐步失去电子，所形成的离子正电荷越来越大，因而失去电子逐渐困难，故电离能逐步增大，$I_1 < I_2 < I_3$，如果不加标明，指的是第一电离能。

电离能的大小反映原子失电子的难易。电离能越大，原子失电子越难；反之，电离能越小，原子失电子越容易。通常用第一电离能 I_1 衡量原子失去电子的能力。

元素原子的电离能，可通过实验测出。电离能的大小取决于有效核电荷、原子半径和电子层结构等，还与元素的许多化学和物理性质密切相关。电离能也呈现周期性变化，如图 2-7 所示。

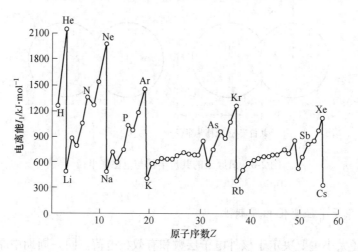

图 2-7　元素第一电离能的周期性变化

对同一周期的主族元素来说，从左到右，原子半径逐渐减小，失电子由易变难，故电离能明显增大。稀有气体，由于具有稳定的电子层结构，在同一周期中，电离能最大。有些元素如 N，P 的第一离解能在曲线上突出冒尖，是由于电子要从 np^3 半充满的稳定状态中离解出去，需要消耗更多的能量。过渡元素电离能升高较缓慢，这种现象与其有效核电荷增加缓慢、半径减小缓慢是一致的。

同一主族元素从上到下，最外层电子数相同，虽然核电荷增多，但原子的电子层数也相应增多，原子半径增大起了主要作用，因此核对外层电子的吸引力逐渐减弱，电子失去的倾向增大，故电离能逐渐减小。过渡元素从上到下原子半径稍有增大，电离能变化不大。

2.4.4 电子亲和能

与电离能的定义恰好相反，处于基态的气态原子得到 1 个电子成为气态 1 价阴离子时所放出的能量，称为该元素原子的第一电子亲和能，用符号 Y_1 表示，负值表示放出能量，SI 单位为 kJ/mol。电子亲和能也有 Y_1，Y_2，…之分。如果没有特殊说明，电子亲和能是指第一电子亲和能，各元素原子的 Y_1 一般为负值，由于原子获得第一个电子时体系能量降低，要放出能量。第二电子亲合能是指氧化数为-1 的气态阴离子再得到一个电子，需要克服阴离子电荷的排斥作用，必须吸收的能量，故 Y_2 为正值。

电子亲和能的大小反映了原子获得电子的难易程度，即元素非金属性的强弱。电子亲和能的负值越大，表示原子越容易获得电子，其非金属性越强。电子亲和能的大小与有效电荷、原子半径和电子层结构有关，所以也呈现周期性的变化。

以主族元素为例。同一周期从左到右，原子结合电子时放出能量的趋势是增加的（稀有气体除外），表明原子容易结合电子形成阴离子，同一周期元素从左至右原子结合电子时放出能量趋势见表 2-9。

表 2-9　同一周期元素从左至右原子结合电子时放出能量趋势

原　子	Na	Mg	Al	Si	P	S	Cl
$Y_1/\text{kJ} \cdot \text{mol}^{-1}$	−52.7	−230	−44	−133.6	−71.7	−200.4	−348.8

同族从上到下，结合电子时放出能量总的趋势逐渐减小，表明结合电子的能力逐渐减弱，同族元素从上至下原子结合电子时放出能量趋势见表 2-10。

表 2-10　同族元素从上至下原子结合电子时放出能量趋势

原　子	F	Cl	Br	I
$Y_1/\text{mol} \cdot \text{L}^{-1}$	−327.6	−348.8	−324.6	−295.3

注：电子亲和能、电离能只能表征孤立气态原子（或离子）得失电子的能力。常温下元素的单质在形成水合离子的过程中得失电子能力的相对大小要用电极电势的大小来判断。

2.4.5 电负性

所谓元素的电负性 x 是指：元素的原子在分子中吸引电子能力的相对大小，即不同元素的原子在分子中对成键电子吸引力的相对大小，它全面地反映了原子在分子中吸引电子的能力及元素金属性和非金属性的强弱。1932 年鲍林首先提出电负性的概念，并根据热化学数据和分子的键能，指定最活泼非金属元素氟的电负性为 4.0，然后计算出其他元素电负性的相对值。元素电负性越大，表明该元素原子在分子中吸引电子的能力越强。反之，则越弱。表 2-11 列出了鲍林元素电负性的数值。

表 2-11　电负性表

Li	Be						H					B	C	N	O	F
1.0	1.5						2.1					2.0	2.5	3.0	3.5	4.0
Na	Mg											Al	Si	P	S	Cl
0.9	1.2											1.5	1.8	2.1	2.5	3.0
K	Ca	Sc	Ti	V	Cr	Mn	Fe	Co	Ni	Cu	Zn	Ga	Ge	As	Se	Br
0.8	1.0	1.3	1.5	1.6	1.6	1.5	1.8	1.9	1.9	1.9	1.6	1.6	1.8	2.0	2.4	2.8
Rb	Sr	Y	Zr	Nb	Mo	Tc	Ru	Rh	Pd	Ag	Cd	In	Sn	Sb	Te	I
0.8	1.0	1.2	1.4	1.6	1.8	1.9	2.2	2.3	2.2	1.9	1.7	1.7	1.8	1.9	2.1	2.5
Cs	Ba	Lu	Hf	Ta	W	Re	Os	Ir	Pt	Au	Hg	Tl	Pb	Bi	Po	At
0.7	0.9	1.3	1.3	1.5	1.7	1.9	2.2	2.2	2.2	2.4	1.9	1.8	1.9	1.9	2.0	2.2
Fr	Ra															
0.7	0.9															

由表 2-11 可见，同一周期主族元素的电负性从左到右依次递增。说明原子在分子中吸引电子的能力逐渐增加。

在同一主族中，从上到下电负性趋向减小，说明原子在分子中吸引电子能力趋向减弱。过渡元素电负性的变化没有明显的规律。需要注意的是，电负性是一个相对值，本身没有单位。

2.4.6　元素的金属性与非金属性

元素的金属性是指原子失去电子成为阳离子的能力，常用电离能来衡量。元素的非金属性是指原子得到电子成为阴离子的能力，常用电子亲和能来衡量。元素的电负性综合反映了原子得失电子的能力，故作为元素金属性与非金属性统一衡量的尺度。一般来说，金属元素的电负性在 2.0 以下，非金属元素的电负性在 2.0 以上。

同一周期主族元素从左到右，元素的金属性逐渐减弱，非金属性逐渐增强。

同一主族从上到下，元素的非金属性逐渐减弱，金属性逐渐增强。

过渡元素都是金属，所以不再有明显的金属性与非金属性之分。

2.4.7　元素的氧化数

元素表现的氧化值与原子结构密切相关，氧化数与原子的价层电子构型有关。由于元素价层电子构型周期性的重复，所以元素的最高正氧化数也周期性地重复。元素参加化学反应时，可达到的最高正氧化数等于价电子总数，也等于所属族数，主族元素的氧化数和价层电子构型见表 2-12。

表 2-12　主族元素的氧化数和价层电子构型

主族	Ⅰ A	Ⅱ A	Ⅲ A	ⅣA	Ⅴ A	ⅥA	ⅦA
价层电子构型	ns^1	ns^2	ns^2np^1	ns^2np^2	ns^2np^3	ns^2np^4	ns^2np^5

续表 2-12

主族	ⅠA	ⅡA	ⅢA	ⅣA	ⅤA	ⅥA	ⅦA
价电子总数	1	2	3	4	5	6	7
主要氧化数	+1	+2	+3 (Tl 还有+1)	+4 +2 (C 有-4)	+5 +3 (N, P 有-3) (N 还有+1, +2, +4)	+6 +4 -2 (O 只有-1, -2)	+7 +5 +3 +1 -1 (F 只有-1)
最高正氧化数	+1	+2	+3	+4	+5	+6	+7

主族元素的氧化值只与最外层的价电子有关。主族元素（除 O、F 外）的最高正氧化数等于价电子总数，也等于所属族数。

副族元素的氧化值，除与最外层电子有关以外，还与其次外层 d 电子有关。它们都是价电子，可参与成键。对于 ⅢB~ⅦB 的元素，最高氧化值等于价电子总数，ⅢB~ⅦB 族元素最高氧化数和价层电子构型见表 2-13。但是 ⅠB 和ⅦB 变化不规律，ⅡB 族的最高氧化值为+2。Ⅷ族元素中至今只有 Ru 和 Os 两元素有达到+8 氧化数的化合物。

表 2-13　ⅢB~ⅦB 族元素最高氧化数和价层电子构型

族 数	ⅢB	ⅣB	ⅤB	ⅥB	ⅦB
第四周期元素	Sc	Ti	V	Cr	Mn
价层电子构型	$3d^14s^2$	$3d^24s^2$	$3d^34s^2$	$3d^54s^1$	$3d^54s^2$
最高正氧化数	+3	+4	+5	+6	+7

2.5 化 学 键

自然界中，除稀有气体以单原子形式存在外，其他物质均以分子（或晶体）形式存在。分子是保持物质化学性质的一种粒子，物质间进行化学反应的实质是分子的形成和分解。分子（或晶体）中相邻原子（或离子）间强烈相互作用称为化学键。按照电子运动方式不同，化学键分为离子键、共价键（含配位键）和金属键。

2.5.1 离子键

阴、阳离子间通过静电作用而形成的化学键，称为离子键。离子键本质是静电作用。例如，金属钠和氯气能发生反应，生成氯化钠：

$$2Na + Cl_2 \xrightarrow{\text{点燃}} 2NaCl$$

钠原子容易失去电子，氯原子很容易得到电子。钠和氯气反应时，钠原子 3s 轨道上的电子转移到氯原子的 3p 轨道上：

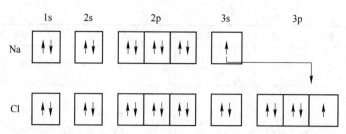

钠原子 3s 轨道上失去一个电子，带上一个单位的正电荷，形成稳定的电子层结构，成为钠离子（Na^+）；而氯原子的 3p 轨道上得到一个电子，带上一个单位的负电荷，也形成稳定的电子层结构，成为氯离子（Cl^-）。

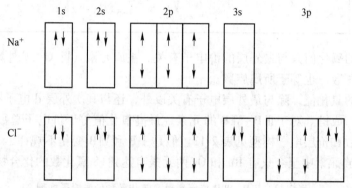

Na^+ 和 Cl^- 靠静电吸引力而相互靠拢，当它们充分接近时，Na^+ 和 Cl^- 还存在外层的电子之间和原子核之间的相互排斥作用。这种排斥作用在它们之间的距离较大时可忽略不记。当两种离子接近到某一定距离时，吸引和排斥作用达到了平衡，于是阴、阳离子间就形成了稳定的结构。

活泼金属（如钾、钠、钙、镁等）与活泼非金属（如氯、溴、氧、硫等）化合时，都能形成离子键。例如，氧化镁、溴化钾等都由离子键所形成。

离子的电场分布呈球形对称，可以从任何方向吸引带异号电荷的离子，故离子键无方向性。只要离子周围空间允许，它将尽可能多地吸引带异号电荷的离子，即离子键无饱和性。

2.5.2 共价键

共价键概念最早由美国化学家路易斯（Lewis G. N.）于 1916 年提出。他认为在 H_2、O_2、N_2 等分子中，两个原子由于共用电子对吸引两个相同的原子核而结合在一起，电子成对并共用后，每个原子都可达到稳定的稀有气体原子的 8 电子结构。一般来说，电负性相差不大的元素原子之间常形成共价键。

2.5.2.1 共价键的形成

原子间通过共用电子对（或电子云重叠）所形成的化学键，称为共价键。以 H_2 分子的形成为例，说明共价键的形成。一般情况下，当一个氢原子和另一个氢原子接近时，就相互作用生成一个氢分子。

$$H + H \longrightarrow H_2$$

在形成氢分子过程中，电子不是从一个氢原子转移到另一个氢原子上，而是在两个氢原子间共用。两个共用的电子（自旋方向相反），填充了两个氢原子的 1s 轨道，在两个原子核周围运动。因此，每个氢原子的 1s 轨道都是充满的，每个氢原子具有氦原子的稳定结构。

氢分子的电子式为：H∶H。

化学上常用一根短线表示一对共用电子。因此，氢分子又可表示为 H—H。

氢分子的形成过程也可用电子云的重叠来说明，两个原子的电子云部分重叠后，两核间的电子云密度增加，对两核产生引力，形成稳定分子，电子云重叠，如图 2-8 所示。电子云重叠越多，则分子越稳定。

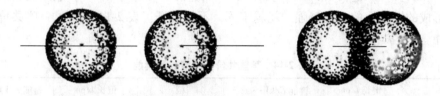

图 2-8 电子云重叠

2.5.2.2 共价键的特征

价键理论的两个基本要点，决定了共价键具有两种特性，即饱和性和方向性。

A 共价键的饱和性

根据自旋方向相反的两个未成对电子，可以配对形成一个共价键。由此推知一个原子有几个未成对电子，就只能和同数目的自旋方向相反的未成对电子配对成键，即原子所能形成共价键的数目受未成对电子数所限制。这一特征称为共价键的饱和性。例如，Cl 原子的电子排布为 $1s^2 2s^2 2p^6 3s^2 3p^5$，3p 轨道中只有 1 个未成对电子，因此，只能和另 1 个 Cl 原子中自旋方向相反而未成对的电子配对，形成 1 个共价键，即 Cl_2 分子。当然，该 Cl 原子也可以和 1 个 H 原子中自旋方向相反的未成对电子配对，形成 1 个共价键，即 HCl 分子。但 1 个 Cl 原子决不能同时和两个 Cl 原子或两个 H 原子配对成键。

B 共价键的方向性

原子轨道中，除 s 轨道是球形对称没有方向性外，p，d，f 原子轨道中的等价轨道，都具有一定的空间伸展方向。在形成共价键时，只有当成键原子轨道沿一定的方向相互靠近，才能达到最大程度的重叠，形成稳定的共价键。因此，共价键具有方向性，称为共价键的方向性。例如，HCl 分子中共价键的形成，假如 Cl 原子的 p 轨道中的 p_x 有 1 个未成对电子，H 原子的 s 轨道中自旋方向相反的未成对电子只能沿着 x 轴方向与其相互靠近，才能达到原子轨道的最大重叠，HCl 分子的形成如图 2-9 所示。

2.5.2.3 键参数

共价键的基本性质可以用某些物理量来表征，如键长、键能、键角等，称为键参数。

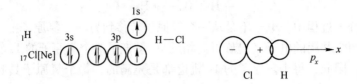

图 2-9　HCl 分子的形成

A　键长

在分子中，两个成键的原子核间的平衡距离（即核间距）称为键长 l 或间距，常用单位为 pm（皮米）。用 X 射线衍射方法可以精确地测得各种化学键的键长。例如 H—H 键长 0.74×10^{-10} m，C—C 键长 1.54×10^{-10} m，Cl—Cl 键长 1.99×10^{-10} m。一般来说，两个原子之间所形成的键越短的，键越强，就越牢固，不易断开。表 2-14 列出了一些共价键的键长和键能。

表 2-14　某些共价键的键长和键能

键	键长 l/pm	键能 E/kJ·mol^{-1}	键	键长 l/pm	键能 E/kJ·mol^{-1}
H—H	74	432	C—H	109	414
C—C	154	347	C—N	147	305
C=C	134	611	C—O	143	360
C≡C	120	837	C=O	121	736
N—N	145	159	C—Cl	177	326
O—O	148	142	N—H	101	389
F—F	128	158	O—H	96	464
Cl—Cl	199	244	S—H	136	368
Br—Br	228	192	N≡N	110	946
I—I	267	150	S—S	205	264

B　键能

键能 E 是化学键强弱的量度，定义为：在一定的温度和标准压力下，断裂 1mol 气态分子的化学键，使它成为气态原子或原子团时所需要的能量，称为键能，可用符号 E 表示，其 SI 单位为 kJ/mol。对于双原子分子，键能在数值上等于键离解能 D；对于 A_mB 和 AB_n 型的多原子分子所指的是 m 个或 n 个等价键的离解能的平均键能。表 2-14 列出了一些化合键的平均键能，从表中数据可以看出，共价键是一种很强的结合力。化学键键能越大，表示化学键越牢固，断裂该键所需的能量越大，含有该键的分子越稳定。故键能可以作为共价键牢固程度的参数。

C　键角 α

分子中键与键之间的夹角，称为键角 α。键角是反映分子几何构型的重要因素之一。对于双原子分子，分子的形状总是直线型的。对于多原子分子，原子在空间排列不同，所以有不同的键角和几何构型，键角的大小由实验测得。

一般来说，如果知道 1 个分子中所有共价键的键长和键角，就能确定这个分子的几何构型。例如 H_2O 分子中 O—H 键的键长和键角分别为 96pm 和 104.5°，说明水分子呈 V 形结构。一些分子的键长、键角和几何构型见表 2-15。

表 2-15 一些分子的键长、键角和几何构型

分子（AB_n）	键长 l/pm	键角 α	几 何 构 型
$HgCl_2$ CO_2	234 116.3	180° 180°	直线形
H_2O SO_2	96 143	104.5° 119.5°	角形（V 形）
BF_3 SO_3	131 143	120° 120°	三角形
NH_3 SO_3^{2-}	101.5 151	107°18″ 106°	三角锥形
CH_4 SO_4^{2-}	109 149	109°28″ 109°28″	四面体形

2.5.2.4 配位键

配位共价键简称为配位键或配价键。配位键的形成是由一个原子单方面提供一对电子而与另一个有空轨道的原子（或离子）共用形成的共价键。这种共价键称为配位键。在配位键中，提供电子对的原子称为电子给予体；接受电子的原子称为电子接受体。配位键的符号用箭头"→"表示，箭头指向接受体。以 CO 为例说明配位键的形成：

C 原子的价层电子是：$2s^2 2p^2$

O 原子的价层电子是：$2s^2 2p^4$

C 原子和 O 原子的 2p 轨道上各有 2 个未成对电子，可以形成 2 个共价键。此外，C 原子的 2p 轨道上还有一个空轨道，O 原子的 2p 轨道上又有一对成对电子（又称为孤对电子），正好提供给 C 原子的空轨道共用而形成配位键。配位键的形成，如图 2-10 所示。

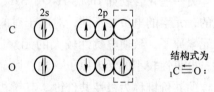

图 2-10 配位键的形成

无机化合物中大量存在配位键，如 NH_4^+，SO_4^{2-}，PO_4^{3-}，ClO_4^- 等离子中都有配位键。以配位键结合而成的化合物，称为配位化合物。

2.5.2.5 σ 键和 π 键

根据原子轨道重叠方式，将共价键分为 σ 键和 π 键。

A σ 键

原子轨道沿两原子核的连线（键轴），以"头碰头"方式重叠，重叠部分集中于两核

之间，通过并对称于键轴，这种键称为 σ 键。形成 σ 键的电子称为 σ 电子，如图 2-11 所示的 H—H 键、H—Cl 键、Cl—Cl 键均为 σ 键。

由于它的成键方式是"头碰头"方式重叠，成键的原子可以绕键轴旋转，而不破坏键。

B　π 键

原子轨道垂直于两核连线，以"肩并肩"方式重叠，重叠部分在键轴的两侧并对称于与键轴垂直的平面，这样形成的键称为 π 键（图 2-12）形成 π 键的电子称为 π 电子。通常 π 键形成时原子轨道重叠程度小于 σ 键，故 π 键没有 σ 键稳定，π 电子容易参与化学反应。

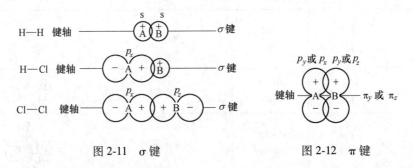

图 2-11　σ 键　　　　　　　　图 2-12　π 键

想一想 4

哪些化合物中包含 π 键，由于 π 键影响这些化合物有什么化学性质？

2.5.2.6　非极性共价键和极性共价键

根据共价键的共用电子对偏向情况，可分为极性共价键和非极性共价 想一想4解答
键，简称为极性键和非极性键。

由同种原子组成的共价键，如单质分子 H_2、O_2、N_2、Cl_2 等分子中的共价键，由于元素的电负性相同，成键电子云在两核中间均匀分布（并无偏向），称为非极性共价键。

另一些化合物如 HCl、H_2O、NH_3、CH_4、H_2S 等分子中的共价键由不同元素的原子形成的，元素的电负性不同，对电子对的吸引能力也不同，所以共用电子对偏向电负性较大的元素原子，致使电负性较大的元素原子一端电子云密度大，带上部分负电荷而显负电性；电负性较小的元素原子一端，则显正电性。于是在共价键的两端出现了正极和负极，这样的共价键称为极性共价键。其键极性的大小，通常用成键的两元素电负性差值 Δx 来衡量。Δx 值越大，键的极性越强；Δx 越小，键的极性越弱。离子键可看作极性共价键的一个极端，而非极性共价键则是极性共价键的另一个极端。显然，极性共价键是非极性共价键与离子键之间的过渡键型。

化学键的极性大小常用离子性来表示。所谓化学键离子性，是把完全得失电子而构成的离子键定为 100%；把非极性共价键定为 0%；一种化学键的离子性与两元素的电负性差值 Δx 有关系，就 AB 型化合物单键而言，其离子性成分与电负性差值 Δx 之间见表 2-16 中的经验值。

表 2-16　离子性成分和电负性差值的关系

电负性差值 Δx	0.8	1.2	1.6	1.8	2.2	2.8	3.2
键的离子性/%	15	30	47	55	70	86	95

以上可见，如果 Δx 大于 1.7，离子性大于 50%，可认为该化学键属于离子键。但以最典型的离子化合物 CsF 来说，化学键的离子性也只达到 92%，其中还有 8% 的共价性成分，因此纯粹的离子键是没有的。实际上绝大多数的化学键，既不是纯粹的离子键，也不是纯粹的共价键，都具有双重性。对某一具体的化学键来说，只是哪一种性质占优势而已。

2.5.3　金属键

在 100 多种元素中，金属元素约占 4/5。常温下，除汞为液体外，其余金属都是晶状固体。金属元素都有一些共同的物理化学特性，如有金属光泽、电导性、热导性、延展性等。这些特性表明，金属具有某些类似的内部结构。为了说明金属的这些特性，此处介绍"自由电子"理论。

金属键的"自由电子"理论（又称"电子气"理论）认为金属原子的外层电子和原子核的结合比较松弛，容易丢失电子，形成正离子。在金属中排列着大量相对显正性的离子和原子，在这些正离子和原子之间，存在着从原子上脱落下来的电子。这些电子不是固定在某一金属离子的附近，而是被许多原子或离子所共用，能够在离子晶格中相对自由地运动，处于非定域状态。众多原子或离子被这些电子"胶合"在一起，形成金属键（图 2-13）。也就是说，金属键是金属晶体中的金属原子、金属离子跟维系它们的自由电子间产生的结合力。由于金属键中电子不是固定于两原子之间，而是无数金属原子和金属离子共用无数自由流动的电子，故金属键无方向性和饱和性。

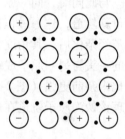

图 2-13　金属键

2.6　杂化轨道理论

价键理论部分说明了分子中共价键的形成，但不能很好地说明如 $HgCl_2$、BF_3、CH_4 等分子的成键情况，并且往往不能圆满地解释分子的几何构型。

例如，CH_4 分子中 C 原子的电子排布是 $1s^2 2s^2 2p^2$，p 轨道上只有 2 个未成对电子。按照价键理论，与 H 原子只能形成 2 个 C—H 键。但实验测定，在 CH_4 分子中却有 4 个 C—H 键。为了说明这一问题，提出激发成键的概念，即在化学反应中，C 原子的 2 个 s 电子，其中有 1 个跃迁到 2p 轨道上去，使价电子层内具有 4 个未成对电子，C 原子的电子激发，如图 2-14 所示。

这样就可形成 4 个 C—H 键。但并没有完全解决问题，由于 s 轨道和 p 轨道能级不同，这 4 个 C—H 键的键能和键角不应相同。而实验测知 CH_4 分子中的键长、键角却是相同的，且 CH_4 分子的构型是正四面体，C 原子位于正四面体中心，H 原子分别位于四面体的

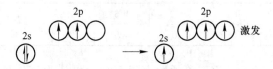

图 2-14　C 原子的电子激发

顶点。为了解决上述矛盾，1931 年鲍林和斯莱脱（Slater）在价键理论的基础上，提出杂化轨道理论。

2.6.1　杂化理论概要

　　原子在成键时，常将其价层成对电子中的 1 个电子激发到邻近的空轨道上，以增加能成键的单个电子数。如 $Be(2s^2)$、$Hg(5d^{10}6s^2)$、$B(2s^22p^1)$、$C(2s^22p^2)$ 等元素的原子，成键时都将 1 个 ns 电子激发到 np 轨道上去，相应增加 2 个成单电子，便可多形成 2 个键。多成键后释放出的能量远比激发电子所需的能量多，故系统的总能量是降低的。

　　与此同时，同一原子中一定数目、能量相近的几个原子轨道会重新组合成相同数目的等价新轨道，这一过程称为原子轨道的杂化，简称杂化。所组成的新轨道称为杂化轨道。轨道经杂化后，其角度分布及形状均发生了变化，形成的杂化轨道形状一头大、一头小，大的一头与另一原子成键时，原子轨道可以得到更大程度的重叠，所以杂化轨道的成键能力比未杂前更强（图 2-15），系统能量降低得更多，生成的分子也更加稳定。因此杂化轨道理论认为原子轨道在成键时会采取杂化方式。

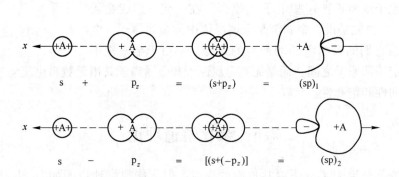

图 2-15　两个 sp 杂化轨道的形成和方向

　　电子激发和轨道杂化虽都可使成键系统的能量降低，但前者由于多成了键，后者因为成的键更强，二者并不相同。原子在成键时，既可以同时发生电子激发和轨道杂化，也可以只进行轨道杂化。

2.6.2　杂化轨道类型与分子几何构型的关系

　　杂化轨道类型与分子的几何构型有密切关系，本节只介绍由 s 轨道和 p 轨道参与杂化的 3 种方式，即 sp，sp^2，sp^3 杂化以及等性杂化和不等性杂化。

2.6.2.1 sp 杂化

sp 杂化是同一原子的 1 个 s 轨道和 1 个 p 轨道之间进行的杂化，形成 2 个等价的 sp 杂化轨道。以 $HgCl_2$ 分子的形成为例，实验测得 $HgCl_2$ 的分子构型为直线形，键角为 180°。该分子的形成过程如下：

Hg 原子的价层电子为 $5d^{10}6s^2$，成键时 1 个 6s 轨道上的电子激发到空的 6p 轨道上（成为激发态 $6s^16p^1$），同时发生杂化，组成 2 个新的等价 sp 杂化轨道。每个 sp 杂化轨道均含有 1/2s 轨道和 1/2p 轨道成分，这两个轨道在一直线上，杂化轨道间的夹角为 180°，如图 2-16 所示。2 个 Cl 原子的 3p 轨道以"头碰头"方式与 Hg 原子的 2 个杂化轨道大的一端发生重叠，形成两个 σ 键。所以 $HgCl_2$ 分子中 3 个原子在一直线上，Hg 原子位于中间（又称其为中心原子）。这样就圆满地解释了 $HgCl_2$ 分子是直线形的几何构型。$BeCl_2$ 以及 ⅡB 族元素的其他 AB_2 型直线形分子的形成过程与上述过程相似。

图 2-16 sp 杂化轨道的分布和分子的几何构型

2.6.2.2 sp^2 杂化

sp^2 杂化是同一原子的 1 个 s 轨道和 2 个 p 轨道进行杂化，形成 3 个等价的 sp^2 轨道。以 BF_3 分子的形成为例，实验测得 BF_3 分子的几何构型是平面正三角形，键角为 120°。该分子形成过程如下：

B 原子的价层电子为 $2s^22p^1$，只有 1 个未成对电子，成键过程中 2s 的 1 个电子激发到 2p 空轨道上（成为激发态 $2s^12p_x^12p_y^1$），同时发生杂化，组成 3 个新的等价的 sp^2 杂化轨道，每个杂化轨道均含有 1/3s 和 2/3p 轨道成分。这 3 个杂化轨道指向正三角形的 3 个顶点，杂化轨道间的夹角为 120°，如图 2-17 所示。3 个 F 原子的 2p 轨道以"头碰头"方式与 B 原子的 3 个杂化轨道的大头重叠，形成 3 个 σ 键。所以 BF_3 为平面正三角形的几何构型，B 原子位于中心。

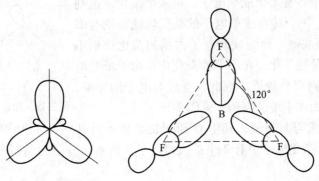

图 2-17 sp^2 杂化轨道的分布和 BF_3 分子的几何构型

2.6.2.3 sp³ 杂化

sp³ 杂化是同一原子的 1 个 s 轨道和 3 个 p 轨道间的杂化，形成 4 个等价的 sp³ 轨道。CH_4 分子的形成即属此例。实验测得 CH_4 分子为正四面体，键角为 109°28′，分子形成过程如下：

C 原子的价层电子为 $2s^2 2p^2$（或 $2s^2 sp_x^1 2p_y^1$），只有 2 个未成对电子。成键过程中，经过激发，成为 $2s^1 2p_x^1 2p_y^1 2p_z^1$。同时发生杂化，组成 4 个新的等价的 sp³ 杂化轨道，每个杂化轨道均含 1/4s 和 3/4p 轨道成分。4 个杂化轨道的大头指向正四面体的 4 个顶点，杂化轨道间的夹角为 109°28′，见图 2-18 所示。4 个 H 原子的 s 轨道以"头碰头"方式与 4 个杂化轨道的大头重叠，形成 4 个 σ 键。所以，CH_4 分子为正四面体的集合构型，C 原子位于其中心。

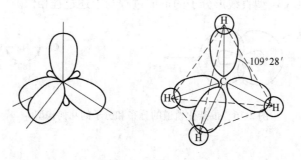

图 2-18   sp³ 杂化轨道的分布和 CH_4 分子的几何构型

在以上 3 种杂化轨道类型中，每种类型形成的各个杂化轨道的形状和能量完全相同，所含 s 轨道和 p 轨道的成分也相等，故这类杂化被称为等性杂化。

2.6.2.4 不等性杂化

几个能量相近的原子轨道杂化后，形成的各杂化轨道的成分不完全相等时，即为不等性杂化。下面以 NH_3 分子形成为例予以说明。

实验测定 NH_3 为三角锥形，键角为 107°18′，略小于正四面体的 109°28′ 的键角。N 原子的价层电子构型为 $2s^2 2p^3$，1 个 s 轨道和 3 个 p 轨道进行杂化，形成 4 个 sp³ 杂化轨道。其中 3 个杂化轨道中各有 1 个成单电子，第 4 个杂化轨道则被成对电子所占有。3 个具有成单电子的杂化轨道分别与 H 原子的 1s 轨道重叠成键，而为成对电子占据的杂化轨道不参与成键，此即不等性杂化。在不等性杂化中，由于成对电子没有参与成键，则离核较近。因此，受成对电子的影响，键的夹角小于正四面体中键的夹角，见图 2-19（a）。

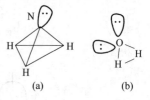

图 2-19 NH_3 和 H_2O 的几何构型
(a) NH_3；(b) H_2O

H_2O 分子的形成与此类似，其中 O 原子也采取不等性 sp³ 杂化，只是 4 个杂化轨道中有 2 个被成对电子所占有。分子为角折形（或 V 形），见图 2-19（b）。

2.7 分子间力和氢键

分子之间也存在着相互作用力，这种力虽不及化学键强烈，但气态物质能凝聚成液态，液态物质能凝固成固态，正是分子之间相互作用或吸引的结果。分子间作用力是1873年由荷兰物理学家范德华（Van der Waals）提出，故又称范德华力。随着人们对原子、分子结构研究的深入，认识到分子间力本质上也属于一种电性引力。为了说明这种引力的由来，先介绍分子的极性与变形性。

2.7.1 分子的极性和变形性

2.7.1.1 分子的极性

任何以共价键结合的分子中，都存在带正电荷的原子核和带负电荷的电子。尽管整个分子是电中性的，可设想分子中两种电荷分别集中于一点，称为正电荷中心和负电荷中心，即"+"极和"−"极。如果两个电荷中心间存在一定的距离，即形成偶极，这样的分子就有极性，称为极性分子。如果两个电荷中心重合，分子就无极性，称为非极性分子。

对于双原子分子来说，分子的极性和化学键的极性一致。例如 H_2、O_2、N_2、Cl_2 等分子都由非极性共价键相结合，都是非极性分子；而 HF，HCl，HBr，HI 等分子由极性共价键结合，正、负电荷中心不重合，都是极性分子。

对于多原子分子来说，分子有无极性，由分子的组成和结构而定。例如，CO_2 分子中的 C—O 键虽为极性键，但由于 CO_2 分子是直线形，结构对称（图2-20），两边键的极性相互抵消，整个分子的正、负电荷中心重合，故 CO_2 分子是非极性分子。在 H_2O 分子中，H—O 键为极性键，分子为 V 形结构（图2-21），分子的正、负电荷中心不重合，所以水分子是极性分子。

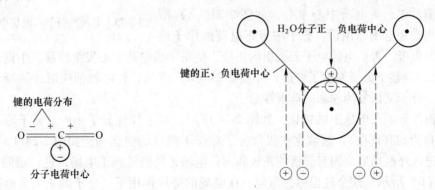

图 2-20　CO_2 分子中的正、负电荷中心分布　　图 2-21　H_2O 分子中的正、负电荷中心分布

分子极性的大小通常用偶极矩来衡量。偶极矩 μ 定义为分子中正电荷中心或负电荷中心上的荷电量 q 与正、负电荷中心间距离 d 的乘积：

$$\mu = qd$$

d 又称偶极长度。偶极矩的 SI 单位是 $C \cdot m$，是一个矢量，规定方向从正极到负极。双原子分子偶极矩示意如图 2-22 所示。分子的偶极矩可通过实验测定。一些气态分子偶极矩的实验值见表 2-17。表中 μ 值等于零的分子为非极性分子。μ 值不等于零的分子为极性分子。μ 值越大，分子的极性越强。分子的极性既与化学键的极性有关，又和分子的几何构型有关，测定分子的偶极矩，有助于比较物质极性的强弱和推断分子的几何构型。

图 2-22　分子的偶极矩

表 2-17　一些物质分子的偶极矩与几何构型

分子式	$\mu/10^{-30}C \cdot m$	分子构型	分子式	$\mu/10^{-30}C \cdot m$	分子构型
H_2	0	直线形	SO_2	5.33	角形
N_2	0	直线形	H_2O	6.17	角形
CO_2	0	直线形	NH_3	4.90	三角锥形
CS_2	0	直线形	HCN	9.85	直线形
CH_4	0	正四面体	HF	6.37	直线形
CO	0.40	直线形	HCl	3.57	直线形
$CHCl_3$	3.50	四面体形	HBr	2.67	直线形
H_2S	3.67	角形	HI	1.40	直线形

2.7.1.2　分子的变形性

上述分子的极性与非极性，是在没有外界影响下分子本身的属性。如果分子受到外加电场的作用，分子内部电荷的分布因同电相斥、异电相吸的作用而发生相对位移。例如，非极性分子在未受电场的作用前，正、负电荷中心重合，如图 2-23（a）所示。当受到电场作用后，分子中带正电荷的原子核

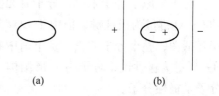

图 2-23　非极性分子在电场中的变形极化

被吸向负极，带负电的电子云被引向正极，使正、负电荷中心发生位移产生偶极（称为诱导偶极），整个分子发生了变形，如图 2-23（b）所示。外电场消失时，诱导偶极也随之消失，分子又恢复为原来的非极性分子。

极性分子在电场中的极化，如图 2-24 所示，对于极性分子来说，分子原本就存在偶极（称为固有偶极），通常这些极性分子在作不规则的热运动，如图 2-24（a）所示。当分子进入外电场后，固有偶极的正极转向负电场，负极转向正电场，进行定向排列，如图 2-24（b）所示，这个过程称为取向。在电场的持续作用下，分子的正、负电荷中心也随之发生位移而使偶极距离增长，即固有偶极加上诱导偶极，使分子极性增加，分子发生变形，如图 2-24（c）所示。如果外电场消失，诱导偶极也随之消失，但分子的固有偶极不变。

非极性分子或极性分子受外电场作用而产生诱导偶极的过程，称为分子的极化（或称变形极化）。分子受极化后外形发生改变的性质，称为分子的变形性。电场越强，产生诱

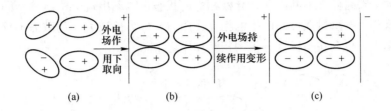

图 2-24 极性分子在电场中极化

导偶极越大，分子的变形越显著；另一方面，分子越大，所含电子越多，变形性也越大。分子在外电场作用下的变形程度，可以用极化率 α 来量度，α 可由实验测定。一些气态分子的极化率见表 2-18。

表 2-18 一些气态分子的极化率

分子式	$\alpha/10^{-40}C \cdot m^2/V$	分子式	$\alpha/10^{-40}C \cdot m^2/V$
He	0.277	HCl	2.85
Ne	0.437	HBr	3.86
Ar	1.81	HI	5.78
Kr	2.73	H_2O	1.61
Xe	4.45	H_2S	4.05
H_2	0.892	CO	2.14
O_2	1.74	CO_2	2.87
N_2	1.93	NH_3	2.39
Cl_2	5.01	CH_4	3.00
Br_2	7.15	C_2H_6	4.81

由表 2-18 可见，ⅧA 族的单原子分子（从 He 到 Xe），ⅦA、ⅥA 族部分元素及其与氢的化合物（如 HCl、HBr、HI、H_2O、H_2S），以及 CO、CO_2 和 CH_4、C_2H_6 等分子的极化率分别依次增加，这是由于它们的相对分子质量和分子体积依次增大（在同类型分子的前提下），故其变形性也依次增大。

2.7.2 分子间力

分子具有极性和变形性是分子间产生作用力的根本原因。分子间存在三种作用力，即色散力、诱导力和取向力，统称范德华力。

2.7.2.1 色散力

非极性分子的偶极矩为零，似乎不存在相互作用。事实上分子内的原子核和电子在不断地运动，在某一瞬间，正、负电荷中心发生相对位移，使分子产生瞬时偶极，如图 2-25（a）所示。当两个或多个非极性分子在一定条件下充分靠近时，由于瞬时偶极会发生异极相吸的作用，如图 2-25（b）和（c）所示。这种作用力虽然短暂、瞬现即逝。但原子核和电子时刻在运动，瞬时偶极不断出现，异极相邻的状态也时刻出现，所以分子间始终维持这种作用力。这种由于瞬时偶极而产生的相互作用力，称为色散力。色散力不仅是非极性分子之间的作用力，也存在于极性分子的相互作用之中。

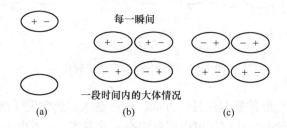

每一瞬间

一段时间内的大体情况

(a)   (b)   (c)

图 2-25 非极性分子间的相互作用

色散力的大小与分子的变形性或极化率有关。物质的极化率、色散能与熔沸点见表2-19，极化率越大，分子之间的色散力越大，物质的熔点、沸点越高。

表 2-19 物质的极化率、色散能与熔沸点

物质	极化率 $\alpha/10^{-40}C \cdot m^2/V$	色散能 $E/10^{-22}J$	熔点 $t_m/℃$	沸点 $t_b/℃$
He	0.227	0.05	−272.2	−268.94
Ar	1.81	2.9	−189.38	−185.87
Xe	4.45	18	−111.8	−108.10

2.7.2.2 诱导力

极性分子中存在固有偶极，可作为一个微小的电场。当与非极性分子充分靠近时，会被极性分子极化产生诱导偶极（图 2-26），诱导偶极与极性分子固有偶极之间有作用力。同时，诱导偶极又可反过来作用于极性分子，使其也产生诱导偶极，从而增强了分子之间的作用力，这种由于形成诱导偶极而产生的作用力，称为诱导力。诱导力与分子的极性和变形性有关，分子的极性和变形性越大，其产生的诱导力也越大。当然，极性分子与非极性分子之间也存在色散力。

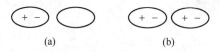

(a)   (b)

图 2-26 极性分子和非极性分子间的作用
（a）分子距离的较远；（b）分子靠近时

2.7.2.3 取向力

当两个极性分子充分靠近时，由于极性分子中存在固有偶极，会发生同极相斥、异极相吸的取向（或有序）排列。取向后，固有偶极之间产生的作用力，称为取向力。取向力的大小决定于极性分子的偶极矩，偶极矩越大，取向力越大。当然，极性分子之间也存在

着诱导力和色散力。

综上所述，在非极性分子之间只有色散力，在极性分子和非极性分子之间有诱导力和色散力，在极性分子和极性分子之间有取向力、诱导力和色散力。这些力本质上都是静电引力。

在三种作用力中，色散力存在于一切分子之间，一般也是分子间的主要作用力（极性很大的分子除外），取向力次之，诱导力最小。从表 2-20 的数据可以看出某些物质分子间作用能的 3 个组成部分的相对大小，某些物质分子间作用能及其构成见表 2-20。

表 2-20　某些物质分子间作用能及其构成（两分子间距离 $d = 500\text{pm}$，温度 $T = 298\text{K}$）

分子	$E_{取向}/\text{kJ} \cdot \text{mol}^{-1}$	$E_{诱导}/\text{kJ} \cdot \text{mol}^{-1}$	$E_{色散}/\text{kJ} \cdot \text{mol}^{-1}$	$E_{总}/\text{kJ} \cdot \text{mol}^{-1}$
Ar	0.000	0.000	8.49	8.49
CO	0.003	0.0084	8.74	8.75
HCl	3.305	1.004	16.82	21.13
HBr	0.686	0.502	21.92	23.11
HI	0.025	0.1130	25.86	26.00
NH_3	13.31	1.548	14.94	29.80
H_2O	36.38	1.929	8.996	47.30

2.7.2.4　范德华力对物质性质的影响

分子间的吸引作用比化学键弱得多，即使在分子晶体中或分子靠得很近时，其作用力也不过是化学键的 1/100 到 1/10，只是在分子间的距离为几百皮米时，才表现出分子间力，随分子间距离的增加而迅速减小。分子间力普遍存在于各种分子之间，对物质的物理性质如熔点、沸点、硬度、溶解度等都有一定的影响。例如，在周期表中，由同族元素生成的单质或同类化合物，其溶点或沸点随着相对分子质量的增大而升高。稀有气体按 He→Ne→Ar→Kr→Xe 的顺序，相对分子质量增加，分子体积增大，变形性或极化率升高，色散力随着增大，故熔点、沸点依次升高。卤素单质都是非极性分子，常温下，F_2 和 Cl_2 是气体，Br_2 是液体，而 I_2 是固体，也反映了从 F_2 到 I_2 色散力依次增大这一事实。

卤化氢分子是极性分子，按 HCl→HBr→HI 顺序，分子的偶极矩递减，极化率递增，分子间的取向力和诱导力依次下降，色散力明显上升，致使这几种物质的熔点、沸点依次升高。此例也说明色散力在范德华力中所起的重要作用。除了极性很大的分子如 H_2O、NH_3 等，取向力起主要作用外，一般都是色散力为主。

2.7.3　氢键

按照前面对分子间力的讨论，在卤化氢中，HF 的熔点、沸点理应最低，但事实并非如此。类似情况也存在于Ⅳ～ⅦA 族各元素与氢的化合物中，如图 2-27 所示。

从图 2-27 可看出：HF、H_2O 和 NH_3 有着反常高的熔点、沸点，说明这些分子除了普遍存在的分子间力外，必然还存在着另一种作用力。如在 HF 分子中，由于 F 原子的半径小、电负性大，共用电子对强烈偏向于 F 原子一方，使 H 原子的核几乎"裸露"出来。

这个半径很小、又无内层电子的带正电荷的氢核，能和相邻 HF 分子中 F 原子的孤对电子相吸引，这种静电吸引力称为氢键。由于氢键的形成，使简单 HF 分子缔合，氢键的形成如图 2-28 所示（其中虚线表示氢键）。

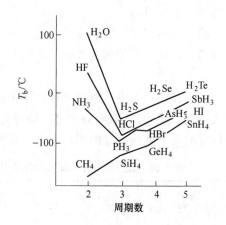

氢键的组成可用 X—H···Y 来表示，其中 X、Y 代表电负性大、半径小、且有孤对电子的原子，一般是 F、O、N 等原子。X、Y 可以是不同原子，也可是相同原子。氢键既可在同种分子或不同分子之间形成，又可在分子内形成（例如在 HNO_3 或 H_3PO_4 中），分别称为分子间氢键和分子内氢键。

图 2-27　Ⅳ～ⅦA 族各元素的氢化物的沸点递变情况

与共价键相似，氢键也有饱和性和方向性：每个 X—H 只能与一个 Y 原子相互吸引形成氢键；Y 与 H 形成氢键时，尽可能采取 X—H 键键轴的方向，使 X—H···Y 在一直线上。

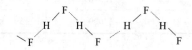

图 2-28　氢键的形成

氢键的键能比化学键小得多，但通常又比分子间力大很多，如 HF 的氢键键能为 28kJ/mol。氢键的形成会对某些物质的物理性质产生一定的影响，如由固态转化为液态，或由液态转化为气态时，除需克服分子间力外，还需破坏比分子间力更大的氢键，要多消耗不少能量，此即 HF、H_2O 和 NH_3 的熔点、沸点出现异常的原因。如果溶质分子与溶剂分子间能形成氢键，将有利于溶质的溶解。NH_3 在水中有较大的溶解度就与此有关。

想一想 5
室温下，为什么水是液体，而硫化氢是气体？

2.8　本章主要知识点

想一想 5 解答

（1）原子轨道和电子云。量子力学中把描述原子核外电子运动的每一个波函数都称为原子轨道函数，简称原子轨道。

用小黑点分布的疏密来表示电子在核外空间出现的几率密度分布情况，这种图像被形象地称为电子云，电子云形象地描绘了电子在核外空间几率密度的大小。

（2）4 个量子数。主量子数 n，表示电子离核距离远近及电子能量高低。可看作电子层数。

角量子数 l，可取 0 到 $n-1$ 的正整数，l 的每一个数值表示一个亚层（能级），相应地用 s，p，d，f 等符号表示。

磁量子数 m，描述原子轨道在空间的伸展方向，还表示在特定的亚层中所包含的轨道数，可取从 $-l \sim +l$ 的任何正整数，包括 0 在内。

自旋量子数 m_s，用来描述电子自身运动特征，自旋运动有两个运动方向，顺时针和逆时针方向。m_s 的取值为 $\left(+\dfrac{1}{2}, -\dfrac{1}{2} \right)$。

（3）原子轨道能级交错。在能级组中常出现能级交错现象，要着重注意。

例如：$E_{4s} < E_{3d} < E_{4p}$，$E_{5a} < E_{4d} < E_{5p}$，$E_{6s} < E_{4f} < E_{5d} < E_{6p}$。

（4）原子核外电子排布原则：

1）能量最低原则：基态原子核外电子分布总是尽量先占据能量最低的轨道，使系统能量处于最低状态；

2）泡利不相容原则：在同一轨道上最多只能容纳两个自旋方向相反的电子；

3）在同一亚层的等价轨道上，电子将尽可能占据不同的轨道，且自旋方向相同。

（5）核外电子排布。基态原子最外层最多有 8 个电子（第一电子层只能容纳 2 个电子）；次外层最多只能容纳 18 个电子（若次外层 $n=1$ 或 2 时，则最多只能容纳 2 个或 8 个电子）；原子的外数第三层最多只能容纳 32 个电子（若该层的 $n=1$、2、3 时，最多分别只能有 2、8、18 个电子）例如：第 5 号元素硼，电子排布式为 $1s^2 2s^2 2p^1$。

（6）周期与能级组。元素划分为周期的本质是能级组的划分，以 7 个能级组为依据，把元素周期表划分为 7 个周期。

（7）族与分区。

主族元素：凡原子核外最后一个电子填入 ns 或 np 亚层上的，都是主族元素。最后一个电子填充在 s 轨道，价电子构型为 ns^1 或 ns^2，包含 I A 和 II A 族，称为 s 区。最后一个电子填充在 p 轨道，价电子构型为 $ns^2 np^{1\sim6}$，位于周期表右侧，包含 III A ~ VIII A 族，称为 p 区。

副族元素：凡原子核外最后一个电子填入 $(n-1)d$ 或 $(n-2)f$ 亚层上的，都是副族元素。最后一个电子基本填充在次外层 $(n-1)d$ 轨道，价电子构型为 $(n-1)d^{1\sim10}ns^{1\sim2}$，包含 III B ~ VII 族，称为 d 区。I B，II B 族元素由于 $(n-1)d$ 已填满，ns 上的电子与 s 区相同，所以又称 ds 区。ds 区元素的价电子构型为 $(n-1)d^{10}ns^{1\sim2}$。最后一个电子填充在 f 亚层上，价电子构型为 $(n-2)f^{0\sim14}(n-1)d^{0\sim2}ns^2$，位于周期表的下方，为镧系、锕系元素，称为 f 区。

（8）元素的周期性。

基本性质	有效核电荷	原子半径	电离能	电子亲合能	电负性
同周期从左往右	增大	减小	增大	增大	增大
同族从上往下	减小	增大	减小	减小	减小

主族元素基本性质变化规律较强，副族元素基本性质变化幅度小，且规律性较差。

（9）离子键。阴、阳离子间通过静电作用而形成的化学键，称为离子键。

（10）共价键。原子间通过共用电子对（或电子云重叠）所形成的化学键，称为共价键。成键电子云在两核间均匀分布，称为非极性共价键；由于共用电子对偏向电负性较大的原子，致使共价键两端出现正负极，称为极性共价键。共价键具有饱和性和方向性。

共价键的键参数包括键长、键角和键能。键长越长，键能越小，共价键越容易断裂。

配位键：由一个原子单方面提供一对电子而与另一个有空轨道的原子（或离子）共用形成的共价键。

σ 键：以"头碰头"方式重叠，键较稳定；

π 键：以"肩并肩"方式重叠，较 σ 键易断裂。

（11）杂化轨道理论。

sp 杂化：同一原子的 1 个 s 轨道和 1 个 p 轨道之间进行的杂化，形成 2 个等价的 sp 杂化轨道。如 $HgCl_2$、CO_2。

sp^2 杂化：同一原子的 1 个 s 轨道和 2 个 p 轨道进行杂化，形成 3 个等价的 sp^2 轨道。如乙烯、BF_3。

sp^3 杂化：同一原子的 1 个 s 轨道和 3 个 p 轨道间的杂化，形成 4 个等价的 sp^3 轨道。如 PH_3、CH_4。

不等性杂化：几个能量相近的原子轨道杂化后，形成的各杂化轨道的成分不完全相等时，即为不等性杂化。如 NH_3、H_2O。

（12）分子间力。分子间存在三种作用力，即色散力、诱导力和取向力，统称范德华力。在非极性分子之间只有色散力，在极性分子和非极性分子之间有诱导力和色散力，在极性分子和极性分子之间有取向力、诱导力和色散力。

（13）氢键。半径很小、又无内层电子的带正电荷的氢核，能和相邻 HF 分子中 F 原子的孤对电子相吸引，这种静电吸引力称为氢键（也可使 O、N 等原子）。若存在氢键，氢键会使熔沸点发生改变，同时也会影响溶质的溶解度。

思考与习题

一、填空题

2-1　4 个量子数包括_____、_____、_____、_____。

2-2　共价键的特点是，具有_____性和_____性。

2-3　某电子处在 3d 轨道，它的轨道量子数 n 为_____，l 为_____，m 可能是_____。

2-4　22 号元素的电子构型是_____，它属于_____周期_____族。

2-5　按照鲍林近似能级图，共有_____个能级组。

2-6　价电子构型为 $4s^2 3d^5$ 的元素在_____区。

2-7　元素的电负性越大，说明该元素在分子中吸引电子的能力_____。（填越强或者越弱）

2-8　共价键的键参数包括_____、_____、_____。

2-9　范德华力又包括_____、_____、_____。

二、选择题

2-10　下列电子排布式中不正确的是_____。

　　A. $1s^2$　　　　　　B. $1s^2 2s^2 2p^3$　　　　C. $1s^2 2s^2 2p^6 3s^2 3p^6 3d^3 4s^2$　　D. $1s^2 2s^2 2p^6 3s^2 3p^6 3d^4 4s^2$

2-11　根据_____在等价的 d 轨道中电子排布成 ↑↑↑↑__ ，而不排布成 ↑↓ ↑↓ __ 。

　　A. 能量最低原理　　　B. 泡利不相容原理　　C. 原子轨道能级图　　　　D. 洪特规则

思考与习题
参考答案

2-12 下列分子中心原子是 sp^2 杂化的是_____。

  A. PBr_3 B. CH_4 C. BF_3 D. H_2O

2-13 下列分子中,键和分子均具有极性的是_____。

  A. Cl_2 B. BF_3 C. CO_2 D. NH_3

2-14 下列关于 σ 键和 π 键的说法正确的是_____。

  A. 共价单键即可以是 σ 键,也可以是都是 π 键

  B. 杂化轨道和其他原子轨道之间只能形成 σ 键

  C. π 键的强度恰好是 σ 键强度的两倍

  D. 有的分子中,只有 π 键,没有 σ 键

2-15 下列分子的立体结构,其中属于直线型分子的是_____。

  A. H_2O B. CO_2 C. CH_4 D. P_4

2-16 下列各组量子数中,合理的一组是_____。

  A. $n=3$, $l=1$, $m_1=+1$, $m_s=+1/2$ B. $n=4$, $l=5$, $m_1=-1$, $m_s=+1/2$

  C. $n=3$, $l=3$, $m_1=+1$, $m_s=-1/2$ D. $n=4$, $l=2$, $m_1=+3$, $m_s=-1/2$

2-17 在 Be、C、N、F 四种元素中,原子半径最小的是_____。

  A. Be   B. C   C. N   D. F

2-18 下列电子构型中,电离能最小的是_____。

  A. ns^2np^3 B. ns^2np^4 C. ns^2np^5 D. ns^2np^6

2-19 某元素的价电子构型为 $3d^54s^2$,该元素是_____。

  A. 钒   B. 铬   C. 锰   D. 铁

三、判断题(正确的打"√",错误的打"×")

2-20 电子云描绘了核外电子运动的轨迹。( )

2-21 3p 有 3 个 p 轨道,可以容纳 3 个电子。( )

2-22 主量子数 $n=3$ 时,有 3s,3p,3d,3f 等四种原子轨道。( )

2-23 d 区元素价电子构型是 $ns^{1\sim2}$。( )

2-24 电子亲和能表示得电子所需要放出的能量。( )

2-25 非极性分子内的化学键一定是非极性键。( )

2-26 色散力存在于一切分子间,一般是分子间的主要作用力。( )

2-27 同周期元素从左至右原子半径逐渐减小,同主族元素从上到下原子半径也逐渐减小。( )

四、简答题

2-28 什么是电离能,什么是电子亲和能,什么是电负性?

2-29 (1)主、副族元素的电子构型各有什么特点?(2)周期表中 s 区、p 区、d 区和 ds 区元素的电子构型各有什么特点?

2-30 写出 $n=4$ 时各电子层的 n、l、m 量子数取值,并指出各亚层中的轨道数和最多能容纳的电子数,总的轨道数和电子层最多能容纳的总的电子数。

2-31 下列电子运动状态是否存在,为什么?

  (1) $n=2$, $l=1$, $m=0$;

  (2) $n=2$, $l=2$, $m=-1$;

  (3) $n=3$, $l=0$, $m=0$;

  (4) $n=3$, $l=1$, $m=+1$;

  (5) $n=2$, $l=0$, $m=-1$;

  (6) $n=2$, $l=3$, $m=+2$。

2-32 写出 Ne 原子中 10 个电子各自的 4 个量子数。

2-33 从杂化轨道理论出发，简述甲烷的形成过程。

2-34 已知四种元素的原子的价电子层结构分别为（1）$4s^2$，（2）$3s^23p^5$，（3）$3d^34s^2$，（4）$5d^{10}6s^2$。试指出：它们在周期表中各属于哪一区，哪一周期，哪一族？比较它们电负性的相对大小。

2-35 已知某元素在周期表中位于第五周期ⅣA主族，试写出该元素的电子排布式、名称和符号。

2-36 写出29、56元素原子的核外电子排布式、价电子构型及其在元素周期表中的位置。

2-37 不看周期表完成下表：

价电子结构	周期	族	区	电负性相对大小	最高正氧化数
$3s^1$					
$3s^23p^5$					
$3d^54s^2$					
$4d^{10}5s^1$					

2-38 不看周期表完成下表：

原子序数	电子层结构	价电子构型	周期	族	区	金属或非金属
	[Ne] $3s^23p^4$					
		$4d^55s^2$				
			六	ⅡB		

2-39 下列分子的中心原子可能采取的杂化类型是什么，并预测其分子的几何构型。

　　BF_3　　　　CO_2　　　　CF_4　　　　PH_3　　　　SO_2

2-40 试判断下列各组的两种分子间存在哪些分子间作用力。

　　（1）Cl_2和CCl_4；（2）CO_2和H_2O；（3）H_2S和H_2O；（4）NH_3和H_2O。

2-41 下列五组物质中，哪几组存在氢键？

　　（1）苯和CCl_4；（2）甲醇和水；（3）HBr气体；（4）NH_3和水；（5）NaCl和水。

3 化学反应速率和化学平衡

本章学习目标

知识目标

1. 理解化学反应速率的概念、表达式和反应速率方程。

2. 掌握浓度、温度、压力、催化剂对化学反应速率的影响。

3. 掌握化学平衡的特征、判断、标准平衡常数的含义和影响化学平衡移动的因素及平衡移动的原理。

4. 了解化学平衡移动原理在化工生产中的应用。

能力目标

1. 会利用反应速率的影响因素，判断化学反应速率的快慢。

2. 会换算同一反应体系用不同物质表达的反应速率。

3. 会书写标准平衡常数的表达式及进行有关化学平衡的计算。

4. 能利用平衡移动的原理说明浓度、压力、温度对化学平衡移动的影响。

任何一个化学反应都涉及两大问题：一是化学反应的快慢程度，即化学反应速率；二是化学反应的完全程度，即化学平衡。两者是完全不同概念，彼此间却又有联系。反应速率和反应程度在工业生产中直接关系着产品的质量、产量和转化率，掌握相关内容对科学研究、实际生产等有重要意义。本章主要介绍化学反应速率的基本概念，讨论浓度、温度、压力、催化剂等因素对化学反应速率的影响，讲解平衡常数的概念、平衡常数及平衡组成的计算。着重讨论外界条件对化学平衡移动的影响及在化工生产中的运用。

3.1 化学反应速率及其影响因素

3.1.1 化学反应速率及其表示法

化学反应有快有慢，有的反应得快，瞬间即可完成，如部分酸碱中和反应、爆炸反应等，而有些反应缓慢，如金属的腐蚀、岩石的风化、塑料或橡胶的老化等。

某反应：

$$aA + bB \longrightarrow dD + eE$$

随着反应的进行，反应物 A 和 B 的浓度逐渐减小，生成物 D 和 E 的浓度逐渐增大。化学反应速率可衡量反应的快慢，以单位时间内反应物或生成物浓度变化的正值来表示。对生成物 D，其反应速率为：

$$v(D) = \frac{\Delta c(D)}{\Delta t} \tag{3-1}$$

式中　Δt——时间间隔，s、min 或 h；

　$\Delta c(D)$——在 Δt 时间间隔内 D 物质浓度变化的量，mol/L；

　$v(D)$——以生成物 D 来表示的反应速率，mol/(L·s)。

反应物 A 的浓度是逐渐减小的，因而 $\Delta c(A)$ 为负值，故加负号使反应速率数值为正，以反应物 A 来表示的反应速率为：

$$v(A) = -\frac{\Delta c(A)}{\Delta t} \tag{3-2}$$

例如：在一定条件下，氮气和氢气合成氨的反应

$$N_2 + 3H_2 \Longrightarrow 2NH_3 \uparrow$$

起始浓度：　　　　　　　1.0　2.0　　　0

2s 末浓度：　　　　　　0.60　0.80　　0.80

用反应物 N_2、H_2 和生成物 NH_3 浓度变化表示的反应速率为：

$$v(N_2) = -\frac{\Delta c(N_2)}{\Delta t} = -\frac{0.60 - 1.0}{2.0 - 0} = 0.20\,mol/(L \cdot s)$$

$$v(H_2) = -\frac{\Delta c(H_2)}{\Delta t} = -\frac{0.80 - 2.0}{2.0 - 0} = 0.60\,mol/(L \cdot s)$$

$$v(NH_3) = \frac{\Delta c(NH_3)}{\Delta t} = \frac{0.80 - 0.0}{2.0 - 0} = 0.40\,mol/(L \cdot s)$$

在一定条件下，某个反应的反应速率应仅有一个。然而由上面的计算结果可知，同一反应式中用不同的反应物或生成物表示的反应速率不同，所以反应速率需用下标指明是用何种物质所表示。上述合成氨的反应，各物质表示的反应速率数值上存在与化学计量系数成正比的关系。

$$v(N_2) = \frac{1}{3}v(H_2) = \frac{1}{2}v(NH_3)$$

$$v(N_2) : v(H_2) : v(NH_3) = 1 : 3 : 2$$

反应通式：　　　　　$aA + bB \longrightarrow dD + eE$

其反应速率之间的关系为：$\frac{1}{a}v(A) = \frac{1}{b}v(B) = \frac{1}{d}v(D) = \frac{1}{e}v(E)$

也可表示为：　　　$v(A) : v(B) : v(D) : v(E) = a : b : c : d$

上述反应速率都是 Δt 时间段内的平均速率，用 $\bar{v}$ 表示。实际反应中，各物质的浓度随时间变化，反应速率也随时而变。为准确描述某一瞬间（时刻）的反应速率，将时间间隔取无限小，则平均速率的极限值为化学反应在某一时刻的瞬时速率。

CCl_4 中 N_2O_5 浓度随时间的变化曲线，如图 3-1 所示。图 3-1 中曲线上某一点的斜率，即为该时刻的瞬时速率，由图 3-1 可知，随着反应的进行瞬时速率不断减小。

3.1.2　影响反应速率的因素

化学反应速率的大小首先很大程度上取决于反应物的本性。此外，还与反应物浓度

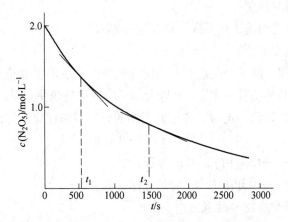

图 3-1 CCl₄ 中 N_2O_5 浓度随时间的变化曲线

（或压力）、温度和催化剂等因素相关。

3.1.2.1 浓度对反应速率的影响

反应浓度改变，化学反应速率也发生改变，如物质在纯氧中燃烧比在空气中燃烧更剧烈。显然，反应物浓度越大，反应速率越大。

A 基元反应和非基元反应

实验表明，部分化学反应能一步进行得到产物，这样的反应称为基元反应。例如：

$$2NO_2(g) \longrightarrow 2NO(g) + O_2(g)$$

$$NO_2(g) + CO(g) \xrightarrow{327℃} NO(g) + CO_2(g)$$

然而大部分化学反应不能一步完成，需要分步进行。分步进行的反应称为非基元反应，例如：

$$2NO(g) + 2H_2(g) \xrightarrow{800℃} N_2(g) + 2H_2O(g)$$

实际上该反应分两步进行：

第一步 $2NO + H_2 \Longrightarrow N_2 + H_2O_2$（慢）

第二步 $H_2O_2 + H_2 \Longrightarrow 2H_2O$（快）

每一步为一个基元反应，总反应为两步反应之和，为非基元反应。

B 质量作用定律

研究者在大量实验的基础上总结出：对于基元反应，在一定温度下，反应速率与各反应物浓度幂的乘积成正比。浓度指数在数值上等于基元反应中各反应物前面的化学计量数，这种定量关系可用质量作用定律来表示：

如反应： $aA + bB \longrightarrow cC + dD$

反应速率 $v \propto \{c(A)\}^a \cdot \{c(B)\}^b$，用比例系数来表示为：

$$v = k\{c(A)\}^a \cdot \{c(B)\}^b \tag{3-3}$$

式中 v——反应的瞬时速率；

c——物质的瞬时浓度；

k——速率方程式中的比例系数，称反应速率常数。

式（3-3）称为速率方程。

不同反应 k 值不同。同一个反应 k 值与反应物的性质、温度及催化剂等因素有关，与浓度、分压无关。当其他条件一定，k 值越大，反应速率就越快，反之则慢。

若反应物为气体，体积一定时，各组分气体的分压与浓度成正比，则速率方程为：

$$v = k'\{p(A)\}^a \cdot \{p(B)\}^b \tag{3-4}$$

式中　$p(A)$，$p(B)$ ——反应物 A，B 的分压；

　　　　　k'——用分压表示 v 时的速率常数。

C　使用质量作用定律必须注意问题

只有基元反应才能根据质量作用定律直接写出速率方程，例如：

$$NO_2(g) + CO(g) \xrightleftharpoons{327℃} NO(g) + CO_2(g)$$

动画：压强对
反应速率
的影响

其速率方程为：$v = kp(NO_2) \cdot p(CO)$。

非基元反应，由实验数据得出的速率方程中反应物浓度或分压的指数往往与计量系数不一致，故被称为经验速率方程。例如反应：

$$2NO(g) + 2H_2(g) \xrightleftharpoons{800℃} N_2(g) + 2H_2O(g)$$

经验速率方程为：$v = k\{p(NO)\}^2 \cdot p(H_2)$。

速率方程中反应物浓度或分压的指数称作级数。级数越大，浓度对反应速率的影响越显著。

3.1.2.2　温度对化学反应速率的影响

温度是影响化学反应速率的重要因素，对大多数反应，不论吸热还是放热反应，温度升高，反应速率都会增大。例如，氢气和氧气在常温下反应速率极小，近似认为不发生反应。当温度超过 600℃ 时，立即发生剧烈爆炸。对于多数反应而言，温度每升高 10℃，反应速率增加 2～4 倍。

图 3-2（a）表示爆炸反应。温度达到某一数值时，化学反应速率急剧增大，发生爆炸。图 3-2（b）表示反应速率在一定温度范围内达到最大值，温度过高或过低反应速率都

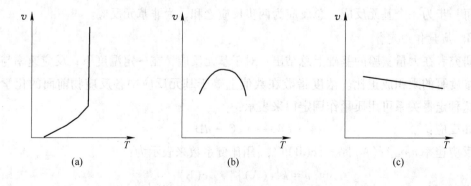

图 3-2　温度对速率影响的几种特殊情况

会变小。例如生物酶的催化反应，在适宜的温度范围内，生物酶具有催化作用，反应速率最大。图 3-2（c）表示反应速率随着温度升高而降低，如反应 $2NO(g) + O_2(g) \rightarrow 2NO_2(g)$。实际中，此类反应是很少的。

3.1.2.3 催化剂对反应速率的影响

动画：催化剂对化学反应速率的影响

催化剂（又称为触媒）能显著改变反应速率，本身在反应前后组成、质量和化学性质保持不变。

催化剂在工业上应用广泛，无机化工原料硝酸、硫酸、合成氨的生产，汽油、煤油、柴油的精制，橡胶以及化纤单体的合成和聚合等，都因催化剂的研制成功得以实现。例如接触法生产硫酸，将 SO_2 氧化为 SO_3，在 470℃下采用 V_2O_5 作催化剂后，反应速率竟提高 1.6×10^8 倍。甲苯是重要的化工原料，从石油中的甲基环己烷脱氢制得。因该反应极慢，长时间不能用于工业生产，直到发现能显著加速反应的 Cu、Ni 催化剂后，才有了工业生产价值。某些反应如金属腐蚀，加入缓蚀剂可减慢其反应速率，延缓腐蚀，缓蚀剂起负催化的作用。

催化剂具有选择性。一种催化剂仅对某种或某几种特定的反应有催化作用。如 V_2O_5 适于催化 SO_2 氧化反应，铁适于合成氨生产等。相同的反应物采用不同的催化剂，得到的产物不同。例如以乙醇为原料，采用不同催化剂和反应条件可得到不同产物。

$$2C_2H_5OH \xrightarrow{\text{Ag, 550℃}} 2CH_3CHO + 2H_2$$

$$C_2H_5OH \xrightarrow{\text{Al}_2O_3, \text{ 350℃}} CH_2 = CH_2 + H_2O$$

$$2C_2H_5OH \xrightarrow{\text{ZnO} \cdot \text{Cr}_2O_3, \text{ 450℃}} CH_2 = CHCH = CH_2 + 2H_2O + H_2$$

$$2C_2H_5OH \xrightarrow{\text{H}_2\text{SO}_4, \text{ 140℃}} C_2H_5OC_2H_5 + H_2O$$

在催化反应中，由于杂质的存在使催化剂活性降低或完全失去活性的现象称为催化剂中毒。在催化剂的使用过程中，原料应尽量保持纯净，避免催化剂中毒。

3.1.2.4 影响反应速率的其他因素

研究体系涉及两个或两个以上相的反应，称作多相反应。例如：气—固反应、液—固反应、固—固反应。多相反应发生在两相界面上，其反应速率除受上述几种影响因素外，还与反应物接触面的大小和接触机会有关。增大反应物表面积，使反应物接触面积增大，有利于提高反应速率。例如大煤块燃烧比煤屑慢，细煤粉颗粒与空气的混合物会发生燃烧爆炸。气—液反应，用液态喷淋的方式扩大与其他反应物的接触面，增加反应速率。此外，搅拌也可增加反应物的接触，让生成物及时离开反应界面，提高反应速率。

其他如微波、超声波、紫外光、激光和高能射线等，对反应速率也产生影响。

3.2 化 学 平 衡

3.2.1 可逆反应与化学平衡

在众多的化学反应中，仅有少数反应能进行"到底"，即反应物几乎完全转变为产物而在同样条件下产物几乎不能变回反应物。例如：

$$2KClO_3 \xrightarrow{MnO_2, \triangle} 2KCl + 3O_2$$

$$HCl + NaOH \longrightarrow NaCl + H_2O$$

这种向一个方向几乎能进行完全的反应称为不可逆反应，用单向箭头（→）表示。

对于大多数反应而言，在一定条件下既能从左往右进行（正反应），又能从右向左进行（逆反应），称为可逆反应，用逆向平行的双箭头（⇌）表示。例如：

$$CO_2(g) + H_2(g) \rightleftharpoons CO(g) + H_2O(g)$$

在一定温度下，把定量的反应物 CO_2 和 H_2 置于一个密闭容器中反应，每隔一定时间取样分析。反应刚开始那一时刻，反应物浓度最大，具有最大的正反应速率 $v_正$，生成物浓度为零，即逆反应速率 $v_逆$ 为零；随着反应的进行，反应物浓度逐渐减少，生成物浓度逐渐增大，即正反应速率 $v_正$ 不断减小，逆反应速率 $v_逆$ 不断增大，当到达某一时刻时，正、逆反应速率相等 $v_正 = v_逆$（不为零），反应达到平衡状态（图 3-3）。此时，体系中各物质的浓度不再随时间而变化，表面上看反应似乎达到"停顿静止"状态，事实上，正、逆反应仍在进行，反应并未停止，化学平衡是一种动态的平衡。

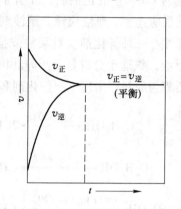

动画：化学平衡

图 3-3 可逆反应速率随时间变化

化学平衡是有条件的、相对的且可改变的。当达平衡后改变外界条件，体系中各物质的浓度、分压随之改变，则原先的平衡状态被破坏，并在新的条件下建立新的化学平衡。

3.2.2 平衡常数

3.2.2.1 平衡常数的定义及其表达式

对于可逆反应 $CO_2(g) + H_2(g) \rightleftharpoons CO(g) + H_2O(g)$，有这样一组实验数据，见表 3-1。

表 3-1　$CO_2(g) + H_2(g) \rightleftharpoons CO(g) + H_2O(g)$ 平衡体系实验数据

编号	起始浓度/mol·L⁻¹				平衡浓度/mol·L⁻¹				$\dfrac{c(CO)c(H_2O)}{c(CO_2)c(H_2)}$
	$c(CO_2)$	$c(H_2)$	$c(CO)$	$c(H_2O)$	$c(CO_2)$	$c(H_2)$	$c(CO)$	$c(H_2O)$	
1	0.010	0.010	0	0	0.0040	0.0040	0.0060	0.0060	2.3

编号	起始浓度/mol·L^{-1}				平衡浓度/mol·L^{-1}				$\dfrac{c(CO)c(H_2O)}{c(CO_2)c(H_2)}$
	$c(CO_2)$	$c(H_2)$	$c(CO)$	$c(H_2O)$	$c(CO_2)$	$c(H_2)$	$c(CO)$	$c(H_2O)$	
2	0.010	0.020	0	0	0.0022	0.0122	0.0078	0.0078	2.3
3	0.010	0.010	0.0010	0	0.0041	0.0041	0.0069	0.0059	2.4
4	0	0	0.020	0.020	0.0082	0.0082	0.0118	0.0118	2.4

无论反应起始时系统的组成如何，反应是从正向或是逆向开始，当化学反应达到平衡时，$\dfrac{c(CO)\cdot c(H_2O)}{c(CO_2)\cdot c(H_2)}$ 为一个常数。对于气体参加的反应，可用气体的分压替代浓度。

大量的实验事实证明，对于任何一可逆反应：$aA + bB \rightleftharpoons cC + dD$，在一定温度下达到平衡时，生成物浓度（或分压）以反应方程式中化学计量系数为指数的幂的乘积与反应物浓度（或分压）以化学计量系数为指数的幂的乘积之比为一常数，称为平衡常数，用 K 表示。用浓度表示的平衡常数称为浓度平衡常数，计作 K_c。

$$K_c = \frac{\{c(C)\}^c \{c(D)\}^d}{\{c(A)\}^a \{c(B)\}^b} \tag{3-5}$$

式中 $c(A)$，$c(B)$，$c(C)$，$c(D)$——这四种物质的平衡浓度。

对于气体反应，平衡常数既可用平衡时物质的摩尔浓度表示，也可用分压表示。用分压表示的平衡常数称为压力平衡常数，计作 K_p：

$$K_p = \frac{\{p(C)\}^c \{p(D)\}^d}{\{p(A)\}^a \{p(B)\}^b} \tag{3-6}$$

式中 $p(A)$，$p(B)$，$p(C)$，$p(D)$——各物质在平衡时的分压。

若视各组分气体为理想气体，则根据理想气体状态方程 $pV = nRT$，同一化学反应中，K_c 和 K_p 的关系可作如下推导：

对于任何一个可逆反应：$aA(g) + bB(g) \rightleftharpoons cC(g) + dD(g)$，$p(A)$、$p(B)$、$p(C)$、$p(D)$ 分别表示各物质在平衡时的分压，则：

令 $\Delta n = (c + d) - (a + b)$，有：

$$K_p = K_c (RT)^{\Delta n} \tag{3-7}$$

将实验数据直接代入 K_c 或 K_p 表达式计算，得出的平衡常数称为经验平衡常数或实验平衡常数。实际计算中多用规定的热力学平衡常数，又称为标准平衡常数，记作 $K^{\ominus}$。

其表达式与实验平衡常数相似，将 K_c 表达式中的浓度换算成相对浓度（即将物质的实际浓度除以标准浓度 $c^{\ominus} = 1.0\text{mol/L}$），得到标准浓度平衡常数 $K_c^{\ominus}$；将 K_p 表达式中的分压换算成相对分压（气体的分压除以标准压力 $p^{\ominus} = 100\text{kPa}$），得到标准压力平衡常数 $K_p^{\ominus}$。如反应在溶液中进行：

$$K_c^{\ominus} = \frac{\{c(C)/c^{\ominus}\}^c \{c(D)/c^{\ominus}\}^d}{\{c(A)/c^{\ominus}\}^a \{c(B)/c^{\ominus}\}^b}$$

因为 $K^{\ominus}$ 与 K_c 在数值上相等，为了书写方便，$c^{\ominus}$ 在 $K^{\ominus}$ 表达式中不列出，上式简写为：

$$K_c^{\ominus} = \frac{c^c(C)\cdot c^d(D)}{c^a(A)\cdot c^b(B)} \tag{3-8}$$

对于气体参加的反应：

$$K_p^\ominus = \frac{\{p(C)/p^\ominus\}^c\ \{p(D)/p^\ominus\}^d}{\{p(A)/p^\ominus\}^a\ \{p(B)/p^\ominus\}^b} \tag{3-9}$$

对于多相离子平衡体系，如：

$$S^{2-}(aq) + 2H_2O(l) \Longrightarrow H_2S(g) + 2OH^-(aq)$$

其标准平衡常数的表达式为：$K^\ominus = \dfrac{\{p(H_2S)/p^\ominus\}\ \{c(OH^-)/c^\ominus\}^2}{\{c(S^{2-})/c^\ominus\}}$

由于相对浓度和相对分压没有单位，所以标准平衡常数 $K^\ominus$ 是一个没有量纲的量。后续章节中设计的平衡常数均为标准平衡常数 $K^\ominus$。

3.2.2.2　平衡常数的书写和应用规则

化学平衡常数适用于气体反应，也适用于有纯液体、固体参加的反应及在水溶液中进行的反应。书写和应用平衡常数时应该注意：

（1）平衡常数是温度函数，书写和使用时应标明温度。不同温度下，同一反应方程式的平衡常数值有所不同，如反应：$H_2(g) + I_2(g) \rightleftharpoons 2HI(g)$，在 764K 时，$K_p^\ominus = 45.70$，而在 724K 时，$K_p^\ominus = 50.0$。一般情况下，未特别标明温度则默认为 298.15K。

（2）同一化学反应，化学方程式的书写不同，平衡常数的表达式也不同，使用平衡常数时必须指明其所对应的化学计量方程式。

例如反应方程式　　　　　　$H_2(g) + I_2(g) \rightleftharpoons 2HI(g)$

$$K_{p1}^\ominus = \frac{\{p(HI)/p^\ominus\}^2}{\{p(H_2)/p^\ominus\}\ \{p(I_2)/p^\ominus\}}$$

反应方程式：　　　$\dfrac{1}{2}H_2(g) + \dfrac{1}{2}I_2(g) \rightleftharpoons HI(g)$

$$K_{p2}^\ominus = \frac{\{p(HI)/p^\ominus\}}{\{p(H_2)/p^\ominus\}^{\frac{1}{2}}\ \{p(I_2)/p^\ominus\}^{\frac{1}{2}}}$$

且 $K_{p1}^\ominus = (K_{p2}^\ominus)^2$。

（3）如果反应中有固态和纯液态，固态或纯液态的物质不列入其中。

例如反应　　　　　　$CaCO_3(s) \rightleftharpoons CaO(s) + CO_2(g)$
$$K_p^\ominus = p(CO_2)/p^\ominus$$

对于有水参加的反应，如在稀溶液中进行，水的浓度不必写在平衡关系中，例如：

$$Cr_2O_7^{2-}(aq) + H_2O(l) \rightleftharpoons 2CrO_4^{2-}(aq) + 2H^+(aq)$$

$$K_c^\ominus = \frac{c^2(CrO_4^{2-}) \cdot c^2(H^+)}{c(Cr_2O_7^{2-})}$$

非水溶液中的反应，如有水生成或有水参加，水的浓度不视为常数，须表示在平衡关系式中，例如乙醇和醋酸的液相反应：

$$C_2H_5OH + CH_3COOH \rightleftharpoons CH_3COOC_2H_5 + H_2O$$

$$K_c^\ominus = \frac{c(CH_3COOC_2H_5) \cdot c(H_2O)}{c(C_2H_5OH) \cdot c(CH_3COOH)}$$

（4）写入平衡常数表达式中各物质的浓度和分压，必须是系统达到平衡状态时相应的值。生成物为分子项，反应物为分母项，各项的指数就是反应方程式的计量数。

练一练1

写出 $BaCO_3(s) \rightleftharpoons BaO(s) + CO_2(g)$ 平衡常数 $K^{\ominus}$ 的表达式。

3.2.2.3 平衡常数的意义

A 平衡常数是衡量可逆反应进行程度的标志

练一练1解答

平衡状态是反应进行的最大限度，对同类反应而言，$K^{\ominus}$ 值越大，反应朝正向进行的程度越大，反应进行得越彻底。

如： $$2Cl(g) \rightleftharpoons Cl_2(g)$$

$$K_c^{\ominus} = \frac{c(Cl_2)}{c^2(Cl)} = 1 \times 10^{38}(298K)$$

假设 $$c(Cl_2) = 1mol/L$$

则 $$c(Cl) = 1 \times 10^{-19}mol/L$$

由于平衡常数很大，平衡混合物中几乎都是 Cl_2 分子，而 Cl 原子的浓度非常小，也就是说，Cl 原子基本上转化为 Cl_2 分子，反应进行得完全，逆反应几乎不发生。

$K^{\ominus}$ 值小的反应，说明平衡产物的浓度很小，反应进行的程度较浅。

必须注意，平衡常数数值的大小，只能预示可逆反应的正向反应所能进行的最大程度，并不能预示反应达到平衡所需要的时间。有的反应虽然平衡常数值大，正反应可能进行完全，但因反应速率太慢，难以进行，若不能找到合适的催化剂提高其反应速率，该反应也没有意义。

B 用平衡常数判断反应是否处于平衡状态和反应进行的方向

首先引入反应商的概念，对于可逆反应 $aA + bB \rightleftharpoons cC + dD$，将任意时刻（包括平衡状态或非平衡状态）各物质的浓度或分压代入标准平衡常数表达式，即得到反应商 Q，Q 的表达式为：

$$Q = \frac{\{c(C)/c^{\ominus}\}^c \{c(D)/c^{\ominus}\}^d}{\{c(A)/c^{\ominus}\}^a \{c(B)/c^{\ominus}\}^b}$$

与 $K^{\ominus}$ 的处理类似，$c^{\ominus}$ 在 Q 表达式中不列出，可简写为 $Q_c = \dfrac{c^c(C) \cdot c^d(D)}{c^a(A) \cdot c^b(B)}$，

或 $$Q = \frac{\{p(C)/p^{\ominus}\}^c \{p(D)/p^{\ominus}\}^d}{\{p(A)/p^{\ominus}\}^a \{p(B)/p^{\ominus}\}^b}$$

当 $Q = K^{\ominus}$ 时，生成物浓度或分压等于平衡时的浓度或分压，反应处于平衡状态，即反应进行到最大限度。

当 $Q \neq K^{\ominus}$ 时，反应处于不平衡状态，有下列两种可能的情况：

（1）$Q < K^{\ominus}$ 时，生成物的浓度或分压小于平衡时的浓度或分压，反应继续向正反应方向进行。反应物浓度不断减小，生成物浓度不断增大，直到 $Q = K^{\ominus}$，反应达到平衡状态。

（2）$Q > K^{\ominus}$ 时，生成物浓度或分压大于平衡时的浓度或分压，反应向逆反应方向进行。反应物浓度不断增大，生成物浓度不断减小，直到 $Q = K^{\ominus}$，反应达到平衡状态。

例 3-1　我国的合成氨工业多采用中温（500℃）、中压（2.03×10⁴kPa）下操作。已知此条件下反应 $N_2(g) + 3H_2(g) \rightleftharpoons 2NH_3(g)$ 的 $K^{\ominus} = 1.57 \times 10^{-5}$。若反应进行至某一阶段时取样分析，各组分体积分数为 14.4% NH_3，21.4% N_2，64.2% H_2，试判断此时合成氨反应是否已完成（是否达到平衡状态）。

解：要预测反应方向，需将反应商 Q 与 $K^{\ominus}$ 进行比较。根据题意由分压定律可求出该状态下系统中各组分的分压：

$$p_i = p_{总} \times \frac{v_i}{v_{总}},\ p_{总} = 2.03 \times 10^4 kPa$$

$$p(NH_3) = 2.03 \times 10^4 kPa \times 14.4\% = 2.92 \times 10^3 kPa$$

$$p(N_2) = 2.03 \times 10^4 kPa \times 21.4\% = 4.34 \times 10^3 kPa$$

$$p(H_2) = 2.03 \times 10^4 kPa \times 64.2\% = 1.30 \times 10^4 kPa$$

$$Q = \frac{[p(NH_3)/p^{\ominus}]^2}{[p(N_2)/p^{\ominus}] \cdot [p(H_2)/p^{\ominus}]^3} = \frac{\left(\dfrac{2.92 \times 10^3 kPa}{100 kPa}\right)^2}{\dfrac{4.34 \times 10^3 kPa}{100 kPa} \cdot \left(\dfrac{1.30 \times 10^4 kPa}{100 kPa}\right)^3}$$

$$= 8.94 \times 10^{-6}$$

$$Q < K^{\ominus}$$

说明系统尚未达到平衡状态，反应还需进行一段时间才能完成。

3.2.2.4　多重平衡的平衡常数

在化学反应过程中，多个平衡同时存在，一种物质同时参与几个平衡的现象叫做多重平衡。多重平衡的规则是指当几个反应式相加（或相减）得到另一个反应式时，其平衡常数即等于几个反应的平衡常数的乘积（或商）。

例如某温度下，同一容器中存在如下平衡：

(1) $N_2(g) + O_2(g) \rightleftharpoons 2NO(g)$；$K_{p1}^{\ominus} = \dfrac{\{p(NO)/p^{\ominus}\}^2}{\{p(N_2)/p^{\ominus}\}\{p(O_2)/p^{\ominus}\}}$

(2) $2NO(g) + O_2(g) \rightleftharpoons 2NO_2(g)$；$K_{p2}^{\ominus} = \dfrac{\{p(NO_2)/p^{\ominus}\}^2}{\{p(NO)/p^{\ominus}\}^2\{p(O_2)/p^{\ominus}\}}$

(3) $N_2(g) + 2O_2(g) \rightleftharpoons 2NO_2(g)$；$K_{p3}^{\ominus} = \dfrac{\{p(NO_2)/p^{\ominus}\}^2}{\{p(N_2)/p^{\ominus}\}\{p(O_2)/p^{\ominus}\}^2}$

$$式 (1) + 式 (2) = 式 (3)，K_{p1}^{\ominus} \times K_{p2}^{\ominus} = K_{p3}^{\ominus}$$

$$式 (3) - 式 (1) = 式 (2)，K_{p3}^{\ominus}/K_{p1}^{\ominus} = K_{p2}^{\ominus}$$

多重平衡规则在化学上比较重要，许多反应的平衡常数较难测定或不能从参考书中查得时，可利用已知相关反应的平衡常数推导而来。

3.3　平衡转化率及平衡常数的计算

可逆反应进行的程度可以用平衡常数表示，但在实际工作中，常用平衡转化率表示。

平衡转化率简称转化率，指反应达平衡后，反应物转化为生成物的百分率，用 α 表示：

$$\alpha = \frac{\text{某反应物已转化的量}}{\text{反应开始时该反应物的总量}} \times 100\% \tag{3-10}$$

若反应前后体积不变，则 α 可用浓度表示为：

$$\alpha = \frac{\text{某反应物起始浓度} - \text{某反应物平衡浓度}}{\text{反应物的起始浓度}} \times 100\% \tag{3-11}$$

转化率 α 越大，反应正向进行的程度也越大。平衡转化率与平衡常数之间可相互换算，两者都能表示反应进行的程度，但二者有差别。平衡常数与系统的起始状态无关，只与温度有关。而转化率除与温度有关外，还与起始状态有关，并须指明是何种物质的转化率，反应物不同，其转化率的数值也不同。

例 3-2 $AgNO_3$ 和 $Fe(NO_3)_2$ 两种溶液会发生下列反应：

$$Fe^{2+} + Ag \Longleftrightarrow Fe^{3+} + Ag$$

在 25℃时，将 $AgNO_3$ 和 $Fe(NO_3)_2$ 溶液混合，开始时溶液中 Ag^+ 和 Fe^{2+} 浓度各为 0.100mol/L，达到平衡时 Ag^+ 的转化率为 19.4%。试求：

（1）平衡时 Fe^{2+}、Ag^+ 和 Fe^{3+} 离子的浓度；

（2）该温度下的平衡常数。

解：（1）

	Fe^{2+}	$+$	Ag^+	$\Longleftrightarrow$	Fe^{3+}	$+$	Ag
起始浓度 c_0	0.100		0.100		0		
变化浓度 $c_变$	$-0.100\times19.4\%$		$-0.100\times19.4\%$		$0.100\times19.4\%$		
	$=-0.0194$		$=-0.0194$		$=0.0194$		
平衡浓度 c	$0.100-0.0194$		$0.100-0.0194$		0.0194		
	$=0.0806$		$=0.0806$				

平衡时：

$$c(Fe^{2+}) = c(Ag^+) = 0.0806\text{mol/L}$$
$$c(Fe^{3+}) = 0.0194\text{mol/L}$$

（2）
$$K^\ominus = \frac{c(Fe^{3+})/c^\ominus}{[c(Fe^{2+})/c^\ominus] \cdot [c(Ag^+)/c^\ominus]} = \frac{0.0194}{(0.0806)^2}$$
$$= 2.99$$

例 3-3 水煤气的转化反应为：

$$CO(g) + H_2O(g) \Longleftrightarrow CO_2(g) + H_2(g)$$

在 850℃时，平衡常数 $K^\ominus$ 为 1.0，请在温度下于 5.0L 密闭容器中加入 0.040mol CO 和 0.040mol H_2O。试求该条件下 CO 的转化率和达到平衡时各组分的分压。

解： 设 CO 的转化率为 α，则：

	CO	$+$	H_2O	$\Longleftrightarrow$	CO_2	$+$	H_2
起始物质的量 n_0/mol	0.040		0.040		0		0
平衡时物质的量 n/mol	$0.040-0.040\alpha$		$0.040-0.040\alpha$		0.040α		0.040α

$$p(CO) = \frac{n(CO)RT}{V}$$

$$p(H_2O) = \frac{n(H_2O)RT}{V}$$

$$p(CO_2) = \frac{n(CO_2)RT}{V}$$

$$p(H_2) = \frac{n(H_2)RT}{V}$$

将分压代入 $K^{\ominus}$ 表达式：

$$K^{\ominus} = \frac{[p(CO_2)/p^{\ominus}] \cdot [p(H_2)/p^{\ominus}]}{[p(CO)/p^{\ominus}] \cdot [p(H_2O)/p^{\ominus}]} = \frac{\dfrac{n(CO_2)RT}{V} \cdot \dfrac{n(H_2)RT}{V}}{\dfrac{n(CO)RT}{V} \cdot \dfrac{n(H_2O)RT}{V}}$$

$$= \frac{n(CO_2)n(H_2)}{n(CO)n(H_2O)} = \frac{(0.040\alpha)^2}{[0.040(1-\alpha)]^2} = \frac{\alpha^2}{(1-\alpha)^2}$$

则：
$$\alpha = 50\%$$

平衡时各组分的分压为：

$$p(CO) = p(H_2O) = \frac{0.040 \times (1-0.50)mol \times 8.314J/(mol \cdot K) \times 1123K}{5.0 \times 10^{-3}m^3}$$

$$= 37.3kPa$$

$$p(CO_2) = p(H_2) = \frac{0.040 \times 0.50mol \times 8.314J/(mol \cdot K) \times 1123K}{5.0 \times 10^{-3}m^3}$$

$$= 37.3kPa$$

3.4　化学平衡的移动

可逆反应在一定条件下达到平衡，其特征是 $v_{正} = v_{逆}$，反应系统中各组分的浓度（或分压）不再随时间而变化。化学平衡状态是在一定条件下的暂时稳定状态，一旦外界条件（如浓度、温度、压力）发生变化，原有的平衡将被打破直至建立新的平衡。因外界条件改变使可逆反应从一种平衡状态向另一种平衡状态转变的过程，称为化学平衡的移动。浓度、压力、温度等因素对化学平衡移动有影响。

3.4.1　浓度对化学平衡的影响

在一定温度下，可逆反应 $aA + bB \rightleftharpoons cC + dD$，达到平衡时，若增加反应物 A 或 B 的浓度，则 $v_{正}$ 增大为 $v'_{正}$，$v'_{正} > v_{逆}$，反应向正方向进行，平衡向正方向移动。随着反应的进行，反应物 A 和 B 的浓度不断减小，生成物 C 和 D 的浓度逐渐增大，$v'_{正}$ 不断减小，$v'_{逆}$ 不断增大，当正、逆反应速率再次相等（$v'_{正} = v'_{逆}$），达到新的平衡。增大反应物浓度对平衡系统的影响，如图3-4所示。

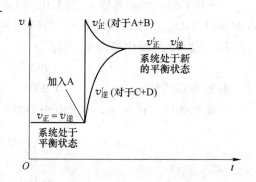

图3-4　增大反应物浓度对平衡系统的影响

从反应商判据来看，在原平衡状态下，$Q = K^{\ominus}$。恒温条件下，增加或减少平衡体系中生成物或反应物的浓度或分压，都会使反应商 Q 发生改变。

（1）反应物的浓度（或分压）增加或生成物的浓度（或分压）减少，则 Q 值减小，$Q < K^{\ominus}$，反应向正方向进行，平衡向正反应方向移动，最终达到 $Q = K^{\ominus}$ 的新平衡状态。

（2）当反应物浓度（或分压）减少或生成物的浓度（或分压）增大，则 Q 值增大，$Q > K^{\ominus}$，反应向逆反应方向进行，平衡向逆反应方向移动，最终达到 $Q = K^{\ominus}$ 的新的平衡状态。

例3-4 在例3-2的平衡系统中，再加入一定量的固体亚铁盐，使加入后 Fe^{2+} 的浓度达到 0.181mol/L，设溶液体积不变，维持温度不变。试求：

（1）平衡移动的方向；

（2）再次建立平衡时各物质的浓度；

（3）Ag^+ 总的转化率。

解：（1）欲知平衡向什么方向移动，需将 Q 与 $K^{\ominus}$ 进行比较。因温度不变，$K^{\ominus}$ 与例2相同，为 2.99。刚加入 Fe^{2+} 时，溶液中各种离子的瞬时浓度为

$$c(Fe^{2+}) = 0.181mol/L$$

$$c(Fe^{3+}) = 0.0194mol/L$$

$$c(Ag^+) = 0.0806mol/L$$

$$Q = \frac{c(Fe^{3+})/c^{\ominus}}{[c(Fe^{2+})/c^{\ominus}] \cdot [c(Ag^+)/c^{\ominus}]} = \frac{0.0194}{0.181 \times 0.0806} = 1.33$$

由于 $Q < K^{\ominus}$，所以平衡向右移动。

（2）

	Fe^{2+}	+	Ag	$\rightleftharpoons$	Fe^{3+}	+	Ag
起始浓度 C_0	0.181		0.0806		0.0194		
平衡浓度 C	0.181−x		0.0806−x		0.0194+x		

$$K^{\ominus} = \frac{c(Fe^{3+})/c^{\ominus}}{[c(Fe^{2+})/c^{\ominus}] \cdot [c(Ag^+)/c^{\ominus}]}$$

$$= \frac{0.0194 + x}{(0.181 - x)(0.0806 - x)} = 2.99$$

$$x = 0.0139$$

$$c(Fe^{2+}) = (0.181 - 0.0139)mol/L = 0.167mol/L$$

$$c(Ag^+) = (0.0806 - 0.0139)mol/L = 0.0667mol/L$$

$$c(Fe^{3+}) = (0.0194 + 0.0139)mol/L = 0.0333mol/L$$

（3）
$$\alpha(Ag^+) = \frac{(0.100 - 0.0667)mol/L}{0.100mol/L} \times 100\% = 33.3\%$$

加入 Fe^{2+} 后，Ag^+ 的转化率由 19.4% 提高到 33.3%。

上例结果可知，为了充分利用某种反应物，可让另一种价廉的反应物过量，提高前者的转化率。若从平衡系统中不断移走生成物，也可使平衡向正反应方向移动，提高转化率。在工业生产中具有较大的实用价值。

3.4.2　压力对化学平衡的影响

压力的变化对液态或固态反应影响甚微，对于有气体参加反应影响较大。

如可逆反应 $aA(g) + bB(g) \rightleftharpoons cC(g) + dD(g)$，在一密闭容器中达到平衡，在恒温条件下，将系统的体积缩小为原来的 $1/x$（$x>1$），则系统的总压力变为原来的 x 倍，这时系统中各组分气体的分压也变为原来的 x 倍，则反应商为：

$$Q_p = \frac{(xp(\mathrm{C})/p^{\ominus})^c \ (xp(\mathrm{D})/p^{\ominus})^d}{(xp(\mathrm{A})/p^{\ominus})^a \ (xp(\mathrm{B})/p^{\ominus})^b}$$

$$= \frac{(p(\mathrm{C})/p^{\ominus})^c \ (p(\mathrm{D})/p^{\ominus})^d}{(p(\mathrm{A})/p^{\ominus})^a \ (p(\mathrm{B})/p^{\ominus})^b} x^{(c+d)-(a+b)} = K_p^{\ominus} x^{\Delta n}$$

式中，$\Delta n = (c + d) - (a + b)$。

讨论：

（1）$\Delta n > 0$，即化学反应为生成物气体分子数大于反应物气体分子数的反应时，反应的 $Q_p > K_p^{\ominus}$，平衡向左移动，即向气体分子数少的方向移动。

（2）$\Delta n < 0$，即化学反应为生成物气体分子数小于反应物气体分子数，反应的 $Q_p < K_p^{\ominus}$，平衡向右移动，即向气体分子数少的方向移动。

（3）$\Delta n = 0$，表明反应前后气体分子数相等。此时 $Q_p = K_p^{\ominus}$，平衡不移动。说明压力变化对反应前后气体分子数不变的反应没有影响。

结论：

（1）压力变化对反应前后气体分子数不变的反应没有影响；

（2）对反应前后气体分子数有变化的反应，恒温下，增大压力，平衡向气体分子数减少的方向移动；减小压力，平衡向气体分子数增多的方向移动。

小贴士（tips）

在恒温条件下向一平衡系统加入不参与反应的其他气态物质，比如稀有气体：

（1）若体积不变，但系统总压增加，这种情况无论 $\Delta n > 0$，$\Delta n = 0$ 或 $\Delta n < 0$，平衡都不移动。因为平衡系统总压虽然增加，但是原先物质的分压并未改变，Q 和 $K_p^{\ominus}$ 仍然相等，平衡状态不改变。

（2）若总压维持不变，则系统体积增大（相当于系统的原来压力减小），此时若 $\Delta n \neq 0$，平衡移动。具体移动情况与上述压力减小引起的平衡变化一样。

3.4.3　温度对化学平衡的影响

温度对化学平衡的影响与浓度、压力有本质的区别。一定温度下，浓度和压力的改变只影响反应商 Q，平衡常数并未改变，而温度的变化将改变化学平衡常数 $K^{\ominus}$，使 $K^{\ominus} \neq Q$，从而使平衡发生移动。

温度对平衡常数的影响，取决于化学反应的热效应。若正反应是吸热反应（$\Delta_r H_m^{\ominus} > 0$），那么，温度升高，平衡常数增大，平衡向正方向移动；温度降低，平衡常数减小，平衡向逆方向移动。反之，若正反应为放热反应（$\Delta_r H_m^{\ominus} < 0$）平衡常数随温度升高（或降低）而减小（或增大）。因此，温度升高，平衡向吸热的方向移动；温度降低，平衡向放热的方向移动，温度对化学平衡的影响见表3-2。

表 3-2 温度对化学平衡的影响

$\Delta_r H_m^{\ominus}$ /kJ·mol^{-1}	温度升高	温度降低
$\Delta_r H_m^{\ominus} > 0$（正反应吸热）	平衡常数 $K^{\ominus}$ 增大 平衡向正反应方向移动	平衡常数 $K^{\ominus}$ 减小 平衡向逆反应方向移动
$\Delta_r H_m^{\ominus} < 0$（正反应放热）	平衡常数 $K^{\ominus}$ 减小 平衡向逆反应方向移动	平衡常数 $K^{\ominus}$ 增大 平衡向正反应方向移动

3.4.4 催化剂对化学平衡的影响

催化剂能加快反应速率，缩短达到平衡的时间。同样倍数的增大或减小正、逆反应速率，不改变反应商 Q 和平衡常数 $K^{\ominus}$，所以化学平衡不移动。

3.4.5 平衡移动原理——吕·查德里原理

1884 年，法国科学家吕·查德里（Le Chatelier）通过研究浓度、压力、温度对化学平衡移动的影响后，归纳总结出一条规律：当体系达到平衡后，若改变平衡系统的条件（如浓度、压力、温度），平衡向着减弱这个改变的方向移动，这就是平衡移动原理，又称为吕·查德里原理。表 3-3 列出了各种因素对化学反应速率和化学平衡移动的影响。

表 3-3 影响反应速率与化学平衡的因素

影响因素		对反应速率的影响		对化学平衡的影响	
		$k_正$（正反应速率常数）	$v_正$（正反应速率）	$K^{\ominus}$标准平衡常数	平衡移动方向
增大反应物浓度或压力		不变	增大	不变	正反应方向
增大生成物浓度或压力		不变	不变	不变	逆反应方向
缩小体积或增大总压力	$\Delta n < 0$	不变	增大	不变	正反应方向
	$\Delta n = 0$	不变	增大	不变	不变
	$\Delta n > 0$	不变	增大	不变	逆反应方向
升高温度	$\Delta_r H_m^{\ominus} > 0$ 正反应吸热	增大	增大	增大	正反应方向
	$\Delta_r H_m^{\ominus} < 0$ 正反应放热	增大	增大	减小	逆反应方向
加正催化剂		增大	增大	不变	不变
结论		与浓度、压力无关	与浓度、压力、温度有关	与温度有关	平衡向减弱改变量的方向移动

练一练 2

欲使下列平衡向正反应方向移动可采取哪些措施？并考虑其对 $K^{\ominus}$ 有何影响？

$$N_2O_4(g) \rightleftharpoons 2NO_2(g) , \Delta_r H_m^{\ominus} > 0$$

练一练 2 解答

3.5 本章主要知识点

3.5.1 基本概念

（1）化学反应速率。用单位时间内某一反应物或生成物浓度的变化的正值来表示。

（2）基元反应与非基元反应。

1）基元反应：反应物质经一步反应获得产物。

2）非基元反应：反应物质经多步反应获得产物。

（3）质量作用定律（经验速率方程）。在一定温度下，反应速率与各反应物浓度幂的乘积成正比。

基元反应：

$$aA + bB \longrightarrow yY + zZ$$
$$v = k[c(A)]^a \cdot [c(B)]^b$$

非基元反应：

$$aA + bB \longrightarrow yY + zZ$$
$$v = k[c(A)]^\alpha \cdot [c(B)]^\beta$$

注意：α、β 与 a、b 不一定相等，由实验测定。

（4）化学平衡。正、逆反应速率相等时系统所处的状态，平衡时 $v_正 = v_逆$。

（5）平衡常数。给出化学反应，写出其平衡常数的表达式。

（6）多重平衡。某反应若由其他反应相加（减）而得，则其平衡常数为各步平衡常数的积（商）。

（7）反应商 Q 的表达式与 $K^\ominus$ 相同，但反应商 Q 中的浓度或分压是任何状态下的，而平衡常数 $K^\ominus$ 是平衡状态下的，判断化学平衡移动方向的判据如下：

1）$Q < K^\ominus$，系统处于不平衡状态，平衡向右移动；

2）$Q = K^\ominus$，系统处于平衡状态；

3）$Q > K^\ominus$，系统处于不平衡状态，平衡向左移动。

3.5.2 影响化学反应速率的因素

（1）浓度（分压）对反应速率的影响。对于基元反应：其反应速率与各反应物浓度（分压）幂的乘积成正比——质量作用定律。

（2）温度对反应速率的影响。对于多数反应，温度每升高 10℃，反应速率增加到原来的 2~4 倍。

（3）催化剂对反应速率的影响。催化剂能有效地改变化学反应速率。

3.5.3 影响化学平衡移动的因素

化学平衡移动原理：改变平衡系统的条件，平衡将向减弱这个改变的方向移动，此原理称为吕·查德里原理。

（1）浓度对化学平衡的影响。增加反应物浓度，平衡向右移动；增加生成物浓度，平衡向左移动。

（2）压力对化学平衡的影响。在恒温下，增大总压，平衡向气体分子总数减少的方向移动，减小总压，平衡向气体分子总数增加的方向移动；当反应前后气体分子总数相等时，总压的变化不会对平衡产生影响。

（3）温度对化学平衡的影响。对于放热反应，升高温度，平衡常数变小，平衡向左移动；对于吸热反应，升高温度，平衡常数增大，平衡向右移动。

（4）催化剂与化学平衡。催化剂能同等程度地加快正、逆反应速率，平衡常数不变，平衡不发生移动。

3.5.4　基本计算（有关化学平衡的计算）

（1）由平衡常数求平衡组成或转化率；
（2）由平衡组成求平衡常数；
（3）平衡移动的计算。

思考与习题

思考与习题
参考答案

一、填空题

3-1　某一基元反应 $2A+B \rightarrow C$ 是一步完成的，则该反应的速率方程为＿＿＿＿＿＿。

3-2　基元反应 $N_2(g) + 3H_2(g) \rightarrow 2NH_2(g)$，在密闭容器中进行，若压力增大到原来的 2 倍，则反应速率将增大＿＿＿＿＿＿倍。

3-3　化学反应的平衡常数 $K^{\ominus}$ 仅仅是＿＿＿＿＿＿的函数，而与＿＿＿＿＿＿无关。

3-4　将 Cl_2，H_2O，HCl 和 O_2，四种气体置于一容器中，发生如下反应：$2Cl_2(g) + 2H_2O(g) \rightleftharpoons 4HCl(g) + O_2(g)$，$\Delta_r H_m^{\ominus} > 0$，反应达到平衡后，如按下列各项改变条件，则在其他条件不变的情况下，各题后半部分所指项目有什么变化？

（1）增大容器体积，$n(O_2)$ ＿＿＿＿＿＿，$K^{\ominus}$ ＿＿＿＿＿＿，$p(Cl_2)$ ＿＿＿＿＿＿；
（2）加入氮气（总压不变），$n(HCl)$ ＿＿＿＿＿＿；
（3）加入 O_2，$n(Cl_2, g)$ ＿＿＿＿＿＿，$n(HCl)$ ＿＿＿＿＿＿；
（4）升高温度，$K^{\ominus}$ ＿＿＿＿＿＿；
（5）加入催化剂，$n(HCl)$ ＿＿＿＿＿＿。

3-5　反应 $CaCO_3(s) \rightleftharpoons CaO(s) + CO_2(g)$，若增大压力，平衡向＿＿＿＿＿＿方向移动。

3-6　可逆反应 $X + 2Y \rightleftharpoons 2Z$，$\Delta_r H_m^{\ominus} > 0$，X，Y，Z 是三种气体，为了有利于 Z 的生成，应采用的反应条件是＿＿＿＿＿＿。

二、选择题

3-7　反应：$NO(g) + CO(g) \rightleftharpoons \frac{1}{2} N_2(g) + CO_2(g)$；$\Delta_r H_m^{\ominus} = -427 kJ/mol$，下列哪一条件有利于 NO 和 CO 取得较高转化率＿＿＿＿＿＿。
　　A. 低温、高压　　B. 高温、高压　　C. 低温、低压　　D. 高温、低压

3-8　对于反应：$CO(g) + H_2O(g) \rightleftharpoons CO_2(g) + H_2(g)$，如果要提高 CO 的转化率可以采用＿＿＿＿＿＿。
　　A. 增加 CO 的量　　　　　　　　B. 增加 $H_2O(g)$ 的量
　　C. 两种办法都可以　　　　　　　D. 两种办法都不可以

3-9　某一反应在一定条件下的转化率为 25.7%，如加入催化剂，这一反应的转化率将＿＿＿＿＿。
　　A. 大于 25.7%　　B. 小于 25.7%　　C. 不变　　D. 无法判断

3-10　气体反应：$A(g) + B(g) \rightleftharpoons C(g)$ 在密闭容器中建立化学平衡，如果温度不变，但体积缩小了 2/3，则

平衡常数 $K_p^{\ominus}$ 为原来的____。

A. 3 倍 B. 9 倍 C. 2 倍 D. 不变

3-11 已知下列反应的平衡常数：

$H_2(g) + S(s) \rightleftharpoons H_2S(g)$；$K_{p1}^{\ominus}$

$S(s) + O_2(g) \rightleftharpoons SO_2(g)$；$K_{p2}^{\ominus}$

则反应：$H_2(g) + SO_2(g) \rightleftharpoons O_2(g) + H_2S(g)$ 的平衡常数为____。

A. $K_{P1}^{\ominus} + K_{P2}^{\ominus}$　B. $K_{P1}^{\ominus} - K_{P2}^{\ominus}$　C. $K_{P1}^{\ominus} \cdot K_{P2}^{\ominus}$　D. $K_{P1}^{\ominus}/K_{P2}^{\ominus}$

3-12 正反应和逆反应的平衡常数之间的关系是（　　　）。

A. 两者相等 B. 两者之积等于 1

C. 没有关系 D. 都随着温度的升高而增大

3-13 下列改变能使任何反应达到平衡时的产物增加的是（　　　）。

A. 升高温度 B. 增加起始反应物浓度

C. 加入催化剂 D. 增加压力

三、判断题（正确的划"√"，错误的划"×"）

3-14 任何情况下，反应速率 v 在数值上等于反应速率常数 k。（　　　）

3-15 质量作用定律是一个普遍的规律，适用于任何化学反应。（　　　）

3-16 反应速率常数值取决于温度，而与反应物、生成物的浓度无关。（　　　）

3-17 温度升高，使吸热反应速率增大，使放热反应速率减慢。（　　　）

3-18 催化剂可以提高化学反应转化率。（　　　）

3-19 对于一个正向为吸热的反应来说，若升高温度，则正向反应速率必然增加，而逆向反应速率必然减小。（　　　）

3-20 催化剂只能缩短反应到达平衡的时间而不能改变平衡状态。（　　　）

3-21 反应 $A(g) + B(g) \rightleftharpoons 2C(g)$，增大总压，使 A 和 B 的分压增大，正反应速率增大，因而平衡向右移动。（　　　）

3-22 分几步完成的化学反应的总平衡常数是各步平衡常数之和。（　　　）

3-23 反应 $CaCO_3(s) \rightleftharpoons CaO(s) + CO_2(g)$，在一定条件下达到平衡后，若压缩容器体积，则平衡向正反应方向移动。（　　　）

3-24 可使任何反应达到平衡时增加产率的措施是增加反应物浓度。（　　　）

3-25 对于可逆反应 $C(s) + H_2O(g) \rightleftharpoons CO(g) + H_2(g)$，$\Delta_r H_m^{\ominus} > 0$，判断下列说法是否正确，为什么？

（1）达到平衡时各反应物和生成物的浓度一定相等。（　　　）

（2）升高温度 $v_{正}$ 增大，$v_{逆}$ 减小，所以平衡向右移动。（　　　）

（3）由于反应前后分子数相等，所以增加压力对平衡没有影响。（　　　）

（4）加入催化剂使 $v_{正}$ 增加，所以平衡向右移动。（　　　）

（5）由于 $K_p^{\ominus} = \dfrac{(p(CO)/p^{\ominus})(p(H_2)/p^{\ominus})}{p(H_2O)/p^{\ominus}}$，随着反应的进行，$p(CO)$ 和 $p(H_2)$ 不断增加，$p(H_2O)$ 不断减小，所以 $K_p^{\ominus}$ 值不断增大。（　　　）

四、简答题

3-26 解释下列化学术语的含义：

（1）基元反应；（2）化学反应速率；（3）催化剂；（4）标准平衡常数；（5）化学平衡移动。

3-27 工业上用乙烷裂解制乙烯，反应式为 $C_2H_6(g) \rightleftharpoons C_2H_4(g) + H_2(g)$，解释工业上通常在高温高压下，加入过量水蒸气的方法来提高乙烯的产率（水蒸气在此条件下不参加化学反应）。

3-28 欲使下列平衡向正反应方向移动可采取哪些措施？并考虑其对 $K^{\ominus}$ 有何影响。

(1) $CO_2(g) + C(s) \rightleftharpoons 2CO(g)$ $\qquad \Delta H_1^{\ominus} > 0$

(2) $CO_2(g) + H_2(g) \rightleftharpoons CO(g) + H_2O(g)$ $\qquad \Delta H_2^{\ominus} > 0$

(3) $N_2(g) + 3H_2(g) \rightleftharpoons 2NH_3(g)$ $\qquad \Delta H_3^{\ominus} < 0$

3-29 写出下列反应平衡常数 $K^{\ominus}$ 的表达式。

(1) $CH_4(g) + 2O_2(g) \rightleftharpoons CO_2(g) + 2H_2O(g)$

(2) $Al_2O_3(s) + 3H_2(g) \rightleftharpoons 2Al(s) + 3H_2O(g)$

五、计算题

3-30 反应 $CH_3COOH + C_2H_5OH \rightleftharpoons CH_3COOC_2H_5 + H_2O$，在室温下达到平衡，平衡时的 $K^{\ominus} = 4.0$，若起始时乙酸和乙醇的浓度相等，平衡时乙酸乙酯的浓度是 0.4mol/L，求平衡时乙醇的浓度。

3-31 反应：$Sn + Pb^{2+} \rightleftharpoons Sn^{2+} + Pb$ 在 25℃ 时的平衡常数为 2.18，若（1）反应开始时只有 Pb^{2+}，其浓度 $c(Pb^{2+}) = 0.100mol/L$，求达到平衡时溶液中剩下的 Pb^{2+} 浓度为多少？（2）反应开始时 $c(Pb^{2+}) = c(Sn^{2+}) = 0.100mol/L$，求达到平衡时溶液中剩下的 Pb^{2+} 浓度为多少？

3-32 反应：$H_2(g) + I_2(g) \rightleftharpoons 2HI(g)$ 在 350℃ 时的 $K^{\ominus} = 17.0$，若在该温度下将 H_2、I_2 和 HI 三种气体在一密闭容器中混合，测得其初始分压分别为 405.2kPa、405.2kPa、202.6kPa，问反应将向何方向进行？

3-33 反应 $CaCO_3(s) \rightleftharpoons CaO(s) + CO_2(g)$，在 700℃ 时 $K^{\ominus} = 2.92 \times 10^{-2}$，900℃ 时的 $K^{\ominus} = 1.05$，由此说明：

（1）其正反应是吸热还是放热？为什么？

（2）在 700℃ 和 900℃ 时 CO_2 的分压分别是多少？

3-34 在一密闭容器中，反应：$CO(g) + H_2O(g) \rightleftharpoons CO_2(g) + H_2(g)$ 的 $K_p^{\ominus} = 2.6$（476℃），求：

（1）当 H_2O 和 CO 的物质的量之比为 1 时，CO 的转化率为多少？

（2）当 H_2O 和 CO 的物质的量之比为 3 时，CO 的转化率为多少？

（3）根据计算结果，能得到什么结论？

3-35 275℃ 时反应：$NH_4Cl(s) \rightleftharpoons NH_3(g) + HCl(g)$ 的压力平衡常数 K_P 为 0.0104。将 0.980g 固体 NH_4Cl 样品放入 1.00L 密闭容器中，加热到 275℃，计算：

（1）达平衡时，NH_3 和 HCl 的分压各是多少？

（2）达平衡时，在容器中固体 NH_4Cl 的质量是多少？

4 定量分析基础

本章学习目标

知识目标

1. 了解定量分析法的定义、分类及一般处理程序。
2. 掌握滴定分析法的定义及计算。
3. 熟悉系统误差、随机误差的特点、来源和消除方法。
4. 了解误差的表示方法。
5. 掌握有效数字的表示方法及修约规则。

能力目标

1. 熟悉定量分析法的一般程序,能够准确将滴定分析法分类。
2. 能够正确计算出滴定分析中的待测结果。
3. 会判断系统误差、随机误差并提出消除误差的方法。
4. 能够正确计算误差及偏差。
5. 能够正确使用有效数字。

4.1 定量分析法概述

4.1.1 定量分析的任务及作用

定量分析的任务是测定物质中有关成分的含量,与定性分析不同,定性分析只能确定物质由哪些元素、离子、基团或者化合物组成,并不能得到各种组分的占比,而定量分析的出现就是为了能够解决这一问题。

定量分析能够准确的测定待测物中某一组分的含量,在分析化学中占有重要地位。不仅如此,它在国民经济的发展、国防力量的强大、科学技术的进步和自然资源的开发等各方面的作用也是举足轻重的。例如,在工业上,原料的选择、工艺流程条件的控制、成品的检测;在农业上,土壤的普查、化肥和农药的生产、农产品的质量检验;其他方面如资源勘探、环境监测、海洋调查,以及医药、食品的质量检测和突发公共卫生事件的处理,都会用到定量分析法。定量分析法不仅仅是化学学科的"眼睛",用于发现问题,而且还能直接参与解决实际问题。

4.1.2 定量分析的分类

定量分析方法可根据分析对象、测定原理、试样用量、生产部门的要求等不同进行分类，分为如下不同类别。

4.1.2.1 无机分析和有机分析

无机分析的分析对象是无机化合物，有机分析的分析对象是有机化合物。在无机分析中，通常要求鉴定试样是由哪些元素、离子、原子团或化合物所组成，各组分的含量是多少。在有机分析中，虽然组成有机化合物的元素种类不多，但是由于有机化合物结构复杂，其种类已达千万种以上，故分析方法不仅有元素分析，还有官能团分析和结构分析。

4.1.2.2 化学分析和仪器分析

以物质的化学反应为基础的分析方法称为化学分析法，主要是滴定分析法和重量分析法。以物质的物理和物理化学性质为基础的分析方法称为物理和物理化学分析法。这类方法需要特殊的仪器，通常称为仪器分析法。主要有光学分析法、电化学分析法、色谱分析法、质谱分析法和放射化学分析法等。

4.1.2.3 常量分析、半微量分析、微量分析和超微量分析

分析工作中根据试样用量的多少可分为常量分析、半微量分析和微量分析。根据试样用量划分的分析方法见表4-1。

表4-1 根据试样用量划分的分析方法

分析方法名称	常量分析	半微量分析	微量分析	超微量分析
固体试样质量/g	>0.1	0.1~0.01	0.01~0.0001	<0.0001
液态试样体积/mL	>10	10~1	1~0.01	<0.01

4.1.2.4 例行分析、快速分析和仲裁分析

例行分析是指一般化验室对日常生产中的原材料和产品所进行的分析，又称为"常规分析"。

快速分析主要为控制生产过程提供信息。例如炼钢厂的炉前分析，要求在尽量短的时间内报出分析结果以便控制生产过程，这种分析要求速度快，准确的程度达到一定要求便可。

仲裁分析是因为不同的单位对同一试样分析得出不同的测定结果，并由此发生争议时，要求权威机构用公认的标准方法进行准确的分析，以裁判原分析结果的准确度。显然，在仲裁分析中，对分析方法和分析结果要求有较高的准确度。

4.1.3 定量分析的一般程序

4.1.3.1 采样

从大量的分析对象中抽取一小部分作为分析样品的过程称为采样或取样，所抽取的分析样品称为试样。要求试样能代表全部分析对象，具有代表性。实际遇到的分析对象多种多样，其存在的状态有固体、液体、气体，不管是哪种试样，取样都应兼顾总体性。从总

体中选择多点随机取样，使受检样品的化学组成尽量与总体的平均值相接近，这是保证测试结果的质量或测试意义的基础。原始样取好后，再逐步缩分为实验室所需的量。

固体试样缩分的方法是将粉碎好的试样堆成圆锥形，经顶部中间用十字形分割为四等分，弃去对角的两份，即缩减为1/2。继续缩分至所需的量，称为四分法。制样过程中应防止污染，用于制样的工具和器皿就被测元素来讲要相对洁净，分析样品的方法、温度、时间等要恰当，不得有样品溅失、样品分解不完全等现象。在形成溶液时，要确保试样全部进入溶液，不得有沉淀或浑浊现象。

4.1.3.2　预处理

将试样放入适当容器内进行初步处理，使待测成分转变为可测定的状态。定量分析一般采用湿法分析，即将试样分解后制成溶液，然后进行测定。处理过程中待测组分不损失，尽量避免引入干扰组分。实际测定中根据试样的性质和分析的要求选用适当的分解方法，分解试样的方法主要有酸溶法、碱溶法和熔融法等。

4.1.3.3　测定

测定试样中组分的含量是分析工作的主要内容。根据分析对象和要求综合考虑多种因素，如仪器设备是否齐全，分析速度、费用和难易程度以及操作安全等，选用合适的分析方法测定待测组分。可选用标准方法、法定方法、文献方法等。如果试样组成复杂，测定时互相干扰，还要考虑消除干扰。

4.1.3.4　数据处理

根据所取试样的量，测定时所得数据和分析过程中所依据的化学反应之间的关系，可以计算出试样中被测组分的相对含量，并对分析结果的可靠性进行分析，最后得出结论。

4.1.4　滴定分析法的定义和分类

4.1.4.1　滴定分析法的几个基本概念

定量分析法中常用的方法之一就是滴定分析法，是将一种已知准确浓度的试剂溶液（标准溶液），通过滴定管滴加到待测组分溶液中，直到所加试剂与待测组分按化学计量完全定量反应为止。根据标准溶液的浓度和所消耗的体积，算出待测组分的含量，这一类分析方法称为滴定分析法。

这种滴加的溶液称为滴定剂，也称之为标准溶液。滴加溶液的操作过程称为滴定，滴加的标准溶液与待测组分恰好定量反应完全时的一点，称为化学计量点。通常利用指示剂颜色的突变或仪器测试来判断化学计量点的到达而停止滴定操作的一点称为滴定终点。实际分析操作中滴定终点与理论上的化学计量点常常不能恰好吻合，往往存在一定的差别，这一差别称为滴定误差或终点误差。

滴定分析法是分析化学中重要的一类分析方法，常用于滴定含量≥1%的常量组分，即被测组分的含量在1%以上。另外，微量组分指被测组分的含量为1%~0.01%，痕量组分指被测组分的含量≤0.01%。在测定条件较好的情况下，滴定分析测定的相对误差不大于0.2%。

4.1.4.2 滴定分析法的分类

A 根据反应类型分

a 酸碱滴定法

以酸碱中和反应为基础的滴定分析方法称为酸碱滴定法，如用 NaOH 滴定食用醋中的总酸度。

b 沉淀滴定法

以沉淀反应为基础的滴定分析方法称为沉淀滴定法，如银量法。

c 氧化还原滴定法

以氧化还原反应为基础的滴定分析方法称为氧化还原滴定法，根据标准溶液的不同，氧化还原滴定法主要分为高锰酸钾法、重铬酸钾法、碘量法等。

d 配位滴定法

以配位反应为基础的滴定分析方法称为配位滴定法，如用 EDTA 标准溶液滴定铝和镁的含量。

B 根据滴定方式分

a 直接滴定法

用标准溶液直接滴定被测物质，利用指示剂或仪器测试指示化学计量点达到的滴定方式，称为直接滴定法。直接滴定法是最常用和最基本的滴定方式。通过标准溶液的浓度及所消耗滴定剂的体积，计算出待测物质的含量。例如，用 HCl 溶液滴定 NaOH 溶液，用 $K_2Cr_2O_7$ 溶液滴定 Fe^{2+} 等。如果反应不能完全符合上述滴定反应的条件时，可以采用下述几种方式滴定。

b 返滴定法

当试样中被测物质与滴定剂的反应速率较慢，或用滴定剂直接滴定固体试样时，反应不能立即完成，就不能用直接滴定法滴定。可以先在待测试液中准确地加入适当过量的标准溶液，待反应完全后，再用另一种标准溶液滴定剩余的第一种标准溶液，测定待测组分的含量，这种方式称为返滴定法。

例如，Al^{3+} 与乙二胺四乙酸二钠盐（简称 EDTA）溶液反应速率慢，不能用 EDTA 标准溶液直接滴定，常采用返滴定法。在一定的 pH 值条件下，于待测的 Al^{3+} 试液中加入已知过量的 EDTA 溶液，待反应完全后，加入二甲酚橙做指示剂，用标准锌溶液返滴剩余的 EDTA 溶液，计算试样中铝的含量。

c 置换滴定法

若被测物质与滴定剂的反应不按一定的反应式进行或有副反应发生时，不能采用直接滴定法，可采用置换滴定法。该法先加入适当的试剂与待测组分定量反应，生成另一种可被滴定的物质，再用标准溶液滴定反应产物，然后由滴定剂消耗量，反应生成的物质与待测组分的关系计算出待测组分的含量，称为置换滴定法。

例如，用 $K_2Cr_2O_7$ 标定 $Na_2S_2O_3$ 溶液的浓度时，因为在酸性介质中，$K_2Cr_2O_7$ 不仅将 $Na_2S_2O_3$ 氧化为 $Na_2S_4O_6$，还有一部分 $Na_2S_2O_3$ 被氧化为 Na_2SO_4，$Na_2S_2O_3$ 与 $K_2Cr_2O_7$ 的反应没有确定的计量关系。此时可以用一定量的 $K_2Cr_2O_7$ 在酸性溶液中与过量 KI 作用，

析出相当量的 I_2，以淀粉为指示剂，再用 $Na_2S_2O_3$ 溶液滴定析出的 I_2，进而求得 $Na_2S_2O_3$ 溶液的浓度。

　　d　间接滴定法

　　某些待测组分不能直接与滴定剂反应，但可利用间接反应使其转化为可被滴定的物质，再用滴定剂滴定所生成的物质，通过其他化学反应，间接测定其含量。例如，溶液中 Ca^{2+} 与 $C_2O_4^{2-}$ 作用形成 CaC_2O_4 沉淀，过滤后，加入 H_2SO_4 使沉淀物溶解，用 $KMnO_4$ 标准溶液与 $C_2O_4^{2-}$ 作用，采用氧化还原滴定法可间接测定 Ca^{2+} 的含量。

4.1.4.3　滴定反应的条件

　　并不是所有的化学反应都可用来进行滴定分析，用于滴定分析的化学反应必须具备下列条件：

　　(1) 反应必须定量地完成。即要求化学反应按一定的反应方程式进行完全，无副反应发生，且进行完全，通常要求达到 99.9% 以上。

　　(2) 反应能够迅速完成。对于速率慢的反应，应采取适当措施提高反应速率，有时可通过加热或加入催化剂等方法来加速反应的进行。

　　(3) 能利用指示剂或仪器分析等比较简便的方法确定滴定的终点。

　　凡能满足上述要求的反应均可用于滴定分析。

4.1.5　标准溶液的配制和标定

　　标准溶液指已知准确浓度的溶液。无论用哪种滴定方式，都离不开标准溶液，都要通过标准溶液的浓度和体积来计算待测组分的含量。因此，在滴定分析中，首先要掌握标准溶液的配制和标定。

4.1.5.1　基准物质

　　能用于直接配制或标定标准溶液的物质，称为基准物质。但是在实际中能作为基准物质使用的试剂并不多。大多数标准溶液是先配制成近似浓度，然后用基准物质来标定其准确的浓度。

　　基准物质应符合下列要求：

　　(1) 必须具有足够的纯度，一般要求其纯度在 99.9% 以上，通常用基准试剂或优级纯物质。

　　(2) 物质的组成应与其化学式相符合；若含结晶水，如草酸 $H_2C_2O_4 \cdot 2H_2O$ 等，其结晶水的含量也应该与化学式完全相符。

　　(3) 试剂性质要求很稳定，不易吸收空气中的水分和二氧化碳，不易被空气所氧化。常用基准物质的干燥条件及其应用见表 4-2。

　　(4) 基准物质的摩尔质量应尽可能大，这样称量的相对误差较小。

　　能够满足上述要求的物质可用作基准物质。在滴定分析中常用的基准物质有邻苯二甲酸氢钾（$KHC_8H_4O_4$）、$Na_2B_4O_7 \cdot 10H_2O$、无水 Na_2CO_3、$CaCO_3$、金属 Zn、Cu、$K_2Cr_2O_7$、KIO_3、As_2O_3、$NaCl$ 等，可见表 4-2。

表 4-2　常用基准物质的干燥条件及其应用

基准物质		干燥后的组成	干燥条件，温度/℃	标定对象
名称	分子式			
碳酸氢钠	$NaHCO_3$	Na_2CO_3	$270 \sim 300$	酸
十水合碳酸钠	$Na_2CO_3 \cdot 10H_2O$	Na_2CO_3	$270 \sim 300$	酸
硼砂	$Na_2B_4O_7 \cdot 10H_2O$	$Na_2B_4O_7 \cdot 10H_2O$	放在装有 NaCl 和蔗糖饱和溶液的密闭器皿中	酸
二水合草酸	$H_2C_2O_4 \cdot 2H_2O$	$H_2C_2O_4 \cdot 2H_2O$	室温空气干燥	碱或 $KMnO_4$
邻苯二甲酸氢钾	$KHC_8H_4O_4$	$KHC_8H_4O_4$	$110 \sim 120$	碱
重铬酸钾	$K_2Cr_2O_7$	$K_2Cr_2O_7$	$140 \sim 150$	还原剂
溴酸钾	$KBrO_3$	$KBrO_3$	130	还原剂
碘酸钾	KIO_3	KIO_3	130	还原剂
金属铜	Cu	Cu	室温干燥器中保存	还原剂
三氧化二砷	As_2O_3	As_2O_3	室温干燥器中保存	氧化剂
草酸钠	$Na_2C_2O_4$	$Na_2C_2O_4$	$105 \sim 110$	氧化剂
碳酸钙	$CaCO_3$	$CaCO_3$	110	EDTA
金属锌	Zn	Zn	室温干燥器中保存	EDTA
氧化锌	ZnO	ZnO	$900 \sim 1000$	EDTA
氯化钠	NaCl	NaCl	$500 \sim 600$	$AgNO_3$
氯化钾	KCl	KCl	$500 \sim 600$	$AgNO_3$
硝酸银	$AgNO_3$	$AgNO_3$	$220 \sim 250$	氯化物

4.1.5.2　标准溶液的配制

在定量分析中标准溶液的配制方法一般有两种，即直接配制法和间接配制法。

A　直接配制法

准确称取一定量的基准物质，溶解后定量转移入容量瓶中，加蒸馏水稀释至一定刻度，充分摇匀。根据称取基准物质的质量和容量瓶的容积，计算其准确浓度。

B　间接配制法

很多试剂不符合基准物质的条件，不能直接配制成标准溶液，只能用间接法。即先配制近似于所需浓度的溶液，然后用基准物质或另一种标准溶液通过滴定的方法来确定其准确浓度。这种确定标准溶液准确浓度的操作过程称为标定，所以间接配制法又称为标定法。如在滴定分析中常用盐酸为滴定剂，HCl 含量不稳定，且含有杂质，需用间接法配制，再标定其准确浓度。常用无水碳酸钠为基准物质，标定 HCl 溶液的准确浓度。

4.1.6　滴定分析的计算

在滴定分析中，涉及标准溶液的配制、标定和稀释的计算以及在滴定完成后，由标准溶液的浓度和消耗滴定剂的体积计算被测组分的质量及其质量分数。计算的主要依据是：在化学计量点时，所消耗的标准溶液和被测物质的物质的量之比等于化学计量数之比。

例如：待测物质的物质的量 n_A 与滴定剂的物质的量 n_B 的关系：在滴定分析法中，设待测物质 A 与滴定剂 B 直接发生作用，则反应式如下：

$$aA + bB \Longrightarrow cC + dD$$

当达到化学计量点时，a mol 的 A 物质恰好与 b mol 的 B 物质作用完全，则 n_A 与 n_B 之比等于化学计量数之比，即：

$$n_A : n_B = a : b \tag{4-1}$$

所以：
$$n_A = \frac{a}{b} n_B$$

$$n_B = \frac{b}{a} n_A$$

由于：
$$n_A = c_A V_A$$

所以：
$$c_A V_A = \frac{a}{b} c_B V_B \tag{4-2}$$

此关系式也能用于有关溶液稀释的计算。因为溶液稀释后，浓度虽然降低，但所含溶质的物质的量没有改变。所以配制溶液时，将浓度高的溶液稀释为浓度低的溶液，可表示：

$$c_1 V_1 = c_2 V_2 \tag{4-3}$$

式中　c_1，V_1——稀释前某溶液的浓度和体积；

c_2，V_2——稀释后某溶液的浓度和体积。

实际应用中，常用基准物质标定溶液的浓度，而基准物质往往是固体，因此必须准确称取基准物质的质量，溶解后再标定待测溶液的浓度。

若称取试样的质量为 m_s，测得待测物的质量为 m_A，待测物 A 的质量分数为：

$$w_A(\%) = \frac{m_A}{m_S} \times 100$$

得：
$$n_A = \frac{a}{b} n_B = \frac{a}{b} c_B V_B$$

$$n_A = \frac{m_A}{M_A}$$

即可求得待测物质的质量：
$$m_A = \frac{a}{b} c_B V_B M_A$$

则待测物 A 的质量分数为：
$$w_A(\%) = \frac{\frac{a}{b} c_B V_B M_A}{m_s} \times 100 \tag{4-4}$$

此式是滴定分析中计算被测物含量的一般通式。

另外，滴定度 T 与物质的量浓度 c 的换算关系为：

$$T^{\frac{B}{T}} = \frac{m_B}{V_T} = \frac{b}{t} \cdot \frac{c_T M_B}{1000} \tag{4-5}$$

其中，B 为待测物；T 为标准溶液；c_T 为标准溶液的物质的量浓度，mol/L；M_B 为待测物的摩尔质量，g/mol；b/t 为待测物与标准溶液的物质的量之比。

例 4-1 配制 1.000L 浓度为 0.1000mol/L 的 $K_2Cr_2O_7$ 标准溶液，应称取基准物质 $K_2Cr_2O_7$ 多少克？

解：

$$m(K_2Cr_2O_7) = n(K_2Cr_2O_7) \cdot M(K_2Cr_2O_7)$$
$$= c(K_2Cr_2O_7) \cdot V(K_2Cr_2O_7) \cdot M(K_2Cr_2O_7)$$
$$= 0.1000mol/L \times 1.000L \times 294.18g/mol$$
$$= 29.42g$$

例 4-2 欲配制浓度为0.2mol/L 的盐酸溶液 1L，应取浓盐酸（12mol/L）多少毫升？

解： 稀释前后溶液的体积发生了变化，但所含溶质的物质的量并没有改变。所以：

$$c_1V_1 = c_2V_2$$
$$12V_1 = 0.2 \times 1000$$
$$V_1 = 16.70mL$$

例 4-3 已知每升 $K_2Cr_2O_7$ 标准溶液含 $K_2Cr_2O_7$ 5.442g，求该标准溶液对 Fe_3O_4 的滴定度。

解： $Cr_2O_7^{2-} + 6Fe^{2+} + 14H^+ \rule[0.5ex]{2em}{0.4pt} 2Cr^{3+} + 6Fe^{3+} + 7H_2O$

$$n(Fe) = 6n(K_2Cr_2O_7)$$
$$n(Fe) = 3n(Fe_3O_4)$$
$$n(Fe_3O_4) = 2n(K_2Cr_2O_7)$$
$$T(Fe_3O_4/K_2Cr_2O_7) = \frac{2m(K_2Cr_2O_7) \times M(Fe_3O_4)}{M(K_2Cr_2O_7) \times 1000}$$
$$= \frac{2 \times 5.442g \times 231.5g/mol}{294.2g/mol \times 1000mL} = 0.008564g/mL$$

例 4-4 测定工业用纯碱中 Na_2CO_3 的含量时，称取 0.2648g 试样，用 $c(HCl) = 0.1970mol/L$ 的盐酸标准溶液滴定，以甲基橙指示终点，用去盐酸标准溶液 24.45mL。求纯碱中 Na_2CO_3 的质量分数。

解： 滴定反应为：$2HCl + Na_2CO_3 \rule[0.5ex]{2em}{0.4pt} 2NaCl + H_2CO_3$

$$n(Na_2CO_3) = \frac{1}{2}n(HCl)$$

$$\omega(Na_2CO_3) = \frac{\frac{1}{2}c(HCl) \cdot V(HCl) \cdot M(Na_2CO_3)}{m_s} \times 100\%$$

$$\frac{\frac{1}{2} \times 0.1970 \times 24.45 \times 10^{-3} \times 106.0}{0.2648} \times 100\%$$

$$= 96.41\%$$

练一练 1

称取基准物质草酸（$H_2C_2O_4 \cdot 2H_2O$）0.3802g，溶于水，用 NaOH 溶液滴定至终点时，消耗了 NaOH 溶液 24.50mL。计算 NaOH 标准溶液的准确浓度。

练一练 1 解答

4.2　定量分析中的误差

定量分析的目的是准确地测定试样中组分的含量，测定的分析结果必须达到一定的准确度，只有分析结果准确才能对生产和科学起指导作用。但世界上没有绝对准确的分析结果，在分析测试过程中，由于主、客观条件的限制，使得测定结果不可能和真实含量完全一致。即使是技术很熟练的人，用同一最完善的分析方法和最精密的仪器，对同一试样仔细进行多次分析，其结果也不会完全一致，而是在一定范围内波动。因此，人们在进行定量分析时，不仅要得到被测组分的含量，而且必须掌握分析数据的科学处理方法，正确地表达和评价分析结果，判断分析结果的可靠程度，检查产生误差的原因，同时采取相应措施减小误差，使分析结果尽量接近客观真实值。换句话说，分析过程中误差是客观存在的，分析人员要了解误差产生的原因，在测试过程中尽量减小分析误差。

误差根据其性质可分为两大类，即系统误差、随机误差。

4.2.1　系统误差

系统误差是在一定试验条件下，由某种固定的原因造成。系统误差在重复测定过程中会重复出现，其具有单向性，绝对值和正负号恒定不变，即正负、大小都有一定的规律，使测定结果经常偏高或偏低。若能找出原因，并设法加以校正，系统误差就可以消除，因此，也称为可测误差。系统误差产生的主要原因如下。

4.2.1.1　方法误差

由于分析方法本身不完善而引起的误差，由分析系统的化学或物理化学性质决定，无论分析者操作如何熟练和小心，误差在所难免。例如滴定反应不能定量的完成或有副反应；干扰成分的存在；滴定分析中指示剂确定的滴定终点与化学计量点不完全符合；重量分析中沉淀的溶解损失、共沉淀和后沉淀的现象、灼烧沉淀时部分挥发或称量形式具有吸湿性等，都将系统地使测定结果偏高或偏低。

4.2.1.2　仪器误差

由于分析仪器本身不够精密或有缺陷所造成的误差。如天平两臂不等长，砝码质量不标准，滴定管、容量瓶、移液管刻度不准确等，在使用过程中会使测定结果偏高或偏低。

4.2.1.3　试剂误差

由于试剂不纯，蒸馏水不纯，含有固定的干扰离子所引起的误差，使分析结果偏高或偏低。

4.2.1.4　操作误差

由于操作者的主观原因造成的误差。由于操作人员掌握分析方法和测定条件的差异而引起的误差。例如，对终点颜色变化的判断，有人敏锐，有人迟钝；在滴定管读数时，有人偏高，有人偏低等。

4.2.2 随机误差

　　随机误差也称偶然误差。它是由一些偶然和难以控制的原因导致的。如环境温度、湿度和气压的微小波动，仪器的微小变化，分析人员对试样处理时的微小差别等。这些不可避免的偶然原因，使分析结果在一定的范围波动，引起偶然误差。与系统误差不同，在同一条件下多次测定所出现的随机误差，其大小、正负都是不确定的，非单向性的，所以随机误差又称不可测误差。随机误差在分析测定过程客观存在，不可避免，不能用校正的方法来消除或减小随机误差。

　　从表面看，随机误差的出现似乎很不规律。但实验发现，在同一条件下进行足够多的测定，随机误差的出现服从统计规律，因此，可以用数理统计的方法来处理随机误差。

　　小贴士（tips）

　　在分析过程中，除系统误差和随机误差外，还会出现由于差错造成的过失，实质是一种实验错误。例如：器皿不洁净、溅失试液、读数或记录差错、计算错误等造成的错误结果，过失会对分析结果造成严重影响，不能通过上述方法减免。因此必须严格遵守操作规程，认真仔细地进行实验，如发现错误，不管造成过失的具体原因如何，只要确知存在过失，就应将异常值剔除，不参与平均值的计算。实际中，只要工作认真，操作准确，过失是完全可以避免的。

4.2.3 提高分析结果准确性的方法

　　为了提高分析结果的准确性，尽可能降低分析过程中产生的误差，采取一定措施，可将误差减小到允许的范围内。

4.2.3.1 选择合适的分析方法

　　各种分析方法具有不同的准确度和灵敏度，在实际工作中要根据具体情况来选择最适合的分析方法，以降低误差。在定量分析法中，滴定分析法和重量分析法误差相对较小，准确度高，但相应的灵敏度低，适合常量组分的分析。

4.2.3.2 减小测量误差

　　分析过程中尤其是测量，不可避免地会产生误差，但是如果对测量对象的量进行合理选择，则会减小测量误差，提高分析结果的准确度。例如，万分之一的分析天平一次称量误差为$\pm 0.0001g$，无论直接称量还是减重称量，都要读两次平衡点，因此可能引入的最大误差为$\pm 0.000g$，为了使称量的相对误差小于$\pm 0.1\%$，样品称量的质量不能太小。

4.2.3.3 消除或减小系统误差

　　针对之前提到的系统误差，可采取以下方法进行消除。

　　A　对照试验

　　对照试验是检验系统误差的有效方法。常用的对照试验方法有：用已知准确含量的标准样品与被测试样平行测定，通过标准样品的分析结果与其标准值的比较，可以判断测定是否存在系统误差；对同一试样用标准分析方法与所采用的分析方法进行比较测定，通过两者分析结果差别的大小可判断是否存在系统误差。

B　校准仪器

由仪器不准确引入的系统误差，可通过校准仪器来消除或减小。日常内部控制分析准确度要求不高，因仪器出厂时已进行校正，只要仪器保管妥善，一般不必进行校准。对外出具分析报告，准确度要求较高，所用仪器如滴定管、移液管、容量瓶、分析天平等，必须进行定期校准。如分析天平，必须每年校准一次。

C　空白试验

由试剂、蒸馏水、实验器皿和环境带入杂质所引起的系统误差，可通过空白试验予以消除或减小。即在不加试样的情况下，按照所选用的分析方法，用相同的试剂和仪器，与测定试样同条件进行测定的试验称空白试验。空白试验得到的结果称为空白值。从试样的测定结果中扣除空白值，得到消除或减小系统误差的分析结果。若空白值过大，可采取提纯试剂或改用适当器皿等措施来降低。

D　方法校正

因某些分析方法不完善造成的系统误差可通过引用其他分析方法进行校正。如重量分析法测定水泥熟料中 SiO_2 的含量时，滤液中溶解的少量硅可用分光光度法测定，然后加到重量法的结果中加以校正。

4.2.3.4　降低随机误差

随机误差虽然不可测量，但是整体上看却是服从正态分布规律的：

（1）大小相近的正误差和负误差出现的概率相等，即绝对值相近而符号相反的误差以同等机会出现。

（2）绝对值小的误差出现概率大，而绝对值大的误差出现概率小，绝对值很大的误差出现概率非常小。

随机误差的正态分布曲线，如图 4-1 所示。

由图 4-1 可见在消除系统误差的情况下，平行测定的次数越多，测得值的算术平均值越接近真实值。显然，无限多次测定的平均值 μ，在校正系统误差的情况下，即为真实值。分析化学中，对同一试样，要求平行测定 3~4 次，以获得较准确的分析结果。

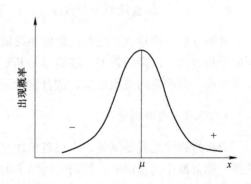

图 4-1　随机误差的正态分布曲线

4.3　误差和偏差的计算

4.3.1　准确度与误差

准确度是指分析结果与真实值相接近的程度。分析结果与真实值之间的差值越小，准确度越高。准确度的高低用误差衡量，误差是指测定结果与真实值的差值。差值越小，误差就越小，即准确度越高。误差一般用绝对误差和相对误差表示。绝对误差 E 是表示测定

值 x_i 与真实值 μ 之差。即：

$$E = x_i - \mu \tag{4-6}$$

相对误差 RE 是表示绝对误差在真实值中所占的百分率，即：

$$RE = \frac{E}{\mu} \times 100\% \tag{4-7}$$

例如：测定某白云石中钙的含量，甲、乙两人测定结果分别为 30.59% 和 30.55%，已知真实结果为 30.57%，则两者的绝对误差和相对误差分别为：

$$E_甲 = x_i - \mu = 30.59\% - 30.57\% = + 0.02\%$$
$$E_乙 = x_i - \mu = 30.55\% - 30.57\% = - 0.02\%$$

$$RE_甲 = \frac{E}{\mu} \times 100\% = \frac{+ 0.02\%}{30.57\%} \times 100\% = + 0.07\%$$

$$RE_乙 = \frac{E}{\mu} \times 100\% = \frac{- 0.02\%}{30.57\%} \times 100\% = - 0.07\%$$

绝对误差和相对误差都有正值和负值，正值表示分析结果偏高，负值表示分析结果偏低。

绝对误差相等，相对误差并不一定相同。如：用分析天平称取无水碳酸钠 0.1562g，假定其真实值为 0.1561g；用分析天平称取硼砂 0.4854g，假定其真实值为 0.4853g。则两者的绝对误差分别为：

$$E_1 = x_i - \mu = (0.1562 - 0.1561)g = + 0.0001g$$
$$E_2 = x_i - \mu = (0.4854 - 0.4853)g = + 0.0001g$$

两者的相对误差分别为：

$$RE_1 = \frac{E}{\mu} \times 100\% = \frac{+ 0.0001}{0.1561} \times 100\% = + 0.06\%$$

$$RE_2 = \frac{E}{\mu} \times 100\% = \frac{+ 0.0001}{0.4853} \times 100\% = + 0.02\%$$

由此可看出，同样的绝对误差，所称取的物质质量越大，相对误差越小。相对误差是表示绝对误差在真实值中所占的百分率，用其表示准确度比绝对误差更客观。所以常用相对误差表示或比较测定结果的准确度。

4.3.2 精密度与偏差

为获得可靠的分析结果，实际分析中，在相同条件下平行测定几份试样，然后取平均值。如果所得平行试样测定数据比较接近，说明分析的精密高。所谓精密度就是几次平行测定结果相互接近的程度，精密度高表示结果的重复性或再现性好，精密度的高低用偏差来衡量。偏差是指单次测定结果与多次测定结果的算术平均值之间的差值。实际分析工作中，一般用多次平行测定的算术平均值表示分析结果：

$$\overline{x} = \frac{x_1 + x_2 + L + x_n}{n} = \frac{1}{n} \sum_1^n x_i \tag{4-8}$$

偏差的大小表示分析结果的精密度，偏差越小说明测定值的精密度越高。偏差也分为绝对偏差和相对偏差。

（1）绝对偏差 d_i：

$$d_i = x_i - \overline{x} \tag{4-9}$$

（2）相对偏差 Rd_i：

$$Rd_i = \frac{d_i}{\overline{x}} \times 100\% \tag{4-10}$$

对于多次平行测定的分析结果，精密度通常用平均偏差或标准偏差的大小来表示。

（3）平均偏差 $\overline{d}$。对某试样进行 n 次平行测定，先计算各次测定对平均值的偏差：

$$d_i = x_i - \overline{x} \quad (i = 1, 2, \cdots, n)$$

然后求其绝对值之和的平均值：

$$\overline{d} = \left(\frac{1}{n}\right) \sum_{i=1}^{n} |d_i| = \frac{1}{n} \sum_{i=1}^{n} |x_i - \overline{x}| \tag{4-11}$$

（4）相对平均偏差 $R\overline{d}$：

$$R\overline{d} = \frac{\overline{d}}{\overline{x}} \times 100\% \tag{4-12}$$

（5）标准偏差。标准偏差又称均方根偏差。当测定次数趋于无穷大时，总体标准偏差 σ 表达式为：

$$\sigma = \sqrt{\frac{\sum_{i=1}^{n} (x - \mu)^2}{n}} \tag{4-13}$$

式中　μ——总体平均值，在校正系统误差的情况下，μ 即为真值。

一般的分析工作，有限测定次数的标准偏差 s 表达式为：

$$s = \sqrt{\frac{\sum_{i=1}^{n} (x - \overline{x})^2}{n - 1}} \tag{4-14}$$

（6）相对标准偏差也称变异系数（CV）：

$$CV = \frac{s}{\overline{x}} \times 100\% \tag{4-15}$$

标准偏差较平均偏差更能反映多次平行测定结果的离散性。如下列甲、乙两组分析数据各次测定结果的绝对偏差值，比较其平均偏差和标准偏差：

甲组：+0.45，+0.44，+0.36，+0.36，+0.20，-0.39，-0.56，-0.76*

$$n_1 = 8, \ \overline{d}_1 = 0.44, \ s_1 = 0.50$$

乙组：+0.50，+0.50，+0.48，+0.44，-0.34，-0.38，-0.44，-0.46

$$n_1 = 8, \ \overline{d}_2 = 0.44, \ s_2 = 0.47$$

甲、乙两组数据的平均偏差值相同，但可明显看出甲组数据中有一个较大的偏差值（标有 * 号者），用平均偏差值反映不出这两组数据的好坏。但是，用标准偏差值来比较，甲组数据的标准偏差值明显大，其精密度较差。所以，用标准偏差反映精密度比用平均偏差更合理，因为将单次测定结果的偏差值平方后，较大偏差能显著地反映出来，故能更好地反映出数据的分散程度。

例 4-5 有一试样,其中蛋白质的含量经多次测定,结果为:34.98%,35.10%,35.16%,35.20%,35.18%。计算该组测定结果的平均偏差、标准偏差和变异系数。

解: $\overline{x} = \dfrac{(34.98 + 35.10 + 35.16 + 35.20 + 35.18)\%}{5} = 35.12\%$

单次测量的偏差分别为:

$$d_1 = -0.14\%,\ d_2 = -0.02\%,\ d_3 = 0.04\%,\ d_4 = 0.08\%,\ \overline{d}_5 = 0.06\%$$

$$\overline{d} = \left(\frac{1}{n}\right)\sum_{i=1}^{n}|d_i| = \frac{(0.14 + 0.02 + 0.04 + 0.08 + 0.06)\%}{5} = 0.07\%$$

$$s = \sqrt{\frac{\sum_{i=1}^{n}(x - \overline{x})^2}{n-1}}$$

$$= \sqrt{\frac{(0.14\%)^2 + (0.02\%)^2 + (0.04\%)^2 + (0.08\%)^2 + (0.06\%)^2}{4}} = 0.09\%$$

$$CV = \frac{s}{\overline{x}} \times 100\% = \frac{0.09}{35.12} \times 100\% = 0.26\%$$

答: 该组测定结果的平均偏差、标准偏差和变异系数值分别为:0.07%、0.09% 和 0.26%。

相对标准偏差是标准偏差在平均值中所占的百分率,其更合理地反映测定结果的精密度,目前常用来表示分析结果的精密度。

(7) 极差 R。日常分析检测中,一般仅对单个试样平行测定 2~3 次。为及时反映测定结果的精密度是否符合测定标准方法的误差要求,常用到极差概念。极差是指平行测定结果的最大值与最小值之差,又称为全距,以 R 表示:

$$R = x_{最大} - x_{最小} \tag{4-16}$$

若极差值小于测定标准方法的允许差,说明平行测定的数据可靠,可取平行测定结果的算术平均值作为试样的分析结果。若极差值大于测定标准方法的允许差,则说明平行测定的数据有问题,应重新测定。

极差计算简单,应用简便,广泛应用于常规分析中。

4.3.3 精密度和准确度

如何从精密度和准确度两方面评价分析结果呢,如图 4-2 所示,甲、乙、丙、丁 4 人分析某组分含量的结果示意图。图 4-2 中 65.15% 处的虚线表示真实值,由此,可评价 4 人的分析结果如下:甲所得结果准确度与精密度均好,结果可靠;乙的精密度虽高,但准确度较低;丙的精密度与准确度均很差;丁的平均值虽也接近于真实值,但几个数据彼此相差甚远,仅是由于正负误差相互抵消凑巧使结果接近真实值,因而其结果也不可靠。

要求测定结果准确度高,平行测定结果的精密度一定要高。但精密度高不一定准确度也高。精密度是保证准确度的先决条件。精密度差,则测定结果不可靠,不能得到准确的

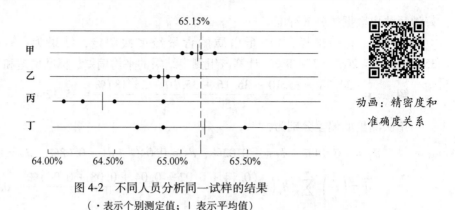

动画：精密度和
准确度关系

图 4-2　不同人员分析同一试样的结果

（·表示个别测定值；丨表示平均值）

分析结果。虽然精密度高不能保证准确度高，但可找出精密度高而不准确的原因，其往往由于产生系统误差而造成。对测定结果加以校正，可得到准确的测定结果。

4.4　有效数字及其运算规则

4.4.1　有效数字及位数

在测量和分析工作中，为获得准确的分析结果，不仅要准确地测量、分析，还要正确地运用有效数字记录和计算测量结果。有效数字不但能反映数值的大小，还能反映出测量的精确程度。

例如，用 100mL 量筒量取 7mL 液体，其误差可能达到 ±1mL，液体体积落在 8~9mL 内。若要量取得更准确的体积，可换用 10mL 小量筒，其刻度分得更小，量取 7mL 液体可能有 ±0.1mL 的误差，即液体体积落在 6.9~7.1mL 内。如果用吸量管，仔细操作，误差可以降至 ±0.01mL，即量得的液体体积在 6.99~7.01mL。

上述三种量取体积的结果可以记录为：

$$(7\pm1)mL，(7.0\pm0.1)mL，(7.00\pm0.01)mL$$

也可以简化记录为：

$$7mL，7.0mL，7.00mL$$

这些数字最末一位至多有一个单位的误差。这种表示测量结果与所用仪器准确度相一致的数字称为有效数字。有效数字包括两部分：最末一位数字反映测量仪器的准确度，可能有一个单位的误差，称为可疑数字或欠准数字；可疑数字之前的数字称为准确数字或可靠数字。有效数字的位数就是由第一位非零数字到可疑数字之间的位数。所以，7mL 是一位有效数字，7.0mL 是两位有效数字，7.00mL 是三位有效数字。

记录一个测量和分析结果，必须采用有效数字。如 5 名学生称量同一重物，5 人的报告结果如下：

$$20.03g，20.0g，0.02003kg，20.0342g，20g$$

第一个数据是 4 位有效数字，表示可能误差为 ±0.01g，是用准确度为 0.01g 的工业天平称量得到的结果。第二个数据是 3 位有效数字，把"0"放在小数点后说明称量准确至 0.1g，即可能有 ±0.1g 的误差，是用准确度为 0.1g 的小托盘天平称量的数据。第三个数据和第一个数据相同，也是 4 位有效数字，只不过采用的单位是千克。第四个数据是 6 位有效数字，可能有 ±0.0001g 的误差，是用最常见的准确度为 0.0001g 的分析天平称量得到的数据。第五个数据一是称量时所用的托盘天平只能准确至 ±1g，表示两位有效数字，即质量在 19~21；也可能使用的台秤只能称准至 ±10g，称量结果是 10~30g 内。为了防止混淆，一般用指数形式表示，即写成：

$2.0×10^1$g，两位有效数字，误差为 $±0.1×10^1$g；

$2×10^1$g，一位有效数字，误差为 $±1×10^1$g。

上面的表示中，指数部分不算有效数字的位数，只起确定小数点位置的作用。

倍数、分数等非测量得到的数字属于准确数字，如华氏度与摄氏度转换公式：

$$华氏度（℉）= 1.8×摄氏度（℃）+32$$

式中的 1.8 和 32 都是准确数字，不影响温度换算结果的有效数字位数。

数字"0"在数据中有不同的意义。若作为普通数字使用，是有效数字；若只起定位作用就不是有效数字。例如：

6.0006g	五位有效数字
0.7000g　38.63%，$7.058×10^2$	四位有效数字
0.0620g　$3.12×10^{-7}$	三位有效数字
0.0064g　0.45%	两位有效数字
0.7g　0.005%	一位有效数字

在 6.0006g 中间的 3 个"0"，0.7000g 中后边的三个"0"，都是有效数字；在 0.0064 中的"0"只起对小数点定位的作用，不是有效数字；在 0.0620g 中，前面的"0"起定位作用，最后一位"0"是有效数字。同理，这些数字的最后一位数字都是可疑数字。在记录测量数据和计算结果时，应根据所使用测量仪器的准确度，使所保留的有效数字中，只保留最后一位是可疑数字或欠准数字。

分析化学中常用的一些数值，有效数字位数如下：

试样的质量　0.7852g（用分析天平称量）	四位有效数字
滴定剂体积　25.00mL（滴定管读数）	四位有效数字
标准溶液浓度　0.02478mol/L	四位有效数字
被测组分含量　32.00%	四位有效数字
离解常数　$K_a = 1.8×10^{-5}$	二位有效数字
pH 值　4.71，10.08	二位有效数字

常用到的 pH 值、pM 值、pK 值等对数值，有效数字位数仅取决于小数部分的位数，整数部分只说明指数的方次。例如 pH 值为 4.71，$c(H^+) = 1.9×10^{-5}$mol/L，只有两位有效数字。

小贴士（tips）

定量分析中，滴定管、移液管、容量瓶都能准确测量溶液的体积，当用 50mL 滴定管滴定时，若消耗标准溶液的体积大于 10mL，则应当记录四位有效数字，如 25.50mL；若消耗标准溶液体积小于 10mL，则应记录为三位有效数字，如 8.24mL。当用 25mL 的移液管移取溶液时，应记录为 25.00mL；当用 5mL 吸量管吸取 4mL 溶液时，应记录为 4.00mL。当用 250mL 容量瓶配制或稀释溶液时，应记录为 250.0mL；当用 50mL 容量瓶配制或稀释溶液时，应记录为 50.00mL。

4.4.2　有效数字的修约及运算

大量分析测定得到的数据，大多不是最后结果，是用来计算其他数据的。计算得到的数据，其准确度受到测量数据准确度的制约。也就是说，有效数字的计算、计算结果有效数字位数的确定、必须按照一定的规则运算，合理取舍数据的有效数字位数。

4.4.2.1　数字的修约规则

过去习惯用"四舍五入"规则修约数字。为了减少人为引入的数字修约误差，我国执行《数值修约规则》（GB 8170—1987）标准。该规则通常被称为"四舍六入五成双"法则。

四舍六入五成双法则，即当尾数≤4时，舍去；尾数≥6时，进位；当尾数为5时，则应视保留的末位数是奇数还是偶数，5前为偶数将5舍去，5前为奇数将5进位。

被舍弃的第一位数字大于5，则其前一位数字加1。如28.2645，取3位有效数字时，其被舍弃的第一位数字为6，大于5，则有效数字应为28.3。

被舍弃的第一位数字等于5，其后数字全部为零，则视被保留的末位数字的奇偶（零被视为偶数）决定进或舍，末位是奇数时进1，末位为偶数时舍弃。如28.350，28.250，28.050，只取3位有效数字时，分别应为28.4，28.2，28.0。

例如，将28.175和28.165处理成4位有效数字，则分别为28.18和28.16。

被舍弃的第一位数字为5，其后面的数字不全是零，无论前面数字是偶或奇，皆进1位。如28.2501，只取3位有效数字时，则进1位，成为28.3。

被舍弃的数字，为两位以上数字时，不得连续修约，应根据以上规则仅作一次处理。如2.154546，只取3位有效数字时，应为2.15，不得连续修约为2.16（2.154546→2.15455→2.1546→2.155→2.16）。

以上内容归纳为口诀：

　　　　　　　四舍六入五成双
　　　　　　　五后非零应进一
　　　　　　　五后是零看奇偶
　　　　　　　奇进偶不进
　　　　　　　不得连续修约

练一练2
将26.3450和26.3451修约为4位有效数字。

练一练2解答

4.4.2.2　加减运算

当几个数据相加或相减时，所得结果的有效数字位数，以绝对误差最大的数据为准。例如7.6，35.31，0.88456三个数相加，则7.6中的"6"已是可疑数字，绝对误差最大。相加的结果，小数后第一位数字已成为可疑数字，所以，其决定总和的绝对误差，上述数据之和应为43.8。

```
      7.6      （绝对误差：±0.1）          7.6
     35.31     （绝对误差：±0.01）        35.3
  +   0.88456  （绝对误差：±0.00001）    + 0.9
  ──────────                           ─────
     43.79456                           43.8
```

因此，有效数字的加减运算结果以小数位数最少的那个数据为准。可简化计算，对数据先修约、后计算，如第二算式。

4.4.2.3 乘除运算

几个数据相乘除时，所得结果有效数字位数的保留，以相对误差最大的数据为准。例如：

$$\frac{0.0334 \times 8.215 \times 62.08}{176.3} = 0.09661697$$

各数据的相对误差分别为：

$$\frac{\pm 0.0001}{0.0334} \times 100\% = \pm 0.30\%$$

$$\frac{\pm 0.001}{8.215} \times 100\% = \pm 0.01\%$$

$$\frac{\pm 0.01}{62.08} \times 100\% = \pm 0.02\%$$

$$\frac{\pm 0.1}{176.3} \times 100\% = \pm 0.06\%$$

可见 0.0334 的相对误差最大（有效数字位数最少的数据），所以上例计算的结果，应保留三位有效数字，结果为 0.0966（三位有效数字 0.0966 的相对误差与 0.0334 的相对误差最为接近）。

因此，有效数字的乘除运算结果以有效数字位数最少的数据为准。上例的计算可先修约、再计算，简化为：

$$\frac{0.0334 \times 8.22 \times 62.1}{176} = 0.0969$$

4.5 本章主要知识点

（1）定量分析的分类。定量分析按照分析对象分为无机分析和有机分析按照分析方法分为化学分析和仪器分析；按照试样用量分为常量分析、半微量分析、微量分析和超微量分析；按照部门要求分为例行分析、快速分析和仲裁分析。

（2）定量分析的一般程序包括采样、预处理、测定和数据处理。

（3）滴定分析法的分类。

1）按照反应类型分包括：酸碱滴定法、沉淀滴定法、氧化还原滴定法、配位滴定法。

2）按照滴定方式分包括：直接滴定法、返滴定法、置换滴定法、间接滴定法。

（4）滴定分析法所应具备的条件：

1）反应必须定量完成；

2）反应能够迅速完成；

3）能有简便的方法确定滴定终点。

（5）基准物质。

能用于直接配制或标定标准溶液的物质，称为基准物质。基准物质应符合下列要求：

1）必须具有足够的纯度。

2）物质的组成应与其化学式相符合；若含结晶水，如草酸 $H_2C_2O_4 \cdot 2H_2O$ 等，其结晶水含量也应该与化学式完全相符。

3）试剂性质要求很稳定。

4）摩尔质量应尽可能的大。

（6）标准溶液的配制。包括直接配制法和间接配制法。基准物质可直接称量进行溶液配制。非基准物质配制溶液后要进行标定。

（7）滴定分析的计算。

溶液稀释定律：

$$c_1V_1 = c_2V_2$$

待测物 A 的质量分数表达式：

$$\omega_A(\%) = \frac{\frac{a}{b}c_B V_B M_A}{m_s} \times 100$$

（8）滴定分析中的误差。主要包括系统误差（方法误差、仪器误差、试剂误差、操作误差）和随机误差。随机误差服从统计学规律。

提高分析结果准确性的方法：

1）选择合适的分析方法；

2）减小测量误差；

3）通过仪器校准、做空白实验、对照试验等方法消除或减小系统误差；

4）通过多次平行测定降低随机误差。

（9）精密度和准确度。准确度高，平行测定结果的精密度一定要高。但精密度高准确度不一定高。精密度是保证准确度的先决条件。

（10）有效数字。表示测量结果与所用仪器准确度相一致的数字称为有效数字。有效数字包括两部分：最末一位数字反映测量仪器的准确度，可能有一个单位的误差，称为可疑数字或欠准数字；可疑数字之前的数字称为准确数字或可靠数字。有效数字的位数就是由第一位非零数字到可疑数字之间的位数。

（11）有效数字的修约及运算。

1）有效数字的修约口诀：四舍六入五成双；五后非零应进一；五后是零看奇偶；奇进偶不进；不得连续修约。

2）有效数字的加减运算：结果以小数位数最少的那个数据为准。

3）有效数字的乘除运算：结果以有效数字位数最少的数据为准。

思考与习题

思考与习题
参考答案

一、填空题

4-1 定量分析的任务是_____。

4-2 定量分析的一般程序包括_____、_____、_____、_____。

4-3 根据化学反应的类型，滴定分析法分为_____、_____、_____、_____。

4-4 根据滴定方式的不同，滴定分析法分为_____、_____、_____、_____。

4-5 常用的基准物质包括_____、_____。

4-6 没有基准物质的情况下，一般采用_____来配制标准溶液。

4-7 系统误差包括_____、_____、_____、_____。

4-8 pH 值为 10.58 的有效数字位数为_____位。

二、选择题

4-9 定量分析中，按分析对象分类的分析方法为_____。

    A. 无机分析和有机分析　　　B. 定性分析、定量分析和结构分析

    C. 常量分析和微量分析　　　D. 化学分析和仪器分析

4-10 酸碱滴定法是属于_____。

    A. 重量分析　　　B. 电化学分析　　　C. 滴定分析　　　D. 色谱分析

4-11 在半微量分析中对固体物质称样量范围的要求是_____。

    A. 0.1~1g　　　B. 0.01~0.1g　　　C. 0.001~0.01g

    D. 0.00001~0.0001g　　　E. 1g 以上

4-12 在不加试样的情况下，按测定试样待测组分相同的测定方法、条件和步骤进行的试验，称之为_____。

    A. 对照试验　　　B. 空白试验　　　C. 平行试验　　　D. 预试验

4-13 NaOH 滴定液的浓度为 0.1010mol/L，它的有效数字为_____。

    A. 一位　　　B. 二位　　　C. 三位　　　D. 四位

4-14 某样品分析结果的准确度不好，但精密度好，可能是_____。

    A. 操作失误　　　B. 记录有差错　　　C. 使用试剂不纯　　　D. 测定次数不够

4-15 0.03050 修约为两位有效数字应写成_____。

    A. 0.03　　　B. 0.030　　　C. 0.031　　　D. 0.0305

4-16 用 25mL 移液管移取溶液，体积应记录为_____。

    A. 25mL　　　B. 15.0mL　　　C. 25.00mL　　　D. 25.000mL

4-17 增加重复测定次数，取其平均值作为测定结果，可以减少_____。

    A. 系统误差　　　B. 仪器误差　　　C. 方法误差　　　D. 偶然误差

4-18 滴定管读数时，应读到小数点后_____。

    A. 一位　　　B. 两位　　　C. 三位　　　D. 四位

三、判断题（正确的打"√"，错误的打"×"）

4-19 对试样进行分析时，操作者加错试剂，属操作误差。（　　　）

4-20 移液管、量瓶配套使用时未校准引起的误差属于系统误差。（　　　）

4-21 分析结果的测量值和真实值之间的差值称为偏差。（　　　）

4-22 在一定称量范围内，被称样品的质量越大，称量的相对误差就越小。（　　　）

4-23 滴定分析法中的化学反应反应速率可以较慢。（　　　）

4-24 7.0mL 包含两位有效数字。（　　　）

4-25 有效数字的乘除运算以小数位数最少的那个数据为准。（　　　）

4-26 定量分析就是重量分析。（　　　）

四、简答题

4-27 随机误差是毫无规律的吗？

4-28 提高分析结果准确性的方法有哪些？

4-29 有效数字的修约规则是什么？

4-30　数据 28.175 处理为 4 位有效数字，结果应为何？

4-31　根据化学反应类型和滴定方式不同，滴定分析法分为？

4-32　系统误差包括哪些，如何消除或降低系统误差？

4-33　准确度和精密度的关系是什么，精密度高准确度是否一定高？

4-34　适合滴定分析的化学反应应符合哪些要求？

五、计算题

4-35　下列数据各包括几位有效数字？

(1) 1.066；(2) 0.0345；(3) 0.00500；(4) 14.050；(5) 9.8×10^{-5}；(6) pH 值为 3.0；(7) 124.0；(8) 50.09%；(9) 0.60%；(10) 0.0008%。

4-36　按有效数字的运算规则，计算下列结果：

(1) $5.7786 \div 0.7664 - 4.38 = ?$

(2) $3.564 \times 0.462 + 3.2 \times 10^{-6} - 0.0452 \times 0.00478 = ?$

(3) $0.04570 \times 7.803 \times 41.2 \div 526.3 = ?$

(4) $(1.276 \times 4.17) + (1.7 \times 10^{-4}) - (0.0021764 \times 0.0121) = ?$

(5) $0.0121 \times 25.64 \times 1.05782 = ?$

4-37　某铁矿石中含铁量为 38.17%，若甲的分析结果是 38.15%，38.16%，38.18%；乙分析结果是 38.08%，38.23%，38.25%。试比较甲、乙两人分析结果的准确度和精密度。

4-38　分析铁矿中铁的含量，得如下数据：37.45%，37.20%，37.50%，37.30%，37.25%。计算该组数据的平均值、极差、平均偏差、标准偏差和变异系数。

4-39　准确吸取 20.00mL，0.05040mol/L 的 H_2SO_4 标准溶液，移入 500.0mL 容量瓶中，以水定容稀释成 500.0mL 溶液，求稀释后 H_2SO_4 标准溶液的浓度。

4-40　称取基准邻苯二甲酸氢钾（KHP）0.4227g，标定近似浓度为 0.1mol/L 的 NaOH 溶液，消耗 NaOH 溶液 20.40mL，空白试验消耗 NaOH 溶液 0.04mL 时，求 NaOH 溶液的浓度。（KHP 的摩尔质量为 204.22g/mol）

5 酸碱平衡和酸碱滴定

本章在化学平衡理论、酸碱质子理论的基础上，讨论水溶液中弱酸、弱碱的离解平衡、同离子效应、缓冲作用、盐类的水解等内容及有关计算，学习常见酸碱滴定的方法及应用。

5.1 酸和碱的基本概念

5.1.1 酸碱理论的发展

5.1.1.1 阿仑尼乌斯酸碱电离理论

人们最初根据物质的性质区分酸和碱，有酸味、能使石蕊变红的是酸；有涩味、滑腻感，使石蕊变蓝的是碱。

1887 年瑞典化学家阿仑尼乌斯（Arrhenius S. A.）总结了前人对酸碱的认识，提出酸碱电离理论：水溶液电离产生的阳离子都是氢离子（H^+）的化合物称为酸；水溶液电离产生的阴离子都是氢氧根离子（OH^-）的化合物称为碱。酸碱电离理论从物质的化学组成上揭示了酸碱的本质，明确指出 H^+ 是酸的特征，OH^- 是碱的特征，解释了酸碱反应的实质是 H^+ 和 OH^- 结合生成 H_2O 的反应，所以酸碱反应又称为中和反应。例如，HCl、HNO_3、CH_3COOH、HF 等都是酸，而 NaOH、KOH、$Ca(OH)_2$ 等都是碱。

但该理论具有局限性，仅限于酸碱水溶液系统，离开水溶液就没有酸和碱以及酸碱反应，而科学实验越来越多地使用非水溶剂（如液氨、乙醇、醋酸、苯、四氯化碳、丙酮等），该理论无法解释非水系统的酸碱反应。例如，HCl 酸性气体，NH_3 碱性气体，两者不仅在水溶液中生成 NH_4Cl，在气体状态下或在苯中，也同样生成 NH_4Cl。为克服酸碱电离理论的不足，陆续提出酸碱质子理论、酸碱溶剂理论、酸碱电子理论等，推动了酸碱理论的发展。

5.1.1.2　酸碱质子理论

1932 年丹麦化学家布朗斯特德（Bronsted）和英国化学家劳瑞（Lowry）分别提出酸碱质子理论。质子理论认为：凡能给出质子的物质都是酸，凡能接受质子的物质都是碱。酸又称为质子酸，碱又称为质子碱。用 HA 表示酸，A^- 表示碱，则：

$$HA \Longrightarrow H^+ + A^-$$
$$\text{酸} \quad\quad \text{质子} \quad \text{碱}$$

例如：

$$HCl \Longrightarrow H^+ + Cl^-$$
$$HAc \Longrightarrow H^+ + Ac^-$$
$$NH_4^+ \Longrightarrow H^+ + NH_3$$

按照酸碱质子理论，酸碱可以是阳离子、阴离子，也可以是中性分子。同一种物质，在某一条件下可能是酸，在另一条件下可能是碱，这取决于其对质子亲和力的相对大小。例如，HCO_3^- 在 H_2CO_3—HCO_3^- 体系中是碱，在 HCO_3^-—CO_3^{2-} 体系中是酸。这种既能给出质子，又能接受质子的物质，称为两性物质。

根据酸碱质子理论，酸给出质子后变为碱，碱接受质子后变为酸，酸和碱的相互依存关系称为酸碱共轭关系，能相互转化的酸和碱称为共轭酸碱对，左边的酸是右边碱的共轭酸，右边的碱是左边酸的共轭碱。

例如，HAc 在水溶液中离解时反应式如下：

$$HAc + H_2O \Longrightarrow H_3O^+ + Ac^-$$

酸$_1$　　碱$_2$　　酸$_2$　　碱$_1$

从质子理论来看，任何酸碱反应都是两个共轭酸碱对之间质子的传递反应。即：

$$\text{酸}_1 + \text{碱}_2 \Longrightarrow \text{碱}_1 + \text{酸}_2$$

质子的传递，可以在水溶剂、非水溶剂或无溶剂等条件下进行。如 HCl 和 NH_3 的反应，无论是在水溶液中，还是在气相或苯溶液中进行，其实质都是 H^+ 转移的反应：

$$HCl + NH_3 \Longrightarrow NH_4^+ + Cl^-$$

酸碱质子理论扩大了酸碱的范围，并把水溶液和非水溶液统一起来。根据酸碱质子理论，酸碱中和反应、盐的水解等的实质也是质子的传递。但该理论只限于质子的给予和接受，对于无质子参加的酸碱反应仍不能解释，因此酸碱质子理论仍具有局限性。

5.1.2 酸碱的分类

根据酸碱的组成和性质，可作如下分类：

（1）根据酸、碱在水溶液中的离解情况，分为强酸、强碱，中强酸、中强碱及弱酸、弱碱。如 HCl、H_2SO_4、HNO_3 为强酸，$NaOH$、KOH 为强碱；H_3PO_4、HF 为中强酸，$Mg(OH)_2$ 为中强碱；HAc、H_2CO_3 为弱酸，氨水及一些难溶的金属氢氧化物为弱碱。

（2）根据酸、碱在水溶液中提供氢离子、氢氧根离子的数目，可分为一元酸、一元碱和多元酸、多元碱。通常，酸分子中有几个可离解的氢原子就称为几元酸。如 HCl、HNO_3 为一元酸，H_2SO_4、H_2CO_3 为二元酸，H_3PO_4 为三元酸。碱分子中有几个可离解的氢氧根，称为几元碱。如 $NaOH$、KOH 等为一元碱，$Ca(OH)_2$、$Mg(OH)_2$ 为二元碱等。

（3）根据酸分子中是否含有氧，可分成含氧酸和无氧酸。如 HNO_3、H_2SO_4、H_2CO_3 为含氧酸；HCl、HF 等为无氧酸。

（4）根据分子中成酸元素是否具有氧化还原性，可分为氧化性酸，如 HNO_3、浓 H_2SO_4、$HClO$ 等；非氧化性酸，如 H_3PO_4、HCl 等；还原性酸，如 H_2S、H_2SO_3 等。

（5）还可根据酸碱是否具有挥发性进行分类。如 HCl、HNO_3、H_2S 等为挥发性酸；H_2SO_4、H_3PO_4 等为非挥发性酸。

5.1.3 电解质的电离

电解质是在水溶液中或在熔融状态下能够导电的化合物，其导电原因是在水溶液中或在熔融状态下解离成自由移动的离子。电解质一般可分为强电解质和弱电解质。

5.1.3.1 强电解质

根据阿仑尼乌斯酸碱电离理论，强酸、强碱及大部分盐类都是强电解质，在水溶液中完全离解，即其溶解后完全以水合离子形式存在，而无溶质分子。强电解质溶液中的离子浓度以其完全离解来计算。如 $0.01mol/L$ HCl 溶液中，$HCl \rightarrow H^+ + Cl^-$，$H^+$ 浓度为 $0.01mol/L$；Cl^- 浓度为 $0.01mol/L$。

对于强电解质，在水溶液中应完全离解，离解度应是 100%，但导电性实验测定结果显示其离解度（表观离解度）并没有达到 100%，表 5-1 是几种强电解质的表观离解度。

表 5-1 强电解质的表观离解度（$25℃$，$0.1mol/L$）

电解质	离解式	表观离解度/%
盐酸	$HCl \longrightarrow H^+ + Cl^-$	92
硝酸	$HNO_3 \longrightarrow H^+ + NO_3^-$	92
氢氧化钠	$NaOH \longrightarrow Na^+ + OH^-$	91
氯化钾	$KCl \longrightarrow K^+ + Cl^-$	86

电解质	离解式	表观离解度/%
氢氧化钡	$Ba(OH)_2 \longrightarrow Ba^{2+} + 2OH^-$	81
硫酸	$H_2SO_4 \longrightarrow H^+ + HSO_4^-$	61
硫酸锌	$ZnSO_4 \longrightarrow Zn^{2+} + SO_4^{2-}$	40

为解释上述矛盾现象，1923 年德拜（Debye P. J. W.）和休克尔（Hückel E.）提出强电解质溶液离子互吸理论。该理论认为强电解质在水中完全离解，但由于溶液中的离子浓度较大，阴、阳离子之间的静电作用比较显著，带不同电荷离子之间以及离子和溶剂分子之间的相互作用，使得每一个离子的周围都吸引着一定数量带相反电荷的离子，形成了所谓的离子氛，如图 5-1 所示。也就是在阳离子周围吸引着较多的阴离子；在阴离子周围吸引着较多的阳离子。离子在溶液中的运动受到周围离子氛的牵制，并非完全自由。因此在导电性实验中，阴、阳离子各向两极移动的速

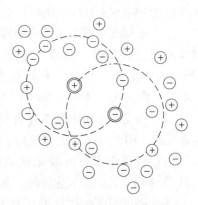

图 5-1　离子氛示意图

率比较慢，好似电解质没有完全离解。显然，这时所测得的"离解度"并不代表溶液的实际离解情况。

由于离子间的相互牵制，离子的有效浓度比实际浓度要小。

5.1.3.2　弱电解质

弱酸、弱碱和某些盐类（如 $Pb(Ac)_2$、$HgCl_2$ 等）都是弱电解质，在水溶液中仅有部分离解成为离子，另一部分仍以分子的形式存在，其离解过程可逆，存在着分子与水合离子间的离解平衡：

$$HAc \rightleftharpoons H^+ + Ac^-$$

$$NH_3 \cdot H_2O \rightleftharpoons OH^- + NH_4^+$$

为定量地表示电解质在溶液中离解程度的大小，引入离解度 α 的概念。离解度是电解质在溶液中达到离解平衡时已离解的分子数占该电解质原来分子总数的百分率。

$$\alpha = \frac{已离解的弱电解质浓度}{弱电解质的初始浓度} \times 100\%$$

实验测定 0.10mol/L HAc 溶液的离解度 $\alpha = 1.33\%$。表明每 10000 个醋酸分子中有 133 个分子发生离解，即溶液中各离子浓度为 $c(H^+) = c(Ac^-) = 0.10 \times 1.33\% = 0.0013mol/L$。

在相同温度、浓度的条件下，离解度大表示该弱电解质相对较强。

5.2 酸碱离解平衡

5.2.1 溶液的 pH 值与指示剂

5.2.1.1 水的离解平衡

水是最常用的溶剂，作为溶剂的纯水，其分子与分子间存在质子传递，其中一个水分子给出质子作为酸，另一个水分子接受质子作为碱，形成 H_3O^+ 和 OH^-。水的离解平衡可表示为：

$$H_2O + H_2O \rightleftharpoons H_3O^+ + OH^-$$

可简写为：

$$H_2O \rightleftharpoons H^+ + OH^-$$

水是一种极弱的电解质（有微弱的导电性），绝大部分以水分子形式存在，仅能离解出极少量的 H^+ 和 OH^-。其标准平衡常数：

$$K^\ominus = \frac{[c(H^+)/c^\ominus] \cdot [c(OH^-)/c^\ominus]}{c(H_2O)/c^\ominus}$$

由于水的离解极微弱，已离解的水分子与总的水分子相比可忽略不计，因此将 $c(H_2O)/c^\ominus$ 看作一个常数，合并入 $K^\ominus$ 项，写做：

$$K_w^\ominus = \{c(H^+)/c^\ominus\} \cdot \{c(OH^-)/c^\ominus\}$$

这个常数称为水的离子积。式中，$c^\ominus$ 为标准浓度（1mol/L），为简便起见，本书在平衡常数表示式中常省去 $c^\ominus$，故上式可简写为：

$$K_w^\ominus = c(H^+) \cdot c(OH^-) \tag{5-1}$$

$K_w^\ominus$ 可从实验得到，也可由热力学计算得到。精确实验测得在 22~25℃时，纯水中：

$$c(H^+) = c(OH^-) = 1.0 \times 10^{-7} \text{mol/L}$$

则：

$$K_w^\ominus = 1.0 \times 10^{-14} \quad pK_w^\ominus = 14.00$$

水的离子积与其他平衡常数一样，是温度的函数。从表 5-2 看出，温度升高 $K_w^\ominus$ 值显著增大。但在室温下作一般计算时，可不考虑温度的影响。

表 5-2　不同温度下水的离子积常数

$T/℃$	0	10	20	25	40	50	90	100
$K_w^\ominus(\times 10^{-14})$	0.1138	0.2917	0.6808	1.009	2.917	5.470	38.02	54.95

水的离子积不仅适用于纯水，对于电解质的稀溶液同样适用。水的离子积是计算水溶液中 $c(H^+)$ 和 $c(OH^-)$ 的重要依据。

5.2.1.2 溶液的酸碱性和 pH 值

溶液的酸（碱）度，是指溶液中 H^+（或 OH^-）的平衡浓度，常用 pH 值表示。$c(H^+)$ 或 $c(OH^-)$ 浓度可以表示溶液的酸碱性，但因水的离子积是一个很小的数值（1.0×10^{-14}），在稀溶液中 $c(H^+)$ 或 $c(OH^-)$ 浓度也很小，直接使用十分不便，故提出用 pH 值表示的概念。pH 值是溶液中 H^+ 浓度的负对数：

$$pH\ 值 = -\lg c(H^+) \tag{5-2}$$

同样，溶液的 $pOH = -\lg c(OH^-)$。常温下，水溶液中有：

$$c(H^+) \cdot c(OH^-) = K_w^\ominus = 1.0 \times 10^{-14}$$

$$-\lg[c(H^+) \cdot c(OH^-)] = -\lg K_w^\ominus$$

则：
$$pH + pOH = pK_w^\ominus = 14.00 \tag{5-3}$$

用 pH 值表示水溶液的酸碱性非常方便。$c(H^+)$ 越大，pH 值越小，表示溶液的酸度越高，碱度越低；$c(H^+)$ 越小，pH 值越大，表示溶液的酸度越低，碱度越高。以上关系应用在计算中十分方便。pH 值和 pOH 值一般用于溶液中 $c(H^+) \leqslant 1mol/L$ 或 $c(OH^-) \leqslant 1mol/L$ 的情况，即 pH 值在 0~14。如果 $c(H^+)$ 和 $c(OH^-)$ 过大，仍采用物质的量浓度来表示更为方便。综上所述，可以把水溶液的酸碱性与 $c(H^+)$ 和 $c(OH^-)$ 离子浓度的关系归纳如下：

中性溶液 $c(H^+) = c(OH^-) = 1.0 \times 10^{-7} mol/L$，pH 值 = pOH 值 = 7.00；

酸性溶液 $c(H^+) > 1.0 \times 10^{-7} mol/L$，$c(H^+) > c(OH^-)$；pH 值 < 7.00 < pOH 值；

碱性溶液 $c(OH^-) > 1.0 \times 10^{-7} mol/L$，$c(OH^-) > c(H^+)$；pH 值 > 7.00 > pOH 值

一些常见水溶液的 pH 值见表 5-3。

表 5-3　一些常见水溶液的 pH 值

溶　液	pH 值	溶　液	pH 值	溶　液	pH 值
柠檬汁	2.2~2.4	番茄汁	3.5	人的唾液	6.5~7.5
葡萄酒	2.8~3.8	牛奶	6.3~6.6	人体尿液	4.8~8.4
食醋	3.0	乳酪	4.8~6.4	饮用水	6.5~8.0
啤酒	4.0~5.0	海水	8.3	咖啡	5.0

例 5-1　计算 0.01mol/L HCl 溶液的 pH 值和 pOH 值。

解：盐酸为强酸，在溶液中全部离解：

$$HCl \longrightarrow H^+ + Cl^-$$

$$pH = -\lg c(H^+) = -\lg 0.01 = 2.00$$

$$pOH = pK_w^\ominus - pH = 14.00 - 2.00 = 12.00$$

5.2.1.3　酸碱指示剂

测定溶液 pH 值的方法很多，实际工作中常用的有酸碱指示剂、pH 值试纸及 pH 值计（酸度计）等。酸碱指示剂多是一些有机染料，属于有机弱酸或弱碱。随着溶液 pH 值改变，本身的结构发生变化而引起颜色改变。每一种指示剂都有一定的变色范围（图 5-2）。

由图 5-2 可见甲基橙和甲基红的变色范围在酸性溶液，酚酞变色范围在碱性溶液，石蕊则接近中性。利用这一特性可以指示溶液的 pH 值范围。例如，甲基橙在溶液中呈红色，说明该溶液 pH 值小于 3.1；呈黄色，说明 pH 值大于 4.4；呈橙色，说明 pH 值在 3.1~4.4 之间。表 5-4 列出了一些常用的酸碱指示剂。

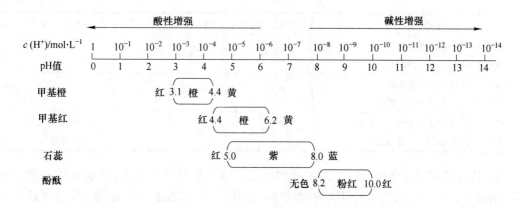

图 5-2　溶液酸碱性及指示剂变色范围

表 5-4　常用的酸碱指示剂

指示剂	酸式色	碱式色	$pK_a^{\ominus}$	变色范围（pH 值）	用　　法
百里酚蓝（第一次变色）	红色	黄色	1.6	1.2~2.8	0.1%的20%乙醇
甲基黄	红色	黄色	3.3	2.9~4.0	0.1%的90%乙醇
甲基橙	红色	黄色	3.4	3.1~4.4	0.05%的水溶液
溴酚蓝	黄色	紫色	4.1	3.1~4.6	0.1%的20%乙醇或其钠盐水溶液
溴甲酚绿	黄色	蓝色	4.9	3.8~5.4	0.1%水溶液，每100mg指示剂加0.05mol/L NaOH 9mL
甲基红	红色	黄色	5.2	4.4~6.2	0.1%的60%乙醇或其钠盐水溶液
溴百里酚蓝	黄色	蓝色	7.3	6.0~7.6	0.1%的20%乙醇或其钠盐水溶液
中性红	红色	黄橙色	7.4	6.8~8.0	0.1%的60%乙醇
酚红	黄色	红色	8.0	6.7~8.4	0.1%的60%乙醇或其钠盐水溶液
百里酚蓝（第二次变色）	黄色	蓝色	8.9	8.0~9.6	0.1%的20%乙醇
酚酞	无色	红色	9.1	8.0~9.6	0.1%的90%乙醇
百里酚酞	无色	蓝色	10.0	9.4~10.6	0.1%的90%乙醇

　　在酸碱滴定中，有时需要将滴定终点控制在很窄的 pH 值范围内，可采用混合指示剂。常用的几种混合指示剂列于表 5-5。

表 5-5　几种常用的混合指示剂

指示剂组成	变色点（pH 值）	酸式色	碱式色	备　注
1 份 0.1%甲基橙水溶液 1 份 0.25%靛蓝磺酸钠水溶液	4.1	紫	黄绿	pH 值为 4.1 灰色
3 份 0.1%溴甲酚绿乙醇溶液 1 份 0.2%甲基红乙醇溶液	5.1	酒红	绿	pH 值为 5.1 灰色
1 份 0.1%溴甲酚绿钠盐水溶液 1 份 0.1%氯酚红钠盐水溶液	6.1	黄绿	蓝紫	

指示剂组成	变色点（pH 值）	酸式色	碱式色	备　注
1 份 0.1%中性红乙醇溶液 1 份 0.1%次甲基蓝乙醇溶液	7.0	蓝紫	绿	
1 份 0.1%甲酚红钠盐水溶液 3 份 0.1%百里酚蓝钠盐水溶液	8.3	黄	紫	
1 份 0.1%百里酚蓝的 50%乙醇溶液 3 份 0.1%酚酞的 50%乙醇溶液	9.0	黄	紫	从黄到绿， 再到紫

pH 值试纸利用复合指示剂（两种或多种指示剂）制成，对不同 pH 值的溶液能显示不同的颜色，可用于迅速判断溶液的酸碱性。常用的 pH 值试纸有广范围 pH 值试纸和精密 pH 值试纸。前者的 pH 值范围从 1~14 或 0~10，可以识别 pH 值差值。此外，还有用于酸性、中性或碱性溶液中的专用 pH 值试纸，例如：

酸性：pH 值为 0.5~5.0，2.5~4.0，5.4~7.0 等；

中性：pH 值为 5.5~9.0，6.4~8.5 等；

碱性：pH 值为 8.2~10.0

5.2.2　酸碱离解平衡

5.2.2.1　一元弱酸弱碱的离解平衡

A　离解常数

弱酸弱碱在溶液中部分离解，在已离解的离子和未离解的分子之间存在着离解平衡。HA 表示一元弱酸，离解平衡式为：

$$HA \rightleftharpoons H^+ + A^- \tag{5-4}$$

其标准平衡常数：

$$K_a^{\ominus} = \frac{[c(H^+)/c^{\ominus}] \cdot [c(A^-)/c^{\ominus}]}{c(HA)/c^{\ominus}} \tag{5-5}$$

酸的标准离解平衡常数用 $K_a^{\ominus}$ 表示，称为酸的离解平衡常数。与其他平衡常数一样，离解常数与温度有关，与浓度无关，但温度对离解常数的影响不大，通常在室温下可不予考虑。从式（5-5）可以看出：$K_a^{\ominus}$ 的值越大，离解程度越大，该弱酸相对较强。例如 25℃时醋酸的离解常数为 $1.8×10^{-5}$，氢氟酸的离解常数为 $3.5×10^{-4}$，可见在相同浓度下，醋酸的酸性较氢氟酸弱。

同样，以 BOH 表示一元弱碱，离解平衡式为：

$$BOH \rightleftharpoons B^+ + OH^-$$

其标准平衡常数：

$$K_b^{\ominus} = \frac{[c(B^+)/c^{\ominus}] \cdot [c(OH^-)/c^{\ominus}]}{c(BOH)/c^{\ominus}} \tag{5-6}$$

碱的标准离解平衡常数用 $K_b^{\ominus}$ 表示，称为碱的离解平衡常数。从式（5-6）可以看出：$K_b^{\ominus}$ 的值越大，离解程度越大，该弱碱相对较强。

$K_a^{\ominus}$，$K_b^{\ominus}$ 分别表示弱酸、弱碱的离解常数。对于具体的酸或碱的离解常数，通常在 $K^{\ominus}$

的后面注明酸或碱的分子式来表示。一般把 $K^{\ominus}$ 在 $10^{-3} \sim 10^{-2}$ 称中强电解质；$K^{\ominus} < 10^{-4}$ 为弱电解质；$K^{\ominus} < 10^{-7}$ 为极弱电解质。

B 离解度、离解常数和浓度之间的关系

前面提到，对于弱电解质可以用离解度 α 表示离解程度，在浓度、温度相同的条件下，离解度越大，表示该弱电解质越强。离解度是转化率的一种形式，表示弱电解质在一定条件下的离解百分率，随弱电解质的浓度变化而变化。离解常数是平衡常数的一种形式，不随电解质的浓度而变化，例如不同浓度醋酸溶液的离解度和离解常数见表 5-6。

表 5-6 不同浓度醋酸溶液的离解度和离解常数

溶液浓度/mol·L^{-1}	离解度 α/%	离解常数 $K_a^{\ominus}$($\times 10^{-5}$)
0.2	0.934	1.76
0.1	1.33	1.76
0.02	2.96	1.80
0.001	12.4	1.76

离解度、离解常数和浓度之间有一定的关系。以一元弱酸 HA 为例，设浓度为 c，离解度为 α，推导如下：

$$HA \rightleftharpoons H^+ + A^-$$

起始浓度（mol/L）　　　　　c　　　0　　　0

变化浓度（mol/L）　　　　　$c\alpha$　　$c\alpha$　　$c\alpha$

平衡浓度（mol/L）　　　$c(1-\alpha)$　$c\alpha$　　$c\alpha$

代入平衡常数表达式中：

$$K_a^{\ominus} = \frac{(c(H^+)/c^{\ominus}) \cdot (c(A^-)/c^{\ominus})}{c(HA)/c^{\ominus}} = \frac{c\alpha \times c\alpha}{c(1-\alpha)} = \frac{c\alpha^2}{1-\alpha} \tag{5-7}$$

因为弱电解质的离解度 α 很小，可以认为 $1-\alpha \approx 1$，作近似处理时，得以下简式：

$$K_\alpha^{\ominus} = c\alpha^2 \tag{5-8}$$

$$\alpha = \sqrt{\frac{K_\alpha^{\ominus}}{c}} \tag{5-9}$$

$$c(H^+) = \sqrt{K_a^{\ominus} c} \tag{5-10}$$

同样对于一元弱碱溶液，得到：

$$K_b^{\ominus} = c\alpha^2 \tag{5-11}$$

$$\alpha = \sqrt{\frac{K_b^{\ominus}}{c}} \tag{5-12}$$

$$c(OH^-) = \sqrt{K_b^{\ominus} c} \tag{5-13}$$

对于某一指定的弱电解质而言，浓度越稀，离解度越大。当弱电解质稀释时，离解度虽然增大，但 H$^+$ 浓度反而有所下降。所以不能错误地认为离解度增大，溶液的 H$^+$ 浓度必然增加。不同浓度 HAc 的离解度和氢离子浓度见表 5-7 所列实验数据。

表 5-7　不同浓度 HAc 的离解度和氢离子浓度（25℃）

$c(HAc)/mol \cdot L^{-1}$	0.20	0.10	0.01	0.005	0.001
$\alpha/\%$	0.93	1.3	4.2	5.8	12
$c(H^+)/mol \cdot L^{-1}$	1.86×10^{-3}	1.3×10^{-3}	4.2×10^{-4}	2.9×10^{-4}	1.2×10^{-4}
pH 值	2.73	2.88	3.38	3.54	3.92

例 5-2　298.15K 时，HAc 的离解常数为 1.8×10^{-5}。计算 0.10mol/L HAc 溶液的 H^+、Ac^- 浓度和该浓度下 HAc 的离解度。

解： HAc 为弱电解质，离解平衡式为：

$$HAc \rightleftharpoons H^+ + Ac^-$$

起始浓度（mol/L）　　　　　0.10　　　　0　　　0

平衡浓度（mol/L）　　　　0.10$-x$　　　x　　　x

$$K_a^\ominus(HAc) = \frac{(c(H^+)/c^\ominus) \cdot (c(Ac^-)/c^\ominus)}{c(HAc)/c^\ominus} = \frac{x \cdot x}{0.10 - x}$$

$$1.8 \times 10^{-5} = \frac{x^2}{0.10 - x}$$

$K_\alpha^\ominus(HAc)$ 很小，可近似地认为 $0.10 - x \approx 0.10$

$$x = \sqrt{1.8 \times 10^{-5} \times 0.10} = 1.3 \times 10^{-3}$$

$$c(H^+) = c(Ac^-) = 1.3 \times 10^{-3} mol/L$$

$$\alpha = \frac{1.3 \times 10^{-3}}{0.10} \times 100\% = 1.3\%$$

例 5-3　25℃ 时，实验测得 0.020mol/L 氨水溶液的 pH 值为 10.78，求它的离解常数和离解度。

解： pH 值为 10.78，pOH=14$-$10.78 = 3.22

$$c(OH^-) = 6.0 \times 10^{-4} mol/L$$

氨水的离解平衡式为：　　$NH_3 \cdot H_2O \rightleftharpoons NH_4^+ + OH^-$

起始浓度（mol/L）　　　　　0.020　　　　　0　　　　　0

平衡浓度（mol/L）　　0.020-6.0×10^{-4}　6.0×10^{-4}　6.0×10^{-4}

　　　　　　　　　　　≈ 0.020

$$\alpha = \frac{c(OH^-)}{c(NH_3 \cdot H_2O)} \times 100\% = \frac{6.0 \times 10^{-4}}{0.02} \times 100\% = 3.0\%$$

$$K^\ominus(NH_3 \cdot H_2O) = \frac{(c(NH_4^+)/c^\ominus) \cdot (c(OH^-)/c^\ominus)}{c(NH_3 \cdot H_2O)/c^\ominus} = \frac{6.0 \times 10^{-4} \times 6.0 \times 10^{-4}}{0.02} = 1.8 \times 10^{-5}$$

5.2.2.2　多元弱酸的离解平衡

多元弱酸在水溶液中的离解分步进行。例如，氢硫酸是二元弱酸，分二步离解：

第一步离解　　$H_2S \rightleftharpoons H^+ + HS^-$　　$K_{a1}^\ominus(H_2S) = 1.0 \times 10^{-7}$

第二步离解　　$HS^- \rightleftharpoons H^+ + S^{2-}$　　$K_{a2}^\ominus(H_2S) = 7.1 \times 10^{-15}$

磷酸是三元弱酸，分三步离解：

第一步离解 $H_3PO_4 \rightleftharpoons H^+ + H_2PO_4^-$ $K_{a1}^{\ominus}(H_3PO_4) = 7.6 \times 10^{-3}$

第二步离解 $H_2PO_4^- \rightleftharpoons H^+ + HPO_4^{2-}$ $K_{a2}^{\ominus}(H_3PO_4) = 6.3 \times 10^{-8}$

第三步离解 $HPO_4^{2-} \rightleftharpoons H^+ + PO_4^{3-}$ $K_{a3}^{\ominus}(H_3PO_4) = 4.4 \times 10^{13}$

从所列数据看出，分步离解常数 $K_{a1}^{\ominus} \gg K_{a2}^{\ominus} \gg K_{a3}^{\ominus}$。分步离解常数逐级变小，且各级离解常数相差甚大（达好几个数量级），故在计算多元弱酸的 H^+ 浓度时，一般只需考虑第一步离解即可。若对多元弱酸或弱碱的相对强弱进行比较时，只需比较它们的第一级离解常数，与一元弱酸、弱碱相似。

5.3 同离子效应和缓冲溶液

根据化学平衡移动原理，本节讨论离子浓度对离解平衡的影响，说明同离子效应以及缓冲溶液的组成和工作原理。

5.3.1 同离子效应

在醋酸溶液的平衡系统中加入少量 NaAc，由于 NaAc 是强电解质，在溶液中能全部离解，因此溶液中的 Ac^- 浓度大为增加，根据化学平衡移动的原理，HAc 的离解平衡向左移动。

$$NaAc \longrightarrow Na^+ + Ac^-$$
$$HAc \rightleftharpoons H^+ + Ac^-$$

结果，H^+ 浓度减小，HAc 的离解度降低。同理，在 HAc 溶液中加入强酸 HCl，则 H^+ 浓度增加，平衡也向左移动。此时，Ac^- 浓度减小，HAc 的离解度也降低。同样，在弱碱溶液中加入含有相同离子的强电解质（盐类或强碱）时，也会使弱碱的离解平衡向左移动，降低弱碱的离解度。这种在弱电解质溶液中，加入含有相同离子的强电解质，使弱电解质离解度降低的现象叫做同离子效应。

例 5-4 在 0.10mol/L HAc 溶液中加入少量 NaAc，使其浓度为 0.10mol/L，求该溶液的 H^+ 浓度和离解度。

解：（1）求 $c(H^+)$：忽略水离解产生的 H^+，设 HAc 离解产生的 H^+ 浓度为 x。

$$HAc \rightleftharpoons H^+ + Ac^-$$

起始浓度（mol/L）	0.10	0	0.10
变化浓度（mol/L）	x	x	x
平衡浓度（mol/L）	$0.10-x$	x	$0.10+x$

由于同离子效应，0.10mol/L HAc 的离解度减小，所以近似认为 $0.10-x \approx 0.10$；$0.1+x \approx 0.10$，代入平衡关系式：

$$K_a^{\ominus} = \frac{(c(H^+)/c^{\ominus}) \cdot (c(Ac^-)/c^{\ominus})}{c(HAc)/c^{\ominus}} = \frac{0.10x}{0.10} = 1.8 \times 10^{-5}$$

$$c(H^+) = x = 1.8 \times 10^{-5}\,mol/L$$

（2）求 α：

$$\alpha = \frac{c(H^+)}{c(酸)} \times 100\% = \frac{1.8 \times 10^{-5}}{0.10} \times 100\% = 0.0180\%$$

与例 5-2 相比，0.10mol/L HAc 溶液的 $c(H^+)$ 及 α 在加入 NaAc 前后有显著差别，HAc 溶液的氢离子浓度和离解度都降低约 75 倍，加入 NaAc 的浓度越大，降低越多。

5.3.2 缓冲溶液

5.3.2.1 缓冲溶液的定义

许多化学反应需要在一定 pH 值的范围内进行，某些反应有 H^+ 或 OH^- 生成，溶液的 pH 值会随反应的进行而发生变化。在这种情况下，就要借助缓冲溶液来稳定溶液的 pH 值，维持反应的正常进行。

为了说明缓冲溶液的作用，首先参看下列三组数据：

序号	溶液	加入 1.0mL、1.0mol/L 的 HCl 溶液	加入 1.0mL、1.0mol/L 的 NaOH 溶液
1	1.0L 纯水	pH 值从 7.0 变为 3.0，改变 4 个单位	pH 值从 7.0 变为 11，改变 4 个单位
2	1.0L 溶液中含有 0.10molHAc 0.10molNaAc	pH 值从 4.76 变为 4.75，改变 0.01 个单位	pH 值从 4.76 变为 4.77，改变 0.01 个单位
3	1.0L 溶液中含有 0.10mol $NH_3 \cdot H_2O$ 0.10mol NH_4Cl	pH 值从 9.26 变为 9.25，改变 0.01 个单位	pH 值从 9.26 变为 9.27，改变 0.01 个单位

以上数据说明，纯水中加入少量的酸或碱，其 pH 值发生显著的变化，而由 HAc 和 NaAc 或者 NH_3 和 NH_4Cl 组成的混合溶液，当加入少量酸或碱时，其 pH 值改变很小。这种能保持 pH 值相对稳定的溶液称为缓冲溶液，其作用称为缓冲作用。

缓冲溶液的特点是在一定范围内，既能抵抗外加少量的酸又能抵抗外加少量的碱，或将溶液适当稀释或浓缩，溶液的 pH 值都改变很小。

根据酸碱质子理论，缓冲溶液是一共轭酸碱对系统。可以由弱酸及其盐（如 HAc—NaAc、H_2CO_3—$NaHCO_3$ 等），弱碱及其盐（$NH_3 \cdot H_2O$—NH_4Cl 等），多元弱酸酸式盐及其次级盐（如 NaH_2PO_4—Na_2HPO_4、KH_2PO_4—K_2HPO_4、$NaHCO_3$—Na_2CO_3 等），某些正盐和它的酸式盐（如 $NaHCO_3$—Na_2CO_3 等）等组成。

5.3.2.2 缓冲溶液的作用原理

以 HAc—NaAc 缓冲溶液为例说明缓冲溶液的作用原理。在 HAc—NaAc 缓冲溶液中存在以下离解平衡：

$$NaAc \longrightarrow Na^+ + Ac^-$$
$$HAc \Longleftrightarrow H^+ + Ac^-$$

由于 NaAc 完全离解，溶液中存在着大量的 Ac^-。HAc 只能部分离解，加上由 NaAc 离解出的 Ac^- 产生同离子效应，使 HAc 的离解度变得更小，因此溶液中除 Ac^- 外，还存在大量 HAc 分子。溶液中同时存在大量弱酸分子及其弱酸根离子，或大量弱碱分子及其弱碱的阳离子，组成缓冲对，这是缓冲溶液的特点。

在上述溶液中加入少量强酸时，H^+ 与溶液中大量存在的 Ac^- 结合成难离解的 HAc，使离解平衡向左移动。达到新的平衡时，H^+ 浓度不会显著增加。可以说，Ac^- 起了抗酸的作用。当加入少量强碱时，增加的 OH^- 与溶液中的 H^+ 结合生成 H_2O，这时 HAc 的离解平衡向右移动，补充减少的 H^+。建立新的平衡时，溶液中 OH^- 浓度几乎不变，因而 HAc 分子起了抗碱的作用。由此可见，缓冲溶液同时具有抵抗外加少量酸或碱的作用。

根据酸碱质子理论，缓冲溶液是一种含有足够大浓度的共轭酸碱对的混合溶液，具有缓冲作用的原理是外加少量酸或碱时，质子在共轭酸碱对之间发生转移，从而维持溶液 pH 值基本不变。所以要构成缓冲体系，一是要具有既能抗酸又能抗碱的组分；二是组成缓冲溶液的共轭酸碱保证足够大的浓度和适当的浓度比。

5.3.2.3 缓冲溶液 pH 值的计算

设缓冲溶液由一元弱酸 HA 和相应的盐 MA 组成，一元弱酸的浓度为 $c(酸)$，盐的浓度为 $c(盐)$，由 HA 离解得 $c(H^+) = x\ mol/L$。则由

$$MA \longrightarrow M^+ + A^-$$
$$c(盐) \quad c(盐)$$
$$HA \rightleftharpoons H^+ + A^-$$

起始浓度（mol/L）	$c(酸)$	0	$c(酸)$
变化浓度（mol/L）	x	x	x
平衡浓度（mol/L）	$c(酸) - x$	x	$c(酸) + x$

$$K_a^\ominus = \frac{(c(H^+)/c^\ominus) \cdot (c(Ac^-)/c^\ominus)}{c(HAc)/c^\ominus} = \frac{x[c(盐) + x]}{c(酸) - x}$$

$$x = \frac{K_a^\ominus[c(酸) - x]}{c(盐) + x}$$

如 $K_a^\ominus$ 值较小，并存在同离子效应，此时 x 很小，因而 $c(酸) - x \approx c(酸)$，$c(盐) + x \approx c(盐)$，则：

$$c(H^+) = x = \frac{K_a^\ominus c(酸)}{c(盐)}$$

$$pH = -\lg c(H^+) = -\lg K_a^\ominus - \lg \frac{c(酸)}{c(盐)}$$

$$pH = pK_a^\ominus - \lg \frac{c(酸)}{c(盐)} \tag{5-14}$$

这是计算一元弱酸及其弱酸盐组成的缓冲溶液 H^+ 浓度及 pH 值的通式。同样，也可以推导出计算一元弱碱及其盐组成的缓冲溶液 pH 值的通式：

$$c(OH^-) = \frac{K_b^\ominus c(碱)}{c(盐)}$$

$$pOH = -\lg c(OH^-) = -\lg K_b^\ominus - \lg \frac{c(碱)}{c(盐)} \tag{5-15}$$

$$pOH = pK_b^\ominus - \lg \frac{c(碱)}{c(盐)}$$

例 5-5 有 50mL 含有 0.10mol/L HAc 和 0.10mol/L NaAc 的缓冲溶液，试计算：（1）该缓冲溶液的 pH 值；（2）加入 1.0mol/L 的 HCl 0.10mL 后，溶液的 pH 值。

解：（1）已知 $K_a^{\ominus}(HAc) = 1.8 \times 10^{-5}$，则缓冲溶液的 pH 值为：

$$pH = pK_a^{\ominus} - \lg \frac{c(酸)}{c(盐)} = 4.74 - \lg \frac{0.1}{0.1} = 4.74$$

（2）加入 1.0mol/L 的 HCl 0.10mL 以后，所离解出的 H^+ 与 Ac^- 结合生成 HAc 分子，溶液中的 Ac^- 浓度降低，HAc 浓度升高，此时体系中：

$$c(酸) \approx 0.10mol/L + \frac{1.0mol/L \times 0.10mL}{50.10mL} = 0.102mol/L$$

$$c(盐) \approx 0.10mol/L - \frac{1.0mol/L \times 0.10mL}{50.10mL} = 0.098mol/L$$

$$pH = pK_a^{\ominus} - \lg \frac{c(酸)}{c(盐)} = 4.74 - \lg \frac{0.102}{0.098} = 4.72$$

从计算结果可知，加入少量盐酸后，溶液的 pH 值基本不变。

例 5-6 在 1.0L 浓度为 0.10mol/L 的氨水溶液中加入 0.050mol 的 $(NH_4)_2SO_4$ 固体，问该溶液的 pH 值为多少？

解：这是一个弱碱 $NH_3 \cdot H_2O$ 与其盐 $(NH_4)_2SO_4$ 组成的混合溶液，其中 $c(碱) = 0.10mol/L$，$c(NH_4^+) = 2 \times 0.050 = 0.10mol/L$，已知 $K_b^{\ominus}(NH_3 \cdot H_2O) = 1.8 \times 10^{-5}$，则：

$$pOH = pK_b^{\ominus} - \lg \frac{c(碱)}{c(盐)} = 4.74 - \lg \frac{0.1}{0.1} = 4.74$$

$$pH = 14 - 4.74 = 9.26$$

5.3.2.4 缓冲容量

对任何一种缓冲溶液，加入大量的酸或碱，溶液中的 HAc 或 Ac^- 消耗将尽时，就不再具有缓冲能力了，所以缓冲溶液的缓冲能力有一定限度。只有在加入适当酸或碱，或将溶液适当稀释时，才能保持溶液的 pH 值基本不变。溶液缓冲能力的大小常用缓冲容量来衡量。缓冲容量的大小取决于弱酸及其盐或弱碱及其盐的浓度及浓度的比值。

常用的缓冲溶液各组分的浓度一般在 0.1～1.0mol/L。此外，缓冲比值接近于 1 时缓冲能力最大，比值一般在 0.1～10，其相应的 pH 值和 pOH 值变化范围为 $pH = pK_a^{\ominus} \pm 1$ 和 $pOH = pK_b^{\ominus} \pm 1$。通常缓冲溶液只在其缓冲范围内有缓冲作用，故在选用缓冲溶液时应注意其缓冲范围。将缓冲溶液适当稀释，由于 $\frac{c(酸)}{c(盐)}$ 或 $\frac{c(碱)}{c(盐)}$ 比值不变，故溶液 pH 值不变。

5.3.2.5 缓冲溶液的选择和配制

实际工作中缓冲溶液应用广泛，如离子的分离、提纯以及分析检验，经常需要控制溶液的 pH 值。

缓冲溶液本身的 pH 值主要取决于弱酸或弱碱的离解常数 $pK_a^{\ominus}$ 或 $pK_b^{\ominus}$，所以，配制一定 pH 值的缓冲溶液，可以选择 $pK_a^{\ominus}$（或 $pK_b^{\ominus}$）与所需 pH 值相等或相近的弱酸（或弱碱）及其盐。例如，欲配制 pH 值为 5 左右的缓冲溶液，HAc 的 $pK_a^{\ominus} = 4.74$，可以选择 HAc—

NaAc 缓冲对。又如欲配制 pH 值为 7 左右的缓冲溶液，H_3PO_4 的 $pK_{a2}^{\ominus} = 7.20$，可选择 NaH_2PO_4—Na_2HPO_4 缓冲对。再如欲配制 pH 值为 10 左右的缓冲溶液，H_2CO_3 的 $pK_{a2}^{\ominus} = 10.25$，可选择 $NaHCO_3$—Na_2CO_3。

缓冲溶液控制溶液 pH 值主要体现在 $\lg \dfrac{c(酸)}{c(盐)}$（或 $\lg \dfrac{c(碱)}{c(盐)}$）。如果 $pK_a^{\ominus}$（或 $pK_b^{\ominus}$）与 pH 值不完全相等，可按照所需 pH 值，利用缓冲溶液计算公式，适当调整酸（或碱）和盐的浓度比。

另外，所选择的缓冲溶液，不能与反应物或生成物发生作用。药用缓冲溶液还必须考虑是否有毒性等，例如，硼酸—硼酸盐缓冲溶液有毒，不能用作口服或注射剂的缓冲溶液。

表 5-8 介绍了一些常见缓冲溶液的配制方法及其 pH 值。

表 5-8 常见缓冲溶液的配制及其 pH 值

pH 值	配 制 方 法
4.0	20g NaAc·$3H_2O$ 溶于适量水中，加 134mL、6mol/L HAc，稀释至 500mL
5.0	50g NaAc·$3H_2O$ 溶于适量水中，加 34mL、6mol/L HAc，稀释至 500mL
8.0	50g NH_4Cl 溶于适量水中，加 3.5mL、15mol/L 氨水，稀释至 500mL
9.0	35g NH_4Cl 溶于适量水中，加 24mL、15mol/L 氨水，稀释至 500mL
10.0	3g NH_4Cl 溶于适量水中，加 207mL、15mol/L 氨水，稀释至 500mL

例 5-7 欲配制 1.0L、pH 值为 5.00 的缓冲溶液，如果溶液中 HAc 的浓度为 0.20mol/L，需 1mol/L 的 HAc 和 1mol/L NaAc 各多少毫升？

解： 已知 $K_a^{\ominus}(HAc) = 1.8 \times 10^{-5}$；$c(HAc) = 0.20mol/L$。

（1）计算缓冲溶液中 NaAc 的浓度 $c(盐)$：

$$pH = pK_a^{\ominus} - \lg \frac{c(酸)}{c(盐)}$$

$$5.00 = 4.74 - \lg \frac{0.20}{c(盐)}$$

$$c(盐) = 0.36mol/L$$

（2）计算所需酸和盐的体积：

$$c_1 V_1 = c_2 V_2$$

需 1mol/L HAc 的体积：$V_1 = \dfrac{0.20 \times 1}{1} = 0.20L = 200mL$

需 1mol/L NaAc 的体积：$V_1' = \dfrac{0.36 \times 1}{1} = 0.36L = 360mL$

5.4 盐类的水解

水溶液的酸碱性，取决于溶液中 H^+ 浓度和 OH^- 浓度的相对大小。NaAc、Na_2CO_3、NH_4Cl、NH_4Ac 等盐类物质，在水中既不能离解出 H^+，也不能离解出 OH^-，水溶液似乎都应该是中性的，但事实上其水溶液有酸性、碱性、中性，这与盐的组成有关。

造成盐类溶液具有酸碱性的原因是盐类的阳离子或阴离子和水离解出来的 H^+ 或 OH^- 结合生成弱电解质（弱酸或弱碱），使水的离解平衡发生移动，导致溶液中 H^+ 和 OH^- 浓度不相等，呈现酸碱性。这种作用称为盐的水解作用。实际上，水解反应是中和反应的逆反应，并且，这种中和反应中的酸碱之一或两者都是弱的。

根据组成情况，盐可以分为以下四类：强碱弱酸盐（如 NaAc、KF、NaCN 等）；强酸弱碱盐（如 NH_4Cl、$AlCl_3$ 等）；弱酸弱碱盐（如 NH_4F、NH_4CN、NH_4Ac 等）；强酸强碱盐（NaCl、KNO_3 等），下面分别讨论其在水溶液中的情况。

5.4.1　强碱弱酸盐的水解

以 NaAc 为例说明这类盐的水解。NaAc 在水中完全离解，溶液中同时存在水、弱酸的两个离解平衡：

$$NaAc \longrightarrow Na^+ + Ac^-$$
$$+$$
$$H_2O \rightleftharpoons OH^- + H^+$$
$$\Updownarrow$$
$$HAc$$

由 NaAc 离解出的 Ac^- 与 H_2O 离解出的 H^+ 结合成弱酸 HAc 分子，消耗了溶液中的 H^+，由于 H^+ 浓度的减少，使水的离解平衡向右移动，溶液中 $c(OH^-)>c(H^+)$，pH 值大于 7.00，因此溶液呈碱性。

溶液中同时存在水、弱酸的离解平衡，离解平衡实际上是这两个平衡的总反应：

(1) $H_2O \rightleftharpoons H^+ + OH^-$；　　$K_1^\ominus = K_w^\ominus$

(2) $Ac^- + H^+ \rightleftharpoons HAc$；　　$K_2^\ominus = \dfrac{1}{K_a^\ominus}$

由 (1) + (2) 得水解反应式：

$$Ac^- + H_2O \rightleftharpoons HAc + OH$$

水解的平衡常数称为水解常数，记作 $K_h^\ominus$。$K_h^\ominus$ 可由多重平衡规则求得：

$$K_h^\ominus = K_1^\ominus K_2^\ominus = \frac{K_w^\ominus}{K_a^\ominus} \tag{5-16}$$

由此看出，这类盐水解的实质是阴离子（酸根离子）发生水解。组成盐的酸越弱（$K_a^\ominus$ 越小），水解常数越大，相应盐的水解倾向越大。

盐的水解程度除用水解常数 $K_h^\ominus$ 衡量外，还可用水解度 h 表示，水解度 h 是转化率的一种形式：

$$h = \frac{已水解盐的浓度}{盐的起始浓度} \times 100\%$$

水解度 h、水解常数 $K_h^\ominus$ 和盐浓度 $c(盐)$ 之间有一定关系，仍以 NaAc 为例说明：

$$Ac^- + H_2O \rightleftharpoons HAc + OH^-$$

起始浓度（mol/L）　　　$c(盐)$　　　0　　　0

平衡浓度（mol/L）　　　$c(盐)(1-h)$　　$c(盐)h$　　$c(盐)h$

$$K_h^\ominus = \frac{(c(HAc)/c^\ominus) \cdot (c(OH^-)/c^\ominus)}{c(Ac^-)/c^\ominus}$$

$$= \frac{c(盐)h \cdot c(盐)h}{c(盐)(1-h)}$$

若 $K_h^\ominus$ 较小，可近似认为 $1-h \approx 1$，则：

$$K_h^\ominus = c(盐)h^2$$

$$h = \sqrt{\frac{K_h^\ominus}{c(盐)}} = \sqrt{\frac{K_w^\ominus}{K_a^\ominus \cdot c(盐)}} \tag{5-17}$$

例5-8 计算 0.10mol/L NaAc 溶液的 pH 值。

解： NaAc 为强碱弱酸盐，水解方程式为：

$$Ac^- + H_2O \rightleftharpoons HAc + OH^-$$

起始浓度（mol/L）　　　0.10　　　　　0　　　0

平衡浓度（mol/L）　　　0.10 - x　　　x　　　x

$$K_h^\ominus = \frac{K_w^\ominus}{K_a^\ominus(HAc)} = \frac{10^{-14}}{1.8 \times 10^{-5}} = 5.6 \times 10^{-10}$$

$$K_h^\ominus = \frac{(c(HAc)/c^\ominus) \cdot (c(OH^-)/c^\ominus)}{c(Ac^-)/c^\ominus} = \frac{x^2}{0.1-x}$$

$K_h^\ominus$ 较小，可做近似计算，$0.10-x \approx 0.10$，则：

$$c(OH^-) = x = \sqrt{K_h^\ominus c(盐)} = \sqrt{5.6 \times 10^{-10} \times 0.10} = 7.5 \times 10^{-6}$$

$$pOH 值为 5.12$$

pH 值为 14.00-5.12 = 8.88。

5.4.2　强酸弱碱盐的水解

以 NH_4Cl 为例说明这类盐的水解。NH_4Cl 在水中完全离解，溶液中同时存在水、弱碱的两个离解平衡：

$$NH_4Cl \longrightarrow NH_4^+ + Cl^-$$
$$+$$
$$H_2O \rightleftharpoons OH^- + H^+$$
$$\Updownarrow$$
$$NH_3 \cdot H_2O$$

由 NH_4Cl 离解出来的 NH_4^+ 与 H_2O 离解出来的 OH^- 结合成弱碱氨水，消耗了溶液中的 OH^-，由于 OH^- 浓度的减少，水的离解平衡向右移动，当溶液中水和氨水的 2 个平衡同时建立时，溶液中 $c(OH^-) < c(H^+)$，pH 值小于 7.00，因此溶液呈酸性。

水解的离子方程式为：

$$NH_4^+ + H_2O \rightleftharpoons NH_3 \cdot H_2O + H^+$$

强酸弱碱盐的水解实质上是阳离子发生水解，与一元弱酸强碱盐同样处理，得到一元强酸弱碱盐的水解常数：

$$K_h^\ominus = \frac{K_w^\ominus}{K_b^\ominus} \tag{5-18}$$

$$h = \sqrt{\frac{K_w^{\ominus}}{K_b^{\ominus} \cdot c(盐)}} \qquad (5-19)$$

组成盐的碱越弱，$K_b^{\ominus}$ 越小，水解常数 $K_h^{\ominus}$ 就越大，强酸弱碱盐的水解倾向越大。

例 5-9　计算 0.10mol/L（NH_4）$_2SO_4$ 溶液的 pH 值。

解：（NH_4）$_2SO_4$ 为强酸弱碱盐，水解方程式为：

$$NH_4^+ + H_2O \Longrightarrow NH_3 \cdot H_2O + H^+$$

起始浓度（mol/L）　　0.10×2　　　　　　0　　　0

平衡浓度（mol/L）　　0.20 - x　　　　　x　　　x

$$K_h^{\ominus} = \frac{K_w^{\ominus}}{K_a^{\ominus}(NH_3 \cdot H_2O)} = \frac{10^{-14}}{1.8 \times 10^{-5}} = 5.6 \times 10^{-10}$$

$$K_h^{\ominus} = \frac{c(NH_3 \cdot H_2O) \cdot c(H^+)}{c(NH_4^+)} = \frac{x^2}{0.20 - x}$$

$K_h^{\ominus}$ 较小，可做近似计算，$0.20-x \approx 0.20$，则：

$$c(H^+) = x = \sqrt{K_h^{\ominus} c(盐)} = \sqrt{5.6 \times 10^{-10} \times 0.20} = 1.1 \times 10^{-5}$$

$$pH = -\lg c(H^+) = -\lg(1.1 \times 10^{-5}) = 4.96$$

5.4.3　弱酸弱碱盐的水解

弱酸弱碱盐溶于水时，阳离子和阴离子都发生水解，以 NH_4Ac 为例：

$$NH_4Ac \longrightarrow NH_4^+ + Ac^-$$
$$+ \qquad\qquad +$$
$$H_2O \Longrightarrow OH^- + H^+$$
$$\Updownarrow \qquad\qquad \Updownarrow$$
$$NH_3 \cdot H_2O \qquad HAc$$

NH_4Ac 离解出的 NH_4^+ 与水离解出的 OH^- 结合生成弱碱 $NH_3 \cdot H_2O$，Ac^- 与水中的 H^+ 结合生成弱酸 HAc。由于 H^+ 和 OH^- 都在减少，水的离解平衡强烈右移，可见弱酸弱碱盐的水解程度较大。

水解的离子方程式为：

$$NH_4^+ + Ac^- + H_2O \Longrightarrow NH_3 \cdot H_2O + HAc$$

与上面同样处理，可得到弱酸弱碱盐水解常数：

$$K_h^{\ominus} = \frac{K_w^{\ominus}}{K_a^{\ominus} K_b^{\ominus}} \qquad (5-20)$$

弱酸弱碱盐水溶液的酸碱性与盐的浓度无关，仅取决于弱酸、弱碱的离解常数的相对大小。

当 $K_a^{\ominus} \approx K_b^{\ominus}$ 时，$c(H^+) = \sqrt{K_w^{\ominus}}$，$c(H^+) = 10^{-7}$mol/L，则溶液近于中性，如 NH_4Ac；

当 $K_a^{\ominus} > K_b^{\ominus}$ 时，$c(H^+) > 10^{-7}$mol/L，则溶液为酸性，如 $HCOONH_4$；

当 $K_a^{\ominus} < K_b^{\ominus}$，$c(H^+) < 10^{-7}$mol/L，则溶液为碱性，如 NH_4CN。

但是，尽管弱酸弱碱盐水解的程度往往比较大，但无论所生成弱酸和弱碱的相对强弱如何，水解后溶液的酸性或碱性总是比较弱的。

5.4.4 强酸强碱盐

强酸强碱盐的阳离子与阴离子不能与水中的 H^+ 和 OH^- 结合生成弱电解质，水的离解平衡未被破坏，故溶液呈中性，即强酸强碱盐在水溶液中不发生水解。

5.4.5 影响水解平衡的因素

水解程度的大小，主要取决于水解离子本身的性质，外界因素的改变，对水解平衡也有重要影响，下面讨论影响水解平衡的因素：

（1）盐的本性。盐类水解时所生成弱酸或弱碱的离解常数越小，水解度越大。若水解产物为沉淀，溶解度越小，水解度越大。

（2）浓度。从水解度的通式可以看出，对于同一种盐（$K_h^\ominus$ 相同），其浓度越小，水解度越大，换言之，将盐溶液进行稀释，会促进盐的水解。

（3）温度。酸碱中和反应是放热反应，盐的水解是中和反应的逆过程，因此是吸热反应。根据平衡移动原理，加热可以促进水解反应的进行。如在分析化学或无机制备时，常采用加热促进水解，达到离子分离或除去杂质的目的。

（4）溶液酸碱度的影响。盐类水解引起水中的 H^+ 和 OH^- 浓度发生了变化。根据平衡移动原理，调整溶液的酸碱度，能促进或抑制盐的水解。

5.4.6 盐类水解平衡的应用

盐水解用于生产和科研的例子很多，现举例略加说明：

（1）许多金属氢氧化物的溶解度都很小，当相应的盐溶于水时，由于水解作用会析出氢氧化物而出现浑浊。如 $Al_2(SO_4)_3$、$FeCl_3$ 水解后产生胶状氢氧化物。这些物质具有吸附作用，可用作净水剂。

（2）在配制 Sn^{2+}、Fe^{3+}、Bi^{3+}、Sb^{3+} 等盐类的水溶液时，由于水解后会产生大量的沉淀，不能得到所需溶液：

$$SnCl_2 + H_2O \Longrightarrow Sn(OH)Cl \downarrow + HCl$$

$$Bi(NO_3)_3 + H_2O \Longrightarrow BiO(NO_3) \downarrow + 2HNO_3$$

加入相应的酸，可使平衡向左移动，抑制水解反应。所以，在配制溶液时，通常溶于较浓的酸中，然后再用水稀释到所需的浓度（注意不可先加水再加酸，因为水解产物很难溶解）。配制 Na_2S 水溶液时，为防止 Na_2S 水解逸出 H_2S，必须加入 $NaOH$。

（3）常常利用水解反应达到物质的分离、鉴定和提纯的目的。如利用 Fe^{3+} 的易水解性除去溶液中的 Fe^{2+} 和 Fe^{3+}。

5.5　酸碱滴定法

酸碱滴定法是以酸碱中和反应为基础的滴定分析方法。不仅能用于水溶液体系，也可用于非水溶液体系，因此，酸碱滴定法的应用非常广泛。

在酸碱滴定过程中，随着滴定剂不断加入到被滴定的溶液中，溶液的 pH 值不断发生变化，根据滴定 pH 值变化规律，选择合适的指示剂，正确地指示滴定终点。本节讨论酸碱滴定过程中溶液的 pH 值变化规律及指示剂的选择。

5.5.1 强碱滴定强酸

现以 0.1000mol/L NaOH 标准溶液滴定 20.00mL 同浓度的 HCl 溶液为例，讨论强碱滴定强酸的情况。被滴定的 HCl 溶液，起始 pH 值较低。随着 NaOH 的加入，中和反应不断进行，溶液的 pH 值不断升高。当加入的 NaOH 物质的量恰好等于 HCl 物质的量时，中和反应进行完全，滴定达到化学计量点，溶液中仅存在 NaCl，溶液的 $c(H^+) = c(OH^-) = 1.0 \times 10^{-7}$mol/L。超过化学计量点后，继续加入 NaOH 溶液，pH 值继续升高。将滴定过程分 4 个阶段叙述如下。

5.5.1.1 滴定过程中溶液 pH 值的变化

A 滴定开始前

溶液的 pH 值主要取决于酸的原始浓度。因为 HCl 是强酸，在溶液中完全离解，故：$c(H^+) = 0.1000$mol/L，pH 值为 1.00。

动画：酸碱滴定

B 滴定开始至化学计量点前

溶液的 pH 值主要取决于剩余酸的浓度。c_1、V_1 分别表示 HCl 的物质的量浓度和体积，c_2、V_2 分别表示 NaOH 的物质的量浓度和体积，则：

$$c(H^+) = \frac{c_1 V_1 - c_2 V_2}{V_1 + V_2}$$

当滴入 NaOH 溶液 18.00mL（即 90% 的 HCl 被中和）时：

$$c(H^+) = \frac{c_1 V_1 - c_2 V_2}{V_1 + V_2} = \frac{0.1000 \times (20.00 - 18.00)}{20.00 + 18.00} = 5.26 \times 10^{-3}\text{mol/L}$$

pH 值为 2.28。

当滴入 NaOH 溶液 19.98mL（即 99.9% 的 HCl 被中和）时：

$$c(H^+) = 5.00 \times 10^{-5}\text{mol/L}$$

pH 值为 4.30。

其他各点的 pH 值可以按上述方法计算。

C 化学计量点时

在化学计量点时 NaOH 与 HCl 恰好全部中和完全，此时溶液中 $c(H^+) = c(OH^-) = 1.0 \times 10^{-7}$mol/L。化学计量点时 pH 值为 7.00，溶液呈中性。

D 化学计量点后

溶液的 pH 值根据过量碱的物质的量进行计算。c_1、V_1 分别表示 HCl 的物质的量浓度和体积，c_2、V_2 分别表示 NaOH 的物质的量浓度和体积，则：

$$c(OH^-) = \frac{c_2 V_2 - c_1 V_1}{V_1 + V_2}$$

当滴入 NaOH 溶液 20.02mL（即 NaOH 过量 0.1%）时：

$$c(\mathrm{OH}^-) = \frac{c_2 V_2 - c_1 V_1}{V_1 + V_2} = \frac{0.1000 \times (20.02 - 20.00)}{20.00 + 20.02} = 5.00 \times 10^{-5} \mathrm{mol/L}$$

pOH 值为 4.30，pH 值为 9.70。

化学计量点后的各点，可以按此方法逐一计算。

5.5.1.2 滴定曲线和滴定突跃

将上述计算值列于表 5-9，以 NaOH 加入量为横坐标，对应的 pH 值为纵坐标，绘制 pH-V 关系曲线，称为滴定曲线，用 0.1000mol/L NaOH 溶液滴定 20.00mL、0.1000mol/L HCl 的滴定曲线如图 5-3 所示。

表 5-9　用 0.1000mol/L NaOH 溶液滴定至 20.00mL、0.1000mol/L HCl 溶液

加入 NaOH 溶液		剩余 HCl 溶液的 体积 V/mL	过量 NaOH 溶液的 体积 V/mL	pH 值
α/%	V/mL			
0	0.00	20.00		1.00
90.0	18.00	2.00		2.28
99.0	19.80	0.20		3.30
99.9	19.98	0.02		A 4.30
100.0	20.00	0.00		7.00 ｝滴定突跃
100.1	20.02		0.02	B 9.70
101.0	20.20		0.20	10.70
110.0	22.00		2.00	11.70
200.0	40.00		20.00	12.50

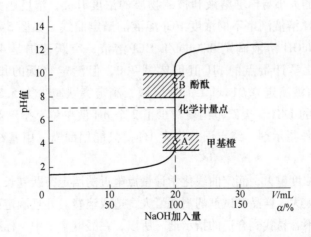

图 5-3　用 0.1000mol/L NaOH 溶液滴定 20.00mL、0.1000mol/L HCl 的滴定曲线

从表 5-9 和图 5-3 可见，从滴定开始到加入 NaOH 19.98mL 时，溶液的 pH 值从 1.00 增加到 4.30，改变了 3.30 个 pH 值单位，滴定曲线比较平坦，这是因为溶液中还存在着较多的 HCl，酸度较大。随着 NaOH 不断滴入，HCl 的量逐渐减少，pH 值逐渐增大。当滴

定至剩下 0.1%HCl，即剩余 0.02mL（半滴）HCl 后，仅加 1 滴 NaOH（相当于 0.04mL），也就是 NaOH 的加入量从 19.98mL 增加到 20.02mL，溶液的 pH 值从 4.30 急剧升高到 9.70，pH 值猛增加了 5.40。这时滴定曲线几乎与 pH 值轴平行，此后过量的 NaOH 对溶液 pH 值的影响越来越小，曲线又变得平坦。

在化学计量点前后加入一滴标准溶液而引起 pH 值突变（滴定曲线上出现一段竖直线），称为滴定突跃。滴定突跃的 pH 值范围，称为滴定突跃范围。

5.5.1.3　指示剂的选择

在酸碱滴定中，最理想的指示剂应该是恰好在化学计量点变色，但这种指示剂很难找到，而且也没有必要。因为在计量点附近，溶液的 pH 值有一个突跃，只要指示剂在突跃范围内变色，其终点误差都不会大于 0.1%。所以，酸碱滴定指示剂的选择原则是：选择变色范围部分或全部处于滴定突跃范围内的指示剂，都能够准确地指示滴定终点。

例如在上述滴定过程中指示剂应选择在 pH 值为 4.3~9.7 内变色的，如甲基橙、甲基红、酚酞、溴百里酚蓝、苯酚红等都能正确指示滴定终点。当滴定至甲基橙由红色突变为橙色时，溶液的 pH 值约为 4.4，这时加入 NaOH 的量与化学计量点时加入量的差值不足 0.02mL，终点误差小于 0.1%，符合滴定分析的要求。若改用酚酞为指示剂，溶液呈微红色时 pH 值略大于 8.0，此时 NaOH 的加入量超过化学计量点的加入量也不到 0.02mL，终点误差也小于 +0.1%，仍然符合滴定分析的要求。

此外，还应该考虑所选择指示剂在滴定体系中的变色是否易于判断。在本例滴定中，甲基橙的变色范围部分处于滴定突跃范围内，颜色变化是由红到黄，由于人眼对红色中略带黄色不易察觉，因而甲基橙不适用于碱滴定酸，但适用于酸滴定碱。

酸碱滴定突跃的大小与标准溶液和被测物质的浓度有关，浓度越大，突跃范围就越大，不同浓度 NaOH 溶液滴定不同浓度 HCl 溶液的滴定曲线，如图 5-4 所示。例如以上讨论用 0.1mol/L NaOH 溶液滴定 0.1mol/L HCl 溶液，突跃范围是 4.3~9.7。如改变 NaOH 溶液浓度，化学计量点的 pH 值仍然是 7.0，但滴定突跃的长短却不同。如用 0.01mol/L NaOH 溶液滴定 0.01mol/L HCl 溶液，滴定突跃减少为 5.3~8.7。可见，当酸碱浓度降到原来的 1/10，突跃范围就减少了 2 个 pH 值单位，指示剂的选择就受到限制。若仍用甲基橙作指示剂，终点误差将大 1%，只能用酚酞、甲基红等，才能符合滴定分析的要求。

所以酸碱溶液浓度越大，滴定曲线化学计量点附近的滴定突跃越长，可供选择的指示剂就越多，但浓度太大，样品和试剂的消耗量大，造成浪费，并且滴定误差也大。浓度太小，突跃不明显，不容易找到合适的指示剂。所以，在酸碱滴定中，标准溶液的浓度一般选择在 0.01~1mol/L 之间。

强酸滴定强碱与强碱滴定强酸的基本原理完全相同，各个阶段的计算公式也相似，只需将强碱滴定强酸体系中各公式中的酸碱参数互换，即可得到强酸滴定强碱体系的有关公式，其滴定过程中 pH 值是由大到小，与相同浓度条件的强碱滴定强酸的滴定曲线互成倒影。

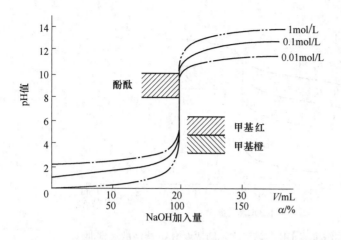

图 5-4 不同浓度 NaOH 溶液滴定不同浓度 HCl 溶液的滴定曲线

5.5.2 强碱滴定一元弱酸

现以 0.1000mol/L NaOH 溶液滴定 20.00mL、0.1000mol/L HAc 溶液为例，讨论强碱滴定弱酸的情况。这类滴定曲线与强碱滴定强酸 pH 值变化不一样，但也可采取分 4 个阶段的思路进行分析。

对整个滴定过程得到的数据逐一记录计算并作图，0.1000mol/L NaOH 溶液滴定至 20.00mL、0.1000mol/L HAc 溶液见表 5-10、不同浓度 NaOH 溶液滴定不同浓度 HAc 溶液的滴定曲线如图 5-5 所示。图 5-5 中的虚线是强碱滴定强酸曲线的前半部分。

表 5-10　用 0.1000mol/L NaOH 溶液滴定至 20.00mL、0.1000mol/L HCl 溶液

加入 NaOH 溶液		剩余 HCl 溶液的体积 V/mL	过量 NaOH 溶液的体积 V/mL	pH 值
α/%	V/mL			
0	0.00	20.00		1.00
90.00	18.00	2.00		2.28
99.0	19.80	0.20		3.30
99.9	19.98	0.02		A 4.30
100.0	20.00	0.00		7.00
100.1	20.02		0.02	B 9.70
101.0	20.20		0.20	10.70
110.0	22.00		2.00	11.70
200.0	40.00		20.00	12.50

（A 4.30、7.00、B 9.70 右侧括注：滴定突破）

由结果可见，将强碱滴定弱酸的滴定曲线与强碱滴定强酸的滴定曲线相比较，有以下不同点：

（1）滴定突跃明显小得多。HAc 是弱酸，滴定开始前，溶液中的 H^+ 浓度比同浓度的 HCl 的 H^+ 浓度要小，因此起始的 pH 值要高一些。化学计量点附近，溶液的 pH 值发生突

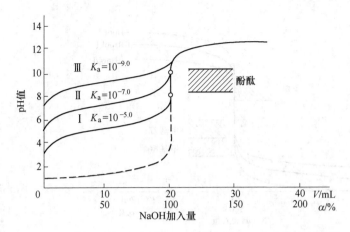

图 5-5　不同浓度 NaOH 溶液滴定不同浓度 HAc 溶液的滴定曲线

变，滴定突跃为 pH 值为 7.70~9.70，滴定突跃只有约 2 个 pH 值单位，相对滴定 HCl 而言，滴定突跃小得多。

（2）化学计量点之前曲线转折不明显。溶液中未反应的 HAc 与反应产物 NaAc 组成了 HAc-NaAc 缓冲体系，溶液的 pH 值由该缓冲体系决定，pH 值的变化相对较缓。

（3）化学计量点时，溶液中仅含 NaAc，为一碱性物质，pH 值为 8.72，因而化学计量点时溶液呈碱性。

上述强碱滴定弱酸滴定曲线滴定突跃范围较小，指示剂的选择受到限制，只能选择在弱碱性范围内变色的指示剂。如用甲基橙，溶液变色时，HAc 被中和的百分数还不到 50%，显然，指示剂选择错误。强碱滴定弱酸，一般都是先计算出化学计量点时的 pH 值，选择那些变色点尽可能接近化学计量点的指示剂来确定终点，而不必计算整个滴定过程的 pH 值变化。以上述 NaOH 溶液滴定 HAc 溶液为例，就可以选择酚酞做指示剂。

从图 5-5 中可看出，强碱滴定弱酸时的滴定突跃大小，决定于弱酸溶液的浓度和弱酸的强弱程度 $K_a^{\ominus}$ 两个因素。当浓度一定时，$K_a^{\ominus}$ 越大即酸性越强，突跃范围就越大。如要求滴定误差 $\leqslant 0.1\%$，必须使滴定突跃超过 0.3 个 pH 值单位，此时肉眼才可以辨别出指示剂颜色的变化，滴定可以顺利地进行。由图 5-5 可以看出，浓度为 0.1mol/L，$K_a^{\ominus} = 10^{-7}$ 的弱酸还能出现 0.3 个 pH 值单位的滴定突跃。对于 $K_a^{\ominus} = 10^{-8}$ 的弱酸，其浓度若为 0.1mol/L 将不能目视直接滴定。所以，常以 $CK_a^{\ominus} \geqslant 10^{-8}$ 作为弱酸能被强碱溶液直接目视准确滴定的判据。

5.5.3　强酸滴定一元弱碱

以 0.1000mol/L HCl 溶液滴定 20.00mL、0.1000mol/L NH₃·H₂O 溶液为例。这类滴定曲线与强碱滴定弱酸相似，随着 HCl 溶液的加入，pH 值逐渐由高到低变化。也可采取分 4 个阶段的思路，将具体计算结果列于表 5-11，其滴定曲线如图 5-6 所示。

强酸滴定弱碱的化学计量点及滴定突跃都在弱酸性范围内（pH 值为 4.3~6.3），突跃范围比较小，只能选用甲基红、溴甲酚绿等在酸性范围内变色的指示剂。

表 5-11　0.1000mol/L HCl 溶液滴定 20.00mL、0.1000mol/L NH₃·H₂O 溶液

加入 HCl 溶液		溶液组成	溶液 $c(\text{OH}^-)$ 或 $c(\text{H}^+)$ 计算公式	pH 值
V/mL	α/%			
0.00	0.00	NH₃·H₂O	$c(\text{OH}^-) = \sqrt{cK_b^{\ominus}}$	11.13
18.00	90.0	NH₄⁺ + NH₃	$c(\text{OH}^-) = K_b^{\ominus}\dfrac{c(\text{NH}_3)}{c(\text{NH}_4^+)}$	8.30
19.98	99.9			6.30
20.00	100.0	NH₄⁺	$c(\text{H}^+) = \sqrt{\dfrac{K_w^{\ominus}}{K_b^{\ominus}}\cdot c(\text{NH}_4^+)}$	5.28
20.02	100.1			4.30
22.00	110.0	H⁺ + NH₄⁺	$c(\text{H}^+) \approx c(\text{HCl})$ （过量）	2.32
40.00	200.0			1.48

与强碱滴定弱酸的情况相似，强酸滴定弱碱的滴定突跃范围也决定于弱碱溶液的浓度和弱碱的强弱程度（$K_b^{\ominus}$）两个因素。当碱的浓度一定时，$K_b^{\ominus}$ 越大，即碱性越强，突跃范围就越大，反之，突跃范围越小。因此，强酸滴定弱碱时，只有当 $cK_b^{\ominus} \geqslant 10^{-8}$ 时，此弱碱才能用标准酸溶液直接目视滴定。

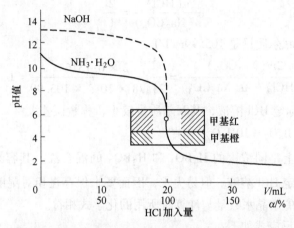

图 5-6　0.1000mol/L HCl 溶液滴定 20.00mL、0.1000mol/L NH₃·H₂O 的滴定曲线

5.6 酸碱滴定法应用示例

5.6.1 酸碱标准溶液的配制和标定

5.6.1.1 酸标准溶液的配制和标定

在酸碱滴定分析法中，常用于配制标准溶液的酸有盐酸和硫酸（硝酸有氧化性，一般不用），尤其是盐酸溶液，因其价格低廉，易于得到，无氧化还原性质，酸性强且稳定，因此用得较多。市售盐酸中 HCl 含量不稳定，易挥发，且含有杂质；浓硫酸吸湿性强，都不能用直接法配制。应采用间接法配制，先配成近似浓度的溶液，再用基准物质标定。

配制 HCl 标准溶液时，用洁净的量杯（或量筒）量取一定量浓 HCl（浓度约为 12mol/L），加入预先盛有适量水的试剂瓶中，加水稀释至 1.0L，摇匀。确定其准确浓度，常用无水 Na_2CO_3 或硼砂（$Na_2B_4O_7 \cdot 10H_2O$）等基准物质进行标定。

A　用无水 Na_2CO_3 标定

无水 Na_2CO_3 易吸收空气中的水分，故使用前应在 180~200℃ 下干燥 2~3h，然后放在干燥器中，冷却至室温备用。标定时用减量法称取一定质量的无水 Na_2CO_3，加适量水溶解后，摇匀。化学计量点时，pH 值约为 3.89，可采用甲基橙为指示剂，用 HCl 溶液滴定至溶液刚好由黄色变为橙色即为终点。

$$Na_2CO_3 + 2HCl = 2NaCl + H_2CO_3$$
$$\quad\quad\quad\quad\quad\quad\quad\quad \downarrow\!\rightarrow CO_2 \uparrow + H_2O$$

例 5-10　准确称取无水 Na_2CO_3 基准物 0.1316g，标定 HCl 溶液时消耗 HCl 体积 23.78mL，计算 HCl 溶液的浓度为多少？

解： 由滴定反应：

$$Na_2CO_3 + 2HCl = 2NaCl + H_2CO_3$$

可知：
$$\frac{n(HCl)}{n(Na_2CO_3)} = \frac{2}{1}$$

可查表碳酸钠的摩尔质量是 105.99mol/L。

$$c(HCl) = \frac{2m(Na_2CO_3)}{V(HCl) \cdot M(Na_2CO_3)} = \frac{2 \times 0.1316}{23.78 \times 10^{-3} \times 105.99} = 0.1044mol/L$$

用无水 Na_2CO_3 标定 HCl 溶液，其摩尔质量较小，称量误差大。

B　用硼砂（$Na_2B_4O_7 \cdot 10H_2O$）标定

硼砂水溶液实际上是同浓度的 H_3BO_3 和 $H_2BO_3^-$ 的混合液，其容易提纯，不易吸湿，比较稳定，可用来标定 HCl 溶液。但易失水，因而要求保存在相对湿度为 40%~60% 的环境中，以确保其所含的结晶水数量与计算时所用的化学式相符。

硼砂标定 HCl 的反应式如下：

$$Na_2B_4O_7 \cdot 10H_2O + 2HCl = 4H_3BO_3 + 2NaCl + 5H_2O$$

由于反应产物是 H_3BO_3，若化学计量点 $c(H_3BO_3) = 0.05mol/L$，pH 值为 5.27。滴定时可选择甲基红为指示剂，溶液由黄色变为红色即为终点。

例 5-11　用硼砂标定大约浓度为 0.1mol/L 的盐酸溶液，欲使消耗的盐酸的体积为 20~30mL，应称取硼砂多少克？

解： 由滴定反应：

$$Na_2B_4O_7 \cdot 10H_2O + 2HCl = 4H_3BO_3 + 2NaCl + 5H_2O$$

可知：
$$\frac{n(Na_2B_4O_7 \cdot 10H_2O)}{n(HCl)} = \frac{1}{2}$$

可查表硼砂的摩尔质量为 381.4g/mol。

$$m(Na_2B_4O_7 \cdot 10H_2O) = \frac{c(HCl) \cdot V(HCl) \cdot M(Na_2B_4O_7 \cdot 10H_2O)}{2}$$

消耗的盐酸的体积为 20~30mL，所以：

$$m(\mathrm{Na_2B_4O_7 \cdot 10H_2O}) = \frac{0.1 \times 20.00 \times 10^{-3} \times 384.1}{2} = 0.3841\mathrm{g} \approx 0.38\mathrm{g}$$

$$m(\mathrm{Na_2B_4O_7 \cdot 10H_2O}) = \frac{0.1 \times 30.00 \times 10^{-3} \times 384.1}{2} = 0.5721\mathrm{g} \approx 0.57\mathrm{g}$$

所以应称取硼砂的质量为 0.38~0.57g。

由于硼砂的摩尔质量比 Na_2CO_3 大，标定同样浓度的盐酸所需的硼砂质量也比 Na_2CO_3 多，因而称量的相对误差就小，所以硼砂作为标定盐酸的基准物优于 Na_2CO_3。

除上述两种基准物质外，还有 $KHCO_3$、酒石酸氢钾等基准物质用于标定盐酸溶液。

5.6.1.2 碱标准溶液的配制和标定

氢氧化钠是最常用的碱溶液。固体氢氧化钠具有很强的吸湿性，又易吸收 CO_2 和水分，生成少量 Na_2CO_3，且含有少量的硅酸盐、硫酸盐和氯化物等，因而不能直接配制成标准溶液，只能用间接法配制成所需浓度的溶液，再以基准物标定其准确浓度。配制时，称取 4.0g 固体 NaOH，加适量水（新煮沸的冷蒸馏水）溶解，倒入具有橡胶塞的试剂瓶中，加水稀释至 1L，摇匀。常用来标定氢氧化钠溶液的基准物质有邻苯二甲酸氢钾、草酸等。

A 用邻苯二甲酸氢钾作基准物质

邻苯二甲酸氢钾的分子式为 $C_8H_4O_4HK$，摩尔质量为 204.2g/mol，属有机弱酸盐，在水溶液中呈酸性，因 $cK_a^\ominus > 10^{-8}$，故可用 NaOH 溶液滴定。邻苯二甲酸氢钾与 NaOH 的反应式如下：

由邻苯二甲酸氢钾的质量及所消耗的体积，可计算 NaOH 溶液的浓度。化学计量点时溶液的 pH 值为 9.12，此时溶液呈碱性，可选用酚酞或百里酚蓝为指示剂。

除邻苯二甲酸氢钾外，还有苯甲酸、硫酸肼（$N_2H_4 \cdot H_2SO_4$）等基准物质用于标定 NaOH 溶液。

B 用草酸（$H_2C_2O_4 \cdot 2H_2O$）作基准物质

草酸是一种二元酸，相当稳定，但其摩尔质量较小，称量的相对误差大一些，其 $K_{a1}^\ominus = 5.9 \times 10^{-2}$，$K_{a2}^\ominus = 6.4 \times 10^{-5}$，所以因 $cK_a^\ominus > 10^{-8}$，故可用 NaOH 溶液滴定，但 $K_{a1}^\ominus / K_{a2}^\ominus < 10^4$，只能一次滴定到 $C_2O_4^{2-}$，标定反应如下：

$$\mathrm{H_2C_2O_4 + 2NaOH = Na_2C_2O_4 + 2H_2O}$$

由草酸的质量及所消耗的体积，计算 NaOH 溶液的浓度。化学计量点时溶液的 pH 值约为 8.4，可用酚酞作指示剂。

例 5-12 某 KOH 溶液 23.00mL 能中和纯草酸（$H_2C_2O_4 \cdot 2H_2O$）0.3000g，求 KOH 的浓度。

解： 由草酸的质量及 KOH 消耗的体积，计算 KOH 溶液的浓度。

草酸与 KOH 的反应为：

$$H_2C_2O_4 + 2KOH \Longrightarrow K_2C_2O_4 + 2H_2O$$

$$\frac{n(H_2C_2O_4 \cdot 2H_2O)}{n(KOH)} = \frac{2}{1}$$

$$c(KOH) = \frac{2m(H_2C_2O_4 \cdot 2H_2O)}{M(H_2C_2O_4 \cdot 2H_2O) \cdot V(KOH)}$$

$$= \frac{2 \times 0.3000}{126.1 \times 23.00 \times 10^{-3}} = 2.069 mol/L$$

5.6.2　酸碱滴定法的应用

酸碱滴定法可用来直接或间接地测定许多酸或碱以及能够与酸碱起作用的物质，还可用间接的方法测定一些既非酸又非碱的物质，也可适用于非水溶液。因此，酸碱滴定法的应用非常广泛。

5.6.2.1　直接法

一些无机强酸强碱或能满足直接准确滴定要求的弱酸弱碱，及某些多元酸碱或混合酸碱，都可以用强碱或强酸标准溶液直接滴定进行测定。

A　食用醋中总酸度的测定

食用醋的主要成分是醋酸，此外还含有其他弱酸如乳酸等，用不含 CO_2 的蒸馏水将食用醋适当稀释后，用 NaOH 标准溶液直接滴定（$cK_a^{\ominus} > 10^{-8}$）。由于 CO_2 可被 NaOH 滴定成 $NaHCO_3$，多消耗 NaOH，使测定结果偏高。因此，要获得准确的分析结果，必须要用不含 CO_2 的蒸馏水稀释食用醋原液，并用不含 Na_2CO_3 的 NaOH 标准溶液滴定。中和后产物为 NaAc，化学计量点时 pH 值为 8.7 左右，应选用酚酞为指示剂，滴定至呈现红色即为终点。测得的是总酸度，以醋酸的质量浓度（g/mL）来表示。根据中华人民共和国国家标准《酿造食醋》（GB 18187—2000）的总酸度（以乙酸计）≥3.5g/100mL。

滴定反应为：

$$HAc + NaOH \Longrightarrow NaAc + H_2O$$

B　硼酸的测定

H_3BO_3 是玻璃、搪瓷等工业的重要原料，也可用于制备硼砂，作医药和用作食品的防腐剂，常在实际应用中进行分析测定。硼酸是极弱的酸，$K_a^{\ominus} = 5.8 \times 10^{-10}$，$cK_a^{\ominus} < 10^{-8}$，不能用强碱直接准确滴定。但硼酸能与甘油或甘露醇等多元醇形成稳定的配合物，使其表观离解度增大，即增强硼酸在水溶液中的酸性，使弱酸强化，故可采用酸碱直接滴定法测定。化学计量点 pH 值约为 9，可选用酚酞或百里酚酞作指示剂。

C　混合碱的分析

混合碱通常是指 NaOH 和 Na_2CO_3 或 Na_2CO_3 和 $NaHCO_3$ 的混合物。NaOH 俗称烧碱，在生产和储存的过程中，常因吸收空气中的 CO_2 而产生部分 Na_2CO_3。纯碱 Na_2CO_3 中也常含有 $NaHCO_3$，这两种工业品都称为混合碱。常用双指示剂法分析混合碱，即在同一溶液中先后用两种不同的指示剂来指示两个不同的终点。

混合碱可能发生的反应是：

$$Na_2CO_3 + HCl \xrightarrow{\quad\quad} NaHCO_3 + NaCl \quad\quad （酚酞变色）$$

$$NaHCO_3 + HCl \xrightarrow{\quad\quad} CO_2 + H_2O + NaCl \quad\quad （甲基橙变色）$$

$$NaOH + HCl \xrightarrow{\quad\quad} NaCl + H_2O \quad\quad （酚酞变色）$$

具体分析可为：NaOH 和 Na_2CO_3 的测定可采用双指示剂法，即先用酚酞指示第一化学计量点，再用甲基橙指示第二化学计量点。称取试样质量为 m（单位 g），溶解于水，用 HCl 标准溶液滴定，先用酚酞为指示剂，滴定至溶液由红色变为无色则达到第一化学计量点，此时 NaOH 全部被中和生成了 NaCl 和 H_2O，而 Na_2CO_3 只被滴定成 $NaHCO_3$，这一过程所消耗 HCl 的体积记为 V_1。然后加入甲基橙，继续用 HCl 标准溶液滴定，使溶液由黄色恰变为橙色，达到第二化学计量点。第一化学计量点所生成的 $NaHCO_3$ 与 HCl 反应，生成 CO_2 和 H_2O，此过程所消耗的 HCl 标准溶液的体积记为 V_2。因为 Na_2CO_3 被中和生成 $NaHCO_3$，继续用 HCl 滴定使 $NaHCO_3$ 又转化为 H_2CO_3，二者所需 HCl 量相等，故（$V_1 - V_2$）mL 为中和 NaOH 所消耗 HCl 的体积，$2V_2$ 为滴定 Na_2CO_3 所需 HCl 的体积。

$$NaOH \xrightarrow{\ V_1 - V_2\ } NaCl + H_2O$$

$$Na_2CO_3 \xrightarrow{\ V_2\ } NaHCO_3 \xrightarrow{\ V_2\ } CO_2 + H_2O$$

Na_2CO_3 和 $NaHCO_3$ 混合物的测定与上述方法类似。在此过程中滴定 Na_2CO_3 所消耗的 HCl 体积为 $2V_1$，而滴定 $NaHCO_3$ 所消耗的 HCl 体积为 V_2-V_1。

$$NaCO_3 \xrightarrow{\ V_1\ } NaHCO_3 \xrightarrow{\ V_1\ } CO_2 + H_2O$$

$$NaHCO_3 \xrightarrow{\ V_2 - V_1\ } CO_2 + H_2O$$

用双指示剂法不仅可以测定混合碱各成分的含量，还可根据 V_1 和 V_2 的大小，判断样品的组成。用下述方法判断：

$V_1 \neq 0$，$V_2 = 0$ 只含 NaOH

$V_1 = 0$，$V_2 \neq 0$ 只含 $NaHCO_3$

$V_1 = V_2 \neq 0$ 只含 Na_2CO_3

$V_1 > V_2 > 0$ NaOH 和 Na_2CO_3

$V_2 > V_1 > 0$ Na_2CO_3 和 $NaHCO_3$

例 5-13 称取混合碱试样 0.7800g，以酚酞为指示剂，用 0.1012mol/L HCl 标准溶液滴定至终点，消耗 HCl 溶液的体积 $V_1 = 24.00$mL，然后加甲基橙指示剂滴定至终点，消耗 HCl 溶液 $V_2 = 27.82$mL，判断混合碱的组分，并计算试样中各组分的含量。

解： 根据已知条件，以酚酞为指示剂时消耗 HCl 的体积 $V_1 = 24.00$mL，而用甲基橙为指示剂时消耗 HCl 的体积 $V_2 = 27.82$mL。显然，$V_2 > V_1 > 0$，因而试样为 Na_2CO_3 和 $NaHCO_3$ 的混合组分。其中，滴定 Na_2CO_3 消耗 HCl 的体积为 $2V_1$，滴定 $NaHCO_3$ 消耗 HCl 的体积为 V_2-V_1，代入化学方程式进行计算：

$$\begin{array}{ccc} Na_2CO_3 & + \quad 2HCl \xleftrightarrow{\quad\quad} Na_2CO_3 + 2NaCl \\ 1 & 2 \\ n(Na_2CO_3) & n(HCl) \end{array}$$

$$w(Na_2CO_3)(\%) = \frac{\dfrac{1}{2}c(HCl) \times 2V_1 \times M(Na_2CO_3)}{m_s} \times 100$$

$$= \frac{0.1012 mol/L \times 24.00 \times 10^{-3}L \times 106.0 g/mol}{0.7800g} \times 100$$

$$= 33.01$$

$$NaHCO_3 + HCl =\!=\!= CO_2 + H_2O + NaCl$$

$$\omega(NaHCO_3)(\%) = \frac{c(HCl) \times (V_2 - V_1) \times M(NaHCO_3)}{m_s} \times 100$$

$$= \frac{0.1012 mol/L^{-1} \times (27.82 - 24.00) \times 10^{-3}L \times 84.01 g/mol}{0.7800g} \times 100$$

$$= 4.16$$

5.6.2.2　间接法

许多不能满足直接滴定条件的酸碱物质，如 NH_4^+，ZnO，$Al_2(SO_4)_3$ 以及许多有机物，都可以考虑用间接法测定。

A　铵盐中氮的测定

肥料、土壤及许多有机化合物常常需要测定其中氮的含量，通常是将试样加以适当的处理，使各种氮化物转化为液态氮，然后进行测定。如硫酸铵化肥中含氮量的测定。由于铵盐（NH_4^+）作为酸，$K_a^\ominus$ 值为：$\frac{K_w^\ominus}{K_b^\ominus} = \frac{10^{-14}}{1.8 \times 10^{-5}} = 5.6 \times 10^{-10}$，$cK_a^\ominus < 10^{-8}$，不能直接用碱标准溶液滴定，而需采用间接的滴定方法——蒸馏法。

蒸馏法：试样用浓硫酸消化分解，有时还需加入硒粉或硫酸铜等催化剂，待试样完全分解后，其中各种氮化物都转化为 NH_3，并与 H_2SO_4 结合为 $(NH_4)_2SO_4$。然后加浓 NaOH，将 NH_3 蒸馏出来，吸收在 H_3BO_3 溶液中，加入甲基红和溴甲酚绿混合指示剂。用 HCl 标准溶液滴定吸收 NH_3 时生成的 $H_2BO_3^-$，当溶液颜色呈淡粉红色时为终点。

测定过程的反应式如下：

$$NH_3 + H_3BO_3 \longrightarrow NH_4^+ + H_2BO_3^-$$

$$HCl + H_2BO_3^- \longrightarrow H_3BO_3 + Cl^-$$

由于 H_3BO_3 的 $K_a^\ominus \approx 10^{-10}$，是极弱的酸，不能用碱溶液直接滴定，但 $H_2BO_3^-$ 是 H_3BO_3 的共轭碱，其 $K_b^\ominus \approx 10^{-4}$，属较强的碱，能满足 $cK_b^\ominus \geqslant 10^{-8}$ 的要求，可用标准酸溶液直接目视滴定。在化学计量点时，pH 值约为 5.0，可选用甲基红或甲基红—溴甲酚绿混合指示剂指示终点。

用硼酸吸收 NH_3 的主要优点是：仅需一种标准溶液，而且硼酸的浓度不必准确（常用 2% 的溶液），只要用量足够过量即可。但用硼酸吸收 NH_3 时，温度不能超过 40℃，否则 NH_3 易挥发，吸收不完全，造成负误差。

例 5-14　将 2.500g 的黄豆用浓 H_2SO_4 进行消化处理，得到被测试液。在该试液中加入过量的 NaOH 溶液，将释放出来的 NH_3 用 50.00mL 0.5900mol/L HCl 溶液吸收，多余的 HCl 采用甲基橙指示剂，以 30.89mL 的 0.5874mol/L 的 NaOH 滴定至终点，计算黄豆中氮的质量分数。

解:

$$w(N)(\%) = \frac{[c(HCl) \cdot V(HCl) - c(NaOH) \cdot V(NaOH)]M(N)}{m_s} \times 100$$

$$= \frac{(0.5900mol/L \times 50.00 \times 10^{-3}L - 0.5874mol/L \times 30.89 \times 10^{-3}L) \times 14.01g/mol}{2.500g} \times 100$$

$$= 6.36$$

B 硅酸盐中 SiO_2 的测定

矿石、岩石、水泥、玻璃、陶瓷等都是硅酸盐，可用重量法测定其中 SiO_2 的含量，准确度高，但十分费时。目前生产上的控制分析常常采用氟硅酸钾容量法，是一种酸碱滴定法，简便、快速，只要操作规范细心，也可得到较准确的结果。

试样用 KOH 熔融，转化为可溶性硅酸盐如 K_2SiO_3 等，硅酸钾在钾盐存在下与 HF 作用（或在强酸性溶液中加 KF），形成微溶的氟硅酸钾 K_2SiF_6，反应式如下：

$$K_2SiO_3 + 6HF \Longrightarrow K_2SiF_6\downarrow + 3H_2O$$

由于沉淀的溶解度较大，利用同离子效应，需加入固体 KCl 以降低其溶解度。将沉淀物过滤，用氯化钾—乙醇溶液洗涤沉淀，然后将沉淀转入原烧杯中，加入氯化钾—乙醇溶液，以 NaOH 中和游离酸（酚酞指示剂呈现淡红色）。加入沸水，使沉淀物水解释放出 HF，其反应式如下：

$$K_2SiF_6 + 3H_2O \Longrightarrow 2KF + H_2SiO_3 + 4HF$$

5.7 本章主要知识点

（1）阿仑尼乌斯酸碱电离理论：水溶液电离产生的阳离子都是氢离子（H^+）的化合物称为酸；水溶液电离产生的阴离子都是氢氧根离子（OH^-）的化合物称为碱。

（2）酸碱质子理论：凡能给出质子的物质都是酸，凡能接受质子的物质都是碱。

（3）酸碱共轭关系：根据酸碱质子理论，酸给出质子后变为碱，碱接受质子后变为酸，酸和碱的相互依存关系称为酸碱共轭关系。

（4）两性物质：既能给出质子，又能接受质子的物质，称为两性物质。

（5）离解度：是电解质在溶液中达到离解平衡时已离解的分子数占该电解质原来分子总数的百分率。

（6）酸碱指示剂：酸碱指示剂多是一些有机染料，属于有机弱酸或弱碱。随着溶液 pH 值改变，本身的结构发生变化而引起颜色改变。每一种指示剂都有一定的变色范围。

（7）酸碱指示剂的作用原理。当溶液的 pH 值变化时，指示剂失去质子由酸式转变为碱式，或得到质子由碱式转变为酸式，酸式和碱式具有不同的颜色，因此，结构上的变化将引起颜色的变化。

（8）混合指示剂。混合指示剂有两种：一种是由两种或两种以上的指示剂混合而成，利用颜色的互补作用，使指示剂变色范围变窄，变色更敏锐，有利于判断终点，减少终点误差，提高分析的准确度。另一类混合指示剂是在某种指示剂中加入另一种惰性染料组成。

（9）一元弱酸弱碱的计算（离解度、离解常数和浓度之间的关系）。

对于一元弱酸溶液：

$$K_a^\ominus = ca^2$$

$$\alpha = \sqrt{\frac{K_a^\ominus}{c}} \qquad c(H^+) = \sqrt{K_a^\ominus c}$$

对于一元弱碱溶液：

$$K_b^\ominus = c\alpha^2$$

$$\alpha = \sqrt{\frac{K_b^\ominus}{c}} \qquad c(OH^-) = \sqrt{K_b^\ominus c}$$

（10）同离子效应：在弱电解质溶液中，加入含有相同离子的强电解质，使弱电解质离解度降低的现象称为同离子效应。

（11）缓冲溶液：缓冲溶液的特点是在一定范围内，既能抵抗外加少量的酸又能抵抗外加少量的碱，或将溶液适当稀释或浓缩，溶液的 pH 值都改变很小。这种能保持 pH 值相对稳定的溶液称为缓冲溶液，其作用称为缓冲作用。

（12）缓冲溶液 pH 值的计算。

$$pH = pK_a^\ominus - \lg \frac{c(酸)}{c(盐)}$$

$$pOH = pK_b^\ominus - \lg \frac{c(碱)}{c(盐)}$$

（13）缓冲溶液的选择和配制。缓冲溶液本身的 pH 值主要取决于弱酸或弱碱的离解常数 $pK_a^\ominus$ 或 $pK_b^\ominus$，所以，配制一定 pH 值的缓冲溶液，可以选择 $pK_a^\ominus$（或 $pK_b^\ominus$）与所需 pH 值相等或相近的弱酸（或弱碱）及其盐。

缓冲溶液控制溶液 pH 值主要体现在 $\lg \frac{c(酸)}{c(盐)}$（或 $\lg \frac{c(碱)}{c(盐)}$）。如果 $pK_a^\ominus$（或 $pK_b^\ominus$）与 pH 值不完全相等，可按照所需 pH 值，利用缓冲溶液计算公式，适当调整酸（或碱）和盐的浓度比。

（14）盐的水解作用：造成盐类溶液具有酸碱性的原因是盐类的阳离子或阴离子和水离解出来的 H^+ 或 OH^- 结合生成弱电解质（弱酸或弱碱），使水的离解平衡发生移动，导致溶液中 H^+ 和 OH^- 浓度不相等，呈现酸碱性。这种作用称为盐的水解作用。

（15）酸碱滴定：在酸碱滴定过程中，随着滴定剂不断加入到被滴定的溶液中，溶液的 pH 值不断发生变化，根据滴定 pH 值变化规律，选择合适的指示剂，正确地指示滴定终点。

（16）滴定突跃：在化学计量点前后加入一滴标准溶液而引起 pH 值突变（滴定曲线上出现一段竖直线），称为滴定突跃。滴定突跃的 pH 值范围，称为滴定突跃范围。

（17）滴定突跃范围：滴定突跃的 pH 值范围，称为滴定突跃范围。

（18）酸碱滴定指示剂的选择原则：选择变色范围部分或全部处于滴定突跃范围内的指示剂，都能够准确地指示滴定终点。

（19）酸碱标准溶液的配制：间接法配制法。

（20）酸碱滴定法的应用：直接法和间接法。

思考与习题

思考与习题
参考答案

一、填空题

5-1 根据酸碱质子理论,酸是_____;碱是_____。

5-2 酸和碱不是孤立存在的,当酸给出质子后成为_____;碱接受质子后成为酸。这种关系称为_____。

5-3 酸碱反应的实质是_____。

5-4 若将氨水溶液稀释,则解离度_____,溶液的 pH 值将_____。

5-5 在一定范围内,既能抵抗外加的少量_____又能抵抗外加的少量_____,或将溶液适当稀释或浓缩,而保持溶液的_____基本不变的溶液称为缓冲溶液。

5-6 缓冲溶液是由浓度较大的_____和_____组成的。

5-7 盐效应使弱电解质的解离度_____,同离子效应使弱电解质的解离度_____。一般说来,后一种效应_____。

5-8 滴定分析中,借助指示剂颜色突变即停止滴定,称为_____,指示剂变色点和理论上的化学计量点之间存在的差异而引起的误差称为_____。

5-9 分析法有不同的滴定方式,除了_____这种基本方式外,还有_____、_____、_____等,以扩大滴定分析法的应用范围。

5-10 酸碱指示剂变色的 pH 值是由_____决定,选择指示剂的原则是使指示剂_____处于滴定的_____内,指示剂的_____越接近理论终点 pH 值,结果越_____。

二、选择题

5-11 标定 NaOH 溶液常用的基准物是 (   )。
   A. 无水 Na_2CO_3 B. 邻苯二甲酸氢钾   C. $CaCO_3$ D. 硼砂

5-12 酚酞指示剂的变色范围为 (   )。
   A. 8.0~9.6   B. 4.4~10.0   C. 9.4~10.6   D. 7.2~8.8

5-13 配制酚酞指示剂选用的溶剂是 (   )。
   A. 水—甲醇   B. 水—乙醇   C. 水   D. 水—丙酮

5-14 酸碱滴定曲线直接描述的内容是 (   )。
   A. 指示剂的变色范围   B. 滴定过程中 pH 值变化规律
   C. 滴定过程中酸碱浓度变化规律   D. 滴定过程中酸碱体积变化规律

5-15 pH 值为 5.0 的盐酸溶液和 pH 值为 12.0 的氢氧化钠溶液等体积混合后溶液的 pH 值是 (   )。
   A. 5.3   B. 7.0   C. 10.8   D. 11.7

5-16 按质子理论,Na_2HPO_4 是 (   )。
   A. 中性物质   B. 酸性物质   C. 碱性物质   D. 两性物质

5-17 将浓度为 5mol/L NaOH 溶液 100mL,加水稀释至 500mL,则稀释后的溶液浓度为 (   ) mol/L。
   A. 1   B. 2   C. 3   D. 4

5-18 酸碱滴定过程中,选取合适的指示剂是 (   )。
   A. 减小滴定误差的有效方法   B. 减小偶然误差的有效方法
   C. 减小操作误差的有效方法   D. 减小试剂误差的有效方法

5-19 某酸碱指示剂的 $K(HIn) = 1.0 \times 10^{-5}$,则从理论上推算其变色范围是 pH 值为 (   )。
   A. 4~5   B. 5~6   C. 4~6   D. 5~7

5-20. 酸碱滴定中指示剂选择依据是 (   )。

　　A. 酸碱溶液的浓度　　　　　　　　　　　B. 酸碱滴定 pH 值突跃范围
　　C. 被滴定酸或碱的浓度　　　　　　　　　D. 被滴定酸或碱的强度

5-21 多元酸的滴定是（　　　）。
　　A. 可以看成其中一元酸的滴定过程
　　B. 可以看成是相同强度的一元酸的混合物滴定
　　C. 可以看成是不同强度的一元酸的混合物滴定
　　D. 可以看成是不同浓度的一元酸的混合物滴定

5-22 缓冲组分浓度比为 1 时，缓冲容量（　　　）。
　　A. 最大　　　　　　　B. 最小　　　　　　　C. 不受影响　　　D. 无法确定

5-23 酸碱滴定中选择指示剂的原则是（　　　）。
　　A. 指示剂应在 pH 值为 7.0 时变色
　　B. 指示剂的变色点与化学计量点完全符合
　　C. 指示剂的变色范围全部或部分落入滴定的 pH 值突跃范围之内
　　D. 指示剂的变色范围应全部落在滴定的 pH 值突跃范围之内

5-24 下列各组酸碱对中，属于共轭酸碱对的是（　　　）。
　　A. H_2CO_3—CO_3^{2-}　　　　　　　　　　　B. H_3O^+—OH^-
　　C. HPO_4^{2-}—PO_4^{3-}　　　　　　　　　　D. $NH_3^+CH_2COOH$—$NH_2CH_2COO^-$

三、判断题（正确的划"√"，错误的划"×"）

5-25 在共轭酸碱系统中，酸碱的浓度越大，则其缓冲能力越强。（　　　）

5-26 根据酸碱质子理论，水溶液中的解离反应、水解反应和中和反应都是质子传递反应。（　　　）

5-27 滴定剂体积随溶液 pH 值变化的曲线称为滴定曲线。（　　　）

5-28 弱酸的电离度越大，其酸性越强。（　　　）

5-29 用 0.1000mol/L NaOH 溶液滴定 0.1000mol/L HAc 溶液，化学计量点时溶液的 pH 值小于 7.0。（　　　）

5-30 双指示剂法测混合碱的特点是变色范围窄、变色敏锐。（　　　）

5-31 酸碱物质有几级电离，就有几个突跃。（　　　）

5-32 常用的酸碱指示剂，大多是弱酸或弱碱，所以滴加指示剂的多少及时间的早晚不会影响分析结果。（　　　）

5-33 邻苯二甲酸氢钾不能作为标定 NaOH 标准滴定溶液的基准物。（　　　）

5-34 缓冲溶液在任何 pH 值条件下都能起缓冲作用。（　　　）

5-35 双指示剂就是混合指示剂。（　　　）

5-36 在滴定分析中一般利用指示剂颜色的突变来判断化学计量点的到达，在指示剂变色时停止滴定，这一点称为化学计量点。（　　　）

5-37 酸碱滴定中，滴定剂一般都是强酸或强碱。（　　　）

5-38 配制 NaOH 标准溶液时，所采用的蒸馏水应为去 CO_2 的蒸馏水。（　　　）

5-39 变色范围必须全部在滴定突跃范围内的酸碱指示剂才可用来指示滴定终点。（　　　）

5-40 在酸性溶液中 H^+ 浓度就等于酸的浓度。（　　　）

5-41 配制盐酸标准滴定溶液可以采用直接配制方法。（　　　）

5-42 在测定烧碱中 NaOH 的含量时，为减少测定误差，应注意称样速度要快，溶解试样应用无 CO_2 的蒸馏水，滴定过程中应注意轻摇快滴。（　　　）

5-43 在滴定分析中，只要滴定终点 pH 值在滴定曲线突跃范围内则没有滴定误差或终点误差。（　　　）

5-44 准确称取分析纯的固体 NaOH，就可直接配制标准溶液。（　　　）

四、问答题

5-45 质子理论和电离理论相比较，最主要的不同点是什么？

5-46 根据质子理论，什么是酸，什么是碱，什么是两性物质？

5-47 什么是缓冲溶液，举例说明缓冲溶液的作用原理。

5-48 往缓冲溶液中加入大量的酸或碱，或者用大量的水稀释时，pH 值是否仍保持基本不变？说明原因。

5-49 欲配制 pH 值为 3 的缓冲溶液，已知有下列物质的 $K_a^{\ominus}$ 数值：

　(1) HCOOH　　$K_a^{\ominus}$ = 1.77×10^{-4}

　(2) HAc　　　$K_a^{\ominus}$ = 1.80×10^{-5}

　(3) NH$_4^+$　　　$K_a^{\ominus}$ = 5.65×10^{-10}

　问选择哪一种弱酸及其共轭碱较合适？

5-50 有三种缓冲溶液，其组成是：(1) 1.0mol/L HAc+1.0mol/L NaAc；(2) 1.0mol/L HAc+0.01mol/L NaAc；(3) 0.01mol/L HAc+1.0mol/L NaAc。这三种缓冲溶液的缓冲能力（缓冲容量）有什么不同，加入稍多的酸或碱时，哪种溶液的 pH 值发生较大的变化，哪种溶液仍具有较好的缓冲作用？

5-51 说明下列名词的意义：(1) 酸碱共轭对；(2) 两性物质；(3) 酸的强度和酸度；(4) 同离子效应和盐效应；(5) 化学计量点和滴定终点；(6) 酸碱滴定突跃范围。

5-52 指出 H$_3$PO$_4$ 溶液中所有酸与其共轭碱组分，并指出哪些组分既可作为酸又可作为碱。

5-53 适用于滴定分析的化学反应必须具备的条件是什么？

5-54 为什么一般都用强酸（碱）溶液作酸（碱）标准溶液，为什么酸（碱）标准溶液的浓度不宜太浓或太稀，酸碱直接滴定的条件是什么？

五、计算题

5-55 0.1mol/L 醋酸溶液，其浓度和酸度分别为多少？

5-56 完成下列换算：

　(1) 把下列 pH 值换算成 H$^+$浓度。

　　11.37；7.06；3.7。

　(2) 把下列 H$^+$浓度（mol/L）换算成 pH 值。

　　0.56；4.17×10^{-2}；1.5×10^{-8}；3.16×10^{-13}。

5-57 已知在 298.15K 时，0.10mol/L 的氨水的离解度为 1.33%，求氨水的离解常数。

5-58 已知 25℃时，某一元弱酸 0.01mol/L 溶液的 pH 值为 4.00，求：(1) 该酸的 $K_a^{\ominus}$；(2) 该浓度下酸的离解度。

5-59 欲配制 pH 值为 9.00 的缓冲溶液，应在 500mL、0.10mol/L 的氨水溶液中加入固体 NH$_4$Cl 多少克？假设加入固体后溶液总体积不变。

5-60 在 100mL、2.0mol/L 氨水中，加入 13.2g(NH$_4$)$_2$SO$_4$ 固体并稀释至 1.0L。求所得溶液的 pH 值。

5-61 用 0.1058mol/L HCl 溶液滴定 0.2035g 不纯的 K$_2$CO$_3$，完全中和时，消耗 HCl 26.84 mL，求样品中 K$_2$CO$_3$ 的质量分数。

5-62 用 0.1000mol/L NaOH 溶液滴定 20.00mL、0.1000mol/L 甲酸溶液，化学计量点时 pH 值为多少？应选用何种指示剂指示终点？滴定突跃为多少？

5-63 称取基准物质草酸（C$_2$H$_2$O$_4$·2H$_2$O）0.3802g，溶于水，用 NaOH 溶液滴定至终点时，消耗了 NaOH 溶液 24.50mL。计算 NaOH 标准溶液的准确浓度。

5-64 准确吸取 20.00mL、0.05040mol/L 的 H$_2$SO$_4$ 标准溶液，移入 500.0mL 容量瓶中，以水定容稀释成 500.0mL 溶液，求稀释后 H$_2$SO$_4$ 标准溶液的浓度。

5-65 称取混合碱试样 0.3010g，以酚酞为指示剂，消耗 0.1060mol/L 的 HCl 20.10mL；加入甲基橙指示剂后，又用去上述 HCl 47.70mL，计算各组分的含量。

5-66 准确称取硅酸盐试样 0.1080g，经熔融分解，以 K$_2$SiF$_6$沉淀后，过滤，洗涤，使之水解形成 HF，采用 0.1024mol/L NaOH 标准溶液滴定，所消耗的体积为 25.54mL，计算 SiO$_2$ 的质量分数。

<table>
<tr><td>**6**</td><td>沉淀溶解平衡和沉淀滴定法</td><td></td></tr>
</table>

+-

本章学习目标

知识目标

1. 掌握溶度积和溶解度的概念及其相互换算。
2. 理解沉淀-溶解平衡的特点，理解沉淀生成、溶解和相互转化的规律。
3. 掌握溶度积规则及其计算。
4. 了解影响沉淀纯度的因素，掌握获得晶形沉淀和无定形沉淀的条件。
5. 了解银量法的概念，掌握莫尔（Mohr）法、佛尔哈德（Volhard）法和法扬司（Fajans）法的基本原理及应用。
6. 掌握重量分析法的基本原理及应用。

能力目标

1. 会进行溶度积与溶解度之间的相互换算。
2. 能应用溶度积规则判断沉淀的生成和溶解。
3. 能应用沉淀滴定法正确测定样品中 Ag^+、Cl^- 等离子含量。
4. 能正确计算重量分析法的分析结果。

+-

　　严格来说，绝对不溶于水的物质是不存在的。根据溶解度的大小，可将电解质分为易溶电解质和难溶电解质，两者没有明显的界限，一般把溶解度小于 $0.01g/100gH_2O$ 的电解质称为难溶电解质。在含有难溶电解质固体的饱和溶液中，存在着未溶解的电解质固体与溶解所生成离子之间的平衡，这种平衡称为沉淀-溶解平衡。与弱酸、弱碱离解平衡不同的是，沉淀-溶解平衡中涉及固相与液相离子的两相平衡，是一种多相平衡系统。

　　沉淀的生成和溶解现象会经常发生，例如自然界中石笋和钟乳石的形成与碳酸钙沉淀的生成和溶解反应有关，工业上用碳酸钠和消石灰制取烧碱等，沉淀-溶解平衡对生物化学、医学、工业生产及生态学有着深远影响。下面将以化学平衡原理为基础，讨论难溶电解质沉淀-溶解平衡及其应用。

6.1　沉淀-溶解平衡

6.1.1　沉淀-溶解平衡和溶度积

　　以难溶电解质 AgCl 为例，将 AgCl 固体放入水中，在一定温度下，固体表面的 Ag^+ 和 Cl^- 不断在水分子的作用下离开固体表面进入溶液，这一过程称为溶解。同时，溶液中的 Ag^+ 和 Cl^-，在不断运动的过程中会碰到固体表

动画：AgCl
沉淀溶解平衡

面，受到表面离子的吸引，重新回到固体表面，此过程称为沉淀（或结晶）。当溶解和沉淀的速率相等时，建立起平衡，称为沉淀-溶解平衡，此时的溶液为饱和溶液。沉淀-溶解平衡是一种动态平衡，即固体在不断溶解，沉淀也在不断地生成。AgCl 的沉淀-溶解平衡方程式如下：

$$AgCl(s) \underset{沉淀}{\overset{溶解}{\rightleftharpoons}} Ag^+(aq) + Cl^-(aq)$$

其标准平衡常数表达式为：

$$K_{sp}^{\ominus}(AgCl) = \{c(Ag^+)/c^{\ominus}\}\{c(Cl^-)/c^{\ominus}\}$$

式中　　　　　　　　$K_{sp}^{\ominus}$——沉淀-溶解平衡的标准平衡常数，称为溶度积常数，简称溶度积；

$c(Ag^+)/c^{\ominus}$，$c(Cl^-)/c^{\ominus}$——分别为饱和溶液中 Ag^+ 和 Cl^- 的相对浓度。

对于一般难溶电解质（A_nB_m），其沉淀溶解平衡通式可表示为：

$$A_nB_m(s) \rightleftharpoons nA^{m+}(aq) + mB^{n-}(aq)$$

$$K_{sp}^{\ominus}(A_nB_m) = \{c(A^{m+})/c^{\ominus}\}^n\{c(B^{n-})/c^{\ominus}\}^m \qquad (6-1)$$

其中，m，n 是阳离子和阴离子的电荷数。

溶度积常数 $K_{sp}^{\ominus}$ 表示在一定温度下，在难溶电解质的饱和溶液中，各组分离子相对浓度以化学计量系数为指数的幂的乘积为一常数。$K_{sp}^{\ominus}$ 只与物质的本性和温度有关，是难溶电解质溶解能力的特征常数。一些常见难溶电解质的 $K_{sp}^{\ominus}$ 值见附录 9。$K_{sp}^{\ominus}$ 可由实验测定，但由于有些难溶电解质的溶解度太小，很难直接测出，因此也可利用热力学函数计算。

6.1.2　溶解度与溶度积的相互换算

溶解度和溶度积都可以反映难溶电解质的溶解能力。固体的溶解度是指在一定温度下，某固体物质在 100g 溶剂里达到饱和状态时所溶解的克数。在未标明的情况下，通常指的是物质在水里的溶解度，用字母 s 表示，其单位为 $g/(100gH_2O)$，也可以用该饱和溶液的物质的量浓度 $c(mol/L)$ 来表示。溶解度会因离子浓度、介质酸度等条件的变化而改变，而溶度积在一定温度下是常数。溶解度和溶度积两者之间可相互换算。

以难溶强电解质 $A_nB_m(s)$ 为例，假设一定温度下，其溶解度为 $s\,mol/L$，则在其饱和溶液中：

$$A_nB_m(s) \rightleftharpoons nA^{m+}(aq) + mB^{n-}(aq)$$

平衡浓度（mol/L）：　　　　　　　　　ns　　　　　　ms

$$K_{sp}^{\ominus}(A_nB_m) = \{c(A^{m+})/c^{\ominus}\}^n\{c(B^{n-})/c^{\ominus}\}^m = n^n m^m s^{n+m}$$

对于 AB 型难溶电解质（如 AgCl、AgBr，阴阳离子的个数比为 1：1），其溶解度 s 在数值上等于其溶度积的平方根。即：

$$s = \sqrt{K_{sp}^{\ominus}} \qquad (6-2)$$

对于 A_2B 和 AB_2 型难溶电解质（如 Ag_2CrO_4 和 $Mg(OH)_2$ 等），其溶解度和溶度积的关系为：

$$s = \sqrt[3]{\frac{K_{sp}^{\ominus}}{4}} \qquad (6-3)$$

例 6-1　25℃时，每升 Ag_2CrO_4 饱和溶液中含有 $2.16×10^{-2}g$ 的 Ag_2CrO_4，求其溶解度和溶度积。

解：$s = c(Ag_2CrO_4) = \dfrac{2.16 \times 10^{-2}g}{331.18g/mol \times 1L} = 6.5 \times 10^{-5}mol/L$

$$Ag_2CrO_4 \Longrightarrow 2Ag^+ + CrO_4^{2-}$$

平衡浓度（mol/L）：　　　　　　　　　$2s$　　　　s

$$K_{sp}^{\ominus} = (2s)^2 \times s = 4s^3$$
$$= 4 \times (6.5 \times 10^{-5})^3 = 1.1 \times 10^{-12}$$

答：Ag_2CrO_4 的溶解度为 $6.5 \times 10^{-5}mol/L$，溶度积为 $1.1×10^{-12}$。

例 6-2　已知在 25℃时 AgCl 溶度积为 $1.8×10^{-10}$，Ag_2CO_3 的溶度积为 $8.1×10^{-12}$，试计算两者溶解度大小。

解：（1）计算 AgCl 的溶解度。假设 s 为 AgCl 饱和溶液中 Ag^+ 的浓度，即 AgCl 的溶解度，则：

$$AgCl(s) \Longrightarrow Ag^+ + Cl^-$$

平衡浓度（mol/L）：　　　　　　　　　s　　　s

$$K_{sp}^{\ominus} = \{c(Ag^+)/c^{\ominus}\}\{c(Cl^-)/c^{\ominus}\}$$
$$K_{sp}^{\ominus} = s^2$$
$$s = \sqrt{K_{sp}^{\ominus}} = \sqrt{1.8 \times 10^{-10}} = 1.3 \times 10^{-5}mol/L$$

（2）计算 Ag_2CO_3 的溶解度。假设 s 为 Ag_2CO_3 饱和溶液中 CO_3^{2-} 的浓度，即 Ag_2CO_3 的溶解度，则：

$$Ag_2CO_3(s) \Longrightarrow 2Ag^+ + CO_3^{2-}$$

平衡时浓度（mol/L）　　　　　　　　　$2s$　　　s

$$K_{sp}^{\ominus} = \{c^2(Ag^+)/c^{\ominus}\}\{c(CO_3^{2-})/c^{\ominus}\}$$
$$= (2s)^2 \cdot s = 4s^3$$
$$s = \sqrt[3]{\dfrac{8.1 \times 10^{-12}}{4}} = 1.3 \times 10^{-4}mol/L$$

答：AgCl 的溶解度为 $1.3×10^{-5}mol/L$，Ag_2CO_3 的溶解度为 $1.3×10^{-4}mol/L$。

下面以几种难溶电解质 AgCl、AgBr、Ag_2CrO_4 和 $Mn(OH)_2$ 为例说明其溶度积 $K_{sp}^{\ominus}$ 与溶解度 s 的关系。表 6-1 列出了上述难溶电解质的溶度积与溶解度（25℃）。

表 6-1　几种难溶电解质的溶度积与溶解度（25℃）

难溶电解质类型	难溶电解质	溶解度 $s/mol \cdot L^{-1}$	$K_{sp}^{\ominus}$
AB	AgCl	$1.3×10^{-5}$	$1.8×10^{-10}$
	AgBr	$7.1×10^{-7}$	$5.0×10^{-13}$
A_2B	Ag_2CrO_4	$6.5×10^{-5}$	$1.1×10^{-12}$
AB_2	$Mn(OH)_2$	$3.6×10^{-5}$	$1.9×10^{-13}$

从表 6-1 可看出，相同类型的电解质，溶度积大的溶解度也大，通过溶度积数据可直接比较溶解度的大小。不同类型的电解质如 AgCl 与 Ag_2CrO_4，不能通过溶度积的数据直接

比较它们溶解度的大小。

必须指出，上述溶解度与溶度积之间的换算，计算值与实验结果可能有一定差距，而且仅适用于以下情况：溶液中离子强度较小、浓度可代替活度；难溶电解质溶解部分全部电离；难溶电解质在水溶液中不发生水解、不形成配合物等副反应或副反应程度不大的情况。

6.2 溶度积规则及其应用

6.2.1 溶度积规则

将平衡移动原理应用到难溶电解质的多相离子平衡体系，可以判断难溶电解质沉淀的生成和溶解。

对于任一难溶电解质的多相离子平衡：

$$A_nB_m(s) \rightleftharpoons nA^{m+}(aq) + mB^{n-}(aq)$$

如果引入化学平衡中的反应商 Q，并考虑固体物质的浓度为一常数，则反应商为：

$$Q = \{c(A^{m+})/c^{\ominus}\}^n \cdot \{c(B^{n-})/c^{\ominus}\}^m \tag{6-4}$$

在难溶电解质的溶液中，反应商 Q 表示任何情况下离子浓度幂的乘积，又称为离子积。离子积 Q 与溶度积 $K_{sp}^{\ominus}$ 表达式相同，但两者的概念是不同的。溶度积 $K_{sp}^{\ominus}$ 表示难溶电解质达到沉淀溶解平衡时，其饱和溶液中离子浓度幂的乘积，在一定温度下，$K_{sp}^{\ominus}$ 为常数。$K_{sp}^{\ominus}$ 仅为 Q 的一个特例。

应用平衡移动原理，可知：

(1) $Q > K_{sp}^{\ominus}$ 时，溶液为过饱和溶液，有沉淀析出，直到溶液达到饱和状态；

(2) $Q < K_{sp}^{\ominus}$ 时，溶液为不饱和溶液，无沉淀析出，若体系中原来有沉淀，则沉淀溶解，直到溶液饱和为止；

(3) $Q = K_{sp}^{\ominus}$ 时，溶液为饱和溶液，达到沉淀-溶解平衡。

上述规则称为溶度积规则，是判断沉淀的生成和溶解的重要依据。

6.2.2 溶度积规则的应用

6.2.2.1 沉淀生成的条件

根据溶度积规则，在难溶电解质溶液中，如果离子积 Q 大于溶度积 $K_{sp}^{\ominus}$，就会有沉淀生成，这是产生沉淀的唯一条件。

例 6-3 在 0.10mol/L 的 $FeCl_3$ 溶液中，加入等体积的含有 0.20mol/L 的 $NH_3 \cdot H_2O$，问能否产生 $Fe(OH)_3$ 沉淀？

解： 在混合溶液中，各物质的浓度为：

$$c(Fe^{3+}) = c(FeCl_3) = \frac{1}{2} \times 0.10 = 5.0 \times 10^{-2} \text{ mol/L}$$

$$c(NH_3 \cdot H_2O) = \frac{1}{2} \times 0.20 = 0.10 \text{mol/L}$$

设 $c(OH^-)$ 为 $x \, mol/L$：

$$NH_3 \cdot H_2O \rightleftharpoons NH_4^+ + OH^-$$

平衡浓度（mol/L）　　　　$0.10-x$ 　　　 x 　　　 x

$$K_b^\ominus = \frac{c(NH_4^+) \times c(OH^-)}{c(NH_3 \cdot H_2O)} = \frac{x^2}{0.10-x}$$

因为电离部分的浓度 x 甚小，所以 $0.10-x \approx 0.10$，故：

$$K_b^\ominus = \frac{x^2}{0.10-x} = \frac{x^2}{0.10} = 1.8 \times 10^{-5}$$

$$x = c(OH^-) = 1.3 \times 10^{-3} \, mol/L$$

$$Q = c(Fe^{3+}) \cdot c^3(OH^-) = 5.0 \times 10^{-2} \times (1.3 \times 10^{-3})^3 = 1.1 \times 10^{-10} > K_{sp}^\ominus[Fe(OH)_3]$$

有 $Fe(OH)_3$ 沉淀生成。

6.2.2.2　沉淀的完全程度

用沉淀反应制备产品或分离杂质时，关键在于沉淀是否完全。由于溶液中总是存在沉淀-溶解平衡，一定温度下 $K_{sp}^\ominus$ 为常数，故溶液中没有一种离子的浓度会等于零。换言之，没有一种沉淀反应是绝对完全的。通常认为残留在溶液中的离子浓度小于 $1.0 \times 10^{-5} \, mol/L$ 时，该离子已被沉淀完全。

6.2.2.3　同离子效应

当沉淀反应达到平衡后，向溶液中加入含有相同离子的易溶强电解质，沉淀的溶解度降低的效应，称为同离子效应。

例如，在 $BaSO_4$ 饱和溶液中存在以下平衡：

$$BaSO_4(s) \rightleftharpoons Ba^{2+} + SO_4^{2-}$$

加入 Na_2SO_4 溶液，增加了溶液中 SO_4^{2-} 浓度，平衡向左移动，生成较多的 $BaSO_4$ 沉淀，使 $BaSO_4$ 溶解度减小。

沉淀-溶解平衡中，同离子效应有许多重要的实际应用。

（1）在重量分析中，加入适当过量的沉淀剂可使目标离子沉淀完全。一般情况下，如果烘干或灼烧能挥发除去沉淀剂，沉淀剂过量 $50\% \sim 100\%$ 较合适，如果沉淀剂不易除去，只宜过量 $20\% \sim 30\%$。加入沉淀剂过多，可能引起副反应（酸效应、配位效应）或盐效应，反而使沉淀的溶解度增大。

（2）定量分离沉淀时，选择合适的洗涤剂。例如，制得 $0.1g$ $BaSO_4$ 沉淀，如用 $100mL$ 纯水洗涤杂质时，将溶解损失 $2.66 \times 10^{-4}g$。如果改用 $0.01mol/L$ H_2SO_4 溶液洗涤沉淀，仅损失 $2.5 \times 10^{-7}g$，这样微小的质量，损失可忽略不计。

6.2.2.4　盐效应

在难溶电解质的饱和溶液中，加入不含相同离子的强电解质，使难溶电解质的溶解度增大，这种现象称为盐效应。盐效应的产生，是由于溶液中离子强度增大，有效浓度（活度）减小所造成的。

例如，在 $PbSO_4$ 饱和溶液中加入 Na_2SO_4，同时存在同离子效应和盐效应，哪种效应占优势，取决于 Na_2SO_4 的浓度。实验证明，$PbSO_4$ 在纯水中的溶解度为 45mg/L，加入 Na_2SO_4 后，由于同离子效应，$PbSO_4$ 的溶解度降低，但加入的 Na_2SO_4 浓度大于 0.04mol/L 时，$PbSO_4$ 的溶解度反而逐步增大，盐效应超过同离子效应。表 6-2 为 $PbSO_4$ 的溶解度随 Na_2SO_4 浓度变化的情况。

表 6-2 $PbSO_4$ 在 Na_2SO_4 溶液中的溶解度

Na_2SO_4 浓度/mol·L^{-1}	0	0.001	0.01	0.02	0.04	0.100	0.200
$PbSO_4$ 溶解度/mg·L^{-1}	45	7.3	4.9	4.2	3.9	4.9	7.0

因此，利用同离子效应降低溶解度，应考虑到盐效应的影响，沉淀剂不能过量太多，否则使沉淀溶解度增大。如果沉淀本身溶解度很小，盐效应的影响很小，可不予考虑。

同离子效应与盐效应的效果相反，但前者比后者大得多。产生同离子效应的同时也会产生盐效应，如果没有特别指出要考虑盐效应，计算时可以忽略盐效应的影响。

6.2.2.5 分步沉淀

前面讨论的沉淀反应，都是针对一种离子，用某种沉淀剂使该种离子从溶液中沉淀析出。实际工作中，溶液中往往同时含有几种离子。加入某种沉淀剂时，沉淀剂与溶液中的几种离子都可能发生沉淀反应。沉淀反应是同时进行，还是按照一定的次序先后进行，可根据溶度积规则计算来确定。

例 6-4 在 $c(Cl^-) = c(CrO_4^{2-}) = 1.0 \times 10^{-2}$mol/L 的溶液中，试计算析出 AgCl、$Ag_2CrO_4$ 沉淀所需 Ag^+ 的最低浓度。

解：析出 AgCl 需要 Ag^+ 的最低浓度为 $c_1(Ag^+)_{min}$

$$AgCl(s) \rightleftharpoons Ag^+ + Cl^-$$

$$K_{sp}^{\ominus}(AgCl) = \{c(Ag^+)/c^{\ominus}\}\{c(Cl^-)/c^{\ominus}\}$$

$$c_1(Ag^+)_{min} = \frac{K_{sp}^{\ominus}(AgCl)}{c(Cl^-)} = \frac{1.8 \times 10^{-10}}{c(Cl^-)}$$

$$= \frac{1.8 \times 10^{-10}}{1.0 \times 10^{-2}}mol/L = 1.8 \times 10^{-8}mol/L$$

同理，析出 Ag_2CrO_4 需要 Ag^+ 的最低浓度：

$$c_2(Ag^+)_{min} = \sqrt{\frac{K_{sp}^{\ominus}(Ag_2CrO_4)}{c(CrO_4^{2-})}} = \sqrt{\frac{1.1 \times 10^{-12}}{c(CrO_4^{2-})}}$$

$$= \sqrt{\frac{1.1 \times 10^{-12}}{1.0 \times 10^{-2}}} = 1.1 \times 10^{-5}mol/L$$

答：析出 AgCl、Ag_2CrO_4 沉淀所需 Ag^+ 的最低浓度分别为 1.8×10^{-8}mol/L 和 1.1×10^{-5} mol/L。

由上例计算可知 $c_1(Ag^+) \ll c_2(Ag^+)$，当滴加 $AgNO_3$ 溶液时，AgCl 首先沉淀出来。随着 AgCl 沉淀的增加，溶液中 Cl^- 浓度不断减少，若要继续沉淀，必须增加 Ag^+ 浓度，当

达到 Ag_2CrO_4 开始沉淀所需的 Ag^+ 浓度时，AgCl 和 Ag_2CrO_4 将同时沉淀。

结论：如果溶液中同时存在多种离子，都能与所加入的沉淀剂发生沉淀反应，生成难溶电解质，那么离子积 Q 超过溶度积 $K_{sp}^{\ominus}$ 的难溶电解质先沉淀析出，即生成沉淀所需沉淀剂离子浓度最小者先沉淀。如果各离子沉淀所需沉淀剂离子的浓度相差较大，借助分步沉淀能达到分离的目的。

例如，对含有杂质 Fe^{3+} 的 $ZnSO_4$ 溶液，若单纯考虑除去 Fe^{3+}，pH 值越高，Fe^{3+} 越易沉淀完全。实际上 pH 值不能大于 5.70，否则 Zn^{2+} 沉淀为 $Zn(OH)_2$，见表 6-3。在化学试剂 $ZnSO_4$ 的制备中，为提纯含有杂质 Fe^{3+} 的 $ZnSO_4$ 溶液，调节 pH 值在 3.00 ~ 4.00，$ZnSO_4$ 溶液中 Fe^{3+} 浓度可降至 $1.0×10^{-6}$ ~ $1.0×10^{-9}$ mol/L。

表 6-3　金属氢氧化物沉淀的 pH 值

金属氢氧化物		开始沉淀时的 pH 值		沉淀完全时的 pH 值
分子式	$K_{sp}^{\ominus}$	金属离子浓度 1mol/L	金属离子浓度 0.1mol/L	金属离子浓度 ($\leqslant 10^{-5}$ mol/L)
$Mg(OH)_2$	$1.9×10^{-13}$	8.37	8.87	10.87
$Co(OH)_2$	$5.92×10^{-15}$	6.89	7.38	9.38
$Cd(OH)_2$	$7.2×10^{-15}$	6.9	7.4	9.4
$Zn(OH)_2$	$3×10^{-17}$	5.7	6.2	8.24
$Fe(OH)_2$	$4.87×10^{-17}$	5.8	6.34	8.34
$Pb(OH)_2$	$1.43×10^{-15}$	4.08	4.58	6.66
$Be(OH)_2$	$6.92×10^{-22}$	3.42	3.92	5.92
$Sn(OH)_2$	$5.45×10^{-28}$	0.87	1.37	3.37
$Fe(OH)_3$	$2.79×10^{-39}$	1.15	1.48	2.81

6.2.2.6　沉淀的溶解

根据溶度积规则可知，沉淀溶解的必要条件是离子积小于溶度积，即 $Q < K_{sp}^{\ominus}$。因此，降低溶液中的离子浓度可使沉淀溶解。常用以下方法：

A　酸碱溶解法

利用酸、碱或某些盐类（如 NH_4^+ 盐）与难溶电解质组分离子结合成弱电解质（弱酸、弱碱或 H_2O），溶解某些弱碱盐、弱酸盐、酸性或碱性氧化物和氢氧化物等难溶电解质的方法，称为酸碱溶解法。

（1）生成弱酸难溶弱酸盐，如碳酸盐、醋酸盐、硫化物，与强酸作用生成相应的弱酸而溶解。例如 $CaCO_3$ 溶于盐酸：

$$CaCO_3(s) \rightleftharpoons Ca^{2+} + CO_3^{2-}$$
$$+$$
$$2HCl \longrightarrow 2Cl^- + 2H^+$$
$$\Updownarrow$$
$$H_2CO_3 \longrightarrow CO_2\uparrow + H_2O$$

即：
$$CaCO_3(s) + 2H^+ \longrightarrow H_2O + CO_2\uparrow + Ca^{2+}$$

（2）生成弱碱。$Mg(OH)_2$ 能溶于铵盐是由于生成了难离解的弱碱，降低了 OH^- 的浓度，使平衡向右移动：

$$Mg(OH)_2(s) \rightleftharpoons Mg^{2+} + 2OH^-$$
$$+$$
$$2NH_4Cl \longrightarrow 2Cl^- + 2NH_4^+$$
$$\Updownarrow$$
$$2NH_3 \cdot H_2O$$

即：
$$Mg(OH)_2(s) + 2NH_4Cl \longrightarrow MgCl_2 + 2NH_3 \cdot H_2O$$

（3）生成水。一些难溶金属氢氧化物和酸反应生成水而溶解。例如，$Mg(OH)_2$ 溶于盐酸：

$$Mg(OH)_2(s) \rightleftharpoons Mg^{2+} + 2OH^-$$
$$+$$
$$2HCl \longrightarrow 2Cl^- + 2H^+$$
$$\Updownarrow$$
$$2H_2O$$

即：
$$Mg(OH)_2(s) + 2HCl \longrightarrow MgCl_2 + 2H_2O$$

B 氧化还原溶解法

通过氧化还原反应改变难溶电解质组分离子的氧化数，降低难溶电解质组分离子的浓度，使其溶解。例如向 CuS 沉淀中加入稀 HNO_3，将 S^{2-} 氧化为单质 S，降低了 S^{2-} 的浓度，使其离子积 $Q < K_{sp}^{\ominus}(CuS)$，CuS 沉淀被溶解。例：

$$CuS \rightleftharpoons Cu^{2+} + S^{2-}$$
$$\downarrow +HNO_3$$
$$S\downarrow + NO\uparrow + H_2O$$

C 配位溶解法

加入适当的配位剂，使难溶电解质的组分离子形成稳定的配合物，降低难溶电解质组分离子的浓度，使难溶电解质溶解。

例如 AgCl 沉淀可溶于氨水，其反应如下

$$AgCl(s) \rightleftharpoons Ag^+ + Cl^-$$
$$\downarrow +NH_3 \cdot H_2O$$
$$[Ag(NH_3)_2]^+$$

结果使 Ag^+ 转化为 $[Ag(NH_3)_2]^+$，Ag^+ 浓度减少，其离子积 $Q < K_{sp}^{\ominus}(AgCl)$，AgCl

沉淀被溶解。

D　转化为另一种沉淀而溶解

借助某一试剂的作用，把一种难溶电解质转化为另一种难溶电解质的过程，称为沉淀的转化。例如在 $CaSO_4$ 沉淀中加入 Na_2CO_3，使其转化为 $CaCO_3$ 沉淀，可被酸溶解。

例：$Na_2CO_3 \rightarrow 2Na^+ + CO_3^{2-}$

（1）$CaSO_4(s) \rightleftharpoons Ca^{2+} + SO_4^{2-}$；$K_1^{\ominus} = K_{sp}^{\ominus}(CaSO_4)$

（2）$Ca^{2+} + CO_3^{2-} \rightleftharpoons CaCO_3$；$K_2^{\ominus} = 1/K_{sp}^{\ominus}(CaCO_3)$

（1）+（2）：$CaSO_4 + CO_3^{2-} \rightleftharpoons CaCO_3 + SO_4^{2-}$

$$K^{\ominus} = \frac{c(SO_4^{2-})}{c(CO_3^{2-})} = K_1^{\ominus} \times K_2^{\ominus} = \frac{K_{sp}^{\ominus}(CaSO_4)}{K_{sp}^{\ominus}(CaCO_3)} = \frac{9.1 \times 10^{-6}}{2.8 \times 10^{-9}} = 3.3 \times 10^3$$

同类型的难溶电解质，沉淀转化的方向是：溶度积较大的难溶电解质转化为溶度积较小的难溶电解质；沉淀转化的程度取决于两种难溶电解质溶度积的相对大小。两种沉淀的溶度积相差越大，沉淀转化越完全。

E　影响沉淀溶解的其他因素

（1）温度的影响。沉淀的溶解一般是吸热的过程，其溶解度随温度的升高而增大。因此，对于一些在热溶液中溶解度较大的沉淀，过滤时选择室温下进行，如 $MgNH_4PO_4$、CaC_2O_4 等。对于一些溶解度小、温度低时较难过滤和洗涤的沉淀，采用趁热过滤，并用热的洗涤液进行洗涤，如 $Fe(OH)_3$、$Al(OH)_3$ 等。

（2）溶剂的影响。无机物沉淀大部分是离子型晶体，在有机溶剂中的溶解度一般比在纯水中小。例如 $PbSO_4$ 沉淀在水中的溶解度为 1.5×10^{-4} mol/L，而在 50% 乙醇溶液中溶解度为 7.6×10^{-6} mol/L。

（3）沉淀颗粒大小和结构的影响。同一种沉淀，质量相同时，颗粒越小，其总比表面积越大，溶解度越大。由于小晶体比大晶体有更多的角、边和表面，处于这些位置的离子受晶体内部离子的吸引力小，又受到溶剂分子的作用，容易进入溶液中，因此，小颗粒沉淀的溶解度比大颗粒沉淀的溶解度大。

6.3　沉淀的形成过程

为获得纯净且易于分离和洗涤的沉淀，必须了解沉淀的形成过程，选择适宜的沉淀条件。

6.3.1　沉淀的形成

6.3.1.1　晶形沉淀和无定形沉淀

根据沉淀的物理性质，可粗略地将沉淀分为晶形沉淀和无定形沉淀，无定形沉淀又称为非晶形沉淀或胶状沉淀。$BaSO_4$ 是典型的晶形沉淀；$Fe_2O_3 \cdot xH_2O$ 是典型的无定形沉淀；$AgCl$ 是一种凝胶状沉淀，按其性质来说，介于晶形沉淀和无定形沉淀之间。从沉淀的颗粒大小来看，晶形沉淀颗粒大，其直径 $0.1 \sim 1\mu m$；无定形沉淀颗粒很小，直径一般小于 $0.02\mu m$。

6.3.1.2 晶核的形成和晶核长大

生成的沉淀属于晶形还是无定形，首先取决于沉淀本身的性质，其次与沉淀形成的条件有密切的关系。

沉淀的形成经过晶核形成和晶核长大两个过程。将沉淀剂加入试液中，当离子积超过溶度积时，离子之间通过相互碰撞聚集成微小的晶核。晶核形成后，溶液中构晶离子向晶核表面聚集，沉积在晶核上，晶核逐渐长大成沉淀微粒。这样由离子聚集成晶核，晶核长大生成沉淀微粒的速度称为聚集速度。在聚集的同时，构晶离子在一定晶格中定向排列的速度称为定向速度。沉淀是晶形或无定形，主要由聚集速度和定向速度的相对大小决定。如果聚集速度大，定向速度小，离子很快聚拢生成沉淀，来不及进行晶格排列，得到无定形沉淀；反之，如果定向速度大，聚集速度小，离子缓慢地聚集成沉淀，有足够的时间进行晶格排列，得到晶形沉淀。沉淀形成的大致过程如下列框图（图6-1）所示。

图6-1 沉淀形成过程示意图

6.3.2 沉淀条件的选择

6.3.2.1 获得晶形沉淀的条件

为了得到纯净且易于分离和洗涤的晶形沉淀，应注意：

（1）沉淀反应在适当的稀溶液中进行，以减小相对过饱和度。

（2）沉淀反应在热溶液中进行。一方面使沉淀溶解度值略有增加，相对过饱和度降低，以便获得大的晶粒；另外，温度升高可减少沉淀对杂质的吸附量，有利于得到纯净的沉淀。应注意，对于溶解度较大的沉淀，在热溶液中析出后，宜冷却至室温再过滤、洗涤，以免造成溶解损失。

（3）快搅慢加。缓慢滴加稀沉淀剂，不断搅拌，以免局部相对过饱和度太大。

（4）陈化。陈化是指沉淀完成后，让初生的沉淀与母液一起放置一段时间，使小晶粒逐渐溶解，大晶粒逐渐长大，有利于获得粗大的晶粒。陈化作用还能使沉淀变得更纯净，因为大晶体的比表面积较小，吸附的杂质量少，而小晶体在溶解的过程中，所含杂质重新进入溶液，提高了沉淀的纯度。

综上所述，得到晶形沉淀的条件可归纳为："稀、热、慢、搅、陈"。

6.3.2.2 获得无定形沉淀的条件

无定形沉淀大都结构疏松，比表面积大，吸附杂质多，溶解度小，易形成胶体，不易过滤和洗涤。对这类沉淀，主要考虑创造条件来改善沉淀的结构，使之不易形成胶体，并且有较紧密的结构，减少杂质吸附，便于过滤和洗涤。常选用下列条件：

（1）沉淀在较浓的溶液中进行。在不断搅拌下很快加入沉淀剂，使生成的沉淀含水较少，沉淀较紧密，便于过滤和洗涤。但由于溶液较浓，沉淀吸附杂质多，因此沉淀反应完后需加入热水稀释搅拌，减少沉淀表面吸附的杂质。

（2）沉淀在热溶液中进行。这样有利于得到含水量少，结构紧密的沉淀，防止胶体的生成，减少沉淀表面对杂质的吸附。

（3）沉淀时加入大量的强电解质，并用强电解质的稀溶液洗涤沉淀。使带电荷的胶体粒子相互凝聚，沉降，电解质通常用灼烧时易挥发的铵盐或稀的强酸溶液。

（4）沉淀完全后趁热过滤，不必陈化。否则，无定形沉淀放置后，将逐渐失去水分而聚集得更为紧密，使已吸附的杂质难以洗去。

综上所述，得到无定形沉淀的条件可归纳为："浓、热、快、电、不陈"。

无定形沉淀吸附杂质较严重，一次沉淀很难保证纯净，必要时进行再沉淀。再沉淀指将沉淀过滤、洗涤、溶解后，再进行一次沉淀。再沉淀时，沉淀中杂质的量大为降低。

6.3.2.3　均相沉淀法

沉淀反应时，尽管沉淀剂在搅拌下缓慢加入，但其在溶液中仍然会出现局部过浓现象，采取均相沉淀法进行消除。即在溶液中，通过缓慢的化学反应，逐步、均匀地产生沉淀剂，使沉淀在整个溶液中均匀、缓慢地形成，使生成的沉淀颗粒较大。

例如，在含有 Ba^{2+} 的试液中加入硫酸甲脂，利用脂水解产生的 SO_4^{2-}，均匀缓慢地生成 $BaSO_4$ 沉淀。

$$Ba^{2+} + (CH_3)_2SO_4 + 2H_2O \Longrightarrow 2CH_3OH + BaSO_4\downarrow + 2H^+$$

均相沉淀法除了利用有机化合物的水解反应外，还可利用中和反应、配合物分解、氧化还原反应或缓慢合成所需沉淀剂的方法进行沉淀。但均相沉淀法对避免生成混晶及后沉淀的效果不大。

6.4　影响沉淀纯度的因素

重量分析中要求得到纯净的沉淀，但沉淀从溶液中析出时，或多或少地夹杂着溶液中的其他组分，使沉淀被玷污。因此，必须了解影响沉淀纯度的因素，找出减少杂质混入的方法。

6.4.1　共沉淀

当一种沉淀从溶液中析出时，溶液中的某些其他组分，在该条件下本来是可溶的，但却被混杂在沉淀中沉淀下来，这种现象称为共沉淀现象。例如将 Na_2SO_4 溶液加入 $BaCl_2$ 溶液中，生成的 $BaSO_4$ 沉淀中含有少量的 Na_2SO_4 和 $BaCl_2$，从溶解度的角度看，不应沉淀，但由于共沉淀现象而被带入沉淀中。共沉淀现象分为以下三类。

6.4.1.1 表面吸附

处在沉淀晶体内部的构晶离子，上、下、左、右、前、后分别同 6 个带相反电荷的构晶离子相连接，各个方向所受的吸引力均衡。但沉淀表面的构晶离子最多只同 5 个带相反电荷的构晶离子相连接，受到的吸引力不均衡，因此表面上的离子有吸附溶液中带相反电荷离子的能力，晶体表面的静电引力是沉淀发生吸附现象的根本原因。从 $BaSO_4$ 晶体表面吸附示意图（图 6-2）来看，将 H_2SO_4 溶液与过量 $BaCl_2$ 溶液混合时，$BaCl_2$ 有剩余，$BaSO_4$ 晶体表面首先吸附溶液中过剩的 Ba^{2+}，形成第一吸附层，第一吸附层又吸附抗衡离子 Cl^- 形成第二吸附层（扩散层），二者共同组成包围沉淀颗粒表面的双电层，处于双电层中的正负离子总数相等，并随着沉淀一起下沉，使沉淀被污染。

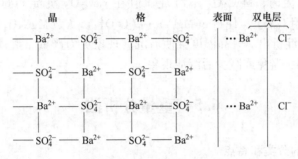

图 6-2　$BaSO_4$ 晶体表面吸附

沉淀表面吸附杂质的量还与下列因素有关。

（1）与沉淀的总表面积有关。同质量的沉淀，沉淀颗粒越小则比表面积越大，吸附杂质越多。晶形沉淀颗粒比较大，表面吸附现象不严重；而无定形沉淀颗粒小，表面吸附严重。

（2）与溶液中杂质的浓度有关。杂质浓度越大，被沉淀吸附的量越多。

（3）与溶液的温度有关。因吸附作用是放热过程，溶液温度升高，可减少杂质的吸附。

表面吸附是胶体沉淀被污染的主要原因，其发生在沉淀表面，所以洗涤沉淀是减少吸附杂质的有效方法。

总体吸附规律：（1）构晶离子先被吸附，然后是能与构晶离子形成溶解度小的物质的离子被吸附；（2）离子价数越高越易被吸附；（3）沉淀的表面积越大，吸附杂质越多，浓度越大越易被吸附；（4）温度越高，吸附量越少。

6.4.1.2 生成混晶

当杂质离子半径与构晶离子半径相似，并能形成相似的晶体结构时，杂质离子可进入晶体内部，形成混晶，使晶体受污染。如 Pb^{2+}、Ba^{2+} 具有相同的电荷，半径大小相似，Pb^{2+} 能取代 Ba^{2+} 进入 $BaSO_4$ 晶体形成混晶，使沉淀严重不纯。由于杂质离子进入沉淀晶体内部，不能用洗涤的方法除去，甚至陈化、再沉淀等方法都没有好的去除效果。在重量分析中一般采用预先分离杂质来减少或消除混晶。

6.4.1.3　吸留和包夹

沉淀过程中，沉淀生成太快，表面吸附的杂质离子来不及离开沉淀表面就被沉积下来的构晶离子覆盖，被包在沉淀晶体里，这种现象称为吸留。有时，母液也可能被包夹在沉淀中。故在进行沉淀操作时，沉淀剂的浓度不宜太大，加入速度也不宜过快。吸留和包夹在沉淀内部的杂质可通过陈化或重结晶的方法减少。

6.4.2　后沉淀现象

一种沉淀析出后，在与母液一起放置过程中，另一种本来难于沉淀的组分，在该沉淀表面上继续析出沉淀的现象称为后沉淀现象。例如 $C_2O_4^{2-}$ 沉淀 Ca^{2+}，若溶液中有少量 Mg^{2+}，当 CaC_2O_4 沉淀时，MgC_2O_4 不沉淀。但在 CaC_2O_4 沉淀与母液放置的过程中，CaC_2O_4 沉淀表面吸附 $C_2O_4^{2-}$，使得 $c(Mg^{2+}) \cdot c(C_2O_4^{2-}) > K_{sp}^{\ominus}(MgC_2O_4)$，在 CaC_2O_4 沉淀表面上有 MgC_2O_4 沉淀析出。升高温度会使后沉淀现象更为严重。重量分析中一般缩短沉淀与母液共置的时间，避免或减少后沉淀现象。

6.5　重量分析法

6.5.1　重量分析法的分类和特点

重量分析，一般是先用适当的方法将被测组分与试样中的其他组分分离，转化为一定的称量形式，然后称重，由称得的物质的质量计算该组分的含量。

根据被测组分与其他组分分离方法的不同，重量分析法一般分为沉淀重量法、气化法、电解法。

6.5.1.1　沉淀重量法

重量分析法中的沉淀重量法是以沉淀反应为基础，将被测组分转变为微溶化合物的形式沉淀，再将沉淀过滤、洗涤、烘干、灼烧，最后称重，计算其含量。

例如，测定试样中的 Ba^{2+} 含量，可加入过量的稀 H_2SO_4，使 Ba^{2+} 完全生成 $BaSO_4$ 沉淀，经过处理后，可称得 $BaSO_4$ 的质量，计算出试样中 Ba^{2+} 的百分含量。

6.5.1.2　气化法

通过加热或其他方法使试样中的被测组分挥发逸出，然后根据试样重量的减轻计算该组分的含量；或当该组分逸出时，选择一种吸收剂将它吸收，然后根据吸收剂重量的增加计算该组分的含量。

例如，测定 $BaCl_2 \cdot 2H_2O$ 的结晶水时，可将试样烘干至恒重，试样减少的重量，即为所含水分的重量。也可用干燥剂吸收加热后产生的水气，干燥剂增加的重量，即为所含水分的重量。

6.5.1.3　电解法

电解法是利用电解原理，使金属离子在电极上析出，称重求得其含量。

　　重量分析法是经典的化学分析法，近年来有关的文献报道已大为减少。但是，该法通过直接称量而得到分析结果，不需从容量器皿中引入数据，也不需基准物质作比较，因此引入误差的机会相对较少，分析结果的准确度较高，相对误差一般为 0.1% ~ 0.2%。但分析操作烦琐，耗时长，不能满足快速分析的要求，且对低含量组分的测定误差较大，灵敏度低。目前主要用于对含量不太低的硅、硫、磷、镍及某些稀有金属元素的精确测定仍使用重量分析法。在重量分析法中，以沉淀重量法最为重要且应用也较多，本章主要介绍沉淀重量法。

6.5.2　沉淀重量法的主要操作过程

　　沉淀重量法的主要操作过程，如图 6-3 所示。

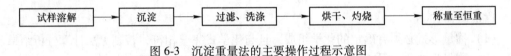

图 6-3　沉淀重量法的主要操作过程示意图

　　(1) 试样溶解。将试样溶解制成溶液。根据试样的不同性质选择溶剂，对于不溶于水的试样，一般采取酸溶法、碱溶法或熔融法。

　　(2) 沉淀。加入适当的沉淀剂，与被测组分迅速定量反应生成难溶化合物沉淀。如果有干扰杂质，可先加入掩蔽剂或预先进行分离。

　　(3) 过滤、洗涤。将沉淀过滤使沉淀与母液分开。根据沉淀性质的不同，过滤沉淀时常用无灰滤纸或玻璃砂芯坩埚。洗涤沉淀是除去沉淀吸附不挥发的盐类杂质和母液。洗涤时选择适当的洗液，避免沉淀溶解或形成胶体，采用少量多次的洗涤方式。

　　(4) 烘干、灼烧。烘干除去沉淀中的水分和挥发性物质，使沉淀组成达到恒定。烘干的温度和时间随着沉淀不同而不同。灼烧除去沉淀中水分和挥发性物质，使之在高温下分解为组成恒定的沉淀，灼烧的温度一般在 800℃ 以上。用滤纸过滤的沉淀，常用瓷坩埚进行烘干和灼烧。若沉淀需加氢氟酸处理，改用铂坩埚。使用玻璃砂芯坩埚过滤的沉淀，应在电烘箱里烘干。

　　(5) 称量至恒重。沉淀经过反复烘干或灼烧、冷却称重，直至两次称重的质量相差不大于 0.2mg 时达到恒重，准确称量沉淀质量即可计算分析结果。

6.5.3　沉淀重量法对沉淀的要求

　　沉淀重量法中的沉淀分为沉淀形式和称量形式两种。被测组分与沉淀剂反应后，以沉淀析出，该沉淀的化学形式称为沉淀形式。称量形式是指沉淀经过过滤、烘干或灼烧后的组成形式。沉淀形式与称量形式可能相同，也可能不同。例如：

动画：沉淀形式
和称量形式

$$Ba^{2+} + SO_4^{2-} \longrightarrow BaSO_4 \downarrow \xrightarrow{\text{过滤、洗涤}} \xrightarrow{\text{灼烧}(800℃)} BaSO_4$$

　被测组分　沉淀剂　　　沉淀形式　　　　　　　　　　　称量形式

$$Mg^{2+} + (NH_4)_2HPO_4 \longrightarrow MgNH_4PO_4 \cdot 6H_2O \downarrow \xrightarrow{\text{过滤、洗涤}} \xrightarrow{\text{灼烧}(1100℃)} Mg_2P_2O_7$$

被测组分　　　　沉淀剂　　　　　　　沉淀形式　　　　　　　　　　　　　称量形式

为了保证分析结果的准确度，重量分析对沉淀形式和称量形式有一定要求。

6.5.3.1　沉淀形式

沉淀形式有：

（1）沉淀的溶解度必须很小，以保证被测组分沉淀完全。

（2）沉淀要尽量纯净，避免杂质玷污。

（3）沉淀应易于过滤和洗涤。如果是晶形沉淀，希望得到颗粒比较大的沉淀；如果是无定形沉淀，希望得到结构比较紧密的沉淀。

（4）沉淀应易于转化为合适的称量形式。

6.5.3.2　称量形式

称量形式有：

（1）称量形式必须有确定的化学组成，且与化学式完全相符，否则无法计算分析结果。

（2）称量形式的性质必须稳定，不受空气中水分、CO_2 和 O_2 的影响。

（3）称量形式应具有较大的摩尔质量，这样被测组分在称量形式中的含量小，既提高分析灵敏度，又减小称量的相对误差。例如，重量分析法测定 Al^{3+} 时，通常采用两种方法。一是用氨水作沉淀剂，得到氢氧化铝沉淀，最后灼烧成 Al_2O_3 形式称量；二是以 8-羟基喹啉作沉淀剂，最后以 8-羟基喹啉铝形式称量。若铝的量相同，所得到的 8-羟基喹啉铝的质量将是 Al_2O_3 质量的 9 倍以上，所以，第二种方法的灵敏度更高，称量时相对误差更小。

6.5.4　沉淀剂的选择

沉淀剂的选择除考虑上述的沉淀形式、称量形式的要求外，还应注意：

（1）沉淀剂要有较好的选择性。最好只与被测组分生成沉淀，与试样中其他组分不起反应。例如，沉淀锆离子时，选择在 HCl 溶液中跟锆有特效反应的苦杏仁酸作沉淀剂，这时即使有钛、铁、钡、铝、铬等十几种离子存在，也不干扰。

（2）沉淀剂与被测组分生成的沉淀溶解度最小，尽量保证被测组分沉淀完全。例如，难溶的钡化合物有 $BaCO_3$、$BaCrO_4$、BaC_2O_4 和 $BaSO_4$，其中 $BaSO_4$ 溶解度最小，沉淀完全，以 $BaSO_4$ 的形式沉淀 Ba^{2+} 比生成其他沉淀好。

（3）沉淀剂最好具有易挥发性或易灼烧除去。即使沉淀中带有的沉淀剂未被洗净，也可通过烘干或灼烧除去。某些胺盐和有机沉淀剂能满足这项要求。

（4）有机沉淀剂具有一定的优越性。其选择性好，生成的沉淀组成恒定，溶解度小，易于分离和洗涤，纯度高，称量形式的相对分子质量较大，在重量分析中得到广泛应用。常用的有机沉淀剂有丁二酮肟、8-羟基喹啉和 N-苯甲酰-N-苯基羟胺（NBPHA）等。

6.5.5　重量分析法结果的计算

重量分析法是根据称量形式的质量来计算被测组分的含量。

6.5.5.1　沉淀的称量形式与被测组分的形式相同

当沉淀的称量形式与被测组分的形式相同，被测组分的含量可用以下公式计算：

$$w = \frac{m(\text{称量形式})}{m(\text{试样})} \times 100\% \tag{6-5}$$

例 6-5 重量法测定矿石中的 SiO_2，称取试样 0.4000g，经过化学处理后，灼烧成 SiO_2 的形式称重，得 0.2728g，计算矿样中 SiO_2 的质量分数。

解：SiO_2 的质量分数 $w(SiO_2) = \dfrac{m(SiO_2)}{m(\text{矿样})} = \dfrac{0.2728g}{0.4000g} \times 100\%$

$$= 68.20\%$$

答：矿样中 SiO_2 的质量分数为 68.20%。

6.5.5.2 沉淀的称量形式与被测组分的形式不同

当沉淀的称量形式与被测组分的形式不同，需要引入换算因数进行计算，即已知称量形式的质量，乘以换算因数，就可求得被测组分的质量。

$$m = Fm' \tag{6-6}$$

式中　m——被测组分质量，g；

　　　F——换算因数；

　　　m'——称量形式质量，g。

换算因数又称化学因数，可根据有关的化学式求得：

$$F = \frac{nM_r}{M_r'} \tag{6-7}$$

式中　M_r——被测组分的相对分子质量或相对原子质量；

　　　M_r'——称量形式的相对分子质量；

　　　n——称量形式与被测组分形式之间的转换系数。

因此，当沉淀的称量形式与被测组分的形式不同时，被测组分的含量可用以下公式计算：

$$w = \frac{m(\text{称量形式}) \times F}{m(\text{试样})} \times 100\% \tag{6-8}$$

例 6-6 计算以 $BaSO_4$ 为称量形式测定 Ba^{2+} 的转换因数。

解：1mol $BaSO_4$ 相当于 1mol Ba^{2+}，则 $n=1$

$$F = \frac{M_r(Ba^{2+})}{M_r(BaSO_4)} = \frac{137.33}{233.39} = 0.5884$$

答：其转换因数为 0.5884。

练一练

被测组分	沉淀形式	称量形式	换算因素（F）
Cl^-	$AgCl$	$AgCl$	
Fe	$Fe(OH)_3$	Fe_2O_3	
Fe_3O_4	$Fe(OH)_3$	Fe_2O_3	

练一练解答

例 6-7 测定某铁矿石中含铁量时，称取试样 0.1666g，溶解后使 Fe^{3+} 沉淀为 $Fe(OH)_3$，然后灼烧成 Fe_2O_3 重 0.1370g。计算试样中：（1）Fe 的质量分数；（2）Fe_3O_4 的质量分数。

解：（1）由于每个 Fe_2O_3 分子相当于 2 个铁原子，n 为 2，故：

$$F = \frac{2M_r(Fe)}{M_r(Fe_2O_3)} = \frac{2 \times 55.85}{159.7} = 0.6994$$

$$w(Fe) = \frac{m(Fe_2O_3) \times F}{m(试样)} \times 100\% = \frac{0.1370 \times 0.6994}{0.1666} \times 100\% = 57.51\%$$

（2）由于每个 Fe_2O_3 分子相当于 2/3 个 Fe_3O_4 分子，n 为 2/3，故：

$$F = \frac{\frac{2}{3}M_r(Fe_3O_4)}{M_r(Fe_2O_3)} = \frac{2 \times 231.5}{3 \times 159.7} = 0.9664$$

$$w(Fe_3O_4) = \frac{m(Fe_2O_3) \times F}{m(试样)} \times 100\% = \frac{0.1370 \times 0.9664}{0.1666} \times 100\% = 79.47\%$$

答：试样中 Fe 的质量分数为 57.51%；Fe_3O_4 的质量分数为 79.47%。

6.5.6　重量分析法应用示例

6.5.6.1　水泥中 SO_3 含量的测定

水泥中 SO_3 含量测定是水泥化学分析的重要项目之一。硅酸盐水泥需加入适量石膏（$CaSO_4$）作为缓释剂，测定水泥中 SO_3 含量实质上是测定其中的 SO_4^{2-}，测定结果以 SO_3 质量分数表示。

水泥中 SO_3 的测定，除用燃烧法或离子交换法外，大多采用 $BaSO_4$ 重量法。用 HCl 溶解试样后，再用氨水将其中 Fe^{3+}、Al^{3+} 转化为相应的氢氧化物沉淀，将此沉淀连同酸不溶物一起过滤除去。滤液用 HCl 酸化，按晶形沉淀的条件，加入 $BaCl_2$ 沉淀剂，使 SO_4^{2-} 定量沉淀为 $BaSO_4$。经过滤、洗涤、灼烧后称重，计算其含量。

$$Ba^{2+} + SO_4^{2-} = BaSO_4 \downarrow$$

6.5.6.2　五氧化二磷的测定

常用磷钼酸喹啉重量法。也可将磷钼酸喹啉沉淀分离出来，进行滴定分析，但重量法精密度高，易获得准确结果。磷钼酸喹啉沉淀颗粒粗，较易过滤。但喹啉具有特殊气味，要求实验室通风良好。磷矿中的磷酸盐分解后，可能成为偏磷酸（HPO_3）或次磷酸（H_3PO_2）等存在。故在沉淀前要用硝酸处理，使之全部变成正磷酸（H_3PO_4）。磷酸在酸性溶液中（7%～10% HNO_3）与钼酸钠和喹啉作用形成磷钼酸喹啉沉淀：

$$H_3PO_4 + 3C_9H_7N + 12Na_2MoO_4 + 24HNO_3 =$$

$$(C_9H_7N)_3H_3[PO_4 \cdot 12MoO_3] \cdot H_2O \downarrow + 11H_2O + 24NaNO_3$$

沉淀经过滤、烘干、除去水分后称量。

沉淀剂用喹钼柠试剂（含有喹啉、钼酸钠、柠檬酸、丙酮）。柠檬酸的作用是在溶液中与钼酸配位，以降低钼酸浓度，避免沉淀出硅钼酸喹啉（干扰测定），同时可防止钼酸钠水解析出 MoO_3。丙酮的作用是使沉淀颗粒增大而疏松，便于洗涤，同时增加喹啉的溶解度，避免其沉淀析出干扰测定。

6.6 沉淀滴定法

6.6.1 沉淀滴定法概述

沉淀滴定法是以沉淀—溶解平衡为基础的滴定分析法。沉淀反应很多，但能用于滴定分析的沉淀反应必须符合下列几个条件：

（1）反应必须按一定的化学计量关系进行，反应速度快。

（2）生成的沉淀应具有恒定的组成，溶解度小。

（3）有确定化学计量点的简单方法。

（4）沉淀的吸附现象不影响滴定终点的确定。

由于上述条件的限制，能用于沉淀滴定法的反应并不多，目前应用最多的是生成难溶银盐的沉淀反应。如：

$$Ag^+ + Cl^- \rightleftharpoons AgCl\downarrow（白色）$$
$$2Ag^+ + CrO_4^{2-} \rightleftharpoons Ag_2CrO_4\downarrow（砖红色）$$

以生成难溶银盐的沉淀反应为基础的沉淀滴定法称为银量法。银量法用于测定 Cl^-、Br^-、I^-、Ag^+ 及 SCN^- 等离子。

本节主要讨论银量法。根据滴定方式的不同，银量法可分为直接法和间接法。直接法是用 $AgNO_3$ 标准溶液直接滴定被测组分的方法。间接法是先于被测试液中加入一定量的 $AgNO_3$ 标准溶液，再用 NH_4SCN 标准溶液来滴定剩余的 $AgNO_3$ 溶液的方法。根据确定滴定终点所采用的指示剂不同，银量法分为莫尔（Mohr）法、佛尔哈德（Volhard）法和法扬司（Fajans）法。

6.6.2 铬酸钾指示剂法——莫尔法

以铬酸钾为指示剂确定终点的银量法称为莫尔法，又称为铬酸钾法。该方法主要用于 Cl^-、Br^- 或者二者混合物的测定。

6.6.2.1 莫尔法的测定原理

以 Cl^- 的测定为例。在含有 Cl^- 的中性或弱碱性溶液中，以 K_2CrO_4 为指示剂，用 $AgNO_3$ 标准溶液滴定，由于 AgCl 的溶解度比 Ag_2CrO_4 小，根据分步沉淀原理，溶液中先析出 AgCl 沉淀。当 Cl^- 被定量沉淀后，过量的 $AgNO_3$ 溶液与 CrO_4^{2-} 生成砖红色的 Ag_2CrO_4 沉淀，指示滴定终点。反应式如下：

滴定反应：$Ag^+ + Cl^- \rightleftharpoons AgCl\downarrow（白色）$ $\qquad K_{sp}^{\ominus} = 1.8 \times 10^{-10}$

滴定终点：$2Ag^+ + CrO_4^{2-} \rightleftharpoons Ag_2CrO_4\downarrow（砖红色）$ $\qquad K_{sp}^{\ominus} = 1.1 \times 10^{-12}$

6.6.2.2 莫尔法的测定条件

A 指示剂的用量

根据溶度积原理，沉淀平衡时溶液中 Ag^+ 和 Cl^- 的浓度为：

$$c(Ag^+) = c(Cl^-) = \sqrt{K_{sp}^{\ominus}(AgCl)} = \sqrt{1.8 \times 10^{-10}} = 1.3 \times 10^{-5} mol/L$$

在化学计量点时，刚好析出 Ag_2CrO_4 沉淀指示终点，此时溶液中 CrO_4^{2-} 的浓度应为：

$$c(CrO_4^{2-}) = \frac{K_{sp}^{\ominus}(Ag_2CrO_4)}{c^2(Ag^+)} = \frac{1.1 \times 10^{-12}}{(1.3 \times 10^{-5})^2} = 6.5 \times 10^{-3} mol/L$$

实际工作中，若 K_2CrO_4 的浓度太高，会妨碍 Ag_2CrO_4 沉淀颜色的观察，影响滴定终点的判断。因此，K_2CrO_4 的浓度以 $5 \times 10^{-3} mol/L$ 为宜。

显然，K_2CrO_4 浓度降低后，欲析出 Ag_2CrO_4 沉淀，必须多加 $AgNO_3$ 溶液，导致滴定剂过量。通过计算可知，用 $0.1000 mol/L$ $AgNO_3$ 溶液滴定 $0.1000 mol/L$ KCl 溶液，指示剂的浓度为 $5 \times 10^{-3} mol/L$ 时，终点误差仅为 $+0.06\%$，可认为不影响分析结果的准确度。

　　B　溶液的酸度

用 $AgNO_3$ 标准溶液滴定 Cl^- 时，反应需要在中性或弱碱性溶液中进行（pH 值为 6.5~10.5），在酸性溶液中 Ag_2CrO_4 溶解：

$$Ag_2CrO_4 + H^+ = 2Ag^+ + HCrO_4^-$$

如果溶液碱性太强，则析出 Ag_2O 沉淀：

$$2Ag^+ + 2OH^- = 2AgOH \downarrow$$
$$\longrightarrow Ag_2O \downarrow + H_2O$$

通常莫尔法要求溶液的酸度范围 pH 值为 6.5~10.5。若试液碱性太强，可用稀硝酸中和；酸性太强，可用 NaOH、$NaHCO_3$、$Na_2B_4O_7$ 等中和。当溶液中有铵盐存在时，要求溶液酸度范围更窄，pH 值为 6.5~7.2，若溶液的 pH 值大于 7.2 或更高，便有相当数量的 NH_3 析出，形成 $[Ag(NH_3)_2]^+$，使 AgCl 及 Ag_2CrO_4 的溶解度增大，影响滴定。

想一想 1
莫尔法调节溶液 pH 值时能用盐酸或氨水吗？

　　C　消除干扰

凡能与 Ag^+ 生成沉淀的离子（如 PO_4^{3-}、AsO_4^{3-}、SO_3^{2-}、$Ag_2O_3^{2-}$、S^{2-}、CO_3^{2-}、$C_2O_4^{2-}$）、与 CrO_4^{2-} 生成沉淀的阳离子（如 Ba^{2+}、Pb^{2+}）、以及在中

想一想 1 解答

性或弱碱性溶液中易发生水解的离子（如 Fe^{3+}、Al^{3+}、Bi^{3+}、Sn^{4+}），都干扰测定，大量的有色离子（Cu^{2+}、Co^{2+}、Ni^{2+} 等），也会影响滴定终点的观察，应预先分离。

　　D　充分摇动减少吸附

在化学计量点前，Cl^- 还未被滴定完，由于 Cl^- 被 AgCl 沉淀吸附，过早出现 Ag_2CrO_4 沉淀，导致终点提前而引入误差。因此，滴定时必须充分摇动溶液，使被沉淀吸附的 Cl^- 释放出来。尤其是滴定 Br^-，AgBr 沉淀吸附 Br^- 更为严重，如不剧烈摇动将会引入较大的误差。

6.6.2.3　莫尔法的测定对象

莫尔法选择性差，应用受到限制，主要用于测定 Cl^- 和 Br^-。因为 AgI、AgSCN 沉淀分别会强烈吸附 I^- 和 SCN^-，使滴定终点过早出现，造成较大误差，故不适用于测定 I^- 和 SCN^-。

想一想2

莫尔法能用 Cl^- 滴定 Ag^+ 吗？

想一想2解答

6.6.3 铁铵矾指示剂法——佛尔哈德法

佛尔哈德法是用铁铵矾 $NH_4Fe(SO_4)_2$ 作指示剂的银量法，又称为铁铵矾法。按滴定方式的不同，分为直接滴定法和返滴定法两种。直接滴定法用于测定 Ag^+，返滴定法用于测定 Cl^-、Br^-、I^- 和 SCN^-。

6.6.3.1 直接滴定法

A 测定原理

在含有 Ag^+ 的硝酸溶液中，以铁铵矾作指示剂，滴入 NH_4SCN（或 KSCN，NaSCN）标准溶液。首先产生 AgSCN 白色沉淀，在化学计量点之后，稍微过量的 SCN^- 与铁铵矾中的 Fe^{3+} 生成血红色配合物，指示到达滴定终点。反应式如下：

滴定反应：$Ag^+ + SCN^- \Longrightarrow AgSCN\downarrow$（白色）

滴定终点：$Fe^{3+} + SCN^- \Longrightarrow [FeSCN]^{2+}$（红色）

B 测定条件及注意事项

滴定时，溶液的酸度应控制在 $0.1\sim1mol/L$，Fe^{3+} 主要以 $[Fe(H_2O)_6]^{3+}$ 形式存在，颜色较浅，如果酸度较低，则 Fe^{3+} 水解生成颜色较深的棕色 $Fe(OH)_3$ 或者 $[Fe(H_2O)_5OH]^{2+}$，影响终点的观察。

因为 AgSCN 沉淀对 Ag^+ 具有强烈的吸附性，滴定时必须充分摇动溶液，使被吸附的 Ag^+ 及时地释放出来，减少滴定误差。

6.6.3.2 返滴定法

A 测定原理

在含有卤素离子（X^-）或硫氰酸根离子（SCN^-）的硝酸溶液中，加入过量的 $AgNO_3$，以铁铵矾为指示剂，用 NH_4SCN 标准溶液回滴过量的 $AgNO_3$。当 NH_4SCN 溶液过量时，Fe^{3+} 便与 SCN^- 反应生成红色的 $[Fe(SCN)]^{2+}$ 配合物，指示滴定终点。反应式如下：

沉淀反应：$Ag^+ + X^- \Longrightarrow AgX\downarrow$（$X^-$ 为 Cl^-、Br^-、I^- 和 SCN^-）

滴定反应：$Ag^+ + SCN^- \Longrightarrow AgSCN\downarrow$（白色）

滴定终点：$Fe^{3+} + SCN^- \Longrightarrow [FeSCN]^{2+}$（红色）

B 测定条件及注意事项

滴定在 HNO_3 介质中进行，有些弱酸阴离子如 PO_4^{3-}、AsO_4^{3-}、$C_2O_4^{2-}$ 等不会干扰卤素离子的测定，该法选择性较高。只有强氧化剂、氮的低价氧化物及铜盐、汞盐等能与 SCN^- 起作用干扰滴定，大量的 Cu^{2+}、Ni^{2+}、Co^{2+} 等有色离子存在会影响终点观察，必须预先除去。

由于 AgSCN 的溶解度小于 AgCl，加入过量 SCN^- 时，会将 AgCl 沉淀转化为溶解度更小的 AgSCN 沉淀：

$$AgCl\downarrow + SCN^- \rightleftharpoons AgSCN\downarrow + Cl^-$$

从而使到达终点时已经出现的红色褪去，产生较大的终点误差。为了避免上述的误差，通常采用下列措施：

过滤分离 AgCl 沉淀。试液中加入适当过量的 $AgNO_3$ 标准溶液后，立即加热煮沸试液，使 AgCl 沉淀凝聚，减少对 Ag^+ 的吸附。过滤后，再用稀 HNO_3 洗涤沉淀，并将洗涤液并入滤液中，用 NH_4SCN 标准滴定溶液回滴滤液中过量的 $AgNO_3$。

加入有机溶剂。生成 AgCl 沉淀后，加入有机溶剂，如 1，2－二氯乙烷1~2mL，充分摇动，使 AgCl 沉淀表面覆盖一层有机溶剂，避免沉淀与外部溶液接触，阻止 NH_4SCN 与 AgCl 发生转化反应。

由于 AgBr、AgI 的溶解度均比 AgSCN 小，不会发生上述的沉淀转化反应，用返滴定法测定溴化物、碘化物时，不必将沉淀过滤或加入有机溶剂。

6.6.4　吸附指示剂法——法扬斯法

法扬斯法是以 $AgNO_3$ 为标准溶液，用吸附指示剂指示终点的银量法，一般用于测定 Cl^-、Br^-、I^- 和 SCN^- 及生物碱盐类（如盐酸麻黄碱）等。

6.6.4.1　法扬斯法测定原理

吸附指示剂是一类有色的有机化合物。其阴离子被吸附在胶体微粒表面后分子结构发生改变，引起吸附指示剂颜色变化，以指示滴定终点。例如，用 $AgNO_3$ 标准溶液滴定 Cl^- 时，可用荧光黄吸附指示剂来指示滴定终点。荧光黄指示剂是一种有机弱酸，用 HFIn 表示，其在溶液中离解出黄绿色的 FIn^-：

$$HFIn \rightleftharpoons H^+ + FIn^-$$

在化学计量点前，溶液中剩余 Cl^-，AgCl 沉淀吸附 Cl^- 带负电荷，因此荧光黄阴离子留在溶液中呈黄绿色。滴定进行到化学计量点后，AgCl 沉淀吸附 Ag^+ 带正电荷，溶液中 FIn^- 被吸附，溶液颜色由黄绿色变为粉红色，指示滴定终点到达。其过程示意如下：

Cl^- 过量时：$AgCl \cdot Cl^- + FIn^-$（黄绿色）

Ag^+ 过量时：$AgCl \cdot Ag^+ + FIn^- \xrightarrow{\text{吸附}} (AgCl)Ag^+ \mid FIn^-$（粉红色）

6.6.4.2　法扬斯法测定条件及注意事项

（1）控制适当的酸度。常用吸附指示剂大多是弱酸，而起指示作用的是它们的阴离子，酸度大时，指示剂阴离子和 H^+ 结合生成不被吸附的指示剂分子，无法指示终点。例如荧光黄（pK_a 值为 7.0）只能在中性或弱碱性（pH 值为 10.0）溶液中使用，若 pH 值小于 7.0 主要以 HFIn 形式存在，无法指示终点，因此溶液的酸度条件应有利于吸附指示剂阴离子的存在。

（2）尽量保持沉淀呈胶体状态。因吸附指示剂的颜色变化发生在沉淀微粒表面，因此，在滴定前通常须加入糊精或淀粉等胶体保护剂，防止卤化银凝聚，获得较大的比表面积，使滴定终点颜色变化明显。稀溶液中沉淀少，观察终点较困难。

（3）避免强光照射。卤化银沉淀对光敏感，易分解析出金属银使沉淀变为灰黑色，故滴定过程要避免强光，否则，影响滴定终点的观察。

（4）指示剂吸附性能要适中。胶体微粒对指示剂的吸附能力要比对被测离子的吸附能力略小，否则指示剂将在化学计量点前变色。但如果太小，又将使颜色变化不敏锐。卤化银对卤化物和几种吸附指示剂的吸附能力的次序如下：

$$I^- > SCN^- > Br^- > 曙红 > Cl^- > 荧光黄$$

因此，滴定 Cl^- 不能选用曙红，应选用荧光黄。常用吸附指示剂见表6-4。

表6-4 常用吸附指示剂

指示剂	被测离子	滴定剂	滴定条件
荧光黄	Cl^-，Br^-，I^-	$AgNO_3$	pH 值为 7.0~10.0
二氯荧光黄	Cl^-，Br^-，I^-	$AgNO_3$	pH 值为 4.0~10.0
曙红	Br^-，SCN^-，I^-	$AgNO_3$	pH 值为 2.0~10.0
甲基紫	Ag^+	$NaCl$	酸性溶液

6.7 本章主要知识点

6.7.1 沉淀-溶解平衡及影响因素

6.7.1.1 溶度积常数 $K_{sp}^\ominus$

$$A_n B_m(s) \rightleftharpoons nA^{m+}(aq) + mB^{n-}(aq)$$

$$K_{sp}^\ominus(A_n B_m) = \{c(A^{m+})/c^\ominus\}^n \{c(B^{n-})/c^\ominus\}^m$$

$K_{sp}^\ominus$ 只与物质的本性和温度有关，是难溶电解质溶解能力的特征常数。

6.7.1.2 溶解度与溶度积的关系

（1）对于 AB 型难溶电解质：$s = \sqrt{K_{sp}^\ominus}$；

（2）对于 A_2B 和 AB_2 型难溶电解质：$s = \sqrt[3]{\dfrac{K_{sp}^\ominus}{4}}$。

6.7.2 溶度积规则及其应用

6.7.2.1 溶度积规则

（1）$Q > K_{sp}^\ominus$ 时，溶液为过饱和溶液，有沉淀析出。

（2）$Q < K_{sp}^\ominus$ 时，溶液为不饱和溶液，无沉淀析出。

（3）$Q = K_{sp}^\ominus$ 时，溶液为饱和溶液，达到沉淀-溶解平衡。

6.7.2.2　溶度积规则的应用

（1）沉淀生成的条件 $Q > K_{sp}^{\ominus}$，沉淀溶解的条件 $Q < K_{sp}^{\ominus}$。

（2）通常认为溶液中的离子浓度小于 $1.0 \times 10^{-5} \text{mol/L}$ 时，该离子已被沉淀完全。

（3）同离子效应使得沉淀的溶解度降低；盐效应使得沉淀的溶解度增大。

（4）分步沉淀：溶液中同时存在多种离子，都能与所加入的沉淀剂发生沉淀反应，那么离子积 Q 超过溶度积 $K_{sp}^{\ominus}$ 的难溶电解质先沉淀析出。

（5）沉淀的转化：溶度积较大的难溶电解质转化为溶度积较小的难溶电解质。

6.7.3　沉淀的形成过程

6.7.3.1　沉淀的形成

如果聚集速度大，定向速度小，得到无定形沉淀；反之，定向速度大，聚集速度小，得到晶形沉淀。

6.7.3.2　沉淀条件的选择

（1）获得晶形沉淀的条件："稀、热、慢、搅、陈"，即在稀的热溶液中，不断搅拌下缓慢加入沉淀剂，沉淀完全后，将沉淀连同母液放置一段时间进行陈化。

（2）获得无定形沉淀的条件："浓、热、快、电、不陈"，即在浓的热溶液中，加入电解质作凝聚剂，快速加入沉淀剂，并不断搅拌，沉淀完全后不陈化趁热过滤。

6.7.4　影响沉淀纯度的因素

（1）共沉淀。当一种沉淀从溶液中析出时，溶液中的其他可溶性组分，被混杂在沉淀中沉淀下来，这种现象称为共沉淀现象。主要包括表面吸附、生成混晶、吸留和包夹。

（2）后沉淀现象。一种沉淀析出后，在与母液一起放置过程中，另一种本来难于沉淀的组分，在该沉淀表面上继续析出沉淀的现象称为后沉淀现象。

6.7.5　重量分析法

6.7.5.1　重量分析法的分类和特点

重量分析法一般分为沉淀重量法、气化法、电解法。其准确度较高，相对误差为 0.1%~0.2%，目前主要用于对含量不太低的硅、硫、磷、镍及某些稀有金属元素的精确测定。

6.7.5.2　沉淀形式和称量形式

被测组分与沉淀剂反应后，析出沉淀，该沉淀的化学形式称为沉淀形式。称量形式是指沉淀经过过滤、烘干或灼烧后的组成形式。两者可能相同，也可能不同。

6.7.5.3　沉淀剂的选择

沉淀剂应具备以下条件：选择性好，生成的沉淀溶解度小，使被测组分沉淀完全，具有易挥发性或易灼烧除去。

6.7.5.4 重量分析法结果的计算

（1）换算因数：$F = \dfrac{nM_r}{M'_r}$；

（2）$w(\%) = \dfrac{m(\text{称量形式}) \times F}{m(\text{试样})} \times 100$

6.7.6 沉淀滴定法

以沉淀反应为基础的滴定分析法称为沉淀滴定法，目前使用较多的是银量法。银量法根据确定滴定终点的方法不同，分为莫尔法、佛尔哈德法和法扬斯法。

6.7.6.1 莫尔法

莫尔法是以 K_2CrO_4 为指示剂，用 $AgNO_3$ 标准溶液为滴定剂，主要用于测定 Cl^- 和 Br^- 的方法。

6.7.6.2 佛尔哈德法

佛尔哈德法是用铁铵矾 $NH_4Fe(SO_4)_2$ 作指示剂的银量法。按照滴定方式的不同分为直接滴定法和返滴定法两种。直接滴定法用于测定 Ag^+，返滴定法用于测定 Cl^-、Br^-、I^- 和 SCN^-。

6.7.6.3 法扬斯法

法扬斯法是以 $AgNO_3$ 为标准溶液，用吸附指示剂指示终点的银量法。可以用于测定 Cl^-、Br^-、I^- 和 SCN^- 及生物碱盐类（如盐酸麻黄碱）等。

思考与习题

思考与习题
参考答案

一、填空题

6-1 同离子效应可以＿＿＿＿＿沉淀的溶解度，盐效应可以＿＿＿＿＿沉淀的溶解度。（填增大或减小）

6-2 在含有 $PbCl_2$ 白色沉淀的饱和溶液中加入过量 KI 溶液，则最后溶液存在的是＿＿＿＿＿沉淀。

6-3 在海水中 $c(Cl^-) \approx 10^{-5}$ mol/L，$c(I^-) \approx 2.2 \times 10^{-13}$ mol/L，此时加入 $AgNO_3$ 试剂，＿＿＿＿＿先沉淀。已知：$K_{sp}^{\ominus}(AgCl) = 1.8 \times 10^{-10}$，$K_{sp}^{\ominus}(AgI) = 8.3 \times 10^{-17}$。

6-4 莫尔法是以＿＿＿＿＿为指示剂，用＿＿＿＿＿标准溶液进行滴定的银量法。

6-5 在莫尔法中，由于 Ag_2CrO_4 转化为 AgCl 的速率＿＿＿＿＿（快速/缓慢），故＿＿＿＿＿（能/不能）以 Cl^- 为滴定剂滴定 Ag^+。

6-6 佛尔哈德法是以＿＿＿＿＿为指示剂的银量法。该方法可以分为＿＿＿＿＿法和＿＿＿＿＿法，测定 Ag^+ 的含量应采用＿＿＿＿＿法。

6-7 佛尔哈德法返滴定法测定卤化物时，先加入一定量过量的＿＿＿＿＿标准溶液，再用＿＿＿＿＿为指示剂，用_____标准溶液滴定剩余的_____。

6-8 法扬司法是利用_____指示剂滴定终点的银量法。该指示剂被沉淀表面吸附以后，其结构发生改变，因而_____也随之变化。

6-9 沉淀重量法，在进行沉淀反应时，某些可溶性杂质混杂于沉淀中一起析出的现象称为_____，其产生原因有表面吸附、_____和_____。

6-10 重量分析中将沉淀与母液分离，通常采用_____技术。

二、选择题

6-11 要产生 AgCl 沉淀，必须（　　）。

A. $(c(Ag^+)/c^\ominus)(c(Cl^-)/c^\ominus) > K_{sp}^\ominus(AgCl)$

B. $(c(Ag^+)/c^\ominus)(c(Cl^-)/c^\ominus) < K_{sp}^\ominus(AgCl)$

C. $c(Ag^+) > c(Cl^-)$

D. $c(Ag^+) < c(Cl^-)$

6-12 在含有 AgCl 沉淀的溶液中，加入 $NH_3 \cdot H_2O$，则 AgCl 沉淀（　　）。

A. 增多　　　　　B. 转化　　　　　C. 溶解　　　　　D. 不变

6-13 佛尔哈德直接滴定法中，滴定时必须充分摇动溶液，否则（　　）。

A. 被吸附 Ag^+ 不能及时释放　　　　B. 先析出 AgSCN 沉淀

C. 终点推迟　　　　　　　　　　　　D. 反应不发生

6-14 沉淀完全是指溶液中离子浓度 ≤（　　）mol/L。

A. 10^{-4}　　　　B. 10^{-5}　　　　C. 10^{-6}　　　　D. 10^{-7}

6-15 莫尔法测定 Cl^- 的含量，应在中性或弱碱性介质中进行，理由是（　　）。

A. H_2CrO_4 是弱酸，存在酸效应。

B. pH 值较低会生成 Ag_2O 沉淀

C. 碱性较强会有 $Ag(NH_3)_2^+$ 生成

D. 酸性溶液中，CrO_4^{2-} 将转化为 $Cr_2O_7^{2-}$，从而影响滴定终点的指示。

6-16 法扬司法指示剂变色的原理是（　　）。

A. AgCl 沉淀吸附 Cl^-

B. AgCl 沉淀吸附 Ag^+

C. $AgCl \cdot Cl^-$ 带负电荷，再吸附指示剂阳离子而变色

D. $AgCl \cdot Ag^+$ 带正电荷，再吸附指示剂阴离子而变色

6-17 洗涤 $Fe(OH)_3$ 沉淀应选择稀（　　）作洗涤剂。

A. H_2O　　　　B. $NH_3 \cdot H_2O$　　　　C. NH_4Cl　　　　D. NH_4NO_3

6-18 要获得较粗颗粒的 $BaSO_4$，沉淀的条件是（　　）。

A. 在浓的 HCl 溶液中进行　　　　B. 不搅拌的情况下快速滴加沉淀剂

C. 陈化　　　　　　　　　　　　D. 不陈化

6-19 沉淀重量法测定中，为了提高洗涤效率，应按照（　　）原则进行沉淀洗涤。

A. 洗涤一次完成　　B. 多量多次　　C. 多量少次　　　D. 少量多次

6-20 称量达到恒重是指两次称量前后质量差不超过（　　）。

A. 0.0002g　　　　B. 0.002g　　　　C. 0.02g　　　　D. 0.2g

三、判断题

6-21 用水稀释 AgCl 的饱和溶液后，AgCl 的溶度积和溶解度都不变。（　　）

6-22 因为 Ag_2CrO_4 的溶度积（$K_{sp}^\ominus = 2.0 \times 10^{-12}$）比 AgCl 的溶度积（$K_{sp}^\ominus = 1.6 \times 10^{-10}$）小得多，所以 Ag_2CrO_4 必定比 AgCl 更难溶于水。（　　）

6-23 AgCl 在 1mol/L NaCl 的溶液中，由于盐效应的影响，其溶解度比其在纯水中要略大一些。（　　）

6-24 根据同离子效应，在进行沉淀时，沉淀剂过量得越多，沉淀越完全，所以沉淀剂越多越好。（　　）

6-25 用 Ba^{2+} 沉淀 SO_4^{2-} 时，溶液中存在着大量的 KNO_3，能使 $BaSO_4$ 溶解度增大。（　　）

6-26 银量法只能用于 Ag^+ 离子含量的测定。（　　）

6-27 用莫尔法测定 Cl^- 或 Br^- 含量时，滴定过程中锥形瓶要充分摇动。（　　）

6-28 用佛尔哈德法测定 Cl^- 时，如果生成的 AgCl 沉淀不分离除去或加以隔离，AgCl 沉淀可转化为 AgSCN 沉淀，使测定结果偏高。（　　）

6-29 在法扬司法中，为了使沉淀具有较强的吸附能力，通常加入适量的糊精或淀粉使沉淀处于胶体状态。（　　）

6-30 沉淀的陈化时间越长越好，这样得到的沉淀颗粒也就越大。（　　）

四、简答题

6-31 什么叫沉淀滴定法，用于沉淀滴定的反应必须符合哪些条件？

6-32 莫尔法中 K_2CrO_4 指示剂用量对分析结果有何影响？

6-33 沉淀重量法对沉淀形式和称量形式各有什么要求？

6-34 晶形沉淀的沉淀条件为什么是"稀，热，慢，搅，陈"？

6-35 重量分析法的基本原理是什么，有何优点和缺点？

五、计算题

6-36 已知下列物质的溶度积常数，计算其饱和溶液中各种离子的浓度。

(1) CaF_2 　　$K_{sp}^{\ominus}(CaF_2) = 5.3 \times 10^{-9}$

(2) $PbSO_4$ 　　$K_{sp}^{\ominus}(PbSO_4) = 1.6 \times 10^{-8}$

6-37 用两种不同的方法洗涤 $BaSO_4$ 沉淀：

(1) 用 0.10L 蒸馏水；

(2) 用 0.10L 的 0.010mol/L H_2SO_4。

假设两种洗涤液均被 $BaSO_4$ 饱和，计算在不同洗涤液的洗涤中损失的 $BaSO_4$ 各为多少克？

6-38 已知 $Ni(OH)_2$ 在 pH 值为 9.00 溶液中的溶解度为 2.0×10^{-5} mol/L，请计算 $Ni(OH)_2$ 的 $K_{sp}^{\ominus}$。

6-39 称取某可溶性盐 0.1616g，用 $BaSO_4$ 重量分析法测定其含硫量，称得 $BaSO_4$ 沉淀为 0.1491g，计算试样中 SO_3 的质量分数。

6-40 某一含 K_2SO_4 及 $(NH_4)_2SO_4$ 混合试样 0.6490g，溶解后加入 $Ba(NO_3)_2$，使全部 SO_4^{2-} 都形成 $BaSO_4$ 沉淀，总质量为 0.9770g，计算试样中 K_2SO_4 的质量分数。

6-41 称取纯 NaCl 0.1169g，加水溶解后，以 K_2CrO_4 为指示剂，用 $AgNO_3$ 标准溶液滴定时共用去 20.00mL，求该 $AgNO_3$ 溶液的浓度。

6-42 将 40.00mL、0.1020mol/L $AgNO_3$ 溶液加到 25.00mL $BaCl_2$ 溶液中，剩余的 $AgNO_3$ 溶液，需用 15.00mL、0.09800mol/L，NH_4SCN 溶液返滴定，问 25.00mL $BaCl_2$ 溶液中含 $BaCl_2$ 质量为多少？

7 氧化还原平衡和氧化还原滴定

本章学习目标

知识目标

1. 理解氧化数、氧化、还原、氧化剂、还原剂、氧化还原反应、氧化还原电对的概念。

2. 掌握氧化还原反应方程式的配平。

3. 理解标准电极电势、电极电势及原电池电动势的概念，掌握原电池的组成和工作原理，掌握电极反应、电池符号的表示方法。

4. 掌握能斯特方程及其应用。

5. 理解元素电势图的意义。

6. 掌握 $KMnO_4$ 滴定法及碘量法的原理，掌握氧化还原滴定法的计算。

能力目标

1. 能采用氧化数法或其他方法配平氧化还原方程式。

2. 会应用能斯特方程进行有关电极电势的计算。

3. 会根据电极电势判断反应的方向，比较氧化剂、还原剂的相对强弱，利用元素标准电极电势图判断歧化反应进行的方向。

4. 能应用 $KMnO_4$ 滴定法解决实际问题。

7.1 氧化还原反应的基本概念

氧化还原反应是一类重要的化学反应，氧化还原的本质是电子的得失和转移。氧化还原反应产生时有电子转移或共用电子对的偏移，因此原子的价层电子结构发生变化，改变了原子的带电状态，为表示化合物中各原子所带的电荷（或形式电荷），引入氧化数。

7.1.1 氧化数

7.1.1.1 氧化数的概念

氧化数是某元素一个原子的表观电荷数，假设把每个化学键中的电子指定给电负性较大的原子而求得，可根据原子已得失或已偏移的电子数来确定。对离子化合物中的离子来说，离子的正负电荷数就是正负氧化数。对共价化合物而言，假定共用电子对完全转移给电负性较大的原子，各原子所带的正负电荷数为其氧化数。

想一想 1

1. 离子化合物 NaCl 中钠和氯各自的氧化数?

2. 共价化合物 SO_3 中硫和氧各自的氧化数?

想一想 1 解答

7.1.1.2　确定氧化数的原则

确定氧化数的原则如下:

（1）单质中,元素的氧化数为零。

（2）H 原子与比它电负性大的原子结合时,H 的氧化数为+1;H 原子与比它电负性小的原子结合时,H 的氧化数为-1（如 NaH）。

（3）过氧化物（如 H_2O_2、Na_2O_2 等）中氧的氧化数为-1;氟化物（如 O_2F_2、OF_2）中,氧的氧化数分别为+1 和+2,氧在其他化合物中的氧化数通常为-2。

（4）在离子型化合物中,元素原子的氧化数等于该元素离子的电荷数。

（5）在共价化合物中,共用电子对偏向于电负性大的元素原子,原子的表观电荷数为它们的氧化数。

（6）在中性分子中,各元素原子氧化数的代数和等于零,在复杂离子中各元素原子氧化数的代数和等于离子的总电荷数。

例 7-1　计算 Fe_3O_4 中铁的氧化数。

解:设 Fe_3O_4 中铁的氧化数为 x,由于氧的氧化数为-2,根据氧化数规则得:

$$3x + (-2) \times 4 = 0$$

$$x = +\frac{8}{3}$$

在 Fe_3O_4 中铁的氧化数为 $+\frac{8}{3}$。

例 7-2　计算连四硫酸根（$S_4O_6^{2-}$）中硫的氧化数。

解:设 $S_4O_6^{2-}$ 中硫的氧化数为 x,由于氧的氧化数为-2,根据氧化数规则得:

$$4x + (-2) \times 6 = -2$$

$$x = +\frac{5}{2}$$

在 $S_4O_6^{2-}$ 中硫的氧化数为 $+\frac{5}{2}$。

由上述计算可知,氧化数可为整数,也可为分数或小数。

练一练 1

确定 As_2S_3、H_3AsO_4 中 As 的氧化数。

练一练 1 解答

7.1.2　氧化还原反应及电对

原子的氧化数在反应前后发生变化的反应称为氧化还原反应。在氧化还原反应中,失电子（氧化数升高）的物质被氧化,本身作为还原剂。得电子（氧化数降低）的物质被还原,本身作为氧化剂。氧化与还原同时发生。例如:

$$Zn + Cu^{2+} \rightleftharpoons Cu + Zn^{2+}$$

该反应可拆分为两部分：

氧化反应：
$$Zn - 2e^- \rightleftharpoons Zn^{2+} \tag{7-1}$$

还原反应：
$$Cu^{2+} + 2e^- \rightleftharpoons Cu \tag{7-2}$$

反应式（7-1）和式（7-2）都称为半反应，氧化还原反应是两个半反应之和。从半反应式中可以看出，每个半反应包括同一种元素的两种不同氧化态物质，例如反应式（7-1）和式（7-2）中的 Zn^{2+} 和 Zn，Cu^{2+} 和 Cu。

同一元素的不同氧化态物质，可组成一个氧化还原电对，简称电对。电对中氧化数较大的物质价态称为氧化态，氧化数较小的物质价态称为还原态，电对通常用氧化态/还原态表示。半反应式（7-1）所表示的电对符号为 Zn^{2+}/Zn，半反应式（7-2）的电对符号为 Cu^{2+}/Cu。半反应式可写成：

$$氧化态 + ne^- \rightleftharpoons 还原态$$

式中　n——互相转化时得失电子数。

电对的几种形式：（1）金属—金属离子电对，如 Zn^{2+}/Zn；（2）同种金属元素不同价态离子组成的电对，如 Fe^{3+}/Fe^{2+}；（3）非金属不同价态离子组成的电对，如 H^+/H_2，Cl_2/Cl^-；（4）金属—金属难溶盐电对，如 $Ag/AgCl$ 等。

7.1.3　氧化还原方程式的配平

氧化还原反应中除了氧化剂和还原剂，还有酸、碱和水等介质参加（介质的氧化数在反应前后不变），需要用一定的方法将其配平，介绍氧化数法和离子—电子法。

7.1.3.1　氧化数法

根据氧化剂氧化数降低必须等于还原剂氧化数升高的原则，确定氧化剂和还原剂的系数，再根据质量守恒定律，配平非氧化还原部分的原子数目，步骤如下：

（1）写出未配平的反应方程式。

（2）找出元素原子氧化数降低数与元素原子氧化数升高数。

（3）各元素原子氧化数的变化乘以相应系数，使其相等。

（4）用观察法配平氧化数未改变的元素原子数目。

例 7-3　配平下列反应式 $Cu + HNO_3(浓) \longrightarrow Cu(NO_3)_2 + NO_2\uparrow + H_2O$

分析：（1）氧化剂 HNO_3 中 N：$+5 \rightarrow +4$　得 $1e^-$

　　　　（2）还原剂 Cu：　　　　$0 \rightarrow +2$　失 $2e^-$

（1）×2+（2）得：

$$Cu + 2HNO_3(浓) \longrightarrow Cu(NO_3)_2 + 2NO_2\uparrow + H_2O$$

观察法配平：

$$Cu + 4HNO_3(浓) \rightleftharpoons Cu(NO_3)_2 + 2NO_2\uparrow + 2H_2O$$

例 7-4　在酸性介质中配平反应方程式：

$$KMnO_4 + 2HCl \xrightarrow{\text{酸}} MnCl_2 + Cl_2\uparrow + KCl$$

分析：（1）氧化剂 $KMnO_4$：$+7 \rightarrow +2$　得 $5e^-$

　　　　（2）还原剂 $2HCl$：　　$-1 \rightarrow 0$　失 $2e^-$

(1)×2+(2)×5 得：

$$2KMnO_4 + 10HCl \longrightarrow 2MnCl_2 + 5Cl_2\uparrow + KCl$$

注：在酸性介质中，在少氧的一边加水。

$$2KMnO_4 + 10HCl \xrightarrow{\text{酸}} 2MnCl_2 + 5Cl_2\uparrow + H_2O + KCl$$

$$2KMnO_4 + 16HCl \xrightarrow{\text{酸}} 2MnCl_2 + 5Cl_2\uparrow + 8H_2O + 2KCl$$

例 7-5 在碱性介质中配平反应方程式：

$$CrO_2^- + ClO^- \xrightarrow{\text{碱}} CrO_4^{2-} + Cl^-$$

分析：（1）氧化剂 ClO^-：$+1 \rightarrow -1$ 得 $2e^-$

（2）还原剂 CrO_2^-：$+3 \rightarrow +6$ 失 $3e^-$

（1）×3+（2）×2 得：$2CrO_2^- + 3ClO^- \longrightarrow 2CrO_4^{2-} + 3Cl^-$

注：在碱性介质中，在少氧的一边加 OH^-，另一边加水。

$$2CrO_2^- + 3ClO^- + OH^- \longrightarrow 2CrO_4^{2-} + 3Cl^- + H_2O$$

$$2CrO_2^- + 3ClO^- + 2OH^- \Longrightarrow 2CrO_4^{2-} + 3Cl^- + H_2O$$

小结：配平时酸性介质中的反应在少氧的一边加水；碱性介质中的反应，在少氧的一边加 OH^-，另一边加水。

练一练 2

配平方程式 $KMnO_4 + S \rightarrow MnO_2 + K_2SO_4$。

练一练 2 解答

7.1.3.2 离子—电子法

离子—电子法配平原则：氧化剂所得到的电子总数与还原剂所失去的电子总数相等。以酸性介质中 $KMnO_4$ 与 $FeSO_4$ 反应生成 $MnSO_4$ 和 $Fe_2(SO_4)_3$ 的反应说明配平步骤。

（1）根据实验或反应规律写出未配平的离子反应方程式：

$$MnO_4^- + Fe^{2+} \longrightarrow Mn^{2+} + Fe^{3+}$$

（2）将上述反应分解为两个半反应方程式，一个表示反应中的氧化过程；另一个表示还原过程。

$$Fe^{2+} \longrightarrow Fe^{3+}（氧化过程）$$

$$MnO_4^- \longrightarrow Mn^{2+}（还原过程）$$

（3）配平两个半反应。加入一定数目的电子，使每个半反应式两边电荷数相等，并使原子数目也相等。

氧化半反应：

$$Fe^{2+} - e^- \longrightarrow Fe^{3+}$$

在还原半反应中，反应物比产物的氧原子数多，由于反应是在酸性介质中进行的，大量的 H^+ 会与 O^{2-} 结合成 H_2O。应在左边加 H^+，右边加 H_2O 分子，使两边氧原子数相等，然后配平电荷数。

$$MnO_4^- + 8H^+ + 5e^- \longrightarrow Mn^{2+} + 4H_2O$$

（4）两个半反应加合。根据氧化剂获得电子数和还原剂失去电子数必须相等的原则，确定氧化剂化学式前的系数，并把两个半反应式加合，得到一个配平的离子反应方程式：

$$Fe^{2+} - e^- \longrightarrow Fe^{3+}$$
$$MnO_4^- + 8H^+ + 5e^- \longrightarrow Mn^{2+} + 4H_2O$$
$$5Fe^{2+} + MnO_4^- + 8H^+ \Longrightarrow 5Fe^{3+} + Mn^{2+} + 4H_2O$$

碱性介质中，可在氧原子数多的一边加 H_2O，在氧原子数少的一边加 OH^-，使反应式两边的氧原子数目相等。但要注意：若反应在酸性介质中进行，则生成物中不得有 OH^-；若反应在碱性介质中进行，则生成物不得有 H^+。不同介质条件下，配平氧原子的经验规则见表7-1。

表7-1　不同介质中配平氧原子的经验规则

介质	半反应式中氧原子数比较	配平时应加入的物质	生成物
酸性	（1）左边氧原子数多； （2）左边氧原子数少；	H^+ H_2O	H_2O H^+
碱性	（1）左边氧原子数多； （2）左边氧原子数少；	H_2O OH^-	OH^- H_2O
中性 （或弱碱性）	（1）左边氧原子数多； （2）左边氧原子数少	H_2O H_2O（中性） OH^-（弱碱性）	OH^- H^+ H_2O

练一练3

用离子-电子法配平下列方程式。

$$Cr_2O_7^{2-} + SO_3^{2-} + H^+ \longrightarrow Cr^{3+} + SO_4^{2-}$$

练一练3解答

7.1.4　常见的氧化剂和还原剂

氧化剂中含高氧化态的元素，还原剂中含低氧化态的元素。若元素处于中间氧化态，既可作氧化剂又可作还原剂。如 H_2O_2 与 I^- 作用时，H_2O_2 作为氧化剂被还原成 H_2O，氧元素的氧化数由-1 降至-2，当 H_2O_2 与 $KMnO_4$ 作用时，作为还原剂被氧化成 O_2，氧元素的氧化数由-1 升至 0。常用的氧化剂、还原剂及其主要生成物见表7-2。

表7-2　常用的氧化剂、还原剂及其主要生成物

氧化剂	反应中的主要生成物
浓 HNO_3	$NO_2 + H_2O$（红棕色气体）
稀 HNO_3	$NO + H_2O$（或 N_2O、N_2、NH_3）
MnO_4^-（紫红色，酸性介质中）	$Mn^{2-} + H_2O$（无色或浅肉红色）
MnO_4^-（中性介质中）	MnO_2（棕色沉淀）
MnO_4^-（碱性介质中）	$MnO_4^{2-} + H_2O$（绿色，不稳定）
F_2，Cl_2（黄绿色气体）	F^-、Cl^-（无色）
Br_2（红棕色液体）	Br^-（无色）
I_2（紫黑色晶体）	I^-（无色）

氧化剂	反应中的主要生成物
Fe^{3+}（黄棕色）	Fe^{2+}（浅绿色）
MnO_2（棕色）	Mn^{2+}（肉色）
$KClO_3$	KCl
H_2O_2	H_2O
H_2SO_4	SO_2
$K_2Cr_2O_7$（橙红色）	Cr^{3+}（绿色）
还原剂	反应中的主要生成物
金属	金属阳离子
H_2S	S 或 SO_2，SO_4^{2-}
S	SO_2，SO_3^{2-}，SO_4^{2-}
HCl，HBr，HI	卤素单质
Fe^{2+}	Fe^{3+}
Sn^{2+}	Sn^{4+}
$C_2O_4^{2-}$（草酸盐）	CO_2+H_2O
SO_3^{2-}	SO_4^{2-}
C，CO	CO_2
HNO_2	HNO_3
H_2O_2	O_2

7.2 原电池和电极电位

7.2.1 原电池

氧化还原反应过程中，物质之间有电子转移或共用电子对偏移，与电化学有密切联系，对获得新物质、能源（化学热能和电能）具有重要意义。

将一块锌片放入 $CuSO_4$ 溶液中，发生如下反应：

$$Zn + Cu^{2+} \rightleftharpoons Zn^{2+} + Cu$$

实验现象：锌片逐渐变小，随着溶液蓝色的减退，有红棕色疏松的金属铜沉积在锌片表面，溶液温度上升。表明：Zn 失电子成为 Zn^{2+} 而溶解，Cu^{2+} 获得电子还原为 Cu，Zn 为还原剂，Cu^{2+} 为氧化剂，Zn 把电子直接传递给了 Cu^{2+}。若设计一种装置，让反应中传递的电子通过金属导线定向移动，在外电路中产生电流。这种借助氧化还原反应产生电流，将化学能转变为电能的装置就是原电池。

Cu-Zn 原电池如图 7-1 所示，Cu-Zn 原电池由两个半电池组成，一个半电池为锌片插入 $ZnSO_4$ 溶液，另一个半电池为铜片插入 $CuSO_4$ 溶液，两溶液间用盐桥相连。盐桥是一支

倒置的 U 形管，充满电解质溶液（常用
KCl、KNO$_3$ 饱和的琼脂做成冻胶，溶液
不会流出，离子却能自由移动）。在电场
作用下，会发生离子迁移。当用金属导
线将锌片和铜片连接起来，中间串有检
流计，检流计的指针发生偏转，表示回
路中有电流产生。根据检流计指针偏转
方向，可知电子由 Zn 片流向 Cu 片。两
个半电池的反应分别为：

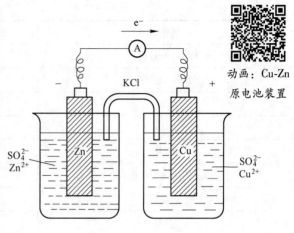

动画：Cu-Zn
原电池装置

$$Zn - 2e^- \rightleftharpoons Zn^{2+}$$
$$Cu^{2+} + 2e^- \rightleftharpoons Cu$$

半电池中应有一种固态物质作为导
体，称为电极。有些电极既有导电作用，

图 7-1　Cu-Zn 原电池

又参与氧化还原反应，如 Cu-Zn 原电池中的 Zn 片和 Cu 片。有些电极只起导电作用，不参
与电池反应，称为惰性电极，常见的惰性电极有金属铂和石墨。如 Cl$_2$/Cl$^-$，Fe^{3+}/Fe^{2+} 等
无固体电极的电对，用金属铂或石墨作为惰性电极。

半电池所发生的反应称为电极反应。在原电池中，给出电子的电极称为负极，负极发
生氧化反应；接受电子的电极称为正极，正极发生还原反应。如 Cu-Zn 原电池中的 Zn 极
为负极，Cu 极为正极，电子由负极（Zn 极）流向正极（Cu 极），则电流由正极流向负
极。其电极反应和原电池总反应如下：

负极（电子流出）：　　　　　$Zn - 2e^- \rightleftharpoons Zn^{2+}$（氧化反应）

正极（电子流入）：　　　　　$Cu^{2+} + 2e^- \rightleftharpoons Cu$（还原反应）

电池反应：　　　　　　　　　$Zn + Cu^{2+} \rightleftharpoons Zn^{2+} + Cu$

盐桥的作用是沟通电路，使反应顺利进行。在 ZnSO$_4$ 溶液中，随着氧化反应的进行，
Zn^{2+} 浓度逐渐增大，溶液带正电；在 CuSO$_4$ 溶液中，随着还原反应的进行，Cu^{2+} 浓度逐渐
降低，溶液带负电；这将阻碍 Zn 的继续氧化和 Cu^{2+} 的继续还原。用盐桥将溶液联通后，
盐桥中的 K$^+$ 迁移到带负电的 CuSO$_4$ 溶液中，Cl$^-$（或 NO$_3^-$）迁移到带正电的 ZnSO$_4$ 溶液，
使两溶液维持电中性，保证 Zn 的氧化和 Cu^{2+} 的还原继续进行。

原电池装置可用电池符号表示，以 Cu-Zn 原电池为例：

$$(-)\ Zn\ |\ ZnSO_4(c_1)\ ||\ CuSO_4(c_2)\ |\ Cu(+)$$

书写原电池符号的规则如下：

（1）负极"－"在左边，正极"＋"在右边，盐桥用"‖"表示。

（2）半电池中两相（固相、液相，液相、气相或固相、气相）界面用"│"分开，
同相不同物质用","分开，溶液、气体要注明其浓度或分压 c_i，p_i。

（3）纯液体、固体和气体写在惰性电极一边用","分开。

例 7-6　将下列氧化还原反应设计成原电池，并写出它的原电池符号。

$$2Fe^{2+}(0.1mol/L) + Cl_2(p^{\ominus}) \rightleftharpoons 2Fe^{3+}(0.1mol/L) + 2Cl^-(2.0mol/L)$$

解：正极：$Cl_2 + 2e^- \rightleftharpoons 2Cl^-$

负极：$Fe^{2+} - e^- \rightleftharpoons Fe^{3+}$

原电池符号：

$(-)Pt \mid Fe^{2+}(0.1mol/L), Fe^{3+}(0.1mol/L) \parallel Cl^-(2.0mol/L) \mid Cl_2(p^{\ominus}) \mid Pt(+)$

原电池符号书写注意：若电极反应中无金属导体，须用惰性电极 Pt 或 C，若参加电极反应的物质中有纯气体、液体或固体，则应写在惰性导体一边。如甘汞电极，其电极反应为：

$$Hg_2Cl_2(s) + 2e^- \rightleftharpoons 2Hg(l) + 2Cl^-$$

半电池符号：$Pt \mid Hg \mid Hg_2Cl_2 \mid Cl^-(c)$

7.2.2 原电池的电动势

原电池两极用导线连接时有电流通过，说明两电极之间存在着电位差（或电势差），用电位计测得正极与负极间的电势（φ）差就是原电池的电动势，电动势用符号 E 表示。

$$E = \varphi_{正} - \varphi_{负}$$

原电池电动势的大小主要取决于组成原电池物质的本性，若改变溶液的温度或溶液中离子的浓度，电动势也会在一定范围内发生变化。

在标准状态下测得的电动势称标准电动势，用 $E^{\ominus}$ 表示。标准状态指电池反应中的固态或液态都是纯物质，气体物质的分压为 100kPa，溶液中离子的浓度为 1.0mol/L。

7.2.3 电极电位（电极电势）

7.2.3.1 标准氢电极

原电池的电动势是两个电极（电对）之间的电势差。已知各电极的电极电位，就可方便地计算出原电池的电动势。单个电极的电极电位数值无法测量，就如测定海拔高度需用海平面作参考标准，电极的测定采用标准氢电极作为基准。

标准氢电极示意图如图 7-2 所示，是将镀有一层疏松铂黑的铂片插入 H^+ 浓度为 1mol/L 的酸溶液中，不断通入压力为 100kPa 的高纯氢气流，溶液中的氢离子与被铂黑吸附的氢气形成 H^+/H_2 电对，建立起如下平衡：

$$2H^+(aq) + 2e^- \rightleftharpoons H_2(g)$$

规定 298.15K 时，标准氢电极的电极电位（$\varphi^{\ominus}$）为零，以 $\varphi^{\ominus}(H^+/H_2) = 0.0000V$ 表示。

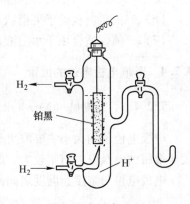

图 7-2 标准氢电极

动画：标准
氢电极

7.2.3.2 标准电极电势的测定

测定某电极（电对）的电极电位，将该电极与标准氢电极组成原电池，测定出原电池的电动势，由于标准氢电极的电极电位为 0，即可根据原电池的电动势算出所测电极的电极电位。测定温度为 298K，待测电对处于标准状态所测得的电极电位，称为该电对的标准电极电位，符号 $\varphi^{\ominus}$。

例如：欲测定锌电极的标准电极电位，可组成下列原电池：

$$(-)\text{Zn} \mid \text{ZnSO}_4(1.0\text{mol/L}) \parallel \text{H}^+(1.0\text{mol/L}) \mid \text{H}_2(101325\text{Pa}) \mid \text{Pt}(+)$$

实验测得该原电池的电动势 $E^{\ominus} = 0.763\text{V}$，并已知电流是由氢电极通过导线流向锌电极，所以锌电极为负极，氢电极为正极。

$$E^{\ominus} = \varphi^{\ominus}(+) - \varphi^{\ominus}(-) = \varphi^{\ominus}(\text{H}^+/\text{H}_2) - \varphi^{\ominus}(\text{Zn}^{2+}/\text{Zn}) = 0.763\text{V}$$

所以，$\varphi^{\ominus}(\text{Zn}^{2+}/\text{Zn}) = 0.000\text{V} - 0.763\text{V} = -0.763\text{V}$。

用同样的方法可测定大多数电对的标准电极电位。附录 10 列出了一些氧化还原电对在酸性或碱性条件下的标准电极电位。为正确使用标准电极电位表，需作以下几点说明：

（1）表中列出的标准电极电位是国际标准化组织（ISO）和我国国标所规定的还原电位，表示电对中氧化态物质得电子能力的大小。

（2）某些物质随介质的酸碱性不同，其存在形式不同，标准电极电位值也不同。故标准电极电位表分为酸表（记做 $\varphi_A^{\ominus}$）和碱表（记做 $\varphi_B^{\ominus}$）。

（3）各种电对按电极电位由正值到负值顺序排列。处于电对 H^+/H_2 之前的，$\varphi^{\ominus}$ 为正值；处于电对 H^+/H_2 之后的，$\varphi^{\ominus}$ 为负值。

（4）表中每一个电对的电极反应都以还原反应的形式给出，但每个电对 $\varphi^{\ominus}$ 值的正负号不随电极反应进行的方向而改变。例如在不同场合下，锌电极可以进行氧化反应 $\text{Zn}-2e^- \rightarrow \text{Zn}^{2+}$；也可以进行还原反应 $\text{Zn}^{2+}+2e^- \rightarrow \text{Zn}$，在 298K 时，$\varphi^{\ominus}$ 值总是 -0.763V。因为 $\varphi^{\ominus}$ 值是在标准状态下，电对的氧化态和还原态处在动态平衡时的平衡电位。

（5）电极电位 $\varphi^{\ominus}$ 值与电子得失多少无关，即与电极反应中的计量系数无关，例如，电极反应 $\text{Cl}_2+2e^- \rightarrow 2\text{Cl}^-$，或写成 $1/2\text{Cl}_2+e^- \rightarrow \text{Cl}^-$，其 $\varphi^{\ominus}$ 值都等于 1.36V。

（6）$\varphi^{\ominus}$ 值是电极处于平衡状态时的特征值，与达到平衡的快慢程度（速率）无关。

（7）$\varphi^{\ominus}$ 值仅适合用于水溶液，对非水溶液、固相反应不适用。

7.2.4　影响电极电位的因素

7.2.4.1　能斯特（Nernst）方程式

电极电位值的大小主要取决于电对的本性。如活泼金属的电极电位值通常很小，而活泼非金属的电极电位值则较大。此外，电对的电极电位还与浓度、温度有关。

电极电位与浓度、温度之间的关系可用能斯特方程表示，如对于电极反应：

$$a \text{ 氧化态} + ne^- \rightleftharpoons b \text{ 还原态}$$

则：

$$\varphi = \varphi^{\ominus} + \frac{RT}{nF}\ln\frac{\{c(\text{氧化态})\}^a}{\{c(\text{还原态})\}^b} \qquad (7\text{-}3)$$

式中　φ——电对在某一温度、浓度下的电极电位；

$\varphi^{\ominus}$——电对的标准电极电位（通常指温度为 298.15K）；

R——摩尔气体常数（8.314J/(K·mol)）；

F——法拉第常数（96486C/mol）；

T——热力学温度，下面按 298.15K 代入；

n——电极反应式中电子转移数。

c（氧化态）、c（还原态）分别表示电极反应中氧化态一侧和还原态一侧各物质浓度与标准浓度 $c^{\ominus}$（1.0mol/L）的比值，气体代入分压与标准压力 $p^{\ominus}$（100kPa）之比值。与平衡常数表达式一样，固态、纯液态物质不列入方程式。

将上述数据代入式（7-3），并将自然对数改为常用对数，则能斯特方程式变为：

$$\varphi = \varphi^{\ominus} + \frac{0.0592}{n}\lg\frac{\{c(氧化态)\}^a}{\{c(还原态)\}^b} \tag{7-4}$$

应用能斯特方程，应注意两个问题：

（1）如果组成电对的物质为固体或纯液体时，则它们的浓度项不列入方程式中。如果是气体，则以气体物质的相对分压来表示。

例7-7 写出下列电极反应的能斯特方程式：

（1）电极反应 $Zn^{2+}+2e^- \rightleftharpoons Zn$；（2）电极反应 $Cl_2(g) + 2e^- \rightleftharpoons 2Cl^-$。

解： 能斯特方程式分别为：

$$（1）\varphi(Zn^{2+}/Zn) = \varphi^{\ominus}(Zn^{2+}/Zn) + \frac{0.0592}{2}\lg c(Zn^{2+})$$

$$（2）\varphi(Cl_2/Cl^-) = \varphi^{\ominus}(Cl_2/Cl^-) + \frac{0.0592}{2}\lg\frac{p(Cl_2)/p^{\ominus}}{\{c(Cl^-)/c^{\ominus}\}^2}$$

其中，$p^{\ominus}$ 为标准态压力（100kPa）。

（2）如果在电极反应中，除氧化态、还原态物质外，还有参加电极反应的其他物质，如 H^+、OH^- 存在，应把这些物质的浓度也表示在能斯特方程式中。

例7-8 写出电极反应 $Cr_2O_7^{2-} + 14H^+ + 6e^- \rightleftharpoons 2Cr^{3+} + 7H_2O$ 的能斯特方程。

解： 能斯特方程式为：

$$\varphi(Cr_2O_7^{2-}/Cr^{3+}) = \varphi^{\ominus}(Cr_2O_7^{2-}/Cr^{3+}) + \frac{0.0592}{6}\lg\frac{c(Cr_2O_7^{2-}) \cdot c^{14}(H^+)}{c^2(Cr^{3+})}$$

7.2.4.2 有关能斯特方程式的计算

A 浓度对电极电位的影响

当体系温度一定时，c（氧化态）与 c（还原态）的比值越大，则其 φ 值越大。

例7-9 计算 298.15K 下， （1）$c(Co^{2+}) = 1.0mol/L$，$c(Co^{3+}) = 0.1mol/L$，（2）$c(Co^{2+}) = 0.01mol/L$，$c(Co^{3+}) = 1.0mol/L$ 时的 $\varphi(Co^{3+}/Co^{2+})$ 值。

解： 电极反应 $Co^{3+} + e^- \rightleftharpoons Co^{2+}$

根据能斯特方程式：

$$\varphi(Co^{3+}/Co^{2+}) = \varphi^{\ominus}(Co^{3+}/Co^{2+}) + \frac{0.0592}{1}\lg\frac{c(Co^{3+})}{c(Co^{2+})}$$

$$（1）\qquad \varphi(Co^{3+}/Co^{2+}) = \left(1.80 + \frac{0.0592}{1}\lg\frac{0.1}{1.0}\right)V = 1.74V$$

（2）　　　　　　$\varphi(Co^{3+}/Co^{2+}) = \left(1.80 + \dfrac{0.0592}{1}lg\dfrac{1.0}{0.01}\right)V = 1.92V$

B　酸度对电极电位的影响

如果 H^+、OH^- 也参加电极反应，溶液酸度的变化会对电极电位产生影响。

例 7-10　计算 $ClO_3^- + 6H^+ + 6e^- \rightleftharpoons Cl^- + 3H_2O$ 的电极电位。

$\varphi^{\ominus}(ClO_3^-/Cl^-) = 1.45V$，$c(ClO_3^-) = c(Cl^-) = 1.0mol/L$；（1）$c(H^+) = 10.0mol/L$；（2）$c(H^+) = 1.0mol/L$。

解：根据能斯特方程式，得：

$$\varphi(ClO_3^-/Cl^-) = \varphi^{\ominus}(ClO_3^-/Cl^-) + \frac{0.0592}{6}lg\frac{c(ClO_3^-) \cdot c^6(H^+)}{c(Cl^-)}$$

$$= (1.45 + \frac{0.0592}{6}lg\frac{1.0 \times (10.0)^6}{1.0})V = 1.51V$$

当 $c(H^+) = 1.0mol/L$ 代入方程，$\varphi(ClO_3^-/Cl^-) = \varphi^{\ominus}(ClO_3^-/Cl^-) = 1.45V$

可看出，当 $c(H^+) = 10.0mol/L$ 时，$\varphi(ClO_3^-/Cl^-)$ 比 $\varphi^{\ominus}(ClO_3^-/Cl^-)$ 增大了 0.06V。

C　生成沉淀对电极电位的影响

电对的氧化态或还原态物质生成沉淀时，会使氧化态或还原态物质浓度减小，也会使电极电位发生变化。

例 7-11　在含有 Ag^+/Ag 电对的体系中加入适量的 Cl^-，并使系统处于标准态时体系的电位值如何变化？

解：已知 $Ag^+ + e^- \rightleftharpoons Ag$ 溶液中有 Cl^- 时，Ag^+ 会与 Cl^- 作用生成 $AgCl$ 沉淀，电极反应为：$AgCl(s) \rightleftharpoons Ag^+ + Cl^-$，当 $c(Cl^-) = 1.0mol/L$ 时：

$$\varphi^{\ominus}(AgCl/Ag) = \varphi(Ag^+/Ag) = \varphi^{\ominus}(Ag^+/Ag) + \frac{0.0592}{1}lgc(Ag^+)$$

随着溶液中 Ag^+ 平衡浓度的减小，$\varphi^{\ominus}(AgCl/Ag)$ 值逐渐降低。

D　生成弱电解质对电极电位的影响

电对中的氧化态或还原态物质生成弱酸或弱碱等弱电解质时，会使溶液中 H^+ 或 OH^- 浓度减小，导致电极电位发生变化。

例 7-12　电极反应 $2H^+ + 2e^- \rightleftharpoons H_2$，$\varphi^{\ominus}(H^+/H_2) = 0.000V$，若在体系中加入 NaAc 溶液，电极电位值如何改变？

解：$\varphi(H^+/H_2) = \varphi^{\ominus}(H^+/H_2) + \dfrac{0.0592}{2}lg\dfrac{c^2(H^+)}{p(H_2)/p^{\ominus}}$

在体系中加入 NaAc 溶液，生成弱酸 HAc，则溶液中 H^+ 浓度降低，则电极电位减小。

7.3　电极电位的应用

电极电位值可用来判断原电池的正负极，计算原电池的电动势，还可以比较氧化剂和还原剂的相对强弱，判断氧化还原反应进行的方向和程度等。

7.3.1 判断原电池的正负极，计算原电池的电动势

判断依据：φ 代数值较小的电极为负极；φ 代数值较大的电极为正极。

原电池的电动势(E) = 正极的电极电位 $\varphi(+)$ − 负极的电极电位 $\varphi(-)$。

例 7-13 根据下列氧化还原反应：$Cu + Cl_2 \rightleftharpoons Cu^{2+} + 2Cl^-$ 组成原电池。已知 $p(Cl_2) = 100kPa$，$c(Cu^{2+}) = 0.1mol/L$，$c(Cl^-) = 0.1mol/L$，试写出此原电池符号并计算原电池的电动势。

解：查表得：$\varphi^{\ominus}(Cu^{2+}/Cu) = 0.34V$；$\varphi^{\ominus}(Cl_2/Cl^-) = 1.36V$

根据能斯特方程式：

$$Cu^{2+} + 2e^- \rightleftharpoons Cu$$

$$\varphi(Cu^{2+}/Cu) = \varphi^{\ominus}(Cu^{2+}/Cu) + \frac{0.0592}{2}\lg c(Cu^{2+})$$

$$= \left(0.34 + \frac{0.0592}{2}\lg 0.1\right) V$$

$$= 0.31V$$

$$Cl_2(g) + 2e^- \rightleftharpoons 2Cl^-$$

$$\varphi(Cl_2/Cl^-) = \varphi^{\ominus}(Cl_2/Cl^-) + \frac{0.0592}{2}\lg\frac{p(Cl_2)/p^{\ominus}}{c^2(Cl^-)}$$

$$= \left(1.36 + \frac{0.0592}{2}\lg\frac{100/100}{0.10^2}\right) V$$

$$= 1.42V$$

原电池符号：

$$(-)Cu \mid Cu^{2+}(0.10mol/L) \parallel Cl^-(0.10mol/L) \mid Cl_2(p^{\ominus}) \mid Pt(+)$$

$$E = \varphi(+) - \varphi(-)$$

$$= (1.42 - 0.31)V$$

$$= 1.11V$$

7.3.2 比较氧化剂和还原剂的相对强弱

根据标准电极电位表中电对 $\varphi^{\ominus}$ 的大小，可以判断氧化剂和还原剂的相对强弱。$\varphi^{\ominus}$ 较大电对中的氧化型物质氧化性较强，是强氧化剂。$\varphi^{\ominus}$ 较小电对中的还原型物质还原性较强，是强还原剂。

例 7-14 试根据标准电极电位，判断下列 4 种物质：Zn^{2+}，Zn，Ag^+，Ag 中哪种物质氧化性较强，哪种物质还原性较强？

解：$\varphi^{\ominus}(Zn^{2+}/Zn) = -0.763V$

$\varphi^{\ominus}(Ag^+/Ag) = 0.799V$

$\varphi^{\ominus}(Ag^+/Ag) > \varphi^{\ominus}(Zn^{2+}/Zn)$

所以，Ag^+ 氧化性较强，Zn 还原性较强。

7.3.3 判断氧化还原反应进行的方向

当原电池电动势 $E > 0$ 时，氧化还原反应正向进行；若 $E < 0$ 时，氧化还原反应逆向

进行。

当原电池标准电动势 $E^{\ominus}$ 足够大时，各离子浓度的改变对电动势的影响甚微，可以忽略；标准电动势 $E^{\ominus}$ 较小的时候，溶液中离子浓度的改变，可能会使反应方向发生逆转，需通过能斯特方程式计算电动势 E 来判断。若 $E^{\ominus} > 0.2V$，可直接用 $E^{\ominus}$ 判断氧化还原反应能否自发进行。

例 7-15 标准状态下，试判断下列反应进行方向：$Cd + Cl_2 \rightleftharpoons Cd^{2+} + 2Cl^-$。

解： $\varphi^{\ominus}(Cd^{2+}/Cd) = -0.403V$；$\varphi^{\ominus}(Cl_2/Cl^-) = 1.36V$

$$E^{\ominus} = \varphi^{\ominus}(+) - \varphi^{\ominus}(-) = \varphi^{\ominus}(Cl_2/Cl^-) - \varphi^{\ominus}(Cd^{2+}/Cd) = 1.76V$$

所以反应正向进行。

例 7-16 试判断下述反应：$Pb^{2+} + Sn \rightleftharpoons Pb + Sn^{2+}$，在（1）$c(Pb^{2+}) = c(Sn^{2+}) = 1mol/L$；（2）$\dfrac{c(Pb^{2+})}{c(Sn^{2+})} = \dfrac{0.001}{1.0}$ 时反应自发进行的方向。

解：（1）$E^{\ominus} = \varphi^{\ominus}(+) - \varphi^{\ominus}(-) = \varphi^{\ominus}(Pb^{2+}/Pb) - \varphi^{\ominus}(Sn^{2+}/Sn)$

$$= -0.126V - (-0.136V) = 0.010V$$

所以，上述反应可以自发向右进行。

（2）$E = \varphi(Pb^{2+}/Pb) - \varphi(Sn^{2+}/Sn)$

$$= \varphi^{\ominus}(Pb^{2+}/Pb) + \frac{0.0592}{2}\lg c(Pb^{2+}) - \varphi^{\ominus}(Sn^{2+}/Sn) - \frac{0.0592}{2}\lg c(Sn^{2+})$$

$$= E^{\ominus} + \frac{0.0592}{2}\lg\frac{c(Pb^{2+})}{c(Sn^{2+})} = -0.079V < 0$$

所以上述反应的方向逆转，即自发向左进行。

7.3.4 氧化还原反应进行的程度

化学反应进行的程度可用平衡常数表示，氧化还原反应平衡常数的大小，直接由氧化剂和还原剂电对的电极电位之差（或说该反应对应的电池标准电动势）决定。两者差值越大，平衡常数就越大，反应进行得越完全。

虽然由电极电位可以判断氧化还原反应进行的方向和程度，但却不能判断反应速率的大小。在实际工业生产中选择氧化剂或还原剂时，既要考虑反应能否发生，又要考虑是否快速进行。

7.3.5 元素电势图及其应用

7.3.5.1 元素标准电极电势图

许多元素有多种氧化态，不同氧化态的物质可以组成不同电对。将元素不同的氧化态按氧化数由高到低的顺序排成一横行，在相邻两个物质间用直线连接，并在直线上标明此电对的电极电位值，由此构成的图称为元素电势图。

如氧元素具有 0、-1、-2 三种氧化数，在酸性溶液中可组成 3 个电对：

$$O_2 + 2H^+ + 2e^- \rightleftharpoons H_2O_2 \qquad \varphi^{\ominus} = 0.682V$$

$$H_2O_2 + 2H^+ + 2e^- \rightleftharpoons 2H_2O \qquad \varphi^{\ominus} = 1.77V$$

$$O_2 + 4H^+ + 2e^- \rightleftharpoons 2H_2O \qquad \varphi^\ominus = 1.229V$$

氧在酸性介质中的元素电势图可表示为：

$$\varphi_A^\ominus/V \qquad O_2 \xrightarrow{+0.682} H_2O_2 \xrightarrow{+1.77} H_2O$$
$$\underset{+1.229}{\underline{\qquad\qquad\qquad\qquad}}$$

同理，氧在碱性介质中的元素电势图可表示为：

$$\varphi_A^\ominus/V \qquad O_2 \xrightarrow{-0.076} HO_2^- \xrightarrow{0.87} OH^-$$
$$\underset{0.401}{\underline{\qquad\qquad\qquad\qquad}}$$

7.3.5.2 元素电势图的应用

元素电势图与标准电极电位表（或上述电极的还原反应式）相比，简明、综合、形象、直观，元素电势图对了解元素及其化合物的各种氧化还原性能、各物质的稳定性、可能发生的氧化还原反应，以及元素的自然存在等都有重要意义，下面主要介绍利用元素电势图判断物质能否发生歧化反应。

歧化反应也称为自身氧化还原反应。当元素处于中间氧化数时，一部分向高氧化数状态变化（即被氧化），另一部分向低氧化数状态变化（即被还原），这类反应称为歧化反应。相反，如果是由元素的较高和较低的两种氧化态相互作用生成其中间氧化态的反应，则是歧化反应的逆反应，称为逆歧化反应。如下列反应：

$$2Cu^+ \rightleftharpoons Cu^{2+} + Cu \tag{7-5}$$
$$2Fe^{3+} + Fe \rightleftharpoons 3Fe^{2+} \tag{7-6}$$

反应式 7-5 是歧化反应，所以在实验室得不到含 Cu^+ 的溶液，只能见到 $CuCl$，CuI 沉淀等。反应式（7-6）是逆歧化反应，也是实验室为防止 Fe^{2+} 溶液被氧化常采取的措施（如向溶液中加入铁丝或铁钉）。

酸性介质中，Cu 和 Fe 的元素电势图分别为：

$$\varphi_A^\ominus/V \qquad Cu^{2+} \xrightarrow{+0.159} Cu^+ \xrightarrow{+0.52} Cu$$
$$\underset{0.337}{\underline{\qquad\qquad\qquad\qquad}}$$

$$\varphi_A^\ominus/V \qquad Fe^{3+} \xrightarrow{+0.771} Fe^{2+} \xrightarrow{-0.440} Fe$$
$$\underset{0.165}{\underline{\qquad\qquad\qquad\qquad}}$$

由于 $\varphi^\ominus(Cu^+/Cu) > \varphi^\ominus(Cu^{2+}/Cu^+)$，所以发生 Cu^+ 的歧化反应；因为 $\varphi^\ominus(Fe^{3+}/Fe^{2+}) > \varphi^\ominus(Fe^{2+}/Fe)$，所以 Fe^{3+} 和 Fe 发生逆歧化反应。

一般如果某元素有三种氧化数由高到低的氧化态 A，B，C，则其元素电势图为：

$$A \xrightarrow{\varphi_{左}^\ominus} B \xrightarrow{\varphi_{右}^\ominus} C$$

歧化反应的规律：

（1）当电势图中 $\varphi_{左}^\ominus < \varphi_{右}^\ominus$ 时，容易发生如下歧化反应：$2B \rightarrow A+C$；

（2）当电势图中 $\varphi_{左}^\ominus > \varphi_{右}^\ominus$ 时，不能发生歧化反应，而逆歧化反应是可以进行的：$A+C \rightarrow 2B$。

7.4　氧化还原滴定法

7.4.1　概述

氧化还原滴定法是以氧化还原反应为基础的滴定分析方法，应用广泛。

7.4.1.1　氧化还原滴定法的特点及分类

氧化还原反应较复杂，有些反应的完全程度很高，但反应速率很慢，有时由于副反应的发生使反应物之间没有确定的计量关系，因此控制适当的条件在氧化还原滴定中尤为重要。

应用 $KMnO_4$ 作为滴定剂时，根据被测物质的性质采用不同的方法。

（1）直接滴定法。许多还原性物质，如 Fe^{2+}、As（Ⅲ）、Sb（Ⅲ）、H_2O_2、$C_2O_4^{2-}$、NO_2^- 等，可用 $KMnO_4$ 标准溶液直接滴定。

（2）返滴定法。有些氧化性物质不能用 $KMnO_4$ 溶液直接滴定，可用返滴定法。例如，测定 MnO_2 的含量时，可在 H_2SO_4 溶液中加入一定过量的 $Na_2C_2O_4$ 标准溶液，待 MnO_2 与 $C_2O_4^{2-}$ 作用完毕后，用 $KMnO_4$ 标准溶液滴定过量的 $C_2O_4^{2-}$。

（3）间接滴定法。某些非氧化还原性物质，不能用 $KMnO_4$ 标准溶液直接滴定或返滴定，可用间接滴定法进行测定。例如，测定 Ca^{2+} 时，首先将 Ca^{2+} 沉淀 CaC_2O_4，再用稀 H_2SO_4 将沉淀溶解，用 $KMnO_4$ 标准溶液滴定溶液中的 $C_2O_4^{2-}$，间接求得 Ca^{2+} 的含量。

氧化还原滴定法以氧化剂或还原剂标准溶液作为滴定剂，根据滴定剂不同，分为高锰酸钾法、重铬酸钾法、碘量法等。

氧化还原滴定法应用广泛，可直接测定本身具有氧化性或还原性的物质，也可间接测定能与氧化剂或还原剂定量发生反应的物质。测定对象可以是无机物，也可以是含有不饱和键的有机物。

7.4.1.2　条件电极电位

当溶液的浓度较稀时，可忽略溶液中离子强度的影响，以溶液的浓度代替活度进行计算。但在实际测定中，离子强度较大，尤其是当溶液组成改变时，电对氧化态和还原态的存在形式也随之改变，从而引起电极电位的变化。此时用浓度代替活度计算误差较大。因此在利用电极电位讨论物质的氧化还原能力时，必须考虑副反应和离子强度对电极电位的影响，为此引入条件电极电位。

条件电极电位表示在一定介质条件下，氧化态和还原态的分析浓度都为 1mol/L 时的实际电位，在一定条件下为常数，用 $\varphi'^{\ominus}$ 表示。反映了离子强度和各种副反应总结果，是氧化还原电对在一定条件下的实际氧化还原能力。各种条件下电对的条件电极电位可通过实验测出，也可通过将活度带入能斯特方程计算得到。部分氧化还原电对的条件电极电位参见附录7。在处理有关氧化还原反应的电位计算时，应尽量采用条件电极电位，当缺乏相同条件下的电极电位数据时，可采用条件相近的条件电极电位，得到的处理结果比较接近实际情况。

条件电极电位的大小，说明了在外因影响下，氧化还原电对的实际氧化还原能力。因此，使用条件电极电位比标准电极电位更为准确地判断氧化还原反应的方向和程度。

7.4.2 氧化还原反应进行的速度及影响因素

氧化还原反应平衡常数大小，仅能表明该反应进行的可能性和完全程度，不能说明反应速率的快慢。有的反应平衡常数 K 值很大，理论上可行，但实际上由于反应速率太慢，没有实际意义。在滴定分析中，要求氧化还原反应必须定量、迅速进行，必须考虑氧化还原反应进行的速率。氧化还原反应速率的快慢仍首要取决于反应物的本性，影响反应速率的主要因素有反应物浓度、温度、催化剂、诱导反应等。

7.4.2.1 反应物浓度

一般来说，反应物浓度增加，反应速率加快。例如，在酸性溶液中，一定量的 $K_2Cr_2O_7$ 和 KI 反应：

$$Cr_2O_7^{2-} + 6I^- + 14H^+ \rightleftharpoons 2Cr^{3+} + 3I_2 \downarrow + 7H_2O$$

在较浓的 $K_2Cr_2O_7$ 溶液中加入过量 KI 和提高溶液酸度，上述反应能较快进行。

7.4.2.2 温度

对大多数反应来说，升高温度，可提高反应速率。例如在酸性溶液中 MnO_4^- 和 $C_2O_4^{2-}$ 的反应：

$$2MnO_4^- + 5C_2O_4^{2-} + 16H^+ \rightleftharpoons 2Mn^{2+} + 10CO_2 \uparrow + 8H_2O$$

在温室下进行缓慢。用于滴定时，通常将溶液加热至 75~85℃，加快反应速度。

应注意，有些物质（如 I_2）具有较大的挥发性，加热溶液会挥发损失，从而产生较大误差。

7.4.2.3 催化剂

使用催化剂是加快反应速率的方法之一。如在酸性溶液中 $KMnO_4$ 与 $H_2C_2O_4$ 反应，即使将溶液温度升高，$KMnO_4$ 褪色也很缓慢，若加入少量的 Mn^{2+}，反应很快进行，Mn^{2+} 起催化作用。

实验中也可不外加催化剂 Mn^{2+}，因为该反应的产物之一就是 Mn^{2+}，随反应进行产生了少量 Mn^{2+}，就极大催化后续的反应。这种由于生成物本身引起催化作用的反应称为自动催化反应。

氧化还原滴定中借助催化剂以加快反应速率的例子还很多，如用水中溶解氧氧化 $TiCl_3$ 时，用 Cu^{2+} 作催化剂：

$$4Ti^{3+} + O_2 + 2H_2O \rightleftharpoons 4TiO^{2+} + 4H^+$$

以上讨论可知，为使氧化还原反应按所需方向定量、迅速地进行，选择和控制适当的反应条件（包括温度、酸度和浓度等）很关键。

7.4.2.4　诱导反应

有些氧化还原反应在本身进行极慢，但另一反应进行时会促进这一反应的发生。这种由于一个氧化还原反应的发生促进另一氧化还原反应的进行，称为诱导反应。例如，在酸性溶液中，$KMnO_4$ 氧化 Cl^- 的反应速率极慢，当溶液中同时存在 Fe^{2+} 时，$KMnO_4$ 氧化 Fe^{2+} 的反应将加速 $KMnO_4$ 氧化 Cl^- 的反应。

诱导反应与催化反应不同，催化反应中，催化剂在反应前后的状态不变；而诱导反应中，诱导体参加反应后变成其他物质。

7.4.3　氧化还原滴定原理

在氧化还原滴定实验中，随滴定剂的加入，溶液中氧化剂和还原剂的浓度逐渐改变，有关电对的电位也随之改变，可用滴定曲线来描述这种变化。各个滴定点的电极电位可用实验方法进行测量，也可根据能斯特方程计算，以滴定剂加入的百分数为横坐标，电对的电位为纵坐标作图，得到滴定曲线。

滴定过程中，不同滴定点的电位结果见表 7-3，绘制的滴定曲线如图 7-3 所示。

表 7-3　在 1mol/L H_2SO_4 溶液中，用 0.1000mol/L $Ce(SO_4)_2$

滴定 20.00mL、0.1000mol/L Fe^{2+} 溶液

加入 Ce^{4+} 溶液		电位/V
V/mL	$\alpha/\%$	
1.00	5.0	0.60
2.00	10.0	0.62
4.00	20.0	0.64
8.00	40.0	0.67
10.00	50.0	0.68
12.00	60.0	0.69
18.00	90.0	0.74
19.80	99.0	0.80
19.98	99.9	0.86
20.00	100.0	1.06 ⎫ 滴定突跃
20.02	100.1	1.26 ⎭
22.00	110.0	1.38
30.00	150.0	1.42
40.00	200.0	1.44

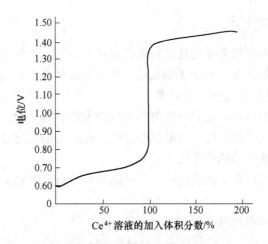

图 7-3 在 $1mol/L\ H_2SO_4$ 溶液中，用 $0.1000mol/L\ Ce(SO_4)_2$
滴定 $0.1000mol/L\ Fe^{2+}$ 的滴定曲线

由图 7-3 可见，滴定由 99.9%~100.1%时电极电位变化范围为 $1.26-0.86=0.4V$，即滴定曲线的电位突跃是 $0.4V$，这为判断氧化还原反应滴定的可能性和选择指示剂提供了依据。由于 Ce^{4+} 滴定 Fe^{2+} 的反应中，两电对电子转移数都是 1，化学计量点的电位（$1.6V$）正好处于滴定突跃中间（$0.86~1.26V$），整个滴定曲线基本对称。

氧化还原滴定曲线突跃的长短和氧化剂还原剂两电对的条件电极电位的差值大小有关。两电对的条件电极电位相差越大，滴定突跃的电位变化范围越大，反之，其滴定突跃就越小。

7.4.4 氧化还原滴定终点的确定

在氧化还原滴定过程中，通常利用指示剂在化学计量点附近即滴定突跃的电位变化范围内颜色的改变来指示滴定终点。

7.4.4.1 自身指示剂

氧化还原滴定中，有些标准溶液或被测物质本身有颜色，且滴定后变色明显，滴定时不必另加指示剂。其本身颜色变化起指示剂的作用，称自身指示剂。例如 $KMnO_4$ 本身显紫红色，用于滴定 $FeSO_4$ 还原性溶液时，反应后 MnO_4^- 被还原为肉色几乎接近无色的 Mn^{2+}。故滴定到化学计量点后，稍过量的 $KMnO_4$ 就使溶液显粉红色，判断滴定终点。

7.4.4.2 专用指示剂

有的物质本身并不具有氧化还原性，但能与特定的氧化剂（或还原剂）产生特征颜色，可以指示滴定终点。例如，可溶性淀粉与碘生成深蓝色吸附化合物。当 I_2 被还原为 I^- 时，深蓝色消失，反应极灵敏，当 I_2 的浓度为 $2.0\times10^{-6}mol/L$ 时，能看到蓝色。故淀粉是碘量法的专用指示剂。

7.4.4.3　氧化还原指示剂

氧化还原指示剂是本身具有氧化还原特性的有机化合物，其氧化态和还原态具有不同的颜色，在化学计量点附近发生氧化还原反应。指示剂由氧化态变为还原态（或由还原态变为氧化态），根据颜色的突变来指示终点。

每种氧化还原指示剂只在一定的电极电位范围内发生颜色变化，称为指示剂的电极电位变色范围。当溶液中氧化还原电对的电位改变时，指示剂的氧化态和还原态的浓度比也会发生改变，因而使溶液的颜色发生变化。

选择指示剂的原则是：指示剂变色的电位范围应部分或全部在滴定突跃的电位变化范围之内。

常见的氧化还原指示剂见表7-4。

表 7-4　一些常见的氧化还原指示剂

指示剂	$\varphi^{\ominus}/V$ $(H^+) = 0.1mol/L$	颜色变化		配制方法
		氧化态	还原态	
次甲基蓝	0.36	天蓝	无	0.05%水溶液
二苯胺磺酸钠	0.84	紫红	无	0.2%水溶液
邻苯氨基苯甲酸	0.89	紫红	无	0.2%水溶液
邻二氮菲亚铁盐	1.06	淡蓝	无	每100mL溶液含1.62g 邻氮菲和0.695g $FeSO_4$
硝基邻二氮菲亚铁盐	1.25	淡蓝	紫红	1.7g硝基邻二氮菲和 0.025mol/L $FeSO_4$ 100mL配成溶液

7.4.5　待测组分滴定前的预处理

为使反应顺利进行，在滴定前将全部被测组分转变为适宜滴定价态的处理步骤，称为氧化还原反应的预处理。

7.4.5.1　预处理的必要性

例如，测定铁矿石中总铁量时，试样溶解后部分铁以3价形式存在，一般先用 $SnCl_2$ 将 Fe^{3+} 还原成 Fe^{2+}，然后再用 $K_2Cr_2O_7$ 标准溶液滴定。预处理的氧化还原反应必须满足下列条件：

（1）预氧化或预还原反应必须将被测组分定量氧化或还原成适宜滴定的价态，且反应速率要快。

（2）过剩的氧化剂或还原剂必须易于完全除去。一般采取加热分解、沉淀过滤或其他化学处理方法。例如，过量的 $NaBiO_3$ 不溶于水，用过滤除去。

（3）选择性要高，避免试样中其他组分的干扰。例如，用重铬酸钾法测定钛铁矿中的铁含量，若用金属锌（$\varphi^{\ominus} = -0.76V$）为预还原剂，不仅还原 Fe^{3+}，还能还原 Ti^{4+}[$\varphi^{\ominus}$(Ti^{4+}/Ti^{3+}) = 0.10V]，其分析结果是铁钛两者的总量。若选用 $SnCl_2$[$\varphi^{\ominus}$(Sn^{4+}/Sn^{2+}) = 0.15V] 为预还原剂，只还原 Fe^{3+}，其选择性比较好。

7.4.5.2 常用的预处理试剂

根据各种氧化剂、还原剂的性质，选择合理的试验步骤，可达到预处理的目的。几种常用的预处理试剂见表 7-5 和表 7-6。

表 7-5 预处理用的氧化剂

氧化剂	用途	使用条件	过量氧化剂除去方法
$NaBiO_3$	$Mn^{2+} \rightarrow MnO_4^-$ $Cr^{3+} \rightarrow Cr_2O_7^{2-}$ $Ce^{3+} \rightarrow Ce^{4+}$	在 HNO_3 溶液中	$NaBiO_3$ 微溶于水，过量 $NaBiO_3$ 可过滤除去
$(NH_4)_2S_2O_8$	$Ce^{3+} \rightarrow Ce^{4+}$ $VO^{2+} \rightarrow VO_3^-$ $Cr^{3+} \rightarrow Cr_2O_7^{2-}$	在酸性（HNO_3 或 H_2SO_4）介质中，有催化剂 Ag^+ 存在	加热煮沸除去过量 $S_2O_8^{2-}$
	$Mn^{2+} \rightarrow MnO_4^-$	在 H_2SO_4 或 HNO_3 介质中并存；在 H_3PO_4 以防析出 $MnO(OH)_2$ 沉淀	加热煮沸除去过量 $S_2O_8^{2-}$
$KMnO_4$	$VO^{2+} \rightarrow VO_3^-$ $Cr^{3+} \rightarrow CrO_4^{2-}$ $Ce^{3+} \rightarrow Ce^{4+}$	冷的酸性溶液中（在 Cr^{3+} 存在下）；在碱性溶液中（即使存在 F^- 或 $H_2P_2O_7^{2-}$ 也可选择性地氧化）	加入 $NaNO_2$ 除去过量 $KMnO_4$。为防止 NO_2^- 同时还原 VO_3^-、$Cr_2O_7^{2-}$，可先加入尿素，然后再小心滴加 $NaNO_2$ 溶液至 MnO_4^- 红色正好褪去
H_2O_2	$Cr^{3+} \rightarrow CrO_4^{2-}$ $Co^{2+} \rightarrow Co^{3+}$ $Mn(II) \rightarrow Mn(IV)$	2mol/L $NaOH$；在溶液 $NaHCO_3$；在碱性介质中	在碱性溶液中加热煮沸（少量 Ni^{2+} 或 I^- 作催化剂可加速 H_2O_2 分解）
$HClO_4$	$Cr^{3+} \rightarrow Cr_2O_7^{2-}$ $VO^{2+} \rightarrow VO_3^-$ $I^- \rightarrow IO_3^-$	$HClO_4$ 必须加热	放冷且冲稀即失去氧化性，煮沸除去所生成 Cl_2，浓热的 $HClO_4$ 与有机物将爆炸，若试样含有机物，必须先用 HNO_3 破坏有机物，再用 $HClO_4$ 处理
KIO_4	$Mn^{2+} \rightarrow MnO_4^-$	在酸性介质中加热	加入 Hg^{2+} 与过量 KIO_4 作用生成 $Hg(IO_4)_2$ 沉淀，滤去
Cl_2，Br_2	$I^- \rightarrow IO_4^-$	酸性或中性	煮沸或通空气流

表 7-6　预处理用的还原剂

还原剂	用途	使用条件	过量还原剂除去方法
SnCl$_2$	$Fe^{3+} \rightarrow Fe^{2+}$ Mo(Ⅵ) $\rightarrow$ Mo(Ⅴ) As(Ⅴ) $\rightarrow$ As(Ⅲ) U(Ⅵ) $\rightarrow$ U(Ⅳ)	HCl 溶液 FeCl$_3$ 催化	快速加入过量 HgCl$_2$ 氧化，或用 K$_2$Cr$_2$O$_7$ 氧化除去
SO$_2$	$Fe^{3+} \rightarrow Fe^{2+}$ $AsO_4^{3-} \rightarrow AsO_4^{2-}$ Sb(Ⅴ) $\rightarrow$ Sb(Ⅲ) V(Ⅴ) $\rightarrow$ V(Ⅳ) $Cu^{2+} \rightarrow Cu^+$	H$_2$SO$_4$ 溶液 SCN$^-$ 催化 存在 SCN$^-$	煮沸或通 CO$_2$ 气流
TiCl$_3$	$Fe^{3+} \rightarrow Fe^{2+}$	酸性溶液中	水稀释，少量 Ti^{2+} 被水中 O$_2$ 氧化（可加 Cu^{2+} 催化）
联胺	As(Ⅴ) $\rightarrow$ As(Ⅲ) Sb(Ⅴ) $\rightarrow$ Sb(Ⅲ)		浓 H$_2$SO$_4$ 中煮沸
Al	Sn(Ⅳ) $\rightarrow$ Sn(Ⅱ) Ti(Ⅳ) $\rightarrow$ Ti(Ⅲ)	在 HCl 溶液	
锌汞齐	$Fe^{3+} \rightarrow Fe^{2+}$ $Ce^{4+} \rightarrow Ce^{3+}$ Ti(Ⅳ) $\rightarrow$ Ti(Ⅲ) V(Ⅴ) $\rightarrow$ V(Ⅱ) $Cr^{3+} \rightarrow Cr^{2+}$	酸性溶液中	过滤或加酸溶解

7.5　氧化还原滴定法的应用

7.5.1　高锰酸钾法

7.5.1.1　高锰酸钾法概述

KMnO$_4$ 是一种强氧化剂，其氧化能力与溶液的酸度有关，以 KMnO$_4$ 为滴定剂，在强酸性的溶液中，MnO$_4^-$ 被还原为 Mn^{2+}：

$$MnO_4^- + 8H^+ + 5e^- \Longleftrightarrow Mn^{2+} + 4H_2O \qquad \varphi^\ominus = 1.51V$$

若在弱酸性、中性或弱碱性溶液中，MnO$_4^-$ 则被还原为 MnO$_2$（实际是 MnO$_2$ 的水合物）：

$$MnO_4^- + 2H_2O + 3e^- \Longleftrightarrow MnO_2 + 4OH^- \qquad \varphi^\ominus = 0.59V$$

在强碱性溶液中，MnO$_4^-$ 被还原为锰酸根 MnO$_4^{2-}$：

$$MnO_4^- + e^- \Longleftrightarrow MnO_4^{2-} \qquad \varphi^\ominus = 0.56V$$

应用 KMnO$_4$ 作为滴定剂时，根据被测物质的性质采用不同的方法。

（1）直接滴定法。许多还原性物质，如 Fe^{2+}、As(Ⅲ)、Sb(Ⅲ)、H$_2$O$_2$、C$_2$O$_4^{2-}$、NO$_2^-$ 等，可用 KMnO$_4$ 标准溶液直接滴定。

（2）返滴定法。有些氧化性物质不能用 KMnO$_4$ 溶液直接滴定，可用返滴定法。例如，

测定 MnO_2 的含量时，可在 H_2SO_4 溶液中加入一定过量的 $Na_2C_2O_4$ 标准溶液，待 MnO_2 与 $C_2O_4^{2-}$ 作用完毕后，用 $KMnO_4$ 标准溶液滴定过量的 $C_2O_4^{2-}$。

（3）间接滴定法。某些非氧化还原性物质，不能用 $KMnO_4$ 标准溶液直接滴定或返滴定，可用间接滴定法进行测定。例如，测定 Ca^{2+} 时，首先将 Ca^{2+} 沉淀 CaC_2O_4，再用稀 H_2SO_4 将沉淀溶解，用 $KMnO_4$ 标准溶液滴定溶液中的 $C_2O_4^{2-}$，间接求得 Ca^{2+} 的含量。

高锰酸钾法氧化能力强，应用广泛。MnO_4^- 本身有颜色，用于滴定无色或浅色溶液时，一般不需另加指示剂。但高锰酸钾法试剂常含有少量杂质，使溶液不够稳定，且由于 $KMnO_4$ 的氧化能力强，可以和很多还原性物质发生作用，干扰也比较严重，选择性差。

7.5.1.2 $KMnO_4$ 溶液配制和标定

A $KMnO_4$ 溶液的配制

$KMnO_4$ 溶液的配制如下：

（1）称取稍多于理论量的 $KMnO_4$，溶解在规定体积的蒸馏水中。

（2）将配制好的 $KMnO_4$ 溶液加热至沸，并保持微沸约 1h（蒸馏水中也含有微量还原性物质），然后放置 2~3d，使溶液中可能存在的还原性物质完全氧化。

（3）用微孔玻璃漏斗过滤，除去析出的沉淀。

（4）将过滤后的 $KMnO_4$ 溶液储存于棕色试剂瓶中，存放于暗处，以待标定。如需要浓度较稀的 $KMnO_4$ 溶液，可用蒸馏水将浓 $KMnO_4$ 溶液临时稀释和标定后使用，但不宜长期储存。

B $KMnO_4$ 溶液的标定

标定 $KMnO_4$ 溶液的基准物质相当多，如 $Na_2C_2O_4$、$H_2C_2O_4 \cdot 2H_2O$、As_2O_3 和纯铁丝等。其中以 $Na_2C_2O_4$ 较为常用，其容易提纯，性质稳定，不含结晶水。$Na_2C_2O_4$ 在 105~110℃烘干约 2h，冷却后就可以使用。在 H_2SO_4 溶液中，MnO_4^- 与 $C_2O_4^{2-}$ 的反应如下：

$$2MnO_4^- + 5C_2O_4^{2-} + 16H^+ =\!=\!= 2Mn^{2+} + 10CO_2 \uparrow + 8H_2O$$

标准溶液标定时应注意：

（1）速度：该反应室温下速度极慢，利用反应产生 Mn^{2+} 的自身催化作用，加快反应进行，所以滴定开始时速度不宜太快；

（2）温度：常将溶液加热到 75~85℃，反应温度过高会使 $C_2O_4^{2-}$ 部分分解，低于 60℃反应速度太慢；

（3）酸度：保持一定的酸度（0.5~1.0mol/L H_2SO_4），为避免 Fe^{3+} 诱导 $KMnO_4$ 氧化 Cl^- 的反应发生，不使用 HCl 提供酸性介质；

（4）滴定终点的判断：稍微过量高锰酸钾自身的粉红色指示终点（30s 不退色）。

7.5.1.3 高锰酸钾法应用示例

A 过氧化氢浓度的测定

过氧化氢水溶液又称双氧水，市售双氧水中过氧化氢的含量，可用 $KMnO_4$ 溶液直接滴定，其反应为：

$$2MnO_4^- + 5H_2O_2 + 6H^+ \stackrel{\longrightarrow}{=\!=\!=} 2Mn^{2+} + 5O_2\uparrow + 8H_2O$$

用 $KMnO_4$ 滴定 H_2O_2 时，滴定开始时反应较慢，待少量 Mn^{2+} 生成后，Mn^{2+} 的催化作用使反应速度加快。H_2O_2 本身无色不必另加指示剂，粉红色出现即为终点。由于 H_2O_2 不稳定，双氧水中常加入少量有机稳定剂（乙酰苯胺尿素或丙乙酰胺）等，这些还原性物质会干扰测定，遇此情况宜采用碘量法。

B　软锰矿中二氧化锰含量的测定

软锰矿的主要成分为 MnO_2。MnO_2 具有氧化能力，测定方法是将矿样用一定量过量的 $Na_2C_2O_4$ 和 H_2SO_4 溶液溶解还原，其反应为：

$$MnO_2 + C_2O_4^{2-} + 4H^+ \stackrel{\longrightarrow}{=\!=\!=} Mn^{2+} + 2CO_2\uparrow + 2H_2O$$

待反应完全后，用 $KMnO_4$ 标液滴定过量的 $C_2O_4^{2-}$：

$$2MnO_4^- + 5C_2O_4^{2-} + 16H^+ \stackrel{\longrightarrow}{=\!=\!=} 2Mn^{2+} + 10CO_2\uparrow + 8H_2O$$

例 7-17　称取基准物质 $Na_2C_2O_4$ 0.1500g 溶解在强酸性溶液中，然后用 $KMnO_4$ 标准溶液滴定，到达终点时用去 20.00mL，计算 $KMnO_4$ 溶液的浓度。

解： 滴定反应：

$$2MnO_4^- + 5C_2O_4^{2-} + 16H^+ \stackrel{\longrightarrow}{=\!=\!=} 2Mn^{2+} + 10CO_2\uparrow + 8H_2O$$

由上述反应式可知：$n(KMnO_4) = \dfrac{2}{5}n(Na_2C_2O_4)$

则：

$$c(KMnO_4)V(KMnO_4) = \frac{2}{5} \times \frac{m(Na_2C_2O_4)}{M(Na_2C_2O_4)}$$

$$c(KMnO_4) = \frac{2}{5} \times \frac{m(Na_2C_2O_4)}{M(Na_2C_2O_4)V(KMnO_4)}$$

$$= \frac{2}{5} \times \frac{0.1500g}{134.00g/mol \times 20.00 \times 10^{-3}L}$$

$$= 0.02239mol/L$$

例 7-18　称取 0.4208g 石灰石试样，溶解后，将其沉淀为 CaC_2O_4，经过滤、洗涤溶于 H_2SO_4 中，用 0.01916mol/L $KMnO_4$ 标准溶液滴定，到达终点时消耗 43.08mL $KMnO_4$ 溶液，计算试样中钙以 Ca 和 $CaCO_3$ 表示的质量分数。

解： 沉淀反应是：$Ca^{2+} + C_2O_4^{2-} \stackrel{\longrightarrow}{=\!=\!=} CaC_2O_4\downarrow$

溶解，滴定反应分别是：

$$CaC_2O_4 + 2H^+ \stackrel{\longrightarrow}{=\!=\!=} Ca^{2+} + H_2C_2O_4$$

$$2MnO_4^- + 5C_2O_4^{2-} + 16H^+ \stackrel{\longrightarrow}{=\!=\!=} 2Mn^{2+} + 10CO_2 + 8H_2O$$

由上述反应式可知：

$$n(CaCO_3) = n(Ca^{2+}) = n(CaC_2O_4) = \frac{5}{2}n(KMnO_4)$$

求得：

$$n(Ca^{2+}) = \frac{5}{2}n(KMnO_4)$$

$$w(\text{Ca}) = \frac{\frac{5}{2} \times c(\text{KMnO}_4)V(\text{KMnO}_4)M(\text{Ca})}{m(\text{试样})} \times 100\%$$

$$= \frac{\frac{5}{2} \times 0.01916\text{mol/L} \times 43.08 \times 10^{-3}\text{L} \times 40.08\text{g/mol}^{-1}}{0.4208\text{g}} \times 100\%$$

$$= 19.65\%$$

同理 $CaCO_3$ 表示的质量分数为：

$$w(\text{CaCO}_3) = \frac{\frac{5}{2} \times c(\text{KMnO}_4)V(\text{KMnO}_4)M(\text{CaCO}_3)}{m(\text{试样})} \times 100\%$$

$$= \frac{\frac{5}{2} \times 0.01916\text{mol/L} \times 43.08 \times 10^{-3}\text{L} \times 100.1\text{g/mol}}{0.4208\text{g}} \times 100\%$$

$$= 49.09\%$$

7.5.2 重铬酸钾法

7.5.2.1 概述

重铬酸钾是一种强氧化剂，在酸性介质中，$Cr_2O_7^{2-}$ 被还原为 Cr^{3+}：

$$Cr_2O_7^{2-} + 14H^+ + 6e^- === 2Cr^{3+} + 7H_2O \qquad \varphi^{\ominus} = 1.36V$$

重铬酸钾法有以下优点：

（1）重铬酸钾容易提纯，在 $140 \sim 150$℃ 干燥后，可直接称量配制标准溶液，不需要标定。

（2）重铬酸钾标准溶液非常稳定，可长期保存。

（3）重铬酸钾的氧化能力没有 $KMnO_4$ 强，在 $1mol/L$ HCl 溶液中 $\varphi^{\ominus} = 1.00V$，室温下不与 Cl^- 作用，可在 HCl 溶液中滴定 Fe^{2+}。当 HCl 浓度较大或将溶液煮沸时，$K_2Cr_2O_7$ 也能部分地被 Cl^- 还原。浓 HCl 中 $K_2Cr_2O_7$ 全部被还原。

在重铬酸钾法中，虽然橙色的 $Cr_2O_7^{2-}$ 被还原为绿色的 Cr^{3+}，但 $K_2Cr_2O_7$ 的颜色不是很深，不能根据其颜色变化确定滴定终点，需采用氧化还原指示剂，如二苯胺磺酸钠等。

应该注意，$K_2Cr_2O_7$ 有毒害，使用时应注意处理废液，以免污染环境。

7.5.2.2 重铬酸钾法的应用示例——铁矿石中全铁的测定

矿样一般用 HCl 加热分解，在热的浓 HCl 溶液中，用 $SnCl_2$ 将 Fe^{3+} 还原为 Fe^{2+}，过量的 $SnCl_2$ 用 $HgCl_2$ 氧化，此时溶液中析出 Hg_2Cl_2 丝状白色沉淀，然后在 H_2SO_4-H_3PO_4 介质中用二苯胺磺酸钠作指示剂，用 $K_2Cr_2O_7$ 滴定溶液。其反应式如下：

$$Fe_2O_3 \cdot nH_2O + 6HCl === 2FeCl_3 + (n+3)H_2O$$

$$2Fe^{3+} + Sn^{2+} === 2Fe^{2+} + Sn^{4+}$$

$$2HgCl_2 + SnCl_4^{2-} \Longrightarrow Hg_2Cl_2 \downarrow + SnCl_6^{2-}$$
$$6Fe^{2+} + Cr_2O_7^{2-} + 14H^+ \Longrightarrow 6Fe^{3+} + 2Cr^{3+} + 7H_2O$$

操作中应注意加入 $SnCl_2$ 的量要适当，太少不能使 Fe^{3+} 完全还原为 Fe^{2+}，太多，用 $HgCl_2$ 除去 $SnCl_2$ 时，产生大量絮状 Hg_2Cl_2 沉淀，甚至产生粉末状的金属汞（黑色）。

$$Sn^{2+} + 2HgCl_2 + 4Cl^- \Longrightarrow SnCl_6^{2-} + Hg_2Cl_2 \downarrow （絮状白色）$$
$$Hg_2Cl_2 + SnCl_4^{2-} \Longrightarrow SnCl_6^{2-} + 2Hg \downarrow （黑色）$$

少量 Hg_2Cl_2（丝状沉淀）与 $K_2Cr_2O_7$ 反应很缓慢，不至影响测定结果。而大量 Hg_2Cl_2（絮状沉淀），特别是金属 Hg 将被 $K_2Cr_2O_7$ 氧化影响滴定结果。为避免加入过量的 $SnCl_2$，应逐滴地将 $SnCl_2$ 滴入热溶液中，直到 Fe^{3+} 的黄色消失后再多加 1~2 滴即可。

加入 $HgCl_2$ 溶液时，先将试液稀释并用水冷却，然后一次加足够的 $HgCl_2$ 溶液，得到白色丝状沉淀，如果出现白色絮状或黑色沉淀，应弃去重做。

加入 H_2SO_4-H_3PO_4 的作用：在 HCl 溶液中用 $K_2Cr_2O_7$ 滴定 Fe^{2+} 的滴定突跃范围是 0.89~1.05V，二苯胺磺酸钠的变色电位 0.84V<0.89V，在突跃范围之前变色，使终点过早出现。在 H_2SO_4-H_3PO_4 介质中，Fe^{3+} 与 H_3PO_4 生成稳定的无色配离子 $Fe(HPO_4)_2^-$，既消除了 Fe^{3+} 的黄色，又降低了 Fe^{3+}/Fe^{2+} 的电极电位，使突跃范围变为 0.79~1.05V，指示剂正好在突跃范围内变色，终点也易于观察。

7.5.3　碘量法

7.5.3.1　概述

碘量法是利用 I_2 的氧化性及 I^- 的还原性建立起来的氧化还原分析法。

$$I_2 + 2e \Longrightarrow 2I^- \qquad \varphi^{\ominus}(I_2/I^-) = 0.535V$$

固体 I_2 在水中的溶解度很小（0.00133mol/L）且易挥发，通常将 I_2 溶解在 KI 溶液中，此时 I_2 在溶液中以 I_3^- 形式存在：

$$I_2 + I^- \Longrightarrow I_3^-$$

为方便起见，简写为 I_2，用 I_3^- 滴定时的基本反应是：

$$I_3^- + 2e^- \Longrightarrow 3I^- \qquad \varphi^{\ominus}(I_2/I^-) = 0.545V$$

I_2 是较弱的氧化剂，能与较强的还原剂作用；I^- 是中等强度的还原剂，能与许多氧化剂作用。因此碘量法可用直接和间接两种方式进行。

　A　直接碘量法

I_2 标准溶液直接滴定一些还原性物质，这种方法称为直接碘量法。直接碘量法的基本反应是：

$$I_2 + 2e \Longrightarrow 2I^-$$

由于 I_2 的氧化能力不强，能被 I_2 氧化的物质有限，一般用于滴定 S^{2-}、SO_3^{2-}、Sn^{2+}、AsO_3^{3-} 等。直接碘量法一般在中性或弱酸性溶液中进行，碱性溶液中 I_2 会发生歧化反应：$3I_2+6OH^-\Longrightarrow IO_3^-+5I^-+3H_2O$，给测定带来误差，其应用范围不如间接碘量法广泛。

B 间接碘量法

在一定条件下，利用 I^- 的还原作用与氧化性物质反应，定量析出 I_2，再用 $Na_2S_2O_3$ 标准溶液滴定析出的 I_2，称间接碘量法。其基本反应为：

$$2I^- - 2e^- \rightleftharpoons I_2$$
$$I_2 + 2S_2O_3^{2-} \rightleftharpoons S_4O_6^{2-} + 2I^-$$

如 $KMnO_4$ 在酸性溶液中，与过量的 KI 反应析出 I_2：

$$2MnO_4^- + 10I^- + 16H^+ \rightleftharpoons 2Mn^{2+} + 5I_2 \downarrow + 8H_2O$$

间接碘量法可测定很多氧化性物质，如 ClO_3^-、ClO^-、BrO^-、BrO_3^-、CrO_4^{2-}、$Cr_2O_7^{2-}$、Ca^{2+}、NO_2^-、AsO_4^{3-} 及 H_2O_2 等，以及能与 CrO_4^{2-} 生成沉淀的阳离子如 Pb^{2+}、Ba^{2+} 等，所以间接碘量法的应用范围相当广泛。

在间接碘量法中，必须注意以下反应条件：

（1）控制溶液的酸度：$S_2O_3^{2-}$ 与 I_2 之间的反应迅速、完全，但必须在中性或弱酸溶液中进行，在碱性溶液中将发生下列副反应：

$$S_2O_3^{2-} + 4I_2 + 10OH^- \rightleftharpoons 2SO_4^{2-} + 8I^- + 5H_2O$$

而且 I_2 在碱性溶液中还会发生歧化反应。

在强酸性溶液中，$Na_2S_2O_3$ 溶液会发生分解：

$$S_2O_3^{2-} + 2H^+ \rightleftharpoons SO_2 \uparrow + S \downarrow + H_2O$$

同时，I^- 在酸性溶液中易被空气中的 O_2 氧化：

$$4I^- + 4H^+ + O_2 \rightleftharpoons 2I_2 \downarrow + 2H_2O$$

（2）防止 I_2 挥发及空气中的 O_2 氧化 I^-。加入过量 KI（比理论量大 2~3 倍），使 I_2 与 I^- 生成 I_3^- 减少挥发。滴定在室温下进行，操作迅速，不宜剧烈摇动溶液，以减少 I^- 与空气接触的机会。

（3）注意淀粉指示剂的使用。应用间接碘量法时，要在临近终点时再加入淀粉指示剂。加入太早，I_2 与淀粉反应形成蓝色化合物，这部分 I_2 不易与 $Na_2S_2O_3$ 反应，致使终点提前且不明显。

7.5.3.2 标准溶液的配制与标定

碘量法中常用 $Na_2S_2O_3$ 和 I_2 标准溶液，两种溶液的配制和标定方法介绍如下。

A $Na_2S_2O_3$ 标准溶液的配制与标定

固体 $Na_2S_2O_3 \cdot 5H_2O$ 容易风化，并含有少量 S、S^{2-}、SO_3^{2-}、CO_3^{2-}、Cl^- 等杂质，因此不能用来直接配制标准溶液。$Na_2S_2O_3$ 溶液不稳定，容易分解，原因：

（1）细菌的作用：

$$Na_2S_2O_3 \longrightarrow Na_2SO_3 + S$$

（2）溶解在水中 CO_2 的作用：

$$S_2O_3^{2-} + CO_2 + H_2O \longrightarrow HSO_3^- + HCO_3^- + S$$

（3）空气中氧的氧化作用：

$$2S_2O_3^{2-} + O_2 \longrightarrow 2SO_4^{2-} + 2S$$

此反应速率较慢，但水中微量的 Cu^{2+} 或 Fe^{3+} 等杂质能加速反应。

配制 $Na_2S_2O_3$ 溶液时，需要用新煮沸（除去 CO_2 和杀死细菌）并冷却了的蒸馏水，并加入少量 Na_2CO_3 使溶液呈弱碱性，抑制细菌生长。配制的 $Na_2S_2O_3$ 溶液应储于棕色瓶中，放置暗处，约一周后再进行标定。长期保存的 $Na_2S_2O_3$ 标准溶液，使用一段时间后要重新标定。如果发现溶液变浑或析出硫，应过滤后再标定，或者另配溶液。

纯碘、纯铜、$K_2Cr_2O_7$、KIO_3、$KBrO_3$ 等基准物质常用来标定 $Na_2S_2O_3$ 溶液的浓度。称取一定量的氧化剂基准物质，在弱酸性溶液中，使与过量 KI 作用，析出等量的 I_2，以淀粉为指示剂，用 $Na_2S_2O_3$ 溶液滴定，有关反应式如下：

$$Cr_2O_7^{2-} + 6I^- + 14H^+ === 2Cr^{3+} + 3I_2 + 7H_2O$$

$$IO_3^- + 5I^- + 6H^+ === 3I_2 + 3H_2O$$

$$2S_2O_3^{2-} + I_2 \longrightarrow 2I^- + S_4O_6^{2-}$$

$K_2Cr_2O_7$（或 KIO_3）与 KI 的反应条件如下：

（1）溶液的酸度越大，反应速度越快，但酸度太大时，I^- 容易被空气中的氧氧化，故酸度一般以 0.2~0.4mol/L 为宜。

（2）$K_2Cr_2O_7$ 与 KI 作用时，应将溶液贮于碘瓶或锥形瓶中并盖好，在暗处放置一定时间（待反应完全后，再进行滴定）。KIO_3 与 KI 作用时，不需要放置，及时进行滴定。

（3）所用 KI 溶液中不应含有 KIO_3 或 I_2。如果 KI 溶液显黄色，或将溶液酸化后加入淀粉指示剂显蓝色，则应事先将 $Na_2S_2O_3$ 用溶液滴定至无色后去除 KIO_3 或 I_2 再使用。

滴定至终点后，经过 5min 以上，溶液又出现蓝色。这是由于空气氧化 I^- 所引起的，不影响分析结果。若滴至终点，很快又转为蓝色，表示反应未完全（指 KI 与 $K_2Cr_2O_7$ 的反应），应另取溶液重新标定。

B　I_2 标准溶液的配制和标定

用升华法制得的纯碘，可以直接配制标准溶液。但由于碘的挥发性及对天平的腐蚀性，不宜在分析天平上称量，故通常先配制一个近似浓度的溶液，然后再进行标定。

配制 I_2 溶液时，先在托盘天平上称取一定量碘，加入过量 KI，置于研钵中，加少量水研磨，使 I_2 全部溶解，然后将溶液稀释，倾入棕色瓶中于暗处保存。

应避免 I_2 溶液与橡皮等有机物接触，同时防止 I_2 溶液见光遇热，否则浓度将发生变化。

标定 I_2 溶液的浓度时，可用已标定好的 $Na_2S_2O_3$ 标准溶液标定，也可用 As_2O_3 标定。As_2O_3 难溶于水，但可溶于碱溶液中：

$$As_2O_3 + 6OH^- === 2AsO_3^{3-} + 3H_2O$$

AsO_3^{3-} 与 I_2 的反应式如下：

$$AsO_3^{3-} + I_2 + H_2O === AsO_4^{3-} + 2I^- + 2H^+$$

这个反应是可逆的。在中性或微碱性溶液中（加入 $NaHCO_3$，使溶液的 pH 值约为 8），反应能定量地向右边进行。在酸性溶液中，则 AsO_4^{3-} 氧化 I^- 而析出 I_2。

7.5.3.3 碘量法应用示例

A S^{2-} 或 H_2S 的测定

在酸性溶液中，I_2 能氧化 S^{2-}：

$$H_2S + I_2 = S\downarrow + 2I^- + 2H^+$$

可用淀粉为指示剂，用 I_2 标准溶液滴定 H_2S。滴定不能在碱性溶液中进行，否则部分 S^{2-} 将被氧化为 SO_4^{2-}。

$$S^{2-} + 4I_2 + 8OH^- = SO_4^{2-} + 8I^- + 4H_2O$$

且 I_2 也会发生歧化反应。

测定气体中的 H_2S 时，一般用 Cd^{2+} 或 Zn^{2+} 的氨性溶液吸收，然后加入一定量过量的 I_2 标准溶液，用 HCl 将溶液酸化，最后用 $Na_2S_2O_3$ 标准溶液滴定过量的 I_2，以淀粉为指示剂。

B 铜合金中铜的测定

试样可用 HNO_3 分解，但低价氮的氧化物氧化 I^- 干扰测定，需用浓 H_2SO_4 蒸发将其除去。也可用 H_2O_2 和 HCl 分解试样：

$$Cu + 2HCl + H_2O_2 = CuCl_2 + 2H_2O$$

煮沸除尽过量的 H_2O_2，调节溶液的酸度（通常用 HAc-NaAc、HAc-NH$_4$Ac 或 NH_4HF_2 等缓冲溶液将溶液的酸度控制为 pH 值为 3.2~4.0），加入过量的 KI 使析出 I_2：

$$2Cu^{2+} + 4I^- = 2CuI\downarrow + I_2\downarrow$$

KI 是还原剂（将 Cu^{2+} 还原为 Cu^+）、沉淀剂（将 Cu^+ 沉淀为 CuI），又是配位剂（将 I_2 形成配离子 I_3^-）。

生成的 I_2 用 $Na_2S_2O_3$ 溶液滴定，以淀粉为指示剂。由于 CuI 沉淀表面吸附 I_2，使分析结果偏低。为了减少 CuI 对 I_2 的吸附，可在大部分 I_2 被 $Na_2S_2O_3$ 溶液滴定后，加入 NH_4SCN，使 CuI 转化为溶解度更小的 CuSCN：

$$CuI + SCN^- = CuSCN\downarrow + I^-$$

CuSCN 沉淀吸附 I_2 的倾向小，故可以减小误差。

试样中有铁存在时，因为 Fe^{3+} 能氧化 I^- 为 I_2：

$$2Fe^{3+} + 2I^- = 2Fe^{2+} + I_2\downarrow$$

妨碍铜的测定。若加入 NH_4HF_2，使 Fe^{3+} 生成稳定的 FeF_6^{3-}，降低 Fe^{3+}/Fe^{2+} 电对的电极电位，因而不能将 I^- 氧化成 I_2。

用碘量法测定铜时，最好用纯铜标定 $Na_2S_2O_3$ 溶液，以抵消方法的系统误差。

此法也适用于测定铜矿、炉渣、电镀液及胆矾（$CuSO_4 \cdot 5H_2O$）等试样中的铜。

例 7-19 称取铜合金试样 0.2000g，以间接碘法测定其铜含量。析出的碘用 0.1000mol/L $Na_2S_2O_3$ 标准溶液滴定，终点时共消耗 $Na_2S_2O_3$ 标准溶液 20.00mL，计算试样中铜的质量分数。

解： 滴定反应为：

$$2Cu^{2+} + 4I^- = 2CuI\downarrow + I_2\downarrow$$

$$I_2 + 2S_2O_3^{2-} \Longrightarrow 2I^- + S_4O_6^{2-}$$

由上述反应式可知：

$$n(Cu^{2+}) = 1/2n(I_2) = n(Na_2S_2O_3)$$

$$n(Cu^{2+}) = n(Na_2S_2O_3)$$

$$w(Cu) = \frac{c(Na_2S_2O_3)V(Na_2S_2O_3)M(Cu)}{m(试样)} \times 100\%$$

$$= \frac{0.1000mol L \times 20.00 \times 10^{-3}L \times 63.55g/mol}{0.2000g} \times 100\% = 63.55\%$$

C 某些有机物的测定

碘量法在有机分析中应用广泛。凡能被碘直接氧化的物质，只要反应速度足够快，就可用直接碘量法进行测定。例如巯基乙酸、四乙基铅$[Pb(C_2H_5)_4]$、抗坏血酸（维生素C）及安乃近药物等。

间接碘量法应用更为广泛。例如于葡萄糖、醛、丙酮及硫脲等试液中，加碱液使溶液呈碱性后，加入过量的I_2标准溶液，使有机物被氧化，使反应完全。

7.6 本章主要知识点

7.6.1 基本概念

7.6.1.1 氧化还原反应

（1）氧化数：某元素一个原子的荷电数。

（2）氧化还原反应：氧化还原反应的外部特征是反应前后某些元素的氧化数发生变化，内部特征是反应物之间电子的转移或偏移。

（3）氧化剂和还原剂：失去电子使元素的氧化值升高，将失去电子的物质称为还原剂；得到电子使元素的氧化值降低，将得到电子的物质称为氧化剂。

（4）氧化还原电对：由同一种元素的两种不同氧化态物质构成。电对中氧化值大的物质为氧化型，氧化值小的物质为还原型，用氧化型/还原型表示。

7.6.1.2 原电池

借助氧化还原反应产生电流，将化学能转变为电能的装置就是原电池。原电池的负极发生氧化反应，正极发生还原反应；电动势$E = \varphi_正 - \varphi_负$。

7.6.1.3 电极电势

电极电势：是金属和它的盐溶液之间产生的电势差，用符号φ表示。

标准电极电势：测定温度为298K，待测电对处于标准态（固态或液态都是纯物质，气体物质的分压为100kPa，溶液中离子的浓度为1.0mol/L）所测得的电极电位，称为该电对的标准电极电位，符号$\varphi^{\ominus}$。

电极电势值是与标准氢电极的电势$\varphi^{\ominus}(H^+/H_2)$相比较而测得的相对值。

7.6.1.4 元素电势图

表示一种元素各种氧化值之间标准电极电势关系的图。

7.6.2 氧化还原反应配平

原则：得失电子总数相等，各元素原子总数相等。

7.6.3 影响电极电势的因素

影响电极电势的因素包括：
（1）电极的本性；
（2）氧化型物种和还原型物种的浓度（或分压）；
（3）温度。

对于给定电极，在298.15K时，浓度对电极电势的影响可用下式表示：

$$a \text{ 氧化态} + ne^- \rightleftharpoons b \text{ 还原态}$$

$$\varphi = \varphi^{\ominus} + \frac{0.0592}{n} \lg \frac{\{c(\text{氧化态})\}^a}{\{c(\text{还原态})\}^b} \quad （能斯特方程）$$

7.6.4 电极电势的应用

（1）判断氧化剂和还原剂的相对强弱。$\varphi^{\ominus}$ 较大电对中的氧化型物质是强氧化剂。$\varphi^{\ominus}$ 较小电对中的还原型物质是强还原剂。

（2）判断氧化还原反应进行的方向。当原电池电动势 $E>0$ 时，氧化还原反应正向进行；若 $E<0$ 时，氧化还原反应逆向进行。

（3）判断氧化还原反应进行的程度。氧化剂和还原剂电对的电极电位之差越大，反应的平衡常数就越大，反应进行得越完全。

7.6.5 氧化还原滴定原理

7.6.5.1 氧化还原滴定曲线

以加入的滴定剂体积为横坐标，以滴定过程中体系的电极电位为纵坐标所绘制的曲线。氧化还原滴定曲线的突跃范围大小主要取决于氧化剂还原剂两电对的条件电极电位之差。

7.6.5.2 滴定终点的确定

利用指示剂在化学计量点附近即滴定突跃的电位变化范围内颜色改变来指示滴定终点。

选择指示剂的原则是：指示剂变色的电位范围应部分或全部在滴定突跃的范围之内。

7.6.5.3 滴定前的预处理

为使反应顺利进行，在滴定前将全部被测组分转变为适宜滴定价态的处理步骤，称为氧化还原反应的预处理，所用试剂称为预处理试剂。预处理试剂分为氧化剂和还原剂。

7.6.6　常用的氧化还原滴定方法

7.6.6.1　高锰酸钾法

以高锰酸钾为滴定剂的氧化还原滴定法称为高锰酸钾法，$KMnO_4$ 是一种强氧化剂（电极电位为 1.491V），它的氧化能力和还原产物都与溶液的酸度有关。

标定 $KMnO_4$ 标准溶液时应注意滴定速度、温度、酸度条件，滴定终点时稍微过量高锰酸钾自身的粉红色指示终点（30s 不退色）。

7.6.6.2　重铬酸钾法

以重铬酸钾为滴定剂的氧化还原滴定法称为重铬酸钾法，$K_2Cr_2O_7$ 也是一种强氧化剂。在酸性介质中，$K_2Cr_2O_7$ 被还原为 Cr^{3+}。

从电极电位来看，$K_2Cr_2O_7$ 的氧化能力比 $KMnO_4$ 弱一些，应用范围没有高锰酸钾法广泛。

7.6.6.3　碘量法

碘量法是利用 I_2 的氧化性及 I^- 的还原性建立起来的氧化还原分析法。碘量法可分直接和间接两种方式。碘量法测定范围广泛，既可以测定氧化性物质，又可以测定还原性物质。

碘量法的终点常用淀粉指示剂来确定，在少量 I^- 的存在下，I_2 与淀粉反应形成蓝色化合物，根据蓝色的出现和消失指示滴定终点。

思考与习题

思考与习题
参考答案

一、填空题

7-1　氧化还原反应中，获得电子的物质是_____剂，自身被_____；失去电子的物质是_____剂，自身被_____。

7-2　原电池的正极发生_____反应，负极发生_____反应，原电池的电流是由_____极流向_____极。

7-3　电池反应 $Fe^{3+}+Cu \rightleftharpoons Fe^{2+}+Cu^{2+}$ 原电池的电池符号是_____，其正极半反应式为_____，负极半反应式为_____。

7-4　在氧化还原反应中，氧化剂是 $\varphi^{\ominus}$ 值_____的电对中的_____态物质，还原剂是 $\varphi^{\ominus}$ 值_____的电对中的_____态物质。

7-5　下列各物质 Cd^{2+}，Cd，Al^{3+}，Zn，Cl_2，Fe^{2+}，Sn，MnO_4^- 中（酸性溶液），能作氧化剂的物质有_____，氧化性最强的物质是_____。

二、选择题

7-6　根据下列反应：

$$2FeCl_3 + Cu \longrightarrow 2FeCl_2 + CuCl_2$$

$$2Fe^{3+} + Fe \longrightarrow 3Fe^{2+}$$

$$2KMnO_4 + 10FeSO_4 + 8H_2SO_4 \longrightarrow 2MnSO_4 + 5Fe_2(SO_4)_3 + K_2SO_4 + 8H_2O$$

判断电极电势最大的电对为（　　　）。

　　A. Fe^{3+}/Fe^{2+}　　　　B. Cu^{2+}/Cu　　　　C. MnO_4^-/Mn^{2+}　　　　D. Fe^{2+}/Fe

7-7　下列物质不能做还原剂的是（　　　）。

　　A. H_2S　　　　B. Fe^{3+}　　　　C. Fe^{2+}　　　　D. SO_2

7-8　利用标准电极电势表判断氧化还原反应进行的方向，正确的说法是（　　　）。

　　A. 氧化态物质与还原态物质起反应

　　B. $\varphi^\ominus$ 较大电对的氧化态物质与 $\varphi^\ominus$ 较小电对的还原态物质起反应

　　C. 氧化性强的物质与氧化性弱的物质起反应

　　D. 还原性强的物质与还原性弱的物质起反应

7-9　下列各半反应中，发生还原过程的是（　　　）。

　　A. $Fe \rightarrow Fe^{2+}$　　　　B. $Co^{3+} \rightarrow Co^{2+}$　　　　C. $NO \rightarrow NO_3^-$　　　　D. $H_2O_2 \rightarrow O_2$

7-10　在 H_3PO_4 中，P 的氧化值是（　　　）。

　　A. -3　　　　B. $+1$　　　　C. $+3$　　　　D. $+5$

7-11　对于电对 Zn^{2+}/Zn，增加 Zn^{2+} 的浓度，其标准电极电势的值将（　　　）。

　　A. 增大　　　　B. 减小　　　　C. 不变　　　　D. 无法判断

7-12　在一个氧化还原反应中，若两电对的电极电势值差很大，则可判断（　　　）。

　　A. 该反应的反应速率很大　　　　B. 该反应的反应程度很深

　　C. 该反应是可逆反应　　　　D. 该反应能剧烈地进行

7-13　在酸性介质中，用 $KMnO_4$ 溶液滴定草酸盐溶液，滴定应（　　　）。

　　A. 在室温下进行　　　　B. 将溶液煮沸后即进行定。

　　C. 将溶液煮沸，冷至80℃进行　　　　D. 将溶液加热到 $70 \sim 80℃$ 时进行

7-14　用草酸钠作基准物质标定高锰酸钾标准溶液时，开始反应速率慢，稍后反应速率明显加快，这是（　　　）起催化作用。

　　A. H^+　　　　B. MnO_4　　　　C. Mn^{2+}　　　　D. CO_2

7-15　在间接碘量法测定中，下列操作正确的是（　　　）。

　　A. 边滴定边快速摇动

　　B. 加入过量KI，并在室温和避免阳光直射的条件下滴定

　　C. 在 $70 \sim 80℃$ 恒温条件下滴定

　　D. 滴定一开始就加入淀粉指示剂

三、判断题（正确的打"√"，错误的打"×"）

7-16　已知 $\varphi^\ominus (I_2/I^-) = 0.5345V$，$\varphi^\ominus (Sn^{4+}/Sn^{2+}) = 0.154V$，反应：$2KI + SnCl_4 \rightleftharpoons I_2 \downarrow + SnCl_2 + 2KCl$ 在标准状态下向左进行。（　　　）

7-17　对于氧化还原反应，氧化剂获得电子后，氧化值升高，还原剂失去电子后，氧化值降低。（　　　）

7-18　已知 $\varphi^\ominus (Zn^{2+}/Zn) = -0.763V$。则电极反应 $2Zn^{2+} + 4e^- \rightarrow 2Zn$ 的 $\varphi^\ominus = -1.526V$。（　　　）

7-19　某物种的电极电势越高（代数值越大），则其氧化能力就越强，还原能力就越弱。（　　　）

7-20　已如 $\varphi^\ominus (MnO_2/Mn^{2+}) = 1.23V$，$\varphi^\ominus (Cl_2/Cl^-) = 1.36V$。因此不能用 MnO_2 与 HCl 反应来制备 Cl_2。

（　　　）

7-21　某电对的氧化态可以氧化电极电位比它低的另一电对的还原态。（　　　）

7-22　溶液的酸度越高，$KMnO_4$ 氧化 $Na_2C_2O_4$ 的反应进行得越完全，所以用基准物 $Na_2C_2O_4$ 标定 $KMnO_4$ 溶液时，溶液的酸度越高越好。（　　　）

四、问答题

7-23　用氧化数法配平下列氧化还原反应方程式，指出氧化剂、还原剂以及它们相应的还原、氧化产物。

　　（1）$Cu + H_2SO_4$（浓）$\longrightarrow CuSO_4 + SO_2 \uparrow + H_2O$

（2）$As_2S_3 + HNO_3 + H_2O \longrightarrow H_3AsO_4 + H_2SO_4 + NO \uparrow$

（3）$(NH_4)_2Cr_2O_7 \longrightarrow N_2 \uparrow + Cr_2O_3 + H_2O$

（4）$P_4 + NaOH \longrightarrow PH_3 \uparrow + NaH_2PO_2$

7-24　用离子—电子法配平下列氧化还原反应方程式：

（1）$Cr_2O_7^{2-} + SO_3^{2-} + H^+ \longrightarrow Cr^{3+} + SO_4^{2-}$

（2）$H_2S + I_2 \longrightarrow I^- + S$

（3）$ClO_3^- + S^{2-} \longrightarrow Cl^- + S \downarrow + OH^-$

（4）$KI + KIO_3 + H_2SO_4 \longrightarrow I_2 \downarrow + K_2SO_4$

7-25　从附录中查出下列各电对的标准电极电位值，然后回答问题：

$MnO_4^- + 8H^+ + 5e^- \longrightarrow Mn^{2+} + 4H_2O \qquad \varphi^{\ominus}(MnO_4^-/Mn^{2+}) = 1.51V$

$Ce^{4+} + e^- \longrightarrow Ce^{3+} \qquad \varphi^{\ominus}(Ce^{4+}/Ce^{3+}) = 1.61V$

$Fe^{2+} + 2e^- \longrightarrow Fe \qquad \varphi^{\ominus}(Fe^{2+}/Fe) = -0.44V$

$Ag^+ + e^- \longrightarrow Ag \qquad \varphi^{\ominus}(Ag^+/Ag) = 0.79V$

（1）上列电对中，何者是最强的还原剂，何者是最强的氧化剂？

（2）上列电对中，何者可将 Fe^{2+} 还原为 Fe？

（3）上列电对中，何者可将 Ag 氧化为 Ag^+？

7-26　查出下列各电对的标准电极电势 $\varphi_A^{\ominus}$，判断各组电对中，哪个物质是最强的氧化剂，哪个是最强的还原剂，并写出二者之间进行氧化还原反应的反应式。

（1）MnO_4^-/Mn^{2+}（1.51V）　　Fe^{3+}/Fe^{2+}（0.77V）　　Cl_2/Cl^-（1.36V）

（2）Br_2/Br^-（1.08V）　　Fe^{3+}/Fe^{2+}（0.77V）　　I_2/I^-（0.53V）

（3）O_2/H_2O_2（0.69V）　　H_2O_2/H_2O（1.77V）　　O_2/H_2O（1.18V）

7-27　根据标准电极电势 $\varphi_A^{\ominus}$，判断下列反应自发进行的方向：

（1）$Cd + Zn^{2+} \Longrightarrow Cd^{2+} + Zn$

（2）$Sn^{2+} + 2Ag^+ \Longrightarrow Sn^{4+} + 2Ag$

（3）$H_2SO_3 + 2H_2S \Longrightarrow 3S \downarrow + 3H_2O$

（4）$3Fe(NO_3)_2 + 4HNO_3 \Longrightarrow 3Fe(NO_3)_3 + NO \uparrow + 2H_2O$

五、计算题

7-28　计算下列半反应的电极电势。

（1）Sn^{2+}（0.010mol/L）$+ 2e^- \longrightarrow Sn$

（2）Ag^+（0.25mol/L）$+ e^- \longrightarrow Ag$

（3）O_2（1.00kPa）$+ 4H^+$（0.10mol/L）$+ 4e^- \longrightarrow 2H_2O$（1）

7-29　次氯酸在酸性溶液中的氧化性比在中性溶液中强，计算当溶液 pH 值为 1.00 和 pH 值为 7.00 时，电对 $HClO/Cl^-$ 的电极电势，假设 $c(HClO)$ 和 $c(Cl^-)$ 都等于 1.0mol/L。

7-30　Pb-Sn 电池：$(-)$ $Sn \mid Sn^{2+}$（1.0mol/L）$\parallel Pb^{2+}$（1.0mol/L）$\mid Pb(+)$

　　　　计算：（1）电池的标准电动势 $E^{\ominus}$；

　　　　　　　　（2）当 $c(Sn^{2+})$ 仍为 1.0mol/L，电池反应逆转时（即 $E^{\ominus} \leqslant 0V$）的 $c(Pb^{2+})$ 等于多少？

7-31　铊的元素电势图如下：

$$\varphi_A^{\ominus}/V \quad Tl^{3+} \underline{\quad 1.25 \quad} Tl^+ \underline{\quad -0.34 \quad} Tl$$
$$\underline{\qquad\qquad 0.45 \qquad\qquad}$$

（1）写出由电对 Tl^{3+}/Tl^+ 和 Tl^+/Tl 组成的原电池的电池符号及电池反应；

（2）计算该原电池的标准电动势 $E^{\ominus}$；

（3）电池反应的平衡常数。

7-32 在 100mL 溶液中：（1）含有 $KMnO_4$ 1.158g；（2）含有 $K_2Cr_2O_7$ 0.4900g。问在酸性条件下作氧化剂时，$KMnO_4$ 或 $K_2Cr_2O_7$ 的浓度分别是多少（mol/L）？

7-33 称取含有 1.000g 软锰矿（主要成分为 MnO_2）试样，在酸性溶液中与 0.4020g $Na_2C_2O_4$ 充分反应（$MnO_2+C_2O_4^{2-}+4H^+=Mn^{2+}+2CO_2\uparrow(g)+2H_2O$），体系中过量的 $Na_2C_2O_4$ 用 0.02000mol/L $KMnO_4$ 标准溶液进行滴定，到达终点时消耗 20.00mL，计算软锰矿试样中 MnO_2 的质量分数。

7-34 准确称取 1.0220g H_2O_2 溶液试样于 250mL 容量瓶中，用蒸馏水稀释至刻度，摇匀。再准确移此试液 25.00mL，用 0.02000mol/L 酸化过的 $KMnO_4$ 标准溶液滴定，消耗 17.84mL，问 H_2O_2 试样中 H_2O_2 的质量分数是多少？

7-35 称取铁矿石试样 2.000g，用 HCl 溶液溶解后，用预处理剂将三价铁全部还原为 Fe^{2+}，用 0.08400mol/L $K_2Cr_2O_7$ 标准溶液滴定 Fe^{2+}，到达终点时消耗 $K_2Cr_2O_7$ 溶液 26.78mL，计算铁矿石中 Fe_2O_3 的质量分数。

8 配位平衡和配位滴定

本章学习目标

知识目标

1. 掌握配位化合物的组成、命名和分类。
2. 掌握配合物的稳定常数和条件稳定常数的意义及其相互关系。
3. 了解 EDTA 与金属离子配合物的特点及其稳定性。
4. 掌握配位平衡中副反应对主反应的影响及表示方法。
5. 理解配位滴定的基本原理，配位滴定所允许的最低 pH 值和酸效应曲线。
6. 掌握金属离子能被准确滴定的判据，能确定金属离子被准确滴定的酸度条件。
7. 理解金属指示剂的作用原理，并熟悉常见金属指示剂的颜色变化。
8. 掌握提高配位滴定选择性的方法原理。
9. 掌握配位滴定的方式及其应用。

能力目标

1. 能判断配合物的中心离子、电荷、配体、配位数和对配合物进行命名。
2. 能计算配位平衡溶液中配体、中心离子、配离子的浓度。
3. 能配制 EDTA 标准溶液。
4. 能正确计算滴定不同金属离子的最小 pH 值、适宜的 pH 值范围。
5. 能正确使用金属指示剂。
6. 能结合分析实践解释，应用提高配位滴定选择性的方法。
7. 能合理选择不同的配位滴定方法，测定不同金属离子的含量。

8.1 配位化合物的基本概念

8.1.1 配位化合物的定义

无机化学中的许多简单化合物，如 H_2O、NH_3、$AgCl$、$CuSO_4$ 等，都是由两种或两种以上的元素按照经典的价键理论结合而成的，元素的原子之间都有确定的简单整数比。另外，有许多化合物看似由简单化合物"加合"而成，例如：

$$AgCl + 2NH_3 \rightleftharpoons [Ag(NH_3)_2]Cl$$
$$CuCN + 2KCN \rightleftharpoons K_2[Cu(CN)_3]$$

在化合过程中，既没有发生氧化数的变化，又没有形成传统意义的共价键，不符合经典的价键理论。实际上，它们是含有复杂离子的化合物，即配位化合物，简称配合物。

配合物是由可以提供孤对电子的一定数目的离子或分子（统称为配位体）和接受孤对电子的离子或原子（统称中心离子或原子），按一定的组成和空间构型形成的化合物。简言之，配合物是由中心离子（或原子）和配位体以配位键结合而成的复杂的化合物。如 $[Ag(NH_3)_2]^+$、$[Cu(CN)_3]^{2-}$ 等离子，称为配离子，配离子与带有异种电荷的离子组成的中性化合物，如 $[Ag(NH_3)_2]Cl$、$K_2[Cu(CN)_3]$ 等，称为配合物。不带电荷的中性分子如 $[Ni(CO)_4]$、$[Co(NH_3)Cl_3]$，称为中性配合物，或称配分子。

练一练1

下列物质中属于配离子的是（   ），属于配合物的是（   ）。

A. $[Cu(NH_3)_4](OH)_2$ B. $K_2[HgI_4]$ C. $[Co(NH_3)Cl_3]$

D. $H_3[AlF_6]$ E. $[Co(NH_3)_6]^{3+}$ F. AgCl

G. 均为配合物

练一练1解答

8.1.2 配位化合物的组成

配位化合物分为内界和外界两部分，内界由中心离子（或原子）和一定数目的配位体组成，是配合物的特征部分，一般写在方括号内，方括号以外的部分称为外界。配分子只有内界，没有外界。以 $[Cu(NH_3)_4]SO_4$ 和 $[Fe(CO)_5]$ 为例说明配合物的组成，如图8-1所示。

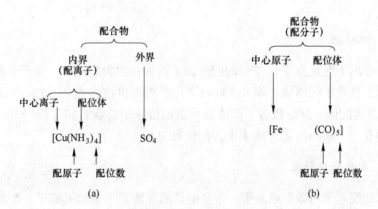

图 8-1　配合物组成示意图

（a）配位盐；（b）配分子

8.1.2.1 中心离子（或原子）

中心离子（或原子）是配合物的形成体，位于配合物的中心，可提供空轨道，接受孤电子对，统称中心离子（或原子）。常见的中心离子多为副族元素的阳离子，例如 Cu^{2+}、Ni^{2+}、Zn^{2+}、Ag^+、Cr^{3+}、Fe^{3+}、Co^{3+}等；少数副族金属原子和高氧化态的主族元素离子也可作为中心离子。例如：$[Ni(CO)_4]$ 中的 Ni，$[SiF_6]^{3-}$ 中的 Si^{3+} 等。

8.1.2.2 配位体和配位原子

在配合物中，与中心离子（或原子）结合的含有孤对电子的阴离子或中性分子称为配位体，简称配体。配位体中直接与中心离子以配位键相结合的原子称为配位原子。如

$K_4[Fe(CN)_6]$中配位体是CN^-，配位原子是 C，$[Ag(NH_3)_2]Cl$ 中配位体是 NH_3，配位原子是 N。一般配位原子至少有一对孤对电子，与中心离子的空轨道形成配位键。常见的配位原子是周期表中电负性较大的非金属元素，如：N、O、S、C 和卤素原子等。

根据配位体所含配位原子的数目不同，可分为单齿配体和多齿配位体。只含一个配位原子的配位体，称为单齿（或单基）配位体。如 CN^-、Cl^-、HO^-、NH_3 等，由单齿配体与中心离子直接配位形成的配合物，称为简单配合物，如：$K_4[Fe(CN)_6]$、$[Ag(NH_3)_2]Cl$、$[Cu(NH_3)_4]SO_4$ 等；含有多个配位原子的配位体，称为多齿（或多基）配位体，如乙二胺（简称 en）含有两个配原子（两个 N 原子）为双齿配位体，其结构如下：$\overset{..}{N}H_2$ —CH_2 —CH_2 —$H_2\overset{..}{N}$，乙二胺四乙酸（简称 EDTA）有六个配位原子即两个氨氮原子和四个羧基氧原子：

$$\begin{array}{c} HOOCCH_2 CH_2COOH \\ N—CH_2—CH_2—N \\ HOOCCH_2 CH_2COOH \end{array}$$

中心离子与多齿配位体形成的具有环状结构的配合物，称为螯合物。大多数螯合物具有五原子环或六原子环的稳定结构。另外，螯合物具有特征的颜色，通常难溶于水，易溶于有机溶剂。

8.1.2.3　配位数

直接同中心离子（或原子）结合的配位原子的数目称为配位数。对于单齿配体，配位数等于配位原子数等于配体数，如 $K_4[Fe(CN)_6]$ 的配位数为 6，$[Ag(NH_3)_2]Cl$ 的配位数为 2；对于多齿配体，配位数等于配体数乘以配位原子总数，如 $[Fe(EDTA)]^{3+}$ 配离子中，配位数为 6，$[Cu(en)_2]$ 配离子中，配位数为 4。

8.1.2.4　配离子电荷数

带正电荷的配离子叫做配阳离子；带负电荷的配离子叫做配阴离子。配离子电荷是中心离子电荷和各配体电荷的代数和。由于整个配合物是电中性的，因此外界离子的电荷数和配离子的电荷数总数相等，符号相反。可根据此规则推断中心离子的氧化数。

练一练 2
说出下列配合物的内界、外界及中心离子、配体、配位原子和配位数。

1. $[Co(NH_3)_6]Cl_3$ 　　　2. $K_3[Fe(CN)_6]$ 　　　3. $[Ni(CO)_4]$

8.1.3　配位化合物的命名

练一练 2 解答

配位化合物的命名方法基本上遵循一般无机化合物的命名原则，先命名阴离子，再命名阳离子。

8.1.3.1　配离子是阳离子的配合物

外界是简单负离子时称某化某，外界是复杂负离子时称某酸某。

例如：$[Ag(NH_3)_2]Cl$　　命名为氯化二氨合银（Ⅰ）

$[Cu(NH_3)_4]SO_4$　　命名为硫酸四氨合铜（Ⅱ）

命名的顺序和方法为：

外界阴离子名称→"化"或"酸"→配位体数目（中文数字）→配位体名称→"合"→中心离子（或原子）名称→中心离子（或原子）氧化数（在括号内用Ⅰ、Ⅱ、Ⅲ等注明），中心原子的氧化数为零时可以不标明，若配体不止一种，不同配体之间以"·"分开。

例如：$[CoCl_2(NH_3)_4]Cl$　命名为氯化二氯·四氨合钴（Ⅲ）

8.1.3.2 配离子是阴离子的配合物

外界是阳离子时称某酸某。此时，配离子以酸根的形式存在。

例如：$K_4[Fe(CN)_6]$　　命名为六氰合铁（Ⅱ）酸钾

命名的顺序和方法为：

配位体数目及名称→"合"→中心离子名称及氧化数→"酸"→外界阳离子名称。

例如：$H_2[PtCl_6]$　　六氯合铂（Ⅳ）酸

$Na_2[SiF_6]$　　六氟合硅（Ⅳ）酸钠

8.1.3.3 没有外界的配合物

没有外界的配合物属配分子，命名的顺序和方法为：

配位体数目及名称→中心离子名称及氧化数。

例如：$[Ni(CO)_4]$　　　四羰基合镍

$[Co(NH_3)_3Cl_3]$　　三氯·三氨合钴（Ⅲ）

8.1.3.4 不止一种配位体的配合物

配离子中含有两种或两种以上的配位体，命名的原则是先阴离子后阳离子，先简单后复杂。命名的顺序为：

（1）先无机配体，后有机配体。

例如：$[Co(NH_3)_2(en)_2]Cl_3$　氯化二氨·二（乙二胺）合钴（Ⅲ）

（2）先列出阴离子，后列出阳离子，中性分子。

例如：$K[PtCl_3NH_3]$　三氯·一氨合铂（Ⅱ）酸钾

（3）同类配体按配位原子元素符号的英文字母顺序排列。

例如：$[Co(NH_3)_5H_2O]Cl_3$　　氯化五氨·一水合钴（Ⅲ）

（4）同类配体配位原子相同时，将含较少原子数的配体排在前面。

（5）若配位体中含有原子数目相同，则在结构式中与配位原子相连原子的元素符号在英文字母中排在前面的先读。

命名时，一般多原子酸根要用小括号括上；有机配位体及带倍数的复杂配位体，也要将配位体括在小括号内。例如：

$[Co(en)_2]^{3+}$　　　　二（乙二胺）合钴（Ⅲ）离子

$[Cr(NH_3)_2(NCS)_4]^-$　　四（异硫氰酸根）·二氨合铬（Ⅲ）离子

练一练3：给下列配合物命名

$[Cu(NH_3)_4]SO_4$ $K_4[Fe(CN)_6]$ $[Fe(CO)_5]$ $[Co(NH_3)_2(en)_2]Cl_3$

练一练3解答

8.2　配位化合物在水溶液中的状况

　　配合物的内界和外界是以离子键结合的，与强电解质相似，在水溶液中完全电离为配离子和外界离子。而配离子则与弱电解质类似，在水溶液中部分电离。如 $[Cu(NH_3)_4]SO_4$ 配合物在水溶液中的情况：

$$[Cu(NH_3)_4]SO_4 \longrightarrow [Cu(NH_3)_4]^{2+} + SO_4^{2-}$$

$$[Cu(NH_3)_4]^{2+} \Longleftrightarrow Cu^{2+} + 4NH_3$$

　　下面讨论配离子在水溶液中的离解平衡及有关应用。

8.2.1　配位平衡及平衡常数

　　如果将氨水加到硫酸铜溶液中，先生成氢氧化铜沉淀，然后沉淀逐渐溶解，Cu^{2+} 和 NH_3 发生配位反应，生成深蓝色的 $[Cu(NH_3)_4]^{2+}$ 溶液。在深蓝色溶液中加入 Na_2S，生成黑色的 CuS 沉淀，说明溶液中存在少量的 Cu^{2+} 和 NH_3。由于 CuS 的 $K_{sp}^{\ominus}$ 很小，Cu^{2+} 和 S^{2-} 结合生成了难溶的 CuS 沉淀。

　　化学反应式如下：

$$Cu^{2+} + 4NH_3 \Longleftrightarrow [Cu(NH_3)_4]^{2+}$$

　　根据化学平衡原理可得其化学平衡常数表达式为：

$$K^{\ominus} = \frac{c([Cu(NH_3)_4]^{2+})}{c(Cu^{2+}) \cdot c^4(NH_3)} = K_{稳}^{\ominus} \tag{8-1}$$

式中，$K^{\ominus}$ 为配离子的稳定常数，以 $K_{稳}^{\ominus}$ 表示。数值 $K_{稳}^{\ominus}$ 越大，表明配离子越稳定。从解离的角度考虑，则反应式为：

$$[Cu(NH_3)_4]^{2+} \Longleftrightarrow Cu^{2+} + 4NH_3$$

　　根据化学平衡原理，可得：

$$K_{不稳}^{\ominus} = \frac{c(Cu^{2+}) \cdot c^4(NH_3)}{c([Cu(NH_3)_4]^{2+})} \tag{8-2}$$

式中，$K_{不稳}^{\ominus}$ 为配离子的解离平衡常数，又称为不稳定常数，$K_{不稳}^{\ominus}$ 越大，配离子的稳定性越差。显然 $K_{稳}^{\ominus}$ 与 $K_{不稳}^{\ominus}$ 互为倒数关系：

$$K_{稳}^{\ominus} = \frac{1}{K_{不稳}^{\ominus}} \tag{8-3}$$

　　配离子作为多元弱电解质，与多元弱酸或弱碱类似，其生成和离解都是分级进行，每一级反应对应着一个平衡常数，称为配离子的逐级平衡常数，包括逐级稳定常数和逐级不稳定常数。例如：

$$M+L \Longleftrightarrow ML \quad 第一级稳定常数为：K_{稳1}^{\ominus} = \frac{c(ML)}{c(M) \cdot c(L)}$$

$$ML + L \rightleftharpoons ML_2 \quad \text{第二级稳定常数为：} K_{\text{稳}2}^{\ominus} = \frac{c(ML_2)}{c(ML) \cdot c(L)}$$

$$\vdots \qquad \vdots$$

$$ML_{n-1} + L \rightleftharpoons ML_n \quad \text{第 } n \text{ 级稳定常数为：} K_{\text{稳}n}^{\ominus} = \frac{c(ML_n)}{c(ML_{n-1}) c(L)}$$

$$\text{总反应 } M + nL \rightleftharpoons ML_n \quad K_{\text{稳}}^{\ominus} = K_{\text{稳}1}^{\ominus} \times K_{\text{稳}2}^{\ominus} \times \cdots \times K_{\text{稳}n}^{\ominus} = \frac{c(ML_n)}{c(M) \cdot c^n(L)}$$

一些常见配离子的稳定常数见本书附录 8。利用配合物的稳定常数，可计算配合物中有关物质的浓度，以及讨论配位平衡与其他平衡之间的关系等。

8.2.2 配离子稳定常数的应用

8.2.2.1 比较同类型配合物的稳定性

对同类型配合物而言，稳定常数越大，其配合物稳定性越高。例如：

$$[Ag(NH_3)_2]^+ \qquad\qquad K_{\text{稳}}^{\ominus} = 10^{7.23}$$

$$[Ag(CN)_2]^- \qquad\qquad K_{\text{稳}}^{\ominus} = 10^{21.10}$$

由稳定常数可知 $[Ag(CN)_2]^-$ 比 $[Ag(NH_3)_2]^+$ 稳定得多。

8.2.2.2 计算配位化合物溶液中有关离子浓度

例 8-1 计算溶液中与 1.0×10^{-3} mol/L $[Cu(NH_3)_4]^{2+}$ 和 1.0 mol/L NH_3 处于平衡状态时游离的 Cu^{2+} 的浓度（$K_{\text{稳}}^{\ominus}\{[Cu(NH_3)_4]^{2+}\} = 3.89 \times 10^{12}$）。

解： 设平衡时 Cu^{2+} 离子浓度为 x mol/L，则有：

$$Cu^{2+} + 4NH_3 \rightleftharpoons [Cu(NH_3)_4]^{2+}$$

平衡浓度（mol/L）　　　　x　　　1.0　　　1.0×10^{-3}

$$K_{\text{稳}}^{\ominus} = \frac{c([Cu(NH_3)_4]^{2+})}{c(Cu^{2+}) \cdot c^4(NH_3)} = \frac{1.0 \times 10^{-3}}{x \cdot (1.0)^4} = 3.89 \times 10^{12}$$

解得 $x = 2.5 \times 10^{-16}$ mol/L

答： 处于平衡状态时游离的 Cu^{2+} 的浓度为 2.5×10^{-16} mol/L。

例 8-2 室温下，将 0.010 mol 的 $AgNO_3$ 固体溶解于 1.0 L 浓度为 0.030 mol/L 的氨水中（设体积不变）。求生成 $[Ag(NH_3)_2]^+$ 后溶液中 Ag^+ 和 NH_3 的浓度（$K_{\text{稳}}^{\ominus}([Ag(NH_3)_2]^+) = 1.7 \times 10^7$）。

解： 由于 $K_{\text{稳}}^{\ominus}$ 值较大，且 NH_3 过量较多，可先认为 Ag^+ 与过量 NH_3 生成 $[Ag(NH_3)_2]^+$，浓度为 0.010 mol/L，剩余的 NH_3 为 $(0.030 - 2 \times 0.010)$ mol/L = 0.010 mol/L。而后再考虑 $[Ag(NH_3)_2]^+$ 的离解：

$$[Ag(NH_3)_2]^+ \rightleftharpoons Ag^+ + 2NH_3$$

平衡浓度（mol/L）　　　$0.010 - x$　　　x　　　$0.010 + 2x$

因为 $[Ag(NH_3)_2]^+$ 很稳定，离解很少，所以可作近似处理，即 $0.010 - x \approx 0.010$，$0.010 + 2x \approx 0.010$，则：

$$K_{不稳}^{\ominus} = \frac{c(Ag^+) \cdot c^2(NH_3)}{c([Ag(NH_3)_2]^+)} = \frac{1}{K_{稳}^{\ominus}}$$

即：
$$\frac{(0.010)^2 x}{0.010} = \frac{1}{1.7 \times 10^7}$$

解上式得：$x = 5.9 \times 10^{-6} mol/L$

即生成 $[Ag(NH_3)_2]^+$ 后溶液中 $c(Ag^+) = 5.9 \times 10^{-6} mol/L$，$c(NH_3) = 0.010 mol/L$。

8.2.2.3　判断配离子与沉淀之间转化的可能性

配离子与沉淀之间的转化，实际上是沉淀剂与配合剂对中心离子的争夺。例如，在 AgCl 沉淀中加入氨水，AgCl 沉淀因生成 $[Ag(NH_3)_2]Cl$ 配合物而溶解。其反应式如下：

$$AgCl + 2NH_3 \rightleftharpoons [Ag(NH_3)_2]^+ + Cl^-$$

达到平衡时，

$$K = \frac{\{c[Ag(NH_3)_2]^+\} \cdot c(Cl^-)}{c^2(NH_3)} = \frac{c([Ag(NH_3)_2]^+) \cdot c(Cl^-)}{c^2(NH_3)} \times \frac{c(Ag^+)}{c(Ag^+)}$$

$$= K_{稳}^{\ominus}([Ag(NH_3)_2]^+) \cdot K_{sp}^{\ominus}(AgCl) = 1.7 \times 10^7 \times 1.8 \times 10^{-10} = 3.1 \times 10^{-3}$$

如果在上述溶液中加入 KI，沉淀剂 I^- 夺取了配离子中的 Ag^+，生成 AgI 沉淀，使 $[Ag(NH_3)_2]^+$ 发生解离。反应如下：

$$[Ag(NH_3)_2]^+ + I^- \rightleftharpoons AgI\downarrow + 2NH_3$$

达到平衡时，

$$K = \frac{c^2(NH_3)}{c([Ag(NH_3)_2]^+) \cdot c(I^-)} = \frac{c^2(NH_3)}{c([Ag(NH_3)_2]^+) \cdot c(I^-)} \times \frac{c(Ag^+)}{c(Ag^+)}$$

$$= \frac{1}{K_{稳}^{\ominus}([Ag(NH_3)_2]^+) \cdot K_{sp}^{\ominus}(AgI)} = 6.9 \times 10^9$$

平衡常数比较大，反应容易正向进行。同理，在 AgI 沉淀中加入氰化物，AgI 沉淀又会因生成更稳定的 $[Ag(CN)_2]^-$ 而溶解。

综上所述，配离子与沉淀之间的转化，主要取决于配离子的稳定性和沉淀的溶解度。配离子和沉淀都是向着更稳定的方向转化。因为 $K_{sp}^{\ominus}(AgI) < K_{sp}^{\ominus}(AgCl)$。

$K_{稳}^{\ominus}([Ag(CN)_2]^-) > K_{稳}^{\ominus}([Ag(NH_3)_2]^+)$，所以才能实现如下反应：

$$AgCl \xrightarrow{NH_3} [Ag(NH_3)_2]^+ \xrightarrow{I^-} AgI \xrightarrow{CN^-} [Ag(CN)_2]^-$$

例 8-3　在 1L 例 8-1 所述的溶液中，加入 0.001mol NaOH，问有无 $Cu(OH)_2$ 沉淀生成？若加入 0.001mol Na_2S，有无 CuS 沉淀生成？（设溶液体积基本不变，$K_{sp}^{\ominus}((Cu(OH)_2) = 2.2 \times 10^{-20}$）

解：加入 0.001mol NaOH 后，溶液中的 $c(OH^-) = 0.001 mol/L$，则：

$$Q = c(Cu^{2+}) \cdot c^2(OH^-) = 2.5 \times 10^{-16} \times (10^{-3})^2 = 2.5 \times 10^{-22}$$

$$Q < K_{sp}^{\ominus}(Cu(OH)_2) = 2.2 \times 10^{-20}$$

根据溶度积规则判断无 $Cu(OH)_2$ 沉淀生成。

加入 0.001mol Na_2S，溶液中 $c(S^{2-}) = 0.001 mol/L$（未考虑 S^{2-} 的水解），则：

$$Q = c(\text{Cu}^{2+}) \cdot c(\text{S}^{2-}) = 2.5 \times 10^{-16} \times 10^{-3} = 2.5 \times 10^{-19}$$

因为 $\qquad\qquad Q > K_{\text{sp}}^{\ominus}(\text{CuS}) = 6.3 \times 10^{-36}$

所以，有 CuS 沉淀生成，此时配离子可以转化为沉淀。

8.2.2.4 判断配离子之间转化的可能性

配离子之间的转化与沉淀之间的转化类似，反应向着生成更稳定配离子的方向进行。两种配离子的稳定常数相差越大，转化越完全。例如，在含有 Fe^{3+} 的溶液中，加入 KSCN 会出现血红色，这是定性检验 Fe^{3+} 常用的方法，反应式如下：

$$\text{Fe}^{3+} + x\text{SCN}^- \Longleftrightarrow [\text{Fe}(\text{SCN})_x]^{3-x} \quad (x = 1 \sim 6)$$

如在上述溶液中再加入足量的 NaF，血红色立即消失，F^- 夺取了 $[\text{Fe}(\text{SCN})_x]^{3-x}$ 中的 Fe^{3+}，生成了更稳定的 $[\text{FeF}_6]^{3-}$，反应式如下：

$$[\text{Fe}(\text{SCN})_x]^{3-x} + 6\text{F}^- \Longleftrightarrow [\text{FeF}_6]^{3-} + x\text{SCN}^-$$

到达平衡时，平衡常数表达式为：

$$K = \frac{c([\text{FeF}_6]^{3-}) \cdot c^x(\text{SCN}^-)}{c([\text{Fe}(\text{SCN})_6^{3-}]) \cdot c^6(\text{F}^-)} = \frac{c([\text{FeF}_6]^{3-}) \cdot c^x(\text{SCN}^-)}{c([\text{Fe}(\text{SCN})_6^{3-}]) \cdot c^6(\text{F}^-)} \times \frac{c(\text{Fe}^{3+})}{c(\text{Fe}^{3+})}$$

$$= \frac{K_{\text{稳}}^{\ominus}([\text{FeF}_6]^{3-})}{K_{\text{稳}}^{\ominus}([\text{Fe}(\text{SCN})_6]^{3-})}$$

查表将稳定常数代入上式，可得：$K = \dfrac{2.0 \times 10^{15}}{1.3 \times 10^9} = 1.5 \times 10^6$

K 值较大，说明该转化反应很容易进行。

8.3　配位化合物的应用

配合物极为普遍，已经渗透到许多自然科学领域和重工业部门，如分析化学、生物化学、医学、催化反应，以及染料、电镀、湿法冶金、半导体、原子能等工业中都得到广泛应用。本节仅选择 4 个方面进行扼要介绍。

8.3.1　在冶金工业中的应用

配合物可用于湿法冶金，所谓湿法冶金是指用水或溶液直接将金属元素以化合物的形式从矿石中浸取出来，然后进一步还原为金属的过程。

金属离子发生配位反应后，电极电势将发生变化，例如：

$$\text{Au}^+ + e^- \Longleftrightarrow \text{Au} \qquad \varphi^{\ominus} = +1.68\text{V}$$

$$\text{Au}^+ + 2\text{CN}^- \Longleftrightarrow [\text{Au}(\text{CN})_2]^- \qquad \varphi^{\ominus} = -0.58\text{V}$$

电极电势明显降低，使得电对 $[\text{Au}(\text{CN})_2]^-/\text{Au}$ 中，还原型 Au 的还原能力明显增强。在有 NaCN 溶液存在时，Au 可被 O_2 氧化形成 $[\text{Au}(\text{CN})_2]^-$ 而进入溶液，用锌还原可得单质金。

$$4\text{Au} + 8\text{CN}^- + 2\text{H}_2\text{O} + \text{O}_2 \Longleftrightarrow 4[\text{Au}(\text{CN})_2]^- + 4\text{OH}^-$$

$$\text{Zn} + 2[\text{Au}(\text{CN})_2]^- \Longleftrightarrow \text{Au} + [\text{Zn}(\text{CN})_4]^{2-}$$

上述性质可用于提取 Au、Ag 等贵重金属。

另外，可利用生成配合物来分离金属元素。例如：由天然铝矾土（主要成分为水合氧化铝）制取 Al_2O_3，关键是要使铝与杂质铁分离，采用 Al^{3+} 与过量的 NaOH 溶液形成可溶性的 $[Al(OH)_4]^-$ 进入溶液，而 Fe^{3+} 与 NaOH 反应形成 $Fe(OH)_3$ 沉淀。然后通过澄清、过滤，即可除去杂质铁。

$$Al_2O_3 + 2OH^- + 3H_2O \rightleftharpoons 2[Al(OH)_4]^-$$

8.3.2　在电镀工业上的应用

在电镀工业中，为了得到结合力强、均匀平整、结构致密及光亮度好的镀层，常使被镀金属以配离子的形式存在，使溶液中游离的金属离子浓度降低，电镀的电流密度小，沉积慢，获得符合要求的镀层。例如镀铜的配合物常用 $Na_2[Cu(CN)_3]$、$K_6[Cu(P_2O_7)_2]$ 等，镀银的配离子常用 $[Ag(CN)_2]^-$、$[Ag(SCN)_2]^-$ 等。

8.3.3　在生物化学、医药上的利用

配合物在生物化学中起着重要的作用。例如植物中起光合作用的叶绿素是镁的复杂配合物；在动物血液中起输送氧气作用的血红素是铁的配合物；起凝血作用的是钙的配合物；在固氮菌中的固氮酶实际上是铁钼蛋白等。

在医药方面，配合物用途广泛。例如铅中毒的病人可用柠檬酸钠来治疗，其和积累在骨骼中的 $Pb_3(PO_4)_2$ 作用，生成难离解但可溶的 $[Pb(C_6H_5O_7)]^-$ 配离子，经肾脏从尿液中排出。柠檬酸钠也能和 Ca^{2+} 配合，防止血液凝结，是医药上常用的血液抗凝剂。治疗糖尿病的胰岛素是 Zn 的配合物，治疗血吸虫病的酒石酸锑钾也是一种配合物。

8.3.4　在分析化学方面的应用

在分析化学中，无论是定性分析还是定量测定，都常用到配合物的性质。

8.3.4.1　离子的鉴定

某种配合剂若能和特定的金属离子形成具有特征颜色的配合物，则这种配合剂可用于对该离子的有效鉴定。例如，氨能与水溶液中的 Cu^{2+} 形成深蓝色的 $[Cu(NH_3)_4]^{2+}$，此配合反应可用于鉴定 Cu^{2+}。

8.3.4.2　离子的分离

利用离子能形成配合物的性质，进行离子的分离。例如：在含有 Zn^{2+} 和 Al^{3+} 的溶液中加入氨水时，生成氢氧化物沉淀，继续加入氨水，$Zn(OH)_2$ 可与 NH_3 形成 $[Zn(NH_3)_4]^{2+}$ 进入溶液，而 Al^{3+} 不能与 NH_3 形成配合物，仍以沉淀的形式存在，从而达到分离的目的：

$$Zn(OH)_2 + 4NH_3 \rightleftharpoons [Zn(NH_3)_4]^{2+} + 2OH^-$$

8.3.4.3　离子的掩蔽

在多种离子共存的情况下，若其他离子对组分离子的反应产生干扰作用，则利用配位

反应将干扰离子生成配合物加以掩蔽，这种排除干扰作用的效应称为掩蔽效应，所用的配位剂称为掩蔽剂。

例如：在含有 Co^{2+} 和 Fe^{3+} 的混合溶液中，加入配合剂 KSCN 鉴定 Co^{2+} 时，Fe^{3+} 也可与 SCN^- 反应生成血红色的 $[Fe(SCN)]^{2+}$，妨碍对 Co^{2+} 配离子 $[Co(NCS)_4]^{2-}$ 宝蓝色的观察。如事先加入足够的掩蔽剂 NaF，使 Fe^{3+} 生成稳定而无色的 $[FeF_6]^{3-}$，可以消除 Fe^{3+} 对 Co^{2+} 的干扰作用。

8.3.4.4 配位滴定分析

在分析化学中，以配位反应为基础的一类滴定分析方法称为配位滴定法。配位滴定法广泛地应用于过渡元素的定量分析。以下章节将详细的介绍配位滴定法的有关内容。

8.4 配位滴定法

8.4.1 配位滴定法概述

以配位反应为基础的滴定分析方法称为配位滴定法。在化学反应中，配位反应非常普遍，但能用于滴定的配位反应必须具备如下条件：

（1）配位反应进行必须完全，即生成配合物的平衡常数应足够大（比较稳定）；

（2）配位反应要按化学方程式定量进行，生成配合物的配位数要恒定；

（3）配位反应的速度要快；

（4）要有适当的方法确定滴定终点。

配位滴定中所使用的配位剂有无机和有机两大类。利用无机配位剂进行滴定已有多年的历史，例如，利用 Ag^+ 与 CN^- 的配位反应，可用 $AgNO_3$ 标准溶液来滴定氰化物。但无机配位滴定发展受限制，其原因为：

（1）许多无机配合物不够稳定，不符合滴定分析对化学反应的要求；

（2）在配位反应过程中有分级配位现象产生，如 Cd^{2+} 与 CN^- 配合，分级生成 $[Cd(CN)]^+$、$[Cd(CN)_2]$、$[Cd(CN)_3]^-$ 和 $[Cd(CN)_4]^{2-}$ 四种配合物。

由于各级稳定常数相差较小，各级配合物同时存在，这样在配位滴定中，金属离子的浓度不可能发生突跃性的变化，因而应用受到了限制。

目前，配位滴定中常用的有机配位剂是含有氨羧基团 $[-N(CH_2COOH)_2]$ 的有机配位剂，氨羧基团中含有配位能力很强的氨氮和羧氧两种配原子，能与多数金属离子形成稳定的可溶性配合物，克服了无机配位剂的缺点。其中乙二胺四乙酸应用最为广泛，下面主要介绍乙二胺四乙酸。

8.4.2 乙二胺四乙酸（EDTA）的性质及其在水溶液中的情况

乙二胺四乙酸（EDTA）是一种四元有机弱酸，常用 H_4Y 表示。其结构如下：

$$\begin{array}{ccc} HOOCCH_2 & & CH_2COOH \\ & N-CH_2-CH_2-N & \\ HOOCCH_2 & & CH_2COOH \end{array}$$

由于它在水中的溶解度较小（在 22℃时，每 100mL 水中仅能溶解 0.02g），通常使用 EDTA 的二钠盐 $Na_2H_2Y \cdot 2H_2O$（在 22℃时，每 100mL 水中能溶解 11.1g）配置标准溶液，因此 EDTA 二钠盐也称为 EDTA。在水溶液中，乙二胺四乙酸具有双偶极离子结构：

$$\begin{array}{c} \text{HOOCH}_2\text{C} \qquad\qquad\qquad\qquad \text{CH}_2\text{COO}^- \\ \underset{\text{-OOCH}_2\text{C}}{\overset{+}{\text{N}}}\text{—CH}_2\text{—CH}_2\text{—}\overset{+}{\text{HN}} \\ \qquad\qquad\qquad\qquad\qquad \text{CH}_2\text{COOH} \end{array}$$

其中在羧酸上的氢离子容易电离出来，而与碳原子结合的氢离子不易发生电离。当溶液中 H^+ 浓度很大时，H_4Y 的双偶基上的两个羧酸根可再接受两个质子，形成六元酸 H_6Y^{2+}，因此 EDTA 在水溶液中存在六级解离平衡：

$$H_6Y^{2+} \rightleftharpoons H_5Y^+ + H^+ \quad K_{a1} = \frac{c(H_5Y^+)c(H^+)}{c(H_6Y^{2+})} = 1.3 \times 10^{-1} = 10^{-0.9}$$

$$H_5Y^+ \rightleftharpoons H_4Y + H^+ \quad K_{a2} = \frac{c(H_4Y)c(H^+)}{c(H_5Y^-)} = 2.5 \times 10^{-2} = 10^{-1.6}$$

$$H_4Y \rightleftharpoons H_3Y^- + H^+ \quad K_{a3} = \frac{c(H_3Y^-)c(H^+)}{c(H_4Y)} = 10^{-2.0}$$

$$H_3Y^- \rightleftharpoons H_2Y^{2-} + H^+ \quad K_{a4} = \frac{c(H_2Y^{2-})c(H^+)}{c(H_3Y^-)} = 2.14 \times 10^{-3} = 10^{-2.67}$$

$$H_2Y^{2-} \rightleftharpoons HY^{3-} + H^+ \quad K_{a5} = \frac{c(HY^{3-})c(H^+)}{c(H_2Y^{2-})} = 6.92 \times 10^{-7} = 10^{-6.16}$$

$$HY^{3-} \rightleftharpoons Y^{4-} + H^+ \quad K_{a6} = \frac{c(Y^{4-})c(H^+)}{c(HY^{3-})} = 5.5 \times 10^{-11} = 10^{-10.26}$$

因此 EDTA 在水溶液中以 H_6Y^{2+}、H_5Y^+、H_4Y、H_3Y^-、H_2Y^{2-}、HY^{3-} 和 Y^{4-} 七种形式存在，当不同 pH 值下的主要存在形式见表 8-1。

表 8-1　不同 pH 值时 EDTA 的主要存在形式

pH 值	<1.0	1.0~1.6	1.6~2.0	2.0~2.7	2.7~6.2	6.2~10.3	>10.3
主要存在形式	H_6Y^{2+}	H_5Y^+	H_4Y	H_3Y^-	H_2Y^{2-}	HY^{3-}	Y^{4-}

在 EDTA 的七种形式中，只有 Y^{4-} 才能与金属离子发生配位反应，生成稳定的配合物，故溶液的酸度越低，EDTA 的配位能力越强。

EDTA 与金属离子的配合物：EDTA 分子中有 6 个配原子，2 个氨氮原子和 4 个羧氧原子。在与金属离子发生配位反应时，生成具有 5 个五元环的稳定的螯合物结构。例如 EDTA 与 Ca^{2+}、Fe^{3+} 的配合物的结构，如图 8-2 所示。

EDTA 与金属离子形成的螯合物具有以下特点：

（1）EDTA 具有较强的配位能力，几乎能和所有的金属离子形成稳定的螯合物；

（2）EDTA 与金属离子一般形成 1∶1 的螯合物；

（3）EDTA 与金属离子形成的螯合物大多带电荷，因此能够溶于水中，一般配位反应

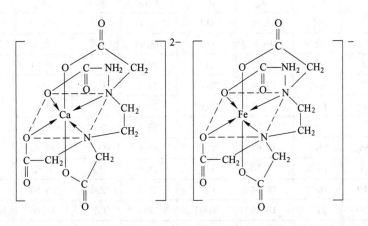

图 8-2 EDTA 与 Ca^{2+}、Fe^{3+} 的配合物的结构

进行得很迅速,滴定能在水溶液中进行;

(4) EDTA 与无色金属离子形成的螯合物为无色,与有色金属离子则形成颜色更深的螯合物。表 8-2 列出了几种有色 EDTA 螯合物。

表 8-2　几种有色 EDTA 螯合物

螯合物	NiY^{2-}	CuY^{2-}	CoY^{2-}	MnY^-	FeY^-	CrY^-
颜色	蓝绿色	蓝色	紫色	紫红色	黄色	深紫色

8.4.3　EDTA 与金属离子的配位离解平衡及影响因素

8.4.3.1　EDTA 与金属离子的主反应

EDTA 的七种形式中,只有 Y^{4-} 与金属离子形成 1:1 的配合物,反应式如下(为书写方便,将离子的电荷数省略):

$$M + Y \rightleftharpoons MY(主反应)$$

该反应为 EDTA 与金属离子配位滴定的主反应,该反应的平衡常数,即配合物的稳定常数为:

$$K_{MY} = \frac{c(MY)}{c(M) \cdot c(Y)} \tag{8-4}$$

表 8-3 列出了 EDTA 与金属离子形成配合物的稳定常数。

从表 8-3 中可以看出,金属离子与 EDTA 螯合物的稳定性随金属离子的不同而有较大差别。一般来说,金属离子的电荷数越高,离子半径越大,电子层结构越复杂,配合物的稳定常数就越大。此外,溶液的酸度、温度和其他配位体的存在及外界条件的变化也会影响配合物的稳定性。

表 8-3 EDTA 配合物的稳定常数（溶液离子强度 $I=0.1$，温度 20℃）

离子	$\lg K_稳$	离子	$\lg K_稳$	离子	$\lg K_稳$	离子	$\lg K_稳$	离子	$\lg K_稳$
Li^+	2.79	Pr^{3+}	16.40	Yb^{3+}	19.57	Fe^{2+}	14.32	Hg^{2+}	21.8
Na^+	1.66	Nd^{3+}	16.6	Lu^{3+}	19.83	Fe^{3+}	25.1	Al^{3+}	16.3
Be^{2+}	9.3	Pm^{3+}	16.75	Ti^{3+}	21.3	Co^{2+}	16.31	Ga^{3+}	20.3
Mg^{2+}	8.7	Sm^{3+}	17.14	TiO^{2+}	17.3	Co^{3+}	26	In^{3+}	25.0
Ca^{2+}	10.69	Eu^{3+}	17.35	ZrO^{2+}	29.5	Ni^{2+}	18.62	Tl^{3+}	37.8
Sr^{2+}	8.73	Gd^{3+}	17.37	HfO^{2+}	19.1	Pd^{2+}	18.5	Sn^{2+}	22.11
Ba^{2+}	7.86	Tb^{3+}	17.67	VO^{2+}	18.8	Cu^{2+}	18.80	Pb^{2+}	18.04
Sc^{3+}	23.1	Dy^{3+}	18.30	VO_2^+	18.1	Ag^+	7.32	Bi^{3+}	27.94
Y^{3+}	18.09	Ho^{3+}	18.74	Cr^{3+}	23.4	Zn^{2+}	16.50	Th^{4+}	23.2
La^{3+}	15.50	Er^{3+}	18.85	MoO_2^+	28	Cd^{2+}	16.46	U（Ⅳ）	25.8
Ce^{3+}	15.98	Tm^{3+}	19.07	Mn^{2+}	13.87				

8.4.3.2 配位反应的副反应和副反应系数

在配位滴定中，除了金属离子与 EDTA 的主反应外，由于溶液酸度、共存金属离子或其他配位体等存在的原因，因此会存在许多副反应（除主反应以外的反应均称为副反应），副反应影响主反应的程度可用副反应系数来衡量。副反应的发生如下所示：

式中，L 为辅助配位体；N 为干扰金属离子。

副反应的发生将对主反应产生影响，如果反应物（M 或 Y）发生副反应，则不利于主反应的正向进行，而反应产物发生副反应则有利于主反应正向进行。这里重点讨论溶液酸度和其他配位剂引起的副反应及副反应系数。

A EDTA 的酸效应及酸效应系数

EDTA 与金属离子的主反应为：$M+Y \rightleftharpoons MY$。当溶液受酸度影响，$H^+$ 与 Y 发生副反应，形成它的共轭酸时，Y 的平衡浓度降低，使主反应受到影响。由于 H^+ 的存在使配位体参加主反应能力降低的现象，称为酸效应。酸效应的程度可用酸效应系数 $\alpha_{Y(H)}$ 表示，其中 α_Y 表示 Y 发生的副反应，H 表示副反应是由 H^+ 引起的，即酸效应。

$\alpha_{Y(H)}$ 指在一定 pH 值下，溶液中未与金属离子配位的 EDTA 各种存在型体的总浓度 $c(Y')$ 与能参与主反应的 Y 的平衡浓度 $c(Y)$ 之比。即：

$$\alpha_{Y(H)} = \frac{c(Y')}{c(Y)} \tag{8-5}$$

式中 $c(Y')$——溶液中未与金属离子配位的 EDTA 各种形式的总浓度;

$c(Y)$——游离的 Y 的平衡浓度。

$\alpha_{Y(H)}$ 值越大,副反应越严重,当 $\alpha_{Y(H)} = 1$ 时,说明没有副反应发生。由于 $\alpha_{Y(H)}$ 值的变化范围很大,故取其对数值比较方便。表 8-4 列出在不同 pH 值下的 $\lg\alpha_{Y(H)}$ 值。

表 8-4 EDTA 的 $\lg\alpha_{Y(H)}$ 值

pH 值	$\lg\alpha_{Y(H)}$	pH 值	$\lg\alpha_{Y(H)}$	pH 值	$\lg\alpha_{Y(H)}$	pH 值	$\lg\alpha_{Y(H)}$	pH 值	$\lg\alpha_{Y(H)}$
0	23.64	2.5	11.90	5.0	6.45	7.5	2.78	10.0	0.45
0.1	23.06	2.6	11.62	5.1	6.26	7.6	2.68	10.1	0.39
0.2	22.47	2.7	11.35	5.2	6.07	7.7	2.57	10.2	0.33
0.3	21.89	2.8	11.09	5.3	5.88	7.8	2.47	10.3	0.28
0.4	21.32	2.9	10.84	5.4	5.69	7.9	2.37	10.4	0.24
0.5	20.75	3.0	10.60	5.5	5.51	8.0	2.27	10.5	0.20
0.6	20.18	3.1	10.37	5.6	5.33	8.1	2.17	10.6	0.16
0.7	19.62	3.2	10.14	5.7	5.15	8.2	2.07	10.7	0.13
0.8	19.08	3.3	9.92	5.8	4.98	8.3	1.97	10.8	0.11
0.9	18.54	3.4	9.70	5.9	4.81	8.4	1.87	10.9	0.09
1.0	18.01	3.5	9.48	6.0	4.65	8.5	1.77	11.0	0.07
1.1	17.49	3.6	9.27	6.1	4.49	8.6	1.67	11.1	0.06
1.2	16.98	3.7	9.06	6.2	4.34	8.7	1.57	11.2	0.05
1.3	16.49	3.8	8.85	6.3	4.20	8.8	1.48	11.3	0.04
1.4	16.02	3.9	8.65	6.4	4.06	8.9	1.38	11.4	0.03
1.5	15.55	4.0	8.44	6.5	3.92	9.0	1.28	11.5	0.02
1.6	15.11	4.1	8.24	6.6	3.79	9.1	1.19	11.6	0.02
1.7	14.68	4.2	8.04	6.7	3.67	9.2	1.10	11.7	0.02
1.8	14.27	4.3	7.84	6.8	3.55	9.3	1.01	11.8	0.01
1.9	13.88	4.4	7.64	6.9	3.43	9.4	0.92	11.9	0.01
2.0	13.51	4.5	7.44	7.0	3.32	9.5	0.83	12.0	0.01
2.1	13.16	4.6	7.24	7.1	3.21	9.6	0.75	12.1	0.01
2.2	12.82	4.7	7.04	7.2	3.10	9.7	0.67	12.2	0.005
2.3	12.50	4.8	6.84	7.3	2.99	9.8	0.59	13.0	0.0008
2.4	12.19	4.9	6.65	7.4	2.88	9.9	0.52	13.9	0.0001

由表 8-4 可以看出,多数情况下 $\alpha_{Y(H)}$ 值不等于 1,即 $c(Y')$ 总是大于 $c(Y)$,只有在 pH 值大于 12.0 时,$\alpha_{Y(H)}$ 值才接近 1,此时,EDTA 几乎完全离解为 Y 的形式,其配位能力最强。

B 金属离子的配位效应及配位效应系数

在配位滴定中,为了消除干扰和控制溶液的酸度,常需要加入掩蔽剂、缓冲溶液或其他辅助配位剂。金属离子 M 可能会与辅助配位剂发生配位反应，使主反应受到影响。把溶液中其他配位体 L（掩蔽剂、缓冲溶液中的配位体或辅助配位剂等）与金属离子配位所产生的副反应，称为金属离子的配位效应，金属离子的配位效应使金属离子参加主反应能力降低。其副反应系数称为配位效应系数，用 $\alpha_{M(L)}$ 表示。与酸效应系数类似，$\alpha_{M(L)}$ 表达式为：

$$\alpha_{M(L)} = \frac{c(M')}{c(M)} \tag{8-6}$$

式中　　$c(M')$——未与 Y 配位的金属离子（包括游离的 M 和 ML，ML_2，…，ML_n 等）的总浓度；

　　　　$c(M)$——与 Y 配位的游离的金属离子 M 的浓度（平衡时）。

将 $c(M') = c(M) + c(ML) + c(ML_2) + \cdots + c(ML_n)$，代入式（8-6）：

$$\alpha_{M(L)} = \frac{c(M')}{c(M)} = \frac{c(M) + c(ML) + c(ML_2) + \cdots + c(ML_n)}{c(M)} \tag{8-7}$$

$\alpha_{M(L)}$ 表示未与 Y 配位的金属离子的各种形式的总浓度是游离的金属离子浓度的多少倍。$\alpha_{M(L)}$ 值越大，副反应越严重。当 $\alpha_{M(L)} = 1$ 时，$c(M') = c(M)$，没有副反应发生。

8.4.3.3　配合物的条件稳定常数

在没有任何副反应存在的条件下，配合物 MY 的稳定常数用 K_{MY} 表示，它不受溶液浓度、酸度等外界条件影响，所以又称绝对稳定常数。当 M 和 Y 的配合反应在一定的酸度条件下进行，有 EDTA 以外的其他配位体存在时，会引起副反应，影响主反应的进行。此时，稳定常数 K_{MY} 已不能客观地反映主反应进行的程度，稳定常数的表达式中，Y 应被 Y′ 替换，M 被 M′ 替换，这时配合物的稳定常数应表示为：

$$K'_{MY} = \frac{c(MY)}{c(M') \cdot c(Y')} \tag{8-8}$$

式中　　$c(M')$——未与 Y 配位的金属离子（包括游离的 M 和 ML，ML_2，…，ML_n 等）的总浓度；

　　　　$c(Y')$——溶液中未与金属离子配位的 EDTA 各种形式的总浓度；

　　　　K'_{MY}——条件稳定常数。

条件稳定常数是指考虑了副反应的影响而得出的实际稳定常数。K'_{MY} 表示条件稳定常数，有时为明确表示哪个组分发生了副反应，可将"′"写在发生副反应的该组分符号的右上方。如金属离子 M 发生了副反应，条件稳定常数可表示为 K'_{MY}。

配位滴定法中，一般情况下，对主反应影响较大的副反应是 EDTA 的酸效应和金属离子的配位效应，以酸效应影响更大。由副反应系数定义可知：

$$c(M') = \alpha_{M(L)}c(M) \qquad c(Y') = \alpha_{Y(H)}c(Y)$$

将其代入式（8-8），得到：

$$K'_{MY} = \frac{c(MY)}{c(M') \cdot c(Y')} = \frac{K_{MY}}{\alpha_{M(L)}\alpha_{Y(H)}} \tag{8-9}$$

将式（8-9）两边取对数得：

$$\lg K'_{MY} = \lg K_{MY} - \lg \alpha_{Y(H)} - \lg \alpha_{M(L)} \tag{8-10}$$

如不考虑其他副反应，只考虑 EDTA 的酸效应，则式（8-10）变为：

$$\lg K'_{MY} = \lg K_{MY} - \lg \alpha_{Y(H)} \tag{8-11}$$

式（8-11）是讨论配位平衡的重要公式，表明 MY 的条件稳定常数随溶液的酸度而变化。

例 8-4　假设只考虑酸效应，计算 pH 值为 2.0 和 pH 值为 5.0 时的 K'_{ZnY}。

解：（1）pH 值为 2.0 时，查表得 $\lg \alpha_{Y(H)} = 13.51$，$\lg K_{ZnY} = 16.50$。故：

$$\lg K'_{ZnY} = \lg K_{ZnY} - \lg \alpha_{Y(H)} = 16.50 - 13.51 = 2.99$$

$$K'_{ZnY} = 10^{2.99}$$

（2）pH 值为 5.0 时，查表得 $\lg \alpha_{Y(H)} = 6.45$。故：

$$\lg K'_{ZnY} = \lg K_{ZnY} - \lg \alpha_{Y(H)} = 16.50 - 6.45 = 10.05$$

$$K'_{ZnY} = 10^{10.05}$$

答： pH 值为 2.0 时，K'_{ZnY} 为 $10^{2.99}$ 和 pH 值为 5.0 时，K'_{ZnY} 为 $10^{10.05}$。

以上计算表明，pH 值为 5.0 时 ZnY 稳定，而 pH 值为 2.0 时条件稳定常数降低，ZnY 不稳定。为使配位滴定顺利进行，得到准确的分析测定结果，必须选择适当的酸度条件。

练一练 4

1. 若只考虑酸效应，计算 pH 值为 1.0 和 pH 值为 6.0 时 PbY 的 $\lg K'_{PbY}$ 值。

2. 在 pH 值大于 11 的溶液中 EDTA 主要存在的型体是（　　　）。

A. H_6Y^{2+}　　　　B. H_4Y　　　　C. H_2Y^{2-}　　　　D. Y^{4-}

3. $c(H^+)$ 越大，酸效应系数越 _____（大/小），即 EDTA 与 H^+ 的副反应越 _____。（严重/不严重）

练一练 4 解答

8.4.4　配位滴定法原理

配位滴定常用 EDTA 标准溶液滴定金属离子 M，随着 EDTA 标准溶液的不断加入，溶液中金属离子浓度呈规律性变化。以被测金属离子浓度的负对数 pM 对应滴定剂 EDTA 的加入量作图，可得配位滴定曲线。由于 MY 的稳定性受酸度影响明显，必须用条件稳定常数进行计算。

8.4.4.1　配位滴定曲线

A　绘制滴定曲线

现以 pH 值为 10.0 时，用 0.01000mol/L EDTA 标准溶液滴定 20.00mL、0.01000mol/L Ca^{2+} 溶液为例说明滴定过程中金属离子浓度的变化情况。这里仅考虑 EDTA 的酸效应。

滴定反应为：　　　　　　Ca + Y ⟶ CaY　　　$\lg K_{CaY} = 10.69$

查表得 pH 值为 10.0 时，$\lg \alpha_{Y(H)} = 0.45$，则：

$$\lg K'_{CaY} = \lg K_{CaY} - \lg \alpha_{Y(H)} = 10.69 - 0.45 = 10.24$$

说明配合物很稳定，可进行测定，随滴定剂的加入溶液 pCa 呈现如下变化。现计算不同时刻的 pCa 值：

（1）滴定前。此时，溶液中 $c(Ca^{2+}) = 0.01000mol/L$，则：

$$pCa = -\lg c(Ca^{2+}) = -\lg 0.01000 = 2.00$$

（2）滴定开始至等量点前。假设滴入 VmL（$V < 20.00$mL）EDTA 标准溶液，由于发生

了配位反应，溶液中剩余的 Ca^{2+} 浓度为：

$$c(Ca^{2+}) = 0.01000 \times \frac{20.00 - V}{20.00 + V}$$

将 V 的不同数值代入可得相应 $c(Ca^{2+})$，如 $V = 19.80 \sim 19.98\text{mL}$ 时，pCa = 4.30 ~ 5.30。

（3）化学计量点。化学计量点时，Ca^{2+} 几乎与 EDTA 配位，且溶液的体积增大 1 倍，则溶液中 $c(CaY) = 0.0050\text{mol/L}$，且有 $c(Ca^{2+}) = c(Y)$，根据配位平衡有：

$$K'_{CaY} = \frac{c(CaY)}{c(Ca^{2+}) \cdot c(Y)} = 10^{10.24}$$

$$\frac{c(CaY)}{\{c(Ca^{2+})\}^2} = \frac{0.0050}{\{c(Ca^{2+})\}^2} = 10^{10.24}$$

$$c(Ca^{2+}) = 5.3 \times 10^{-7}\text{mol/L}$$

$$pCa = 6.27$$

（4）化学计量点后。化学计量点后，溶液中 EDTA 稍微过量时，$c(CaY) = 0.0050\text{mol/L}$，但 $c(Ca^{2+}) \neq c(Y)$，设加入 20.02mL 的 EDTA 时，溶液中过量的 Y 浓度为：

$$c(Y) = 0.01000 \times \frac{20.02 - 20.00}{20.00 + 20.02} = 5.0 \times 10^{-6}\text{mol/L}$$

代入条件稳定常数表达式，计算得：

$$\frac{0.0050}{c(Ca^{2+}) \times 5.0 \times 10^{-6}} = 10^{10.24}$$

$$c(Ca^{2+}) = 5.8 \times 10^{-8}\text{mol/L}$$

$$pCa = 7.24$$

同理可求得任意时刻的 pCa，所得数据见表 8-5。以 pCa 对 V_{EDTA} 做图即可得 pH 值为 10.0 时的滴定曲线，滴定的突越范围为 5.30 ~ 7.24。

表 8-5　pH 值为 10.0 时，0.01000mol/L EDTA 滴定 20.00mL、0.01000mol/L Ca^{2+} 过程中 pCa 的变化情况

滴入 EDTA 体积/mL	Ca^{2+} 被配位百分率/%	EDTA 过量百分率/%	溶液中 pCa
18.00	90.0	—	3.28
19.80	99.0	—	4.30
19.98	99.9	—	5.30
20.00	100.0		6.27　}滴定突跃
20.02	—	0.1	7.24
20.20	—	1.0	8.24
22.00	—	10.0	9.24
40.00	—	100.0	10.20

与其他滴定曲线类似，配位滴定曲线在化学计量点前后 0.1% 相对误差范围内，溶液

的 pCa 有突跃。同一金属离子测定时的 pH 值不同，滴定的突跃范围不同。在配位滴定中也希望像酸碱滴定曲线一样，有较大的突跃范围，以提高滴定的准确度。

B 影响滴定突跃范围的因素

影响配位滴定突跃大小的主要因素有两个：一是生成配合物的条件稳定常数；另一个因素是金属离子的浓度。

（1）配合物的条件稳定常数对滴定突跃的影响。从图 8-3 可知，配合物的条件稳定常数越大，滴定突跃也越大。从式（8-11）可知，影响配合物条件稳定常数的因素主要是配合物的稳定常数，而溶液的酸度，辅助配位剂及其他因素也有影响。其中酸度的影响尤其明显，溶液的 pH 值越大，酸效应越小，突跃范围越宽，反之，溶液的 pH 值越小，酸效应越大，突跃范围越窄。

（2）金属离子浓度对滴定突跃的影响。如图 8-4 所示，当测定条件一定时，金属离子浓度越大，滴定曲线的起点越低，滴定突跃就越大。

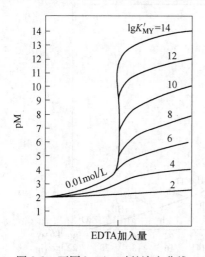 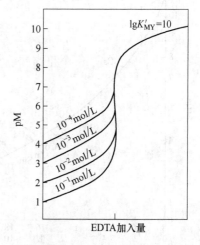

图 8-3 不同 $\lg K'_{MY}$ 时的滴定曲线　　图 8-4 不同浓度 EDTA 与金属离子 M 的滴定曲线

8.4.4.2　金属离子能被准确滴定的判据

金属离子能否被定量滴定，使滴定误差控制在允许范围（$T \leqslant 0.1\%$）内，这是决定一种分析方法是否适用的首要条件，实践和理论证明，在配位滴定中，若某金属离子 M 浓度为 $c(M)$ 能被 EDTA 定量滴定，必须满足：

$$\lg c(M) K'_{MY} \geqslant 6 \tag{8-12}$$

若测定时金属离子的浓度控制为 0.010mol/L，则有：

$$\lg K'_{MY} \geqslant 8$$

式（8-12）即为金属离子 M 能被 EDTA 准确滴定的判据，同时考虑指示滴定终点的方法。

8.4.4.3　配位滴定中酸度的选择

由前面讨论可知，酸效应和水解效应均能降低配合物的稳定性，综合考虑两种因素可得到一个合适的酸度范围。在这个范围内，条件稳定常数能够满足滴定要求，金属离子也不发生水解。

A 最高酸度（最小 pH 值）及酸效应曲线

由于 EDTA 定量滴定金属离子时必须满足 $\lg K'_{MY} \geqslant 8$，而 $\lg K'_{MY}$ 与 $\lg K_{MY}$、$\lg \alpha_{Y(H)}$ 有关，不同金属离子 $\lg K_{MY}$ 不同，各金属离子能被 EDTA 稳定配位时所允许的最高酸度不同。根据 $\lg K'_{MY} \geqslant 8$ 和 $\lg K'_{MY} = \lg K_{MY} - \lg \alpha_{Y(H)}$，可求得每一个金属离子能被 EDTA 定量配位时的最大 $\lg \alpha_{Y(H)}$，然后根据表 8-4，就可得到对应的 pH 值，此值为金属离子被准确滴定的最小 pH 值，即最高酸度。将各种金属离子的 $\lg K_{MY}$ 与其最小 pH 值绘成曲线，称为 EDTA 的酸效应曲线，如图 8-5 所示。

酸效应曲线是配位平衡中的重要曲线，利用它可以确定单独定量滴定某一金属离子的最小 pH 值，还可以判断在一定 pH 值范围内测定某一离子时其他离子的存在对它是否有干扰，可以判断分别滴定和连续滴定两种或两种以上离子的可能性。

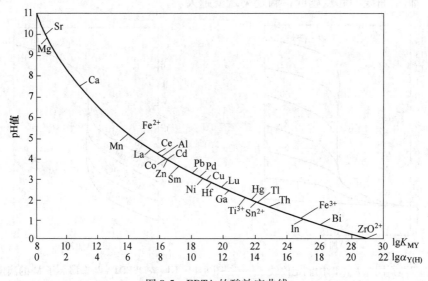

图 8-5 EDTA 的酸效应曲线

B 最低酸度（最大 pH 值）

酸效应曲线只能说明测定某离子的最小 pH 值，而测定某一金属离子的最大 pH 值可由金属离子的水解情况、金属指示剂的作用情况求得。如：

$$M^{n+} + nOH^- \Longrightarrow M(OH)_n$$

若使 M^{n+} 不能生成沉淀，则 $c(M^{n+}) \cdot c^n(OH^-) \leqslant K_{sp}^{\ominus}$

$$c(OH^-) \leqslant \sqrt[n]{\frac{K_{sp}^{\ominus}}{c(M^{n+})}} \tag{8-13}$$

例 8-5 用 0.010mol/L EDTA 滴定 0.010mol/L Fe^{3+} 溶液，计算滴定的最适宜的酸度范围。

解：已知 $\lg K_{FeY} = 25.1$，根据式（8-10）和式（8-11）得：

$$\lg \alpha_{Y(H)} = \lg K_{FeY} - 8 = 25.1 - 8 = 17.1$$

根据表 8-4 得 pH 值 1.2(最高酸度)；

最低酸度由 $Fe(OH)_3$ 的溶度积关系式导出：

$$c(Fe^{3+}) \cdot c^3(OH^-) \leqslant K_{sp}^{\ominus}$$

$$c(OH^-) \leqslant \sqrt[n]{\frac{K_{sp}^{\ominus}}{c(Fe^{3+})}} = \sqrt[3]{\frac{4.0 \times 10^{-38}}{0.010}} = 1.6 \times 10^{-12}$$

$$pOH = 11.8$$

pH 值为 2.2（最低酸度）

所以滴定时的最适宜酸度范围为 pH 值 1.2~2.2。

8.4.5 金属指示剂

在配位滴定中，通常利用一种能与金属离子生成有色配合物的显色剂来指示滴定过程中金属离子浓度的变化，这种显色剂称为金属指示剂。

8.4.5.1 金属指示剂的作用原理

金属指示剂本身是一种有机配位剂，它与金属离子形成有色配合物，配合物的颜色与游离指示剂的颜色显著不同。利用化学计量点前后溶液中被测金属离子浓度的突变，造成指示剂两种存在形式（游离和配位）的转变，从而引起颜色变化指示滴定终点的到达。

动画：金属
指示剂变色演示

例如金属指示剂铬黑 T（以 In 表示），铬黑 T 能与金属离子（Ca^{2+}、Mg^{2+}、Zn^{2+} 等）形成较为稳定的红色配合物，而当 pH 值为 8.0~11.0 时，铬黑 T 本身呈蓝色。反应式如下：

$$In + M \Longleftrightarrow MIn$$

蓝色 　　 红色

滴定时，先在含有上述待测金属离子的溶液中加入少量铬黑 T，由于生成了红色的配合物，此时待测溶液显红色。随着滴定剂 EDTA 的加入，与金属离子发生配位反应，当反应达到化学计量点时，与指示剂配位的金属离子被 EDTA 夺走，释放出金属指示剂，使溶液的颜色由红色变为蓝色，指示滴定到达终点：

$$MIn + Y \Longleftrightarrow MY \ + \ In$$

红色 　 无色 　 蓝色

8.4.5.2 金属指示剂应具备的条件

一般来说，金属指示剂应该具备下列条件：

（1）滴定的 pH 值范围内，游离的指示剂颜色同金属离子与指示剂形成配合物的颜色应显著不同。

（2）金属离子与指示剂的显色反应应灵敏、迅速，有良好的变色可逆性。

（3）金属离子与指示剂的配合物 MIn 的稳定性要适当。既要具有足够的稳定性，又要比该金属离子的 EDTA 配合物 MY 的稳定性小，即 $K_{稳}^{\ominus}(MIn) < K_{稳}^{\ominus}(MY)$。在化学计量点时，EDTA 才能将指示剂从 MIn 配合物中置换出来，显示滴定终点的到达。另外，如果 MIn 没有足够的稳定性，会提前出现终点，而且变色不敏锐。

（4）金属离子与指示剂的配合物 MIn 应易溶于水，如果生成胶体或沉淀，则会使显色不明显。

（5）金属指示剂应比较稳定，便于贮藏和使用。

由于测定不同的金属离子要求的酸度不同，而指示剂本身大多是多元的有机酸，在不同酸度条件下显示不同的颜色，所以要正确指示滴定终点，要求指示剂与金属离子形成配合物的条件与 EDTA 测定金属离子的酸度条件相符合。如铬黑 T 在不同 pH 值时的颜色变化（表 8-6）。

表 8-6　铬黑 T 在不同 pH 值时的不同颜色

EBT	H_2In^-	HIn^{2-}	In^{3-}
pH 值	<6.30	6.30~11.55	>11.55
溶液颜色	紫红	蓝	橙

铬黑 T 与金属离子形成的配合物呈红色，所以 pH 值只有在 6.30~11.55 的情况下铬黑 T 才能正确指示配位滴定的终点。

8.4.5.3　使用金属指示剂时可能出现的问题

A　指示剂的封闭现象

由于指示剂与某些金属离子生成的配合物稳定性大于滴定剂 EDTA 与这些金属离子所生成的配合物稳定性，在化学计量点时，滴入过量的滴定剂 EDTA，也不能置换出金属与指示剂配合物中的指示剂，因而指示剂在化学计量点附近没有颜色变化，这种现象称为指示剂的封闭现象。

产生指示剂封闭现象的原因主要由于干扰离子的存在，干扰离子与指示剂形成较为稳定的配合物，不能被滴定剂 EDTA 所置换，产生封闭现象，通常加入适当的掩蔽剂可消除干扰离子。例如用铬黑 T 作指示剂，在 pH 值为 10.0 的条件下，用 EDTA 滴定 Ca^{2+}、Mg^{2+} 时，Fe^{3+}、Al^{3+}、Ni^{2+} 和 Co^{2+} 对铬黑 T 有封闭作用，可加入少量的三乙醇胺掩蔽 Fe^{3+} 和 Al^{3+}，加入 KCN 掩蔽 Ni^{2+} 和 Co^{2+}，消除干扰。

B　指示剂的僵化现象

有些指示剂和金属离子的配合物 MIn 在水中溶解度小，使 EDTA 与 MIn 的置换缓慢，终点颜色变化不明显，这种现象称为指示剂僵化。消除办法是加入适当的有机溶剂或加热以增大其溶解度。例如用 PAN 指示剂时有僵化现象，可加入少量的甲醇或乙醇，或将溶液加热以加快置换速度，使指示剂的变色敏锐。

C　指示剂的氧化变质现象

金属指示剂大多为含有双键的有色化合物，易被日光、氧化剂、空气所分解。在水溶液中多不稳定，日久变质，避免的办法是配成固体混合物，或加入一定量的还原性物质（如盐酸羟胺）配成溶液。

8.4.5.4　常用的金属指示剂

A　铬黑 T

铬黑 T 属于 O，O′-二羟基偶氮类染料，简称 EBT，化学名称是 1-(1-羟基-2-萘偶氮基)-6-硝基-2-萘酚-4-磺酸钠。

铬黑 T 与金属离子形成的配合物显红色。在 pH 值小于 6.30 和 pH 值大于 11.55 的溶液中，由于指示剂本身接近红色，故不能使用。根据实验结果，使用铬黑 T 最适宜的酸度是 pH 值为 9.00~10.50。在此酸度的缓冲溶液中，用 EDTA 直接滴定 Mg^{2+}、Zn^{2+}、Cd^{2+}、Pb^{2+} 和 Hg^{2+} 等离子时，铬黑 T 是良好的指示剂，但 Al^{3+}、Fe^{3+}、Co^{2+}、Ni^{2+}、Cu^{2+}、Ti^{4+} 等对指示剂有封闭作用。

固体铬黑 T 性质稳定，但其水溶液只能保存几天。这是由于发生聚合反应和氧化反应的缘故。铬黑 T 的聚合物反应如下：

$$nH_2In^- \Longrightarrow (H_2In^-)_n$$

紫红色   棕色

在 pH 值小于 6.5 的溶液中，聚合更严重。指示剂聚合后，不能与金属离子显色。如在配制溶液时，加入三乙醇胺，可减慢聚合速度。

在碱性溶液中，空气中的 O_2 及 $Mn(Ⅳ)$ 和 Ce^{4+} 等能将铬黑 T 氧化褪色。加入盐酸羟氨或抗坏血酸等还原剂，可防止其氧化。

配制指示剂的另一种方法是：将铬黑 T 与干燥的纯 NaCl 按 1:100 混合研细，密封保存。使用时用匙取约 0.1g，直接加于溶液中。

B　二甲酚橙

二甲酚橙属于三苯甲烷类显色剂，化学名称是 3-3′-双（二羧甲基氨甲基）-邻甲酚磺酞，简写为 XO。二甲酚橙是紫色结晶，易溶于水，有 6 级酸式离解。pH 值大于 6.3 时，呈现红色；pH 值小于 6.3 时，呈现黄色；pH 值等于 pKa 值为 6.3 时，呈现中间颜色。二甲酚橙与金属离子形成的配合物都是红紫色，因此它只适用于 pH 值小于 6.0 的酸性溶液中。

二甲酚橙可用于许多金属离子的直接滴定，如 ZrO^{2+}（pH 值小于 1）、Bi^{3+}（pH 值为 1.0~2.0）、Th^{4+}（pH 值为 2.5~3.5）等，终点由紫红色转变为亮黄色，变色敏锐。

Al^{3+}、Fe^{3+}、Ni^{2+}、Ti^{4+} 和 pH 值为 5.0~6.0 时的 Th^{4+} 对二甲酚橙有封闭作用，可用 NH_4F 掩蔽 Al^{3+}、Ti^{4+}，抗坏血酸掩蔽 Fe^{3+}，邻二氮菲掩蔽 Ni^{2+}，乙酰丙酮掩蔽 Th^{4+}、Al^{3+} 等，消除封闭现象。

二甲酚橙通常配成 0.5% 的水溶液，稳定 2~3 周。

C　常用金属指示剂

常用的金属指示剂的使用情况见表 8-7。

表8-7　常用的金属指示剂

指示剂名称	适用的 pH 值范围	颜色变化		能被直接滴定的离子	指示剂的配制	注意事项
		In	MIn			
铬黑 T（eriochrome black T）简称 BT 或 EBT	8~10	蓝色	红色	pH 值为 10，Mg^{2+}、Cd^{2+}、Pb^{2+}、Zn^{2+}、Mn^{2+}、稀土元素离子	1:100 NaCl（固体）	Fe^{3+}、Al^{3+}、Cu^{2+}、Ni^{2+} 等离子封闭 EBT

指示剂名称	适用的 pH 值范围	颜色变化		能被直接滴定的离子	指示剂的配制	注意事项
		In	MIn			
二甲酚橙（xylenol orange）简称 XO	<6	亮黄	红色	pH 值小于 1，ZrO^{2+} pH 值为 1～3.5，Bi^{3+}，Th^{4+} pH 值为 5～6，Tl^{3+}，Zn^{2+}，Cd^{2+}，Pb^{2+}，Hg^{2+}，稀土元素离子	0.5% 水溶液（5g/L）	Fe^{3+}，Al^{3+}，Ti^{4+}，Ni^{2+} 等离子封闭 XO
PAN［1-(2-pyridylazo)-2-naphthol］	2～12	黄色	紫红	pH 值为 2～3，Bi^{3+}，Th^{4+} pH 值为 4～5，Cu^{2+}，Ni^{2+}，Pb^{2+}，Zn^{2+}，Cd^{2+}，Mn^{2+}，Fe^{2+}	0.1% 乙醇溶液（1g/L）	MIn 在水中溶解度小，滴定时须加热防止 PAN 僵化
酸性铬蓝 K（acid chrome blue K）	8～13	蓝色	红色	pH 值为 10，Mg^{2+}，Zn^{2+}，Mn^{2+} pH 值为 13，Ca^{2+}	1：100 NaCl（固体）	
钙指示剂（calcon-carboxylic acid）简称 NN	12～13	蓝色	红色	pH 值为 12～13，Ca^{2+}	1：100 NaCl（固体）	Fe^{3+}，Al^{3+}，Cu^{2+}，Ni^{2+}，Mn^{2+}，Ti^{4+}，Co^{2+} 等离子封闭 NN
磺基水杨酸（sulfo-salicylic acid）简称 SSAL	1.5～2.5	无色	紫红	pH 值为 1.5～2.5，Fe^{3+}	5% 水溶液（50g/L）	SSAL 本身无色，FeY 呈黄色

8.4.6 提高配位滴定选择性的方法

EDTA 等氨羧配位剂配位作用广泛，可与许多金属离子发生配位反应。配位滴定中，实际分析对象比较复杂，多种离子共存，用 EDTA 滴定时往往互相干扰。如何提高配位滴定的选择性，是配位滴定要解决的重要问题。

提高选择性途径主要是设法降低干扰离子与 EDTA 配合物的稳定性或降低干扰离子的浓度。实际上就是减小干扰离子与 EDTA 配合物的稳定常数，在实际滴定中，常用下列几种方法。

8.4.6.1 控制溶液的酸度进行分步滴定

不同金属离子的 EDTA 配合物的稳定常数不同，滴定时，允许的最小 pH 值也不同。若溶液中有两种或两种以上的金属离子共存，且与 EDTA 形成配合物的稳定常数相差较大，则可通过控制溶液的酸度，使其只满足一种离子的最小 pH 值，又不会使该离子发生水解，析出沉淀。此时只能有一种离子与 EDTA 形成稳定的配合物，其他离子与 EDTA 不发生配位反应，这样可以避免干扰。

例如，一般矿石溶液中含有 Fe^{3+}、Al^{3+}、Ca^{2+} 和 Mg^{2+} 四种离子，如果控制溶液的酸度，使 pH 值为 1.0，只能满足滴定 Fe^{3+} 的最小 pH 值，因此，用 EDTA 滴定 Fe^{3+} 时，其他三种离子不会发生干扰。

一般，对有干扰离子共存的配位滴定，通常允许有不大于 ±0.5% 相对误差。当两种离子浓度相等，准确滴定其中一种离子而另一种不干扰，必须满足：

$$\Delta \lg K \geq 5 \tag{8-14}$$

通常将上式作为判断能否利用控制酸度进行分别滴定的条件。

上述共存的四种离子中，Al^{3+} 与 Fe^{3+} 的稳定常数接近（$\lg K_{FeY} = 25.1$，$\lg K_{AlY} = 16.3$），两者的 $\Delta \lg K = 9.3$ 且大于 5，可利用控制溶液酸度选择滴定 Fe^{3+}，而 Al^{3+} 等另外三种离子都不干扰。

控制溶液酸度滴定时，实际控制的 pH 值范围应该比允许的最小 pH 值稍大一点。原因是 EDTA 的各种存在型体中结合有 H^+（Y^{4-} 除外）。在配位反应过程中，会析出 H^+ 使溶液酸度增大。控制 pH 值稍大可抵消这种影响。同时应选用适合指示剂的 pH 值范围。如滴定 Fe^{3+} 选磺基水扬酸作指示剂，显色的 pH 值范围是 1.5~2.5。因此控制 pH 值范围，用 EDTA 直接滴定 Fe^{3+}，而不被其他离子干扰。

8.4.6.2 掩蔽和解蔽的方法

为提高配位滴定的选择性或避免金属指示剂的封闭，常用掩蔽剂掩蔽干扰离子。掩蔽剂与干扰离子一般发生两种作用，一种是与干扰离子形成稳定的配合物，而不干扰主反应的进行；另一种是与干扰离子发生沉淀或氧化还原反应，使干扰离子不能与指示剂或 EDTA 作用，消除干扰。常用的掩蔽方法按反应类型不同，可分为配位掩蔽法、沉淀掩蔽法和氧化还原掩蔽法，其中以配位掩蔽法用得最多。

A 配位掩蔽法

利用配位剂 L 与干扰离子 N 形成稳定配合物，降低干扰离子浓度消除干扰的方法，称为配位掩蔽法。例如用 EDTA 滴定 Zn^{2+}、Al^{3+} 共存溶液中的 Zn^{2+}，Al^{3+} 产生干扰，加入 NH_4F 掩蔽，使其生成稳定性较大的 AlF_6^{3-} 配离子，调节 pH 值为 5~6 即可滴定 Zn^{2+}。由于 AlF_6^{3-} 的稳定性（$\lg K_{AlF_6^{3-}} = 19.84$）远大于 AlY 的稳定性（$\lg K_{AlY} = 16.13$），而 F^- 又不与 Zn^{2+} 配位，故 NH_4F 可以掩蔽 Al^{3+}。常用的配位掩蔽剂及使用范围见表 8-8。

表 8-8 常用的掩蔽剂及使用范围

名称	pH 值范围	被掩蔽的离子	备 注
KCN	pH 值大于 8	Co^{2+}、Ni^{2+}、Cu^{2+}、Zn^{2+}、Hg^{2+}、Cd^{2+}、Ag^+、Tl^+ 及铂族元素	
NH_4F	pH 值为 4~6 pH 值为 10	Al^{3+}、Ti^{4+}、Sn^{4+}、Zr^{4+}、W^{6+} 等 Al^{3+}、Mg^{2+}、Ca^{2+}、Sr^{2+}、Ba^{2+} 及稀土元素	用 NH_4F 比 NaF 好，优点是加入后溶液 pH 值变化不大
三乙醇胺（TEA）	pH 值为 10 pH 值为 11~12	Al^{3+}、Sn^{4+}、Ti^{4+}、Fe^{3+}、Fe^{3+}、Al^{3+} 及少量 Mn^{2+}	与 KCN 并用，可提高掩蔽效果
二巯基丙醇	pH 值为 10	Hg^{2+}、Cd^{2+}、Zn^{2+}、Bi^{3+}、Pb^{2+}、Ag^+、As^{3+}、Sn^{4+} 及少量 Cu^{2+}、Co^{2+}、Ti^{4+}、Fe^{3+}	

名称	pH 值范围	被掩蔽的离子	备　注
铜试剂（DDTC）	pH 值为 10	能与 Cu^{2+}，Hg^{2+}，Pb^{2+}，Cd^{2+}，Bi^{3+} 生成沉淀，其中 Cu-DDTC 为褐色，Bi-DDTC 为黄色，故其存在量应分别小于 2mg 和 10mg	
酒石酸	pH 值为 1.2 pH 值为 2 pH 值为 5.5 pH 值为 6~7.5 pH 值为 10	Sb^{3+}，Sn^{4+}，Fe^{3+} 及 5mg 以下的 Cu^{2+}，Fe^{3+}，Sn^{4+}，Mn^{2+}，Fe^{3+}，Al^{3+}，Al^{3+}，Ca^{2+}，Mg^{2+}，Cu^{2+}，Fe^{3+}，Al^{3+}，Mo^{4+}，Sb^{3+}，W^{6+}，Al^{3+}，Sn^{4+}	在抗坏血酸存在下

B　沉淀掩蔽法

加入选择性沉淀剂 L，与干扰离子 N 形成沉淀，在沉淀存在下直接进行配位滴定。例如在 Ca^{2+}、Mg^{2+} 两种离子共存的溶液中，加入 NaOH 溶液，使 pH 值大于 12，则 Mg^{2+} 生成 $Mg(OH)_2$ 沉淀，不用分离，可直接滴定溶液中的 Ca^{2+}。

沉淀掩蔽法在实际应用中有一定的局限，要求沉淀反应必须满足下列条件：（1）沉淀的溶解度要小，否则掩蔽效果不好；（2）生成的沉淀应是浅色或无色的，最好是晶形沉淀，吸附作用小。颜色太深、吸附待测组分或指示剂都会影响滴定终点的判断。常用的沉淀掩蔽剂及使用范围见表 8-9。

表 8-9　配位滴定中应用的沉淀掩蔽剂及使用范围

名　称	被掩蔽的离子	待测定的离子	pH 值范围	指示剂
NH_4F	Ca^{2+}，Sr^{2+}，Ba^{2+}，Mg^{2+}，Ti^{4+}，Al^{3+}，稀土	Zn^{2+}，Cd^{2+}，Mn^{2+}（有还原剂存在下）	10	铬黑 T
NH_4F	Ca^{2+}，Sr^{2+}，Ba^{2+}，Mg^{2+}，Ti^{4+}，Al^{3+}，稀土	Cu^{2+}，Co^{2+}，Ni^{2+}	10	紫脲酸铵
K_2CrO_4	Ba^{2+}	Sr^{2+}	10	铬黑 T
Na_2S 或铜试剂	微量重金属	Ca^{2+}，Mg^{2+}	10	铬黑 T
H_2SO_4	Pb^{2+}	Bi^{3+}	1	二甲酚橙
$K_2[Fe(CN)_6]$	微量 Zn^{2+}	Pb^{2+}	5~6	二甲酚橙

C　氧化还原掩蔽法

加入一种氧化还原剂 L，改变干扰离子 N 的氧化数，消除其干扰。例如，用 EDTA 滴定 Bi^{3+}、Zr^{4+}、Th^{4+} 时，溶液中如果存在 Fe^{3+} 就会发生干扰。此时可加入抗坏血酸或羟氨，将 Fe^{3+} 还原为 Fe^{2+}。由于 Fe^{2+}-EDTA 配合物的稳定常数比 Fe^{3+}-EDTA 配合物的稳定常数小得多，因而能避免干扰。

常用的还原剂有：抗坏血酸、盐酸羟氨、联氨、半胱氨酸等，其中有些还原剂同时又是配位剂。

有些干扰离子的高价态与 EDTA 的配合物的稳定常数比低价态与 EDTA 的配合物的稳

定常数小，可预先将低价干扰离子氧化成高价酸根来消除干扰。

D 解蔽

在金属离子配合物溶液中，加入一种试剂（解蔽剂），将已被 EDTA 或掩蔽剂配位的金属离子释放出来，再进行滴定，这种方法称为解蔽，所用试剂称为解蔽剂。例如，用配位滴定法测定铜合金中的 Pb^{2+} 和 Zn^{2+}，试液调至碱性后，加 KCN 掩蔽 Cu^{2+}、Zn^{2+}（氰化钾是剧毒物，只允许在碱性用溶液中使用），此时 Pb^{2+} 不被 KCN 掩蔽，故可在 pH 值为 10，以铬黑 T 为指示剂，用 EDTA 标准溶液进行滴定，在滴定 Pb^{2+} 后的溶液中，加入甲醛破坏 $[Zn(CN)_4]^{2-}$，原来被 CN^- 配位了的 Zn^{2+} 又释放出来，再用 EDTA 继续滴定。

在实际分析中，用一种掩蔽剂常不能得到令人满意的结果，当有许多离子共存时，掩蔽剂或沉淀剂联合使用，这样才能获得较好的选择性。但须注意，共存干扰离子的量不能太多，否则得不到满意的结果。

8.4.6.3 化学分离法

当利用控制酸度或掩蔽等方法避免干扰都有困难时，还可用化学分离法把被测离子从其他组分中分离出来，分离的方法很多。

8.4.6.4 选用其他配位滴定剂

随着配位滴定法的发展，除 EDTA 外又研制了一些新型的氨羧配合物作为滴定剂，它们与金属离子形成配合物的稳定性各有特点，可以用来提高配位滴定法的选择性。

例如，EDTA 与 Ca^{2+}、Mg^{2+} 形成的配合物稳定性相差不大，而 EGTA 与 Ca^{2+}、Mg^{2+} 形成的配合物稳定性相差较大，故可以在 Ca^{2+}、Mg^{2+} 共存时，用 EGTA 选择性滴定 Ca^{2+}。EDTP 与 Cu^{2+} 形成的配合物稳定性高，可在 Cu^{2+}、Zn^{2+}、Cd^{2+}、Mn^{2+} 共存的溶液中选择性滴定 Cu^{2+}。

8.4.7 配位滴定的方式及其应用

配位滴定法有直接滴定法、返滴定法、置换滴定法和间接滴定法四种。在配位滴定中，采用不同的滴定方式，既可扩大配位滴定的应用范围，又可提高配位滴定的选择性。

8.4.7.1 直接滴定法

直接滴定法是配位滴定中最基本的方法。这种方法是将试样处理成溶液，调至所需酸度，加入必要的掩蔽剂和辅助配位体，选择适当的指示剂，直接用 EDTA 标准溶液滴定，然后根据标准滴定溶液的浓度和滴定所消耗的体积计算出被测组分的含量。

不同 pH 值条件下，直接滴定法的适用情况如下：

pH 值为 1.0   直接滴定 Zr^{4+}

pH 值为 2.0~3.0   直接滴定 Fe^{3+}，Bi^{3+}，Th^{4+}，Ti^{4+}，Hg^{2+}

pH 值为 5.0~6.0   直接滴定 Zn^{2+}，Pb^{2+}，Cd^{2+}，Cu^{2+} 及稀土元素

pH 值为 10.0   直接滴定 Mg^{2+}，Co^{2+}，Ni^{2+}，Zn^{2+}，Cd^{2+}

pH 值为 12.0   直接滴定 Ca^{2+}

8.4.7.2　返滴定法

当被测金属离子与 EDTA 配位缓慢或在滴定的条件下发生副反应，或被测离子对指示剂有封闭现象，产生僵化，或无合适的指示剂时，可采用返滴定法。即在试液中先加入过量的 EDTA，使之与被测离子配位完全后，用另一种金属离子的标准溶液滴定剩余的 EDTA 的方法。由消耗两种标液的物质的量之差计算被测金属离子的含量。

例如，Al^{3+} 与 EDTA 配位缓慢，且对指示剂二甲酚橙有封闭作用，较易发生水解，故常用返滴定法滴定。先加入过量的滴定剂 EDTA，调节 pH 值，加热煮沸使 Al^{3+} 与 EDTA 配位完全，冷却后调节 pH 值为 5.0 ~ 6.0，加入二甲酚橙，用 Zn^{2+} 标准溶液滴定剩余的 EDTA。

注意返滴定剂所生成的配合物应具一定的稳定性，但不宜超过被测离子配合物的稳定性，否则返滴定过程中，返滴定剂会置换出被测离子，引起误差，且终点不敏锐。

8.4.7.3　置换滴定法

利用置换反应，从配合物中置换出按化学计量的另一金属离子，或置换出 EDTA，然后滴定已置换出的金属离子或 EDTA。

A　置换出金属离子

被测离子 M 与 EDTA 反应不完全或所形成的配位物不稳定，可让 M 置换出另一配位物（NL）中的 N，用 EDTA 滴定置换出的 N。即可求得 M 的含量：

$$M + NL \Longrightarrow ML + N$$

例如，Ag^+ 与 EDTA 的配位物不稳定，不能用 EDTA 直接滴定，但将 Ag^+ 加入到 $[Ni(CN)_4]^{2-}$ 溶液中，则：

$$2Ag^+ + [Ni(CN)_4]^{2-} \Longrightarrow 2[Ag(CN)_2]^- + Ni^{2+}$$

在 pH 值为 10.0 的氨缓冲溶液中以紫脲酸胺作指示剂，用 EDTA 滴定置换出来的 Ni^{2+}，即可求得 Ag^+ 的含量。

B　置换出 EDTA

将被测离子 M 和干扰离子全部用 EDTA 配位，加入选择性高的配位剂 L 夺取 M，并释放出 EDTA：

$$MY + L \Longrightarrow ML + Y$$

反应后，释放出与 M 等摩尔数的 EDTA，用金属盐类标准溶液滴定释放出来的 EDTA，即可测定 M 的含量。

例如，测定铂合金中的 Sn^{4+} 时，在试液中加入过量的 EDTA，将可能存在的干扰离子 Pb^{2+}、Zn^{2+}、Cd^{2+}、Bi^{3+} 等与 Sn^{4+} 一起配位。用 Zn^{2+} 标准溶液滴定过量的 EDTA。加入 NH_4F，选择性地将 SnY 中的 EDTA 释放出来，再用 Zn^{2+} 标准溶液滴定释放出来的 EDTA，即可求得 Sn^{4+} 的含量。

置换滴定法也是提高配位滴定选择性的途径之一。

8.4.7.4　间接滴定法

有些金属离子和非金属离子不与 EDTA 配位或生成的配位物不稳定，可用间接滴定法。例如钠的测定，将 Na^+ 沉淀为醋酸铀酰锌钠 $NaAcZn(Ac)_2 \cdot 3UO_2(Ac)_2 \cdot 9H_2O$，分出沉淀，洗涤、溶解，然后用 EDTA 滴定 Zn^{2+} 从而求得试样中 Na^+ 的含量。

间接滴定法手续较繁，引入误差的机会较多，不是一种理想的方法。

8.4.8 配位滴定结果的计算

EDTA 通常与各种价态的金属离子以 1:1 配位，结果计算比较简单。

例 8-6 取水样 50.00mL，调 pH 值为 10，以铬黑 T 为指示剂，用 0.01000mol/L EDTA 标准溶液滴定，消耗 15.00mL；另取水样 50.00mL，调 pH 值为 12，以钙指示剂为指示剂，用相同的 EDTA 标准溶液滴定，消耗 10.00mL。

计算：（1）水样中 Ca^{2+}、Mg^{2+} 的总含量，以 mmol/L 表示；

（2）Ca^{2+} 和 Mg^{2+} 的各自含量，以 mg/L 表示。

解：（1）pH 值为 10 时，以铬黑 T 为指示剂，用 EDTA 标准溶液滴定，所测结果为 Ca^{2+}、Mg^{2+} 的总含量，即 $n_{(Ca^{2+}+Mg^{2+})} = n_{EDTA}$

$$c_{(Ca^{2+}+Mg^{2+})} = \frac{c_{EDTA} \cdot V_{EDTA}}{V} = \frac{0.01000\text{mol/L} \times 15.00\text{mL}}{50.00\text{mL}}$$

$$= 3.000 \times 10^{-3}\text{mol/L} = 3.000\text{mmol/L}$$

（2）以钙指示剂为指示剂，调 pH 值为 12 时，Mg^{2+} 形成 $Mg(OH)_2$ 沉淀，用 EDTA 标准溶液滴定，所测得的是 Ca^{2+} 的含量，即 $n_{Ca^{2+}} = n_{EDTA}$

$$\rho_{Ca^{2+}} = \frac{m_{Ca^{2+}}}{V} = \frac{n_{Ca^{2+}} \cdot M_{Ca^{2+}}}{V} = \frac{c_{EDTA} \cdot V_{EDTA} \cdot M_{Ca^{2+}}}{V}$$

$$= \frac{0.01000\text{mol/L} \times 10.00\text{mL} \times 40.08\text{g/mol} \times 10^3\text{mg/g}}{50.00\text{mL}} = 80.16\text{mg/L}$$

EDTA 与 Mg^{2+} 反应消耗的体积为：15.00-10.00=5.00mL

$$\rho_{Mg^{2+}} = \frac{0.01000\text{mol/L} \times 5.00\text{mL} \times 24.31\text{g/mol} \times 10^3\text{mg/g}}{50.00\text{mL}} = 24.31\text{mg/L}$$

8.4.9 配位滴定法应用示例

8.4.9.1 水的总硬度测定

工业用水常形成水垢，是因为水中含有钙、镁的碳酸盐、酸式碳酸盐、硫酸盐、氯化物等。水中钙、镁盐等的含量用"硬度"表示，其中 Ca^{2+}、Mg^{2+} 含量是计算硬度的主要指标。水的总硬度包括暂时硬度和永久硬度。在水中以碳酸盐及酸式碳酸盐形式存在的钙、镁盐，加热能被分解、析出沉淀而除去，这类盐所形成的硬度称为暂时硬度。而钙、镁的硫酸盐或氯化物等所形成的硬度称为永久硬度。

硬度是工业用水的重要指标，如锅炉给水，经常要进行硬度分析，为水的处理提供依据。测定水的总硬度就是测定水中 Ca^{2+}、Mg^{2+} 总含量。一般采用配位滴定法，即在 pH 值为 10.0 的氨缓冲溶液中，以铬黑 T 作指示剂，用 EDTA 标准溶液直接滴定，至溶液由酒红色转变为纯蓝色为终点。滴定时，水中存在的少量 Fe^{3+}、Al^{3+} 等干扰离子用三乙醇胺掩蔽，Cu^{2+}、Pb^{2+} 等重金属离子用 KCN、Na_2S 来掩蔽。

测定结果的钙、镁离子总量常以碳酸钙的量来计算水的硬度。各国对水的硬度表示方法不同，我国通常以含 $CaCO_3$ 的质量浓度 ρ 表示硬度，单位取 mg/L。也有用含 $CaCO_3$ 的物质的量浓度来表示的，单位取 mmol/L。国家标准规定饮用水硬度以 $CaCO_3$ 计，不能超过 450mg/L。

8.4.9.2　氢氧化铝凝胶含量的测定

用 EDTA 返滴定法测定氢氧化铝中铝的含量。将一定量的氢氧化铝凝胶溶解，加 HAc-NH₄Ac 缓冲溶液，控制酸度 pH 值为 4.5，加入过量的 EDTA 标准溶液，以二苯硫腙作指示剂，以锌标准溶液滴定到溶液由绿黄色变为红色，即为终点。

8.5　本章主要知识点

8.5.1　配位化合物的基本概念

8.5.1.1　配位化合物的组成

配位化合物是由中心离子（或原子）与一定数目的配体以配位键结合的一种复杂的化合物。配位化合物由内界和外界组成，内界由中心离子（或原子）和一定数目的配体组成，是配合物的特征部分，一般写在方括号内。方括号以外的部分称为外界。

（1）中心离子（或原子）：配合物的中心，提供空轨道与一定数目的配体中的具有孤对电子的配位原子以配位键结合。主要是过渡元素的离子（或原子）。

（2）配体：位于中心离子（或原子）的周围，其中的配位原子与中心离子经配位键结合。配体分为单齿配体和多齿配体，其中多齿配体与中心离子形成环状结构的配合物，称为螯合物，五元环、六元环最稳定，该类环越多越稳定。

（3）配离子：中心离子（或原子）与阴离子或中性分子以配位共价键相结合而成的复杂离子，称为配离子，它是配合物的内界。若中心离子和配体的电荷代数和为零，则为配分子，配分子没有外界。

8.5.1.2　配位化合物的命名

（1）内界的命名原则。配合物的命名主要在内界，尤其是不同配体的顺序，其根本原则是：先离子后分子、先无机后有机、同类配体按配位原子的英文字母顺序确定。

（2）外界的命名原则。外界是简单负离子称某化某，外界是复杂负离子时称某酸某；外界是阳离子时称某酸某。

8.5.2　配位化合物在水溶液中的状况

8.5.2.1　平衡常数

（1）配合物的稳定常数。在一定温度下，中心离子与配位体在溶液中达到配位平衡时的常数，称为稳定常数（生成常数），用 $K_稳$ 表示。$K_稳$ 或 $lgK_稳$ 越大，则表示生成的配合物越稳定。

（2）配合物的不稳定常数。配离子在水溶液中解离达平衡时的平衡常数，称为不稳定常数，用 $K_{\text{不稳}}^{\ominus}$ 表示，不稳定常数越大，表明配离子越不稳定。不稳定常数与稳定常数之间是互为倒数的关系，即：

$$K_{\text{稳}}^{\ominus} = \frac{1}{K_{\text{不稳}}^{\ominus}}$$

8.5.2.2　配离子稳定常数的应用

（1）判断同类型配合物的稳定性，即稳定常数越大，配合物越稳定。
（2）计算配位化合物溶液中各离子的浓度。
（3）判断配离子与沉淀之间转化的可能性。
（4）判断配离子间转化的可能性。

8.5.3　配位滴定法

8.5.3.1　配位反应的副反应和副反应系数

（1）酸效应和酸效应系数。由于 H^+ 存在使 EDTA 参加主反应能力降低的现象称为酸效应，酸效应的严重程度可用酸效应系数 $\alpha_{Y(H)}$ 表示，$\alpha_{Y(H)}$ 越大，表示酸效应越严重，$\alpha_{Y(H)} = 1$ 时，说明没有副反应发生。

（2）配位效应和配位效应系数。除配位剂 Y 外其他配位剂 L 与 M 也会发生配位反应使 M 参与主反应的能力降低，此现象称为配位效应。配位效应的严重程度可用配位效应系数 $\alpha_{M(L)}$ 表示，同理，$\alpha_{M(L)}$ 值越大说明配位效应副反应影响越大，当 $\alpha_{M(L)} = 1$ 时说明没有副反应。

8.5.3.2　条件稳定常数

考虑副反应影响的稳定常数称为条件稳定常数。

即：
$$K'_{MY} = \frac{c(MY)}{c(M') \cdot c(Y')} = \frac{K_{MY}}{\alpha_{M(L)}\alpha_{Y(H)}}$$

如不考虑其他副反应，只考虑 EDTA 的酸效应，则 $\lg K'_{MY} = \lg K_{MY} - \lg \alpha_{Y(H)}$。

8.5.3.3　配位滴定曲线

以配位滴定过程中加入的 EDTA 的体积为横坐标，以 pM（被测金属离子的浓度的负对数）为纵坐标作图所得的曲线。

8.5.3.4　影响滴定突跃范围的因素

影响配位滴定突跃大小的主要因素有配合物的条件稳定常数和金属离子的浓度。

8.5.3.5　金属离子能被定量测定的条件

$$\lg c(M)K'_{MY} \geq 6 \quad \text{或} \quad \lg K'_{MY} \geq 8 \text{（当 } c(M) = 0.010\text{mol/L 时）}$$

8.5.3.6　配位滴定中酸度的控制

1. 最高酸度（最小 pH 值）

金属离子与 EDTA 生成的配合物刚好能稳定存在时溶液的 pH 值。

根据：$\lg K'_{MY} = \lg K_{MY} - \lg \alpha_{Y(H)} \geqslant 8$

可得：$\lg \alpha_{Y(H)} \leqslant \lg K_{MY} - 8$

查表得到对应的 pH 值即是该金属离子的最低 pH 值。

2. 最低酸度（最高 pH 值）

被滴定金属刚开始发生水解时溶液的 pH 值。

$$M^{n+} + nOH^- \Longleftrightarrow M(OH)_n$$

若使 M^{n+} 不能生成沉淀，则 $c(M^{n+}) \cdot c^n(OH^-) \leqslant K_{sp}^{\ominus}$

$$c(OH^-) \leqslant \sqrt[n]{\frac{K_{sp}^{\ominus}}{c(M^n)}}$$

求得的 pH 值即为配位滴定的最高 pH 值。

8.5.3.7　金属指示剂

1. 金属指示剂作用原理

滴定前，溶液显示指示剂与金属离子生成的配合物 MIn 的颜色；化学计量点时，EDTA 夺取 MIn 中的 M，生成更稳定的 MY，并放出指示剂，此时溶液显示指示剂的颜色。

2. 常见金属指示剂

（1）铬黑 T（EBT）终点颜色变化：酒红→纯蓝；适宜的 pH 值：7.0~11.0；缓冲体系：NH_3-NH_4Cl；直接测定离子：Mg^{2+}、Zn^{2+}、Pb^{2+} 和 Hg^{2+} 等；封闭离子：Al^{3+}、Fe^{2+}、Cu^{2+}、Ni^{2+}；掩蔽剂：三乙醇胺、KCN。

（2）二甲酚橙（XO）终点颜色变化：紫红→亮黄；适宜的 pH 值范围<6.0（酸性区）；缓冲体系：HAc-NaAc；直接测定离子：Bi^{3+}、Pb^{2+}、Zn^{2+}、Hg^{2+}、Ca^{2+} 等；封闭离子：Al^{3+}、Fe^{3+}、Cu^{2+}、Co^{2+} 等；掩蔽剂：三乙醇胺、氟化铵。

（3）钙指示剂终点颜色变化：酒红→纯蓝；适宜的 pH 值范围：12~13；直接测定离子：Ca^{2+}。

（4）钙指示剂封闭离子：Fe^{2+}、Al^{3+}、Co^{2+}、Cu^{2+}、Ni^{2+} 等，掩蔽剂：三乙醇酸、KCN。

8.5.3.8　提高配位滴定选择性的方法

提高选择性途径主要是设法降低干扰离子与 EDTA 配合物的稳定性或降低干扰离子的浓度。实际上都是减小干扰离子与 EDTA 配合物的稳定常数，常用控制溶液的酸度进行分步滴定、掩蔽和解蔽的方法提高配位滴定。

8.5.3.9　滴定方式

配位滴定可采用直接滴定法、间接滴定法、返滴定法和置换滴定法四种方式。

思考与习题
参数答案

一、填空题

8-1 由一个阳离子（或原子）和一定数目的中性分子或阴离子以配位键相结合形成的能稳定存在的复杂离子或分子，称为_____或_____。

8-2 $[CoCl_2 \cdot (NH_3)_3(H_2O)]Cl$ 内界是_____，外界是_____，命名为_____，其中心离子为_____，配位体有_____、_____、_____，配位数为_____，配离子的电荷为_____。

8-3 中心离子与多齿配体形成的环状配合物称为_____，由单齿配体与中心离子直接配位形成的配合物，称为_____。

8-4 填充下表

配合物化学式	命名	中心离子电荷数	配位数	配位体	配位原子
$K_2[Cu(CN)_3]$					
$[Fe(H_2O)_6]^{2+}$					
$[CrCl \cdot (NH_3)_5]Cl_2$					
$[Fe(CO)_5]$					
$K_2[Co(NCS)_4]$					
$H_3[AlF_6]$					

8-5 填充下表

配合物名称	化学式	配离子电荷	配位数
氯化六氨合镍（Ⅱ）			
氯化二氯·三氨·一水合钴（Ⅲ）			
五氰·一羰基合铁（Ⅱ）酸钠			
硫酸二乙二胺合铜（Ⅱ）			
氢氧化二羟·四水合铝（Ⅲ）			

8-6 配合物的内界与外界是以_____键结合的，在水溶液中能_____（全部或部分）解离为配离子和外界离子；配离子的中心离子与配位体之间以_____键结合，在水溶液中只是_____解离。

8-7 影响配位滴定的主要副反应有_____和_____。

8-8 EDTA 溶液准确滴定金属离子的条件是_____。

8-9 在配位滴定中，若溶液中金属离子 M 与 N 的浓度均为 $1.0 \times 10^{-3} \text{mol/L}$，则当 $\lg c(M)K_{MY}^{\ominus} - \lg c(N)K_{NY}^{\ominus} \geqslant$ _____时，N 离子不干扰 M 离子的滴定。

8-10 用 EDTA 滴定 Ca^{2+}、Mg^{2+} 总量时，以_____作为指示剂，溶液的 pH 值必须控制在_____。滴定 Ca^{2+} 时，以_____作为指示剂，溶液的 pH 值则应控制在_____以上。

二、选择题

8-11 下列关于酸效应系数的说法正确的是（　　　）。

A. $\alpha_{Y(H)}$ 值随着 pH 值增大而增大　　　B. 在 pH 值低时 $\alpha_{Y(H)}$ 值约等于零

C. $\lg\alpha_{Y(H)}$ 值随着 pH 值减小而增大　　　D. 在 pH 值高时 $\lg\alpha_{Y(H)}$ 值约等于1

　　E. 在 pH 值低时 $\alpha_{Y(H)}$ 值约等于 1

8-12 在 Ca^{2+}、Mg^{2+} 的混合溶液中，用 EDTA 法测定 Ca^{2+}，要消除 Mg^{2+} 的干扰，宜用 （　　）。

　　A. 沉淀掩蔽法　　　　　B. 配位掩蔽法　　　C. 氧化还原掩蔽法

　　D. 离子交换法　　　　　E. 萃取分离法

8-13 当溶液中有两种金属离子共存时，欲与 EDTA 溶液滴定 M 而 N 不干扰的条件必须满足 （　　）。

　　A. $\dfrac{K'_{MY}}{K'_{NY}} \geqslant 10^5$ 　　　　　　　B. $\dfrac{K'_{MY}}{K'_{NY}} \geqslant 10^{-5}$ 　　　C. $\dfrac{K'_{MY}}{K'_{NY}} \leqslant 10^6$

　　D. $\dfrac{K'_{MY}}{K'_{NY}} = 10^{-8}$ 　　　　　　　E. $\dfrac{K'_{MY}}{K'_{NY}} = 10^8$

8-14 $\lg K$（CaY）= 10.7，当溶液 pH 值为 9.0 时，$\lg \alpha_{Y(H)} = 1.28$，则 $\lg K'_{CaY} = $（　　）。

　　A. 11.96　　　　B. 10.69　　　　C. 9.42　　　　D. 1.28　　　　E. 10.7

8-15 以 EDTA 为滴定剂，下列叙述中哪一种是错误的 （　　）。

　　A. 酸度较高的溶液中，可形成 MHY 配合物

　　B. 在碱性较高的溶液中，可形成 MOHY 配合物

　　C. 不论形成 MHY 和 MOHY，均有利于滴定反应

　　D. 不论溶液中 pH 值的大小，只形成 MY 一种配合物

　　E. 反应物 M 和 Y 发生副反应不利于主反应的进行

8-16 用 EDTA 滴定金属离子 M，影响滴定曲线化学计量点突跃范围大小的因素是下列哪一种 （　　）。

　　A. 金属离子的配位能力

　　B. 金属离子 M 的浓度

　　C. EDTA 的酸效应

　　D. 金属离子的浓度和配合物的条件稳定常数

8-17 EDTA 与金属离子形成螯合物时，一分子 EDTA 可提供 （　　）个配位原子。

　　A. 1　　　　　　B. 2　　　　　　C. 4　　　　　　D. 6

8-18 EDTA 与金属离子形成螯合物时，其螯合比一般为 （　　）。

　　A. 1 : 1　　　　　B. 1 : 2　　　　　C. 1 : 4　　　　　D. 1 : 6

8-19 下列物质中属于配分子的是 （　　）。

　　A. $[Cu(NH_3)_4](OH)_2$ 　　　　　B. $K_2[HgI_4]$

　　C. $[Fe(CO)_5]$ 　　　　　　　　　D. $H_3[AlF_6]$

8-20 配离子的稳定常数和不稳定常数的关系是 （　　）。

　　A. $K^{\ominus}_{稳} + K^{\ominus}_{不稳} = 1$ 　　　　　　　B. $K^{\ominus}_{稳} - K^{\ominus}_{不稳} = 1$

　　C. $K^{\ominus}_{稳} \cdot K^{\ominus}_{不稳} = 1$ 　　　　　　　D. $K^{\ominus}_{稳} / K^{\ominus}_{不稳} = 1$

8-21 在 EDTA 直接配位滴定法中，其终点所呈现的颜色 （　　）。

　　A. 金属指示剂与被测金属离子形成的配合物的颜色

　　B. 游离金属指示剂的颜色

　　C. EDTA 与被测金属离子形成配合物的颜色

　　D. 上述 A、B 选项的混合色

8-22 测定水中 Ca^{2+}、Mg^{2+} 含量时，消除少量 Fe^{3+}、Al^{3+} 干扰的正确方法 （　　）。

　　A. 向 pH 值为 10 的氨缓冲溶液中直接加入三乙醇胺

　　B. 向酸性溶液中加入 KCN，然后调至 pH 值为 10

　　C. 向酸性溶液中加入三乙醇胺，然后调至 pH 值为 10

　　D. 加入三乙醇胺时不考虑溶液的酸碱性

8-23 用于测定水硬度的方法是 （　　）。

A. 碘量法　　　　B. EDTA　　　　C. 酸碱滴定法　　　　D. $K_2Cr_2O_7$ 法

8-24 EDTA 的酸效应曲线是指（　　）。

A. $\alpha_{Y(H)}$-pH 曲线　　　　　　　　B. pM-pH 曲线

C. lgK'_{MY}-pH 曲线　　　　　　　　D. $lg\alpha_{Y(H)}$-pH 曲线

8-25 某钴氨配合物，用 $AgNO_3$ 溶液沉淀所含 Cl^- 时，能得到相当于总含氯量的 2/3，则该配合物是（　　）。

A. $[CoCl(NH_3)_5]Cl_2$　　　　　　　　B. $[CoCl_2(NH_3)_4]Cl$

C. $[CoCl_3(NH_3)_4]$　　　　　　　　　D. $[Co(NH_3)_5]Cl_3$

三、判断题（正确的划"√"，错误的划"×"）

8-26 只要金属离子能与 EDTA 形成配合物，都能用 EDTA 直接滴定。（　　）

8-27 中心离子的特点是能提供空轨道，是孤电子对的接受体。（　　）

8-28 由于 EDTA 分子中含有氨氮和羧氧两种配合能力很强的配位原子，所以它能和许多金属离子形成环状结构的配合物，且稳定性较高。（　　）

8-29 提高配位滴定选择性的常用方法有：控制溶液酸度和利用掩蔽的方法。（　　）

8-30 对一定的金属离子来说，溶液的酸度一定，当溶液中存在的其他配位剂浓度越高，则该金属与 EDTA 配合物的条件稳定常数 K'_{MY} 越大。（　　）

8-31 游离金属指示剂本身的颜色一定要与金属离子形成的配合物颜色有差别。（　　）

8-32 EDTA 滴定中，当溶液中存在某些金属离子与指示剂生成极稳定的配合物，则产生指示剂的封闭现象。（　　）

8-33 DTA 滴定某种金属离子的最高 pH 值可以在酸效应曲线上方便地查出。（　　）

8-34 当溶液中 pH 值大于 12.0 时，条件稳定常数就和绝对稳定常数没有区别，不需要考虑各种因素的影响。（　　）

8-35 氨水溶液不能装在铜制容器中，其原因是发生配位反应，生成 $[Cu(NH_3)_4]^{2+}$，使铜溶解。（　　）

四、简答题

8-36 简述什么是配位原子和配位体。

8-37 为什么在配位滴定中必须控制好溶液的酸度？

8-38 EDTA 与金属离子的配合物有何特点？

8-39 金属指示剂的作用原理是什么，它应该具备哪些条件，试举例说明。

8-40 为什么使用金属指示剂时要有 pH 值的限制？为什么同一种指示剂用于不同金属离子滴定时适宜的 pH 值条件不一定相同？

8-41 金属离子指示剂为什么会发生封闭现象，如何避免？

8-42 什么是金属离子指示剂的僵化现象，如何避免？

8-43 在配位滴定分析中，有共存离子存在时应如何选择滴定的条件？

五、计算题

8-44 试求下列转化反应的平衡常数，讨论下列反应进行的方向与程度。

(1) $[Ag(S_2O_3)_2]^{3-} + Br^- \rightleftharpoons AgBr(s) + 2S_2O_3^{2-}$

(2) $[Ag(NH_3)_2]^+ + I^- \rightleftharpoons Ag(s) + 2NH_3$

(3) $Cu(OH)_2(s) + 4NH_3 \rightleftharpoons [Cu(NH_3)_4]^{2+} + 2OH^-$

(4) $CuI(s) + 4CN^- \rightleftharpoons [Cu(CN)_4]^{3-} + I^-$

8-45 在 1.0L、6.0mol/L $NH_3 \cdot H_2O$ 中溶解 0.10mol $CuSO_4$，试求：

(1) 溶液中各组分的浓度；

(2) 若向此混合溶液中加入 0.010mol NaOH 固体，是否有 $Cu(OH)_2$ 沉淀生成？

（3）若以 0.010mol Na_2S 代替 NaOH，是否有 CuS 沉淀生成（设 $CuSO_4$、NaOH、Na_2S 溶解后，溶液体积不变）。

8-46　在 Bi^{3+} 和 Ni^{2+} 均为 0.01mol/L 的混合溶液中，试求以 EDTA 溶液滴定时所允许的最小 pH 值。能否采取控制溶液酸度的方法实现二者的分别滴定？

8-47　pH 值为 5.0 时，Co^{2+} 和 EDTA 配合物的条件稳定常数是多少（不考虑水解等副反应）？当 Co^{2+} 浓度为 0.02mol/L 时，能否用 EDTA 准确滴定 Co^{2+}？

8-48　在 pH 值为 10.0 的氨缓冲溶液中，滴定 100.0mL 含 Ca^{2+}、Mg^{2+} 的水样，消耗 0.01016mol/L EDTA 标准溶液 15.28mL；另取 100.0mL 水样，用 NaOH 处理，使 Mg^{2+} 生成 $Mg(OH)_2$ 沉淀，滴定时消耗 EDTA 标准溶液 10.43mL，计算水样中 $CaCO_3$ 和 $MgCO_3$ 的含量（以 μg/mL 表示）。

8-49　称取铝盐试样 1.2500g，溶解后加 0.05000mol/L EDTA 溶液 25.00mL，在适当条件下反应后，调节溶液 pH 值为 5.0~6.0，以二甲酚橙为指示剂，用 0.02000mol/L Zn^{2+} 标准溶液回滴过量的 EDTA，耗用 Zn^{2+} 溶液 21.50mL，计算铝盐中铝的质量分数。

8-50　欲测定有机试样中的含磷量，称取试样 0.1084g，处理成溶液，并将其中的磷氧化成 PO_4^{3-}，加入其他试剂使之形成 $MgNH_4PO_4$ 沉淀。沉淀经过滤洗涤后，再溶解于盐酸中并用 NH_3-NH_4Cl 缓冲溶液调节 pH 值为 10.0，以铬黑 T 为指示剂，需用 0.01004mol/L 的 EDTA 21.04mL 滴定至终点，计算试样中磷的质量分数。

8-51　移取含 Bi^{3+}、Pb^{2+}、Cd^{2+} 的试液 25.00mL，以二甲酚橙为指示剂，在 pH 值为 1.0，用 0.02015mol/L EDTA 标准溶液滴定，消耗 20.28mL。调 pH 值为 5.5，继续用 EDTA 溶液滴定，消耗 30.16mL。再加入邻二氮菲使与 Cd^{2+}-EDTA 配离子中的 Cd^{2+} 发生配合反应，被置换出的 EDTA 再用 0.02002mol/L Pb^{2+} 标准溶液滴定，用去 10.15mL，计算溶液中 Bi^{3+}、Pb^{2+}、Cd^{2+} 的浓度。

8-52　称取 0.5000g 煤试样，灼烧并使其中 S 完全氧化转移到溶液中以 SO_4^{2-} 形式存在。除去重金属离子后，加入 0.05000mol/L $BaCl_2$ 溶液 20.00mL，使之生成 $BaSO_4$ 沉淀。再用 0.02500mol/L EDTA 溶液滴定过量的 Ba^{2+}，用去 20.00mL，计算煤中 S 的质量分数。

8-53　25.00mL 试液中的镓（Ⅲ）离子，在 pH 值为 10 的缓冲溶液中，加入 25mL 浓度为 0.05mol/L 的 Mg-EDTA 溶液时，置换出的 Mg^{2+} 以铬黑 T 为指示剂，需用 0.05000mol/L 的 EDTA 10.78mL 滴定至终点。

　　计算：（1）镓溶液的浓度；
　　　　　（2）该试液中所含镓的质量（单位以 g 表示）。

9 元　素

本章学习目标

知识目标

1. 了解元素的自然资源、元素的分类。
2. 掌握非金属元素单质及其化合物的存在形式、性质、制备和用途。
3. 掌握金属元素单质及其化合物的存在形式、性质、制备和用途。

能力目标

1. 以元素周期性为依据，对元素的金属性和非金属性进行系统化的归纳、解释。
2. 从理解的角度上，深入地了解和掌握各种元素的化学性质。

9.1　化学元素概论

元素是对具有相同原子序数（核电荷数或质子数）的同一类原子的总称。能以单质状态天然存在的元素仅发现了少数几种。这些元素中有氧、氮、惰性气体（氦、氖、氩、氪、氙和氡）、硫、铜、银和金等。室温下，大部分元素的单质为固体，只有溴和汞是液体，其余是气体。在自然界，大多数元素与其他元素化合形成化合物。地球上最丰富的元素是氧，其次是硅。宇宙间最丰富的元素是氢，其次是氦。

大多数科学家认为，质子核聚变（在摄氏 1 亿度或更高的温度条件下氢核聚变形成氦，再聚变形成锂、硼等轻元素）和中子俘获（氦轰击轻原子产生的中子，能被原子核俘获形成较重元素）是宇宙形成各种化学元素的两个过程。目前已发现的化学元素都是简单核子（质子和中子等）核聚变合成的结果。可以认为，所有的化学元素都由氢元素通过恒星不同演化阶段逐步合成，再由恒星抛到宇宙空间，形成现在发现和观察到的化学元素及其同位素。恒星产生元素的聚变过程仍在继续进行。

利用这一核聚变原理，科学家们用中子或快速粒子（质子、氘、氦也即 α 粒子）去轰击某种元素的原子，把这种原子变成了另一种新元素的原子。合成了许多在自然界存在极少的元素（锝、钷、砹、钫等）及完全没有的元素（所有原子序数超过 94 的人工合成元素）。人们已能实现古代炼金术家的愿望——点石成金。

9.1.1　元素的自然资源

人类赖以生存的地球纵深 6470km，分为地核、地幔和地壳 3 层。地壳约为地球总质量的 0.7%。地壳所占质量虽不大，但所含元素很丰富。地球表面被岩石、海水（或河流）和大气所覆盖，经探明其中大约分布有 94 种

地壳中主要元素的丰度饼图

元素。元素在地壳中的含量称为丰度，通常以质量分数表示。元素的相对含量差别很大，其中99.2%为氧、硅、铝、铁、钙、钠、钾等10种元素（见表9-1），其余80多种不到1%。在前10种元素中又以氧元素居首位，几乎占地壳质量的一半。元素在地壳中的存在较复杂，如钛在地壳中丰度虽然不低，但非常分散，并以化合物形式存在，难以提纯，直至1940年代才被重视。银、金在地壳中丰度很低（1×10^{-5}%、5×10^{-7}%），但它们性质不活泼，大多以单质存在，且比较集中，所以早从古代起就被人们发现和利用。

表9-1　地壳中主要元素的丰度

元素	O	Si	Al	Fe	Ca	Na	K	Mg	H	Ti
丰度（质量分数）/%	48.6	26.3	7.73	4.75	3.45	2.74	2.74	2.00	0.76	0.42

我国矿产资源十分丰富，其中储量占世界首位的有钨、稀土、锑、锂、钒等。我国钨的储量为世界各国已知量总和的3倍多，稀土为4倍多，锑占世界储量的44%。铜、锡、铅、铁、锰、镍、钛、铌、钼等储量也名列世界前茅。非金属硼、硫、磷等储量也居世界前列。我国资源虽然丰富，但铬、金、铂、钾、金刚石等资源不足。而且，按人均统计，我国的人均矿产拥有量也不算多。如何合理有效地利用矿产资源，是我国冶金工业首要解决的问题。

动画：海水中主要元素的含量饼图

地球表面约有70%为海水所覆盖。海水平均深度为3.8km，占地球总质量的0.024%。海水中主要元素的含量见表9-2。

表9-2　海水中主要元素的含量（未计入溶解的气体）

元　素	质量分数/%	元　素	质量分数/%
O	85.89	B	0.00046
H	10.32	Si	0.00040
Cl	1.9	C（有机物中）	0.00030
Na	1.1	Al	0.00019
Mg	0.13	F	0.00014
S	0.088	N（硝酸盐中）	0.00007
Ca	0.040	N（有机物中）	0.00002
K	0.038	Rb	0.00002
Br	0.0035	Li	0.00001
C（无机物中）	0.0028	I	0.000005
Sr	0.0013	U	0.0000003

除表9-2中所列元素外，海水中还含有微量的Zn、Cu、Mn、Ag、Au、Ra等50多种元素，这些元素大多与其他元素结合组成无机盐的形式存在于海水中。粗略估计，$1km^3$的海水可得NaCl 2.7×10^4kg、$MgCl_2$ 3.6×10^3kg等，若乘以海水的总体积（约$1.4\times10^9km^3$），

则这些元素在海水中的总含量大得惊人。从表9-2可知，U元素的百分含量极低，但是在海水中的总含量却高达$4\times10^6\sim5\times10^6$kg。我国海岸线长达1万多公里，开发海洋资源极为有利。

动画：大气的
平均组成

地球表面的上方有100km厚的大气层，占地球总质量的0.0001%。大气的组成通常用体积（或质量）分数表示。大气的平均组成列于表9-3。

表9-3 大气的平均组成

气体	体积分数/%	质量分数/%	气体	体积分数/%	质量分数/%
N_2	78.09	75.51	CH_4	0.00022	0.00012
O_2	20.95	23.15	Kr	0.00011	0.00029
Ar	0.934	1.28	N_2O	0.0001	0.00015
CO_2	0.0314	0.046	H_2	0.00005	0.000003
Ne	0.00182	0.00125	Xe	0.0000087	0.000036
He	0.00052	0.000072	O_3	0.000001	0.000036

大气的组分及含量除氮、氧、稀有气体比较固定外，其余组分随地域、环境的不同而有所变迁，尤其"三废"治理不完备的大型工厂密集地区，对大气的组分和含量必然带来影响。大气是一座天然的宝库，目前人类每年从大气中提取数以百万吨的O_2、N_2及稀有气体等物质。

9.1.2 元素的分类

9.1.2.1 金属元素和非金属元素

到目前发现了118种元素，按其性质可分为金属元素和非金属元素两大类，其中金属元素94种，占元素总数的4/5，非金属元素24种。

元素在长式周期表中的位置可通过硼—硅—砷—碲—砹和铝—锗—锑—钋之间划一条对角线来划分（这条线叫两性线），位于对角线左下方的元素都是金属元素，右上方是非金属元素。对角线附近的锗、砷、锑、碲等元素常常又称为准金属（或半金属）元素。即指性质介于金属元素和非金属元素之间的元素。准金属单质大多数可作半导体材料。

工业上常将金属分为黑色金属和有色金属两大类。

（1）黑色金属包括铁、锰、铬及其合金。

（2）有色金属包括除黑色金属以外的所有金属及其合金。按其密度、化学稳定性及其在地壳中的分布情况，又分为以下5类：

1）轻金属，指密度小于5g/cm³的金属。包括钠、钾、镁、钙、锶、铝和钛，特点是质量轻，化学性质活泼。

2）重金属，指密度大于5g/cm³的金属。包括铜、镍、铅、锌、锡、锑、钴、汞、镉和铋等。重金属还可分为高熔点重金属和低熔点重金属。

3）贵金属，指金、银和铂族元素（钌、铑、钯、锇、铱、铂）。这类金属的化学性质特别稳定，在地壳中含量很少，开采和提取都比较困难，价格比一般金属高，称为贵金属。

4）稀有金属，通常指在自然界中含量较少，分布稀散，发现较晚，以及难提取或工业上制备及应用较晚的金属，包括锂、铷、铯、铍、镓、铟、铊、锗、钛、锆、铪、铌、钽、钼、钨及稀土金属（钪、钇、镧及镧系元素）。

5）放射性金属，指金属元素的原子核能自发地放射出射线的金属。包括钫、锝、镭、锕系元素。

9.1.2.2　普通元素和稀有元素

在化学上将元素分为普通元素和稀有元素。稀有元素指在自然界中含量少或分布稀散，发现较晚，难从矿物中提取的或在工业上制备和应用较晚的元素。例如钛元素，由于冶炼技术要求较高，难以制备，长期以来，人们对它的性质了解得很少，被列为稀有元素，但它在地壳中的含量排第 10 位。而有些元素储量并不大但矿物比较集中（如硼、金等），已早被人们所熟悉，被列为普通元素。因此，普通元素和稀有元素的划分不是绝对的。

通常稀有元素分为如下几类：

（1）轻稀有元素：锂（Li）、铷（Rb）、铯（Cs）、铍（Be）；

（2）分散性稀有元素：镓（Ga）、铟（In）、铊（Tl）、硒（Se）、碲（Te）；

（3）高熔点稀有元素：钛（Ti）、锆（Zr）、铪（Hf）、钒（V）、铌（Nb）、钽（Ta）、钼（Mo）、钨（W）；

（4）铂系元素：钌（Ru）、铑（Rh）、钯（Pd）、锇（Os）、铱（Ir）、铂（Pt）；

（5）稀土元素：钪（Sc）、钇（Y）、镧（La）及镧系元素；

（6）放射性稀有元素：钫（Fr）、镭（Ra）、锝（Tc）、钋（Po）、砹（At）、锕（Ac）及锕系元素；

（7）稀有气体：氦（He）、氖（Ne）、氩（Ar）、氪（Kr）、氙（Xe）、氡（Rn）。

随着新矿源的开发和研究工作的进展，稀有元素的应用日益广泛，稀有元素与普通元素之间有些界限已越来越不明显。

9.2　非金属元素

9.2.1　非金属元素概述

非金属元素有 24 种。除氢外，都位于周期表的右上方。在此介绍除稀有气体氦、氖、氩等 7 元素以外的非金属元素。

9.2.1.1　非金属元素的氧化数

非金属元素中，稀有气体具有 ns^2np^6（He 为 $1s^2$）的稳定外层电子构型，表现出特殊的化学稳定性。其他非金属元素的外层电子构型为 ns^2np^{1-5}（H 为 $1s^1$）。大多数非金属元素倾向于获得电子，而呈现负氧化数。其最低氧化数为 A-8，其中 A 为元素所处的主族数，如ⅥA 族的氧元素的最低氧化数为-2（例如 H_2O）。非金属元素也可发生部分或全部价电子偏移呈现正氧化态。因此，大多数非金属元素具有多种氧化数。其最高氧化数等于元素所处的族数。如氯的最高氧化数为+7（例如 $HClO_4$）。

9.2.1.2 非金属元素的存在及单质的一般制备方法

A 非金属元素的存在及物理性质

氢是最丰富的元素，除大气中含有少量游离态的氢气以外，绝大部分以化合物的形式存在。地球、太阳及木星上都有大量的氢，因此可以说整个宇宙空间到处都有氢的存在。

硼在地壳中的质量分数为 $1.0×10^{-3}\%$，富集的硼矿藏有硼砂（$Na_2B_4O_7 \cdot 10H_2O$）、硼镁矿（$Mg_2B_2O_5 \cdot H_2O$）等。

碳在地壳中的质量分数为 $4.8×10^{-2}\%$，在自然界中既有游离态，又有化合态。其中游离态的碳有金刚石和石墨。化合态的碳除了存在于煤炭、石油、天然气、动植物体中的有机化合物以外，还有石灰石（$CaCO_3$）、白云石（$CaMg(CO_3)_2$）中的无机化合物碳酸盐，以及空气中的二氧化碳。

硅在地壳中的质量分数为 27.7%，仅次于氧，在自然界中只以化合态存在。

氮元素在自然界中的存在形式既有游离态又有化合态。空气中约含氮气 78.1%（体积分数），总量约达到 $3.9×10^{15}t$。化合态的氮存在于多种无机物和有机物中，氮元素是构成蛋白质和核酸不可缺少的元素。

自然界中没有游离态的磷，磷主要以磷酸盐的形式存在于矿石中，如磷酸钙矿（$Ca_3(PO_4)_2 \cdot H_2O$）和磷灰石矿（磷灰石是一类含钙的磷酸盐矿物总称，其化学成分为 $Ca_5(PO_4)_3(F,Cl,OH)$）等。磷和氮一样，是构成核酸的成分之一。动物的骨骼、牙齿和神经组织，植物的果实和幼芽，生物的细胞里都含有磷。磷对维持生物体正常的生理机能起着重要的作用。

砷主要是以硫化物矿存在，如雌黄（As_2S_3）、雄黄（As_4S_4）、砷化铁矿（$FeAs_2$）等。砷还有少量的氧化物矿，如砷华（As_2O_3）。

氧元素在自然界中的存在形式既有游离态又有化合态。空气中约含氧气 21%（体积分数）。在地壳中，氧约占地壳总质量的 47.4%，主要以二氧化硅、硅酸盐以及其他氧化物和含氧酸盐等形式存在。在海水中，氧占海水质量的 89.89%。

游离态的硫存在于火山口附近或地壳的岩层，火山喷出物中含有大量含硫化合物，如硫化氢、二氧化硫、三氧化硫等。化合态的硫主要以硫化物和硫酸盐的形式存在，如黄铁矿（FeS_2）、方铅矿（PbS）、朱砂（HgS）、闪锌矿（ZnS）、黄铜矿（$CuFeS_2$）、石膏（$CaSO_4 \cdot 2H_2O$）、重晶石（$BaSO_4$）等。此外，构成蛋白质的半胱氨酸和甲硫氨酸都含有硫元素，所以蛋白质中含有 0.8%~2.4%的化合态硫。

硒和碲属于分散稀有元素，游离态的硒和碲很少，通常与天然硫共生，在地壳中的质量分数分别为 $5.0×10^{-6}\%$和 $5.0×10^{-7}\%$。

卤族元素在地壳中含量很少。氟、氯、溴、碘在地壳中的质量分数分别约为 $9.5×10^{-2}\%$、$1.3×10^{-2}\%$、$3.7×10^{-5}\%$和 $1.4×10^{-5}\%$。自然界不存在游离态的卤族元素。含氟的主要矿物有萤石（CaF_2）、冰晶石（Na_3AlF_6）和氟磷灰石（$Ca_5F(PO_4)_3$）。含氯的矿石有氯化钾和光卤石（$KCl \cdot MgCl_2 \cdot 6H_2O$）。氯元素也以氯化钠形式存在于海洋、盐湖、盐井中。溴和碘也以化合态的形式存在于海水之中。南美智利所产硝石中也含有少量碘酸钙。

非金属单质的物理性质见表9-4。

表9-4　非金属单质的重要物理性质

元素	单质名称	状态（室温）	颜色	密度/g·cm⁻³	硬度（金刚石10）	熔点/℃	沸点/℃	其他特性
H	氢气	气体	无色	0.089①	—	−259.14	−252.8	
B	结晶硼	晶体	黑	2.34	9.5	2300	2550 升华	
B	无定形硼	无定形	黑褐	1.73				
C	金刚石	透明晶体	无色	3.15	10	>3350	4827	折射率大
C	石墨	层状晶体	灰黑	2.25	1	3652~3697（升华）		润滑性好，导电性好
C	球碳（笼状）	分子晶体	黑	1.7				润滑性好
Si	晶体硅	晶体	灰黑	2.32	7	1410	2355	有光泽，半导体
Si	无定形硅	无定形	灰黑					
N	氮气	气体	无色	1.25①	—	−209.9	−195.8	
P	白磷	蜡状晶体	无色	1.82	0.5	44.1	280	蒜臭味，极毒，易燃，
P	红磷	粉末	红棕	2.2(0℃)		590		无毒无味，200℃燃
As	晶体砷	立方晶体	黄	2.03	3.5	358	613 升华	有毒
As	无定形砷	无定形	黑	4.73		817（2.8×10⁶Pa）		
As	灰砷	类金属	灰	5.73		817		
O	氧气	气体	无色	1.43①	—	−218.9	−182.9	臭氧有毒，异臭，能吸收紫外线
O	臭氧		淡蓝	2.14①		−393	−112	
S	斜方硫	菱形晶体	黄色	2.07	1.5~2.8	112.8	444.67	不溶于水，易溶于二硫化碳
S	单斜硫	针状晶体	浅黄	1.96	2.5	119		
Se	金属型硒	三方晶体	灰色	4.81		217	684.8	稳定
Se	结晶硒	单斜	红色	4.4	2.0	144		半导体材料
Te	金属型碲	金属晶体	银灰	6.25	2.3	452	139	半导体材料
Te	无定形碲	粉末型	灰色	6.00		449.5	989.8	
F	氟气	气体	淡蓝	1.69①	—	−219.6	−188.1	极活泼，异臭有毒

续表9-4

元素	单质名称	状态（室温）	颜色	密度/g·cm^{-3}	硬度（金刚石10）	熔点/℃	沸点/℃	其他特性
Cl	氯气	气体	黄绿	3.21①	—	-101	-34.6	活泼，异臭，有毒
Br	液溴	液体	红棕	3.12	—	-7.2	58.78	易挥发，异臭有毒
I	碘	晶体	紫黑	4.93		113.5	184.35	易升华

①气体密度单位为 g/L。

B　非金属单质的一般制备方法

非金属单质的一般制备方法见表9-5。

表9-5　非金属单质的制备方法

非金属单质		制备方法①
氢气	实验室制法	$2HCl+Zn \xrightarrow{\quad} ZnCl_2+H_2\uparrow$
	工业制法	催化裂解天然气、氯碱工业、生产水煤气
硼		$B_2O_3+3Mg \xrightarrow{高温} 2B+3MgO$
碳		自然界存在碳单质；在工业上通过煤干馏可得到焦炭
硅		$SiO_2+2C \xrightarrow{1800℃} Si+2CO\uparrow$ $Si+2Cl_2 \xrightarrow{加热} SiCl_4$ $SiCl_4+2H_2 \xrightarrow{>1000℃} Si+4HCl\uparrow$ 用超纯氢气还原精馏后的纯四氯化硅能够得到纯度较高的硅
氮气		分馏液态空气制取大量的氮气
磷		$2Ca_3(PO_4)_2+6SiO_2+10C \xrightarrow{1100～1450℃} 6CaSiO_3+P_4+10CO\uparrow$ 将生成的磷蒸气通入水中冷却，就得到白磷。白磷经密闭加热转化成红磷。 在高压下将白磷加热到一定温度得到黑磷
砷		首先将砷的硫化物矿煅烧成氧化物，再用碳还原出单质
氧气	实验室制法	$2KClO_3 \xrightarrow[加热]{MnO_2} 2KCl+3O_2\uparrow$
	工业制法	工业上主要是通过液化空气分馏制氧
硫		从天然气和石油中提取，也可来自黄铁矿等硫化物的冶炼 $3FeS_2+12C+8O_2 \xrightarrow{煅烧} Fe_3O_4+12CO\uparrow+6S$
硒和碲		用二氧化硫分别还原二氧化硒和二氧化碲得到 $SeO_2+2SO_2+2H_2O \xrightarrow{\quad} Se\downarrow+2H_2SO_4$
氟		电解熔融的氟氢化钾与氢氟酸的混合物来制备 $2KHF_2 \xrightarrow{电解} 2KF+F_2\uparrow+H_2\uparrow$

非金属单质		制备方法[①]
氯气	实验室制法	$4HCl(浓)+MnO_2\xrightarrow{加热}MnCl_2+Cl_2\uparrow+2H_2O$
	工业制法	$2NaCl+2H_2O\xrightarrow{电解}2NaOH+Cl_2\uparrow+H_2\uparrow$
溴	实验室制法	在酸性条件下，用氧化剂将溴化物氧化来制备单质溴
	工业制法	从海水中提取溴，在 pH 值等于 3.5 的酸性条件下，用氯气氧化浓缩后的海水，生产单质溴。最后用碳酸钠吸收再酸化浓缩富集 $Cl_2+2Br^-\xrightarrow{}Br_2+2Cl^-$ $3Br_2+3Na_2CO_3\xrightarrow{}5NaBr+NaBrO_3+3CO_2\uparrow$ $5HBr+HBrO_3\xrightarrow{}3Br_2+3H_2O$
碘		利用海藻类植物富集碘，并在酸性条件下，用水浸取海藻灰，将碘化钾溶出。再加入二氧化锰和硫酸制备单质碘 $2I^-+MnO_2+4H^+\xrightarrow{}I_2+Mn^{2+}+2H_2O$

①未指明实验室制法和工业制法的，一般都是工业制法。

从上述非金属单质的制备可以看出，非金属元素若以负氧化态形式存在，其原料可采用氧化法制取单质；若以正氧化态形式存在，则应采用还原法制备单质；而对于那些非金属性很强的元素，则常常采用电解的方法制取其单质。

C　非金属单质的化学性质

非金属单质的化学性质见表 9-6。

表 9-6　非金属单质的化学性质

非金属元素		化学性质	实验现象、实验条件或实验说明
氢气	与非金属单质反应	$H_2+F_2\xrightarrow{}2HF\uparrow$	爆炸
		$Cl_2+H_2\xrightarrow{点燃或光照}2HCl\uparrow$	苍白色的火焰
		$O_2+2H_2\xrightarrow{点燃或光照}2H_2O$	
		$Br_2+H_2\xrightarrow{Pt,350℃}2HBr\uparrow$	高温下 HBr 不稳定，易分解
		$I_2+H_2\xrightarrow{催化剂,加热}2HI\uparrow$	碘化氢易分解
	与金属单质反应	$H_2+2Na\xrightarrow{653K}2NaH$	可制备离子型氢化物
	与金属氧化物或卤化物反应	$3H_2+WO_3\xrightarrow{加热}W+3H_2O$ $2H_2+TiCl_4\xrightarrow{加热}Ti+4HCl\uparrow$ $H_2+CuO\xrightarrow{加热}Cu+H_2O$	这是制备一些金属单质的基本方法
	不饱和碳氢化合物	催化加氢可以使不饱和碳氢化合物转化成饱和的碳氢化合物	

非金属元素		化学性质	实验现象、实验条件或实验说明
硼	与非金属单质反应	$2B+3F_2 = 2BF_3$	常温下
		$4B+3O_2 = 2B_2O_3$	在空气中燃烧
		$N_2+2B \xrightarrow{\text{高温}} 2BN$	
		$3S+2B \xrightarrow{\text{高温}} B_2S_3$	高温下
		$3Cl_2+2B \xrightarrow{\text{高温}} 2BCl_3$	
	与浓硫酸或浓硝酸反应	$B+3HNO_3（浓）\xrightarrow{\text{加热}} B(OH)_3+3NO_2\uparrow$	硼不与盐酸反应
		$2B+3H_2SO_4（浓）\xrightarrow{\text{加热}} 2B(OH)_3+3SO_2\uparrow$	
碳	与氧气反应	$O_2+C \xrightarrow{\text{点燃}} CO_2\uparrow$	产物取决于氧气是否充足
		$O_2+2C \xrightarrow{\text{点燃}} 2CO\uparrow$	
	与金属氧化物反应	$C+ZnO \xrightarrow{\text{高温}} CO(g)+Zn(g)$	常被用来还原金属氧化物矿物以冶炼金属
		$C+2CuO \xrightarrow{\text{高温}} Cu+CO_2\uparrow$	
	与水反应	$C+H_2O \xrightarrow{\text{高温}} H_2\uparrow+CO\uparrow$	制备水煤气
	与浓硫酸或浓硝酸反应	$C+4HNO_3（浓）\xrightarrow{\text{加热}} CO_2\uparrow+4NO_2\uparrow+2H_2O$	碳不与盐酸反应
		$C+2H_2SO_4（浓）\xrightarrow{\text{加热}} CO_2\uparrow+2SO_2\uparrow+2H_2O$	
硅	与非金属反应	$Si+2F_2 = SiF_4$	高温下硅可与氧气、氮气、硫、磷、碳等作用
		$Si+2Cl_2 \xrightarrow{\text{加热}} SiCl_4$	
	与强碱反应	$Si+4OH^- = SiO_4^{4-}+2H_2\uparrow$	
氮气	与非金属反应	$N_2+3H_2 \xrightarrow[\text{催化剂}]{\text{高温、高压}} 2NH_3\uparrow$	硼和硅在高温下可以与氮气反应
		$O_2+N_2 \xrightarrow{\text{放电}} 2NO\uparrow$	
	与金属反应	$6Li+N_2 \xrightarrow{\text{加热}} 2Li_3N$	
		$3Mg+N_2 \xrightarrow{\text{加热}} Mg_3N_2$	
白磷	与非金属反应	$4P+5O_2 \xrightarrow{\text{点燃}} 2P_2O_5$	白磷能够与氧气、卤素、硫等直接反应
	与碱溶液反应	$4P+3NaOH+3H_2O \xrightarrow{\text{加热}} 3NaH_2PO_2+PH_3\uparrow$	
	与浓硝酸反应	$3P+5HNO_3（浓）+2H_2O \xrightarrow{\text{加热}} 3H_3PO_4+5NO\uparrow$	磷单质不与盐酸反应
	与某些盐溶液反应	$2P+5CuSO_4+8H_2O = 5Cu+2H_3PO_4+5H_2SO_4$	白磷可以将金、银、铜和铅等从盐中置换出来

非金属元素	化学性质		实验现象、实验条件或实验说明
砷	常温下砷在水中和空气中都比较稳定，不与非氧化性稀酸反应，但能与硝酸、王水等反应。在高温下可以与许多非金属作用。砷单质能与绝大多数金属生成合金或化合物		
氧气	与强还原性物质	$2NO+O_2=2NO_2\uparrow$ $2H_2SO_3+O_2=2H_2SO_4$	常温下，氧气只能与某些强还原性物质反应
	与大多数元素单质反应	$O_2+2Mg\xrightarrow{点燃}2MgO$ $O_2+S\xrightarrow{点燃}SO_2$	高温下氧气几乎与所有的元素[①]发生反应
硫	与金属反应	$2Na+S\xrightarrow{研磨或加热}Na_2S$ $Fe+S\xrightarrow{加热}FeS$	加热时硫几乎能与所有的金属[②]直接化合
	与非金属反应	$C+2S\xrightarrow{加热}CS_2$	硫与大多数非金属[③]都能反应
	与强氧化性酸反应	$S+2HNO_3(浓)\xrightarrow{加热}2NO\uparrow+H_2SO_4$ $S+2H_2SO_4(浓)\xrightarrow{加热}3SO_2\uparrow+2H_2O$	
	与强碱反应	$3S+6NaOH\xrightarrow{加热}2Na_2S+Na_2SO_3+3H_2O$	
硒、碲	硒与碲有不少化学性质与硫相似，但不如硫活泼		
卤族元素	与水反应	$F_2+2H_2O=4HF+O_2\uparrow$ $3Cl_2+6OH^-\xrightarrow{70℃}5Cl^-+ClO_3^-+3H_2O$ $Cl_2+2OH^-=ClO^-+Cl^-+H_2O$ $3Br_2+6OH^-=BrO_3^-+5Br^-+3H_2\uparrow$ $Br_2+2OH^-\xrightarrow{0℃}Br^-+BrO^-+H_2O$ $3I_2+6OH^-\xrightarrow{加热}5I^-+IO_3^-+3H_2O$	氯、溴、碘主要发生歧化反应。碱性条件有利于歧化反应的进行。氯气和溴与碱反应的产物取决于温度
	与金属反应	$3Cl_2+2Fe\xrightarrow{点燃}2FeCl_3$ $Cl_2+Cu\xrightarrow{点燃}CuCl_2$ $Cl_2+2Na\xrightarrow{点燃}2NaCl$ $I_2+Fe\xrightarrow{加热}FeI_2$	溴和碘常温下只能与活泼金属作用，与不活泼金属只有在加热条件下才能发生反应
	与非金属反应	$2S+Cl_2=S_2Cl_2$ $S+Cl_2(过量)=SCl_2$ $2P+3Cl_2=2PCl_3$ $2P+5Cl_2(过量)=2PCl_5$ $2P+3Br_2=2PBr_3$	溴和碘可与许多非金属单质反应，反应不如氟气和氯气剧烈，且产物多为低价化合物
	与某些化合物的反应	$Br_2+H_2S=2HBr+S$ $3X_2+8NH_3=NH_4X+N_2\uparrow$	

①除稀有气体、卤素、少数贵金属如金、铂等。②除金、铂外。③除稀有气体、碘、氮等单质外。

练一练 1

氮和磷同族且相邻，试从氮和磷的分子结构说明为什么常温下氮气很不活泼，常可作为保护气体，而白磷却那么活泼，在空气中会自燃。

想一想 1

为何工厂可用浓氨水检查氯气管道是否漏气？

练一练 1
参考答案

想一想 1 解答

从上述非金属单质的化学性质可以看出，由于非金属元素的外层电子构型为 ns^2np^{1-5}（H 为 $1s^1$）。当大多数非金属单质与金属单质或氢气等还原性比较强的物质反应时，非金属元素原子获得电子形成非金属阴离子或者在形成的共价键中，由于电负性较大而使共用电子对偏向非金属原子带上部分负电荷，呈现负氧化数，非金属单质表现出氧化性。当大多数非金属单质与浓硝酸等强氧化剂反应时，非金属元素也可发生部分或全部价电子偏离，呈现正氧化数，非金属单质表现出还原性。大多数非金属单质在一定条件下（例如，强碱溶液中）还可以发生歧化反应，既表现出氧化性，也表现出还原性。

9.2.2 元素的二元化合物

9.2.2.1 氢化物

在元素周期表中除稀有气体外，几乎所有元素都能与氢结合生成不同类型的二元化合物，称为氢化物。但严格地说，氢化物是专指氢的氧化数为 -1 的化合物，而氧化数为 +1 的非金属氢化物应称为"某化氢"，如硫黄与氢气化合生成的 H_2S，称为硫化氢。氢化物按其结构、性质的不同，大致分为离子型、共价型和金属型氢化物三类。氢化物的类型与元素在周期表中的位置有关系，氢化物类型见表 9-7。

表 9-7 氢化物类型

Li	Be										B	C	N	O	F
Na	Mg										Al	Si	P	S	Cl
K	Ca	Sc	Ti	V	Cr	Mn	Fe	Co	Ni	Ga	Ge	As	Se	Br
Rb	Sr	Y	Zr	Nb	Mo	Tc	Ru	Rh	Pd	In	Sn	Sb	Te	I
Cs	Ba	La	Hf	Ta	W	Re	Os	Ir	Pt	Tl	Pb	Bi	Po	At
离子型		金属型									共价型				

A 离子型氢化物

碱金属和碱土金属（Be 和 Mg 除外）电负性很低，可将电子转移给氢原子生成氢负离子（H^-），从而组成离子型氢化物。离子型氢化物的结构和物理性质与盐类（卤化物）相似，又称为盐型氢化物。离子型氢化物一般为白色晶体，熔点、沸点较高，熔融状态时能导电。最活泼的金属和氢气生成离子型氢化物时放出大量的热。碱金属氢化物的热稳定性按 LiH→CsH 递减（因为 LiH 的热分解产物在压力达 100Pa 时温度是 1123K，而 CsH 在大于 473K 时就明显分解了），其化学活性则按此顺序递增。

离子型氢化物可由金属单质与氢气在加热加压下，直接化合，加压使反应进行得更快：

如：
$$2Na + H_2 \Longrightarrow 2NaH$$
$$Ca + H_2 \xrightarrow{150 \sim 300℃} CaH_2$$

离子型氢化物都是优良的还原剂（$\varphi_{H_2/H^-}^{\ominus} = -2.25V$）。常利用其强还原性制备高纯度的金属。例如：

$$TiCl_4 + 4NaH \Longrightarrow Ti + 4NaCl + 2H_2 \uparrow$$

离子型氢化物极易与水反应。氢化钙可作为有效的干燥剂和脱水剂，氢化钙与水之间的反应用于实验室除去溶剂或惰性气体（如 N_2、Ar）中的痕量水：

$$CaH_2 + 2H_2O \Longrightarrow Ca(OH)_2 + 2H_2 \uparrow$$

B　共价型氢化物

周期表中绝大多数 p 区元素与氢形成共价型氢化物，用通式 $RH_{(8-A)}$ 表示。式中 A 是元素 R 所在的主族数。ⅣA ~ ⅦA 族元素氢化物见表 9-8。

表 9-8　ⅣA ~ ⅦA 族元素氢化物

$RH_{(8-A)}$	RH_4	RH_3	H_2R	HR
R	C	N	O	F
	Si	P	S	Cl
	Ge	As	Se	Br
	Sn	Sb	Te	I

共价型氢化物大多数在固态时为分子晶体。熔点、沸点都低。在常温下除 H_2O 和 BiH_3 为液体外，其余均为气体。共价型氢化物的物理性质有很多相似之处，而化学性质差别很大。但也有一定规律性：如同族氢化物自上到下，热稳定性递减、元素的还原性递增。如 $HF \rightarrow HCl \rightarrow HBr \rightarrow HI$ 的序列中，HI 的热稳定性最小，还原性最强。共价氢化物与水的作用情况较复杂。总的来看，有两种方式：一种是与水无反应，另一种是与水作用发生水解或是水合作用生成酸、碱，共价型氢化物与水的作用情况归纳见表 9-9。

表 9-9　共价型氢化物与水的作用情况

类	元　素	与水作用	实　例
ⅢA、ⅣA	B、Al、Ga、Si	水解放出氢气	$SiH_4 + 3H_2O \Longrightarrow H_2SiO_3 + 4H_2 \uparrow$
ⅣA、ⅤA	C、Ge、Sn、P、As、Sb	无反应	
ⅤA	N	水合成弱碱	$NH_3 + H_2O \Longrightarrow NH_4^+ + OH^-$
ⅥA、ⅦA	S、Se、Te、F	弱的酸式电离	$H_2S \Longrightarrow H^+ + HS^-$
ⅦA	Cl、Br、I	强的酸式电离	$HBr \Longrightarrow H^+ + Br^-$

硼的氢化物在组成和结构上相当特殊，其物理性质与碳的氢化物（烷烃）相似。所以，硼氢化合物常称为硼烷。从硼原子仅有 3 个电子来看，最简单的硼烷似乎应是 BH_3（甲硼烷），但实验结果表明，最简单的硼烷是 B_2H_6（乙硼烷）。

硼烷分子随着硼原子数目的增加，相对分子质量增大，熔点、沸点升高。在常温下，B_2H_6、B_3H_9、B_4H_{10}为气体，B_5H_9、B_6H_{10}为液体。$B_{10}H_{14}$及其他更高硼烷为固体。硼烷都是剧毒物质，不稳定，受热迅速分解。燃烧时放出大量热（比相应碳烷燃烧的热值高得多）。例如：

$$B_2H_6(g) + 3O_2(g) \Longrightarrow B_2O_3(s) + 3H_2O(l) \qquad \Delta H^{\ominus} = -2165.9\text{kJ/mol}$$

科学家们曾试图利用硼烷燃烧的高热值，将硼烷用作火箭或导弹的高能燃料，但由于所有硼烷的毒性都超过已知的毒物，且储存条件苛刻。不得不放弃这一想法。但在对硼烷的研究过程中却大大丰富了有关硼的化学知识，对结构化学的发展也起到了重要的推动作用。

C   金属型氢化物

d 区和 ds 区金属元素与氢形成氢化物，称为金属型氢化物，其最大的特点是组成不定。含氢量随外界条件（温度、压力）变化而异，其化学式都不符合通常的化合价规则，有的是整数比化合物，有的是非整数比化合物，如 CrH_2、CrH、CuH、$VH_{0.56}$、$ZrH_{1.75}$、$PdH_{0.8}$ 等。通常是暗黑色固体，常保留金属的一些性质（如导电、金属光泽等）。金属型氢化物的生成热较小，说明氢与金属结合作用弱。因此，化学家认为是体积很小的 H 原子和 H_2 分子钻入金属晶格空隙中，形成间充化合物。由于氢原子的填入，往往导致金属强度减弱出现脆性，即"氢脆"。

应用金属型氢化物的实例，利用海绵钛（或钛屑）在约 473K 与氢气反应生成氢化钛，氢化钛在一定的温度下又会脱氢，在制造电子管、显像管等真空电子管工业中用作高纯氢气的供气源和吸气剂：

$$Ti + H_2 \xrightarrow{473K} TiH_2$$

9.2.2.2 卤化物

周期表中ⅦA 族元素称为卤素。卤化物指电负性比卤素小的元素与卤素形成的二元化合物，是一类重要的无机化合物。按结构和性质不同，卤化物可以分为离子型和共价型两类。电负性小的碱金属和碱土金属及副族元素低氧化态的金属离子所形成的卤化物为离子型卤化物，一般熔点、沸点较高，熔融状态或在水溶液中能导电，都可认为是氢卤酸（卤化氢水溶液）生成的典型盐类。非金属元素和许多高氧化态金属离子的卤化物（如 PCl_5、$SnCl_4$、$TiCl_4$ 等）多为共价型，一般为分子晶体，熔点、沸点低，有的具有挥发性或升华性（如 $SnCl_4$ 的盐酸性水溶液在煮沸的过程中，具有挥发性）。有些卤化物是介于离子型与共价型之间的过渡型。

对于卤化物化学性质，在此主要介绍热稳定性和水解作用。

（1）热稳定性。各种卤化物的热稳定性差异较大。多数卤化物相当稳定，其中 s 区元素的氟化物和氯化物最稳定。同一元素的不同卤化物的热稳定性，依 F→Cl→Br→I 的顺序依次降低。碘化物最不稳定，容易分解。因此，生产上常采用碘化物热分解的方法来制取高纯的单质。例如，高纯硅的制取：

$$SiI_4 \xrightarrow{>563K} Si + 2I_2$$

新型电光源碘钨灯，利用二碘化钨的热分解性质提高灯的发光效率和使用寿命。溴化银、碘化银见光即可分解的性质，已用于照相底片和变色玻璃上。

（2）水解作用。大多数卤化物易溶于水。氟化物的溶解情况与相应的其他卤化物有所不同。如 CaF_2 难溶，而 Ca^{2+} 的其他卤化物都易溶于水，AgF 易溶于水，而其他卤化银都难溶于水，且溶解度从 $Cl \rightarrow Br \rightarrow I$ 依次减小。活泼的碱金属、碱土金属卤化物（不包括氯化物）可认为是强碱与强酸生成的盐，一般不发生水解。其他金属卤化物都有不同程度的水解倾向。

金属卤化物水解的产物，可能是碱式卤化物或卤氧化物或氢氧化物。例如：

$$SnCl_2 + H_2O === Sn(OH)Cl \downarrow + HCl$$
$$BiCl_3 + H_2O === BiOCl \downarrow + 2HCl$$

非金属卤化物，大多数能完全水解生成相应的含氧酸和氢卤酸。例如：

$$SiCl_4 + 3H_2O === H_2SiO_3 + 4HCl$$
$$PCl_5 + 4H_2O === H_3PO_4 + 5HCl$$

为了抑制上述水解，在配制卤化物溶液时，常加入适量相应的氢卤酸。由于它们极易水解，在潮湿空气中也能水解冒烟（酸雾），因此，必须密封保存。

想一想 2
为什么四氯化硅水解，而四氯化碳不水解？

想一想 2 解答

9.2.2.3　氧化物

氧化物是指氧与电负性比氧小的元素形成的二元化合物。除大部分稀有气体外，几乎所有元素都能形成氧化物。

A　氧化物的物理性质

活泼金属元素的氧化物（如 Na_2O、CaO 等）属于离子型化合物，形成离子晶体，熔点、沸点高。

非金属元素的氧化物（如 CO_2、SiO_2、NO_2、SO_2 等）属于共价型化合物，大都形成分子晶体，熔点、沸点低。少数的氧化物形成原子晶体（如 SiO_2），熔点、沸点高。

除碱金属、碱土金属之外，金属元素的氧化物一般形成离子型与共价型之间的过渡型晶体，熔点、沸点也呈过渡趋势。

同一金属元素、不同氧化态的氧化物，其低氧化态的氧化物偏向于离子晶体，熔点、沸点较高。高氧化态的氧化物则偏向于分子晶体，熔点、沸点较低，如锰的氧化物的熔点（表 9-10）。

表 9-10　锰的氧化物的熔点

氧化物	MnO	Mn_2O_3	MnO_2	Mn_2O_7
熔点/℃	1785	1080	535	5.9

离子型或偏离子型的金属氧化物硬度也大，如 Al_2O_3、Cr_2O_3、Fe_2O_3、MgO、TiO_2 等熔点高又具有一定硬度，常用作磨料。BeO、MgO、Al_2O_3、SiO_2、ZrO_2 等，熔点在 $1500 \sim 3000℃$，用于制造耐高温材料。

B　氧化物及其水合物的酸碱性

按与酸、碱反应的不同，氧化物分为酸性、碱性、两性和中性氧化物。中性氧化物又称不成盐氧化物，如 CO、N_2O、NO 等，不与酸、碱反应，也不溶于水。

氧化物及其水合物的酸碱性递变规律：

（1）同一周期主族元素最高氧化态的氧化物及其水合物，自左至右，碱性递减，酸性递增。例如，第 3 周期主族元素氧化物及其水合物的酸碱性递变顺序如下：

Na_2O	MgO	Al_2O_3	SiO_2	P_2O_5	SO_3	Cl_2O_7
$NaOH$	$Mg(OH)_2$	$Al(OH)_3$	H_2SiO_3	H_3PO_4	H_2SO_4	$HClO_4$
强碱	中强碱	两性	弱酸	中强酸	强酸	最强酸

酸性递增 $\longrightarrow$

（2）副族元素最高氧化态的氧化物及其水合物酸碱性变化略有起伏，不如主族元素有规律。但同周期ⅢB～ⅦB族，总的趋势仍是碱性递减，酸性递增。例如，第 4 周期的ⅢB～ⅦB 族元素最高氧化态的氧化物及其水合物的酸碱性变化：

Sc_2O_3	TiO_2	V_2O_5	CrO_3	Mn_2O_7
$Sc(OH)_3$	$Ti(OH)_4$	HVO_3	H_2CrO_4 或 $H_2Cr_2O_7$	$HMnO_4$
碱性	两性	弱酸	中强酸	强酸

酸性递增 $\longrightarrow$

（3）同一主族元素，相同氧化态的氧化物及其水合物，从上到下，碱性递增，酸性递减。例如，ⅤA 族元素，氧化数为+3 的氧化物及其水合物的酸碱性变化：

N_2O_3	P_2O_3	As_2O_3	Sb_2O_3	Bi_2O_3
HNO_2	H_3PO_3	H_3AsO_3	$Sb(OH)_3$	$Bi(OH)_3$
弱酸	弱酸	两性（酸性为主）	两性	弱碱性

碱性递增 $\longrightarrow$

（4）同一元素不同氧化态的氧化物及其水合物，高氧化态的氧化物及其水合物的酸性比其低氧化态的强，碱性则弱。例如，硫酸的酸性比亚硫酸强；$HClO \to HClO_2 \to HClO_3 \to HClO_4$ 的酸性依次增强；$Fe(OH)_2$ 的碱性比 $Fe(OH)_3$ 的碱性强。

C 过氧化物

除了上述的普通氧化物外，部分 s 区元素还能形成过氧化物（如 Na_2O_2、BaO_2），超氧化物（如 KO_2）等。其中实际意义最大的是过氧化钠 Na_2O_2。过氧化钠为浅黄色粉末，易吸潮，与水或稀酸作用生成过氧化氢（H_2O_2）：

$$Na_2O_2 + 2H_2O == H_2O_2 + 2NaOH$$
$$Na_2O_2 + H_2SO_4 == H_2O_2 + Na_2SO_4$$

生成的 H_2O_2 很易分解：

$$2H_2O_2 == 2H_2O + O_2\uparrow$$

所以，H_2O_2 被广泛用作氧气发生剂和漂白剂，过氧化钠能吸收二氧化碳并放出氧气。因此，可用作高空飞行或潜水时的供氧剂：

$$2Na_2O_2 + 2CO_2 == 2Na_2CO_3 + O_2\uparrow$$

纯的过氧化氢为无色黏稠液体，在避光和低温条件下较稳定。若加热至 151℃即爆炸性分解。微量杂质如 Fe^{3+}、Cu^{2+}、Mn^{2+} 等会大大加速 H_2O_2 的分解。通常将过氧化氢储存在光滑的塑料瓶或棕色玻璃瓶中，并置于阴凉处。有时还加入微量的稳定剂（如焦磷酸钠）。

H_2O_2 具有强的氧化性，用作氧化剂时，还原产物是水。因此，H_2O_2 作氧化剂的最大优点是不引入杂质。医药上用稀 H_2O_2 水溶液（俗称双氧水）作消毒杀菌剂。目前生产的过氧化氢溶液约有半数用作漂白剂，因为 H_2O_2 不像含氯漂白剂那样损害动物性物质，所以 H_2O_2 特别适合于漂白毛、丝、羽毛等制品。

9.2.2.4　碳化物、氮化物和硼化物

碳、氮和硼与电负性比它们小的元素所形成的二元化合物，叫作碳化物、氮化物和硼化物，如 CaC_2、Mg_3N_2、SiC、Si_3N_4、B_4C 等。从结构上大致可分为离子型、共价型和金属型三类化合物。

A　离子型化合物

ⅠA、ⅡA 族活泼金属与碳和氮形成离子型化合物，如 CaC_2、Na_3N、Mg_3N_2 等，易与水作用产生挥发性的氢化物：

$$Na_3N + 3H_2O \rightleftharpoons 3NaOH + NH_3 \uparrow$$
$$CaC_2 + 2H_2O \rightleftharpoons Ca(OH)_2 + C_2H_2 \uparrow$$

硼的电负性较小，不能与金属形成离子型硼化物。

B　共价型化合物

ⅢA、ⅣA、ⅤA 的非金属元素之间可形成共价型化合物。如碳化硼（B_4C），碳化硅（SiC），氮化硅（Si_3N_4）等。它们都是原子晶体，熔点很高。

SiC 的晶体结构与金刚石相似，可认为金刚石中半数的碳原子被硅原子所取代，故又称金刚砂。SiC 的熔点为 3100K，硬度接近金刚石，常用作磨料。

Si_3N_4 的强度在 1500K 高温下仍保持不变。可用于制造火箭、导弹燃烧室的喷嘴。

氮化硼（BN）有两种晶型。一种与金刚石相似，另一种与石墨相似。这是由于 B 比 C 少一个电子，而 N 比 C 多一个电子。所以 BN 与单质碳的电子数和原子数相等，有相似的晶体结构。

通常制得的氮化硼 BN 是石墨型，为白色粉末，俗称白石墨，是比石墨更耐高温的固体润滑剂。石墨型 BN 在高压（800MPa）下，可转变为金刚石型氮化硼。其硬度与金刚石相近，而耐热性比金刚石还好。是新型耐高温的超硬材料，可用来制造钻头、磨具和切割工具等。

C　金属型化合物

ⅣB、ⅤB、ⅥB 族等过渡金属与碳、氮、硼能形成金属型化合物。在这类化合物中，金属基本上保持着原来的晶体构型。由于 C、N、B 原子体积较小，故都能填充于金属晶格的空隙中，形成间充型合金。它们的共同特点是具有金属光泽，能导电导热，熔点高，硬度大，称为硬质合金，是制造高速切削和钻探工具的主要工作部件的优良材料。

9.2.3　含氧酸及含氧酸盐

9.2.3.1　硼酸及其盐

硼酸 H_3BO_3 是六角形的白色晶体，属于层状结构，层与层之间以分子间力相联结。

因此，常呈鳞片状，可用作润滑剂。硼酸加热到107℃部分失水变成偏硼酸（HBO_2），在140~160℃变为焦硼酸（四硼酸）（$H_2B_4O_7$），高温转变为氧化物（B_2O_3）。

硼酸微溶于水，加热溶解度增大。硼酸是一元弱酸，在水溶液中按下式电离：

$$B(OH)_3 + H_2O \Longrightarrow H^+ + B(OH)_4^-$$

硼酸盐最重要的是四硼酸钠，俗称硼砂。分子式写成 $Na_2B_4O_7 \cdot 10H_2O$。硼砂是无色透明晶体，溶于水。在高温下能与许多金属氧化物反应，冷却后成透明的玻璃状物质。常用于陶瓷、搪瓷、玻璃工业。含硼量较高的玻璃，受热变形性很小。烧杯就是含硼量较高的玻璃材料制成的。在农业上用硼砂作微量元素肥料，对小麦、棉花、麻等有增产效果。

9.2.3.2 碳酸及其盐

CO_2 溶于水，溶液呈弱酸性，是因为二氧化碳与水反应生成碳酸。碳酸不稳定，受热即分解出 CO_2。制造饮料汽水时利用 CO_2 这一性质，在加压下，把 CO_2 溶入饮料中。汽水开瓶时，压力减小，分解出大量 CO_2 气泡。

H_2CO_3 是二元弱酸，在水溶液中存在下列电离平衡：

$$H_2CO_3 \Longrightarrow H^+ + HCO_3^-$$
$$HCO_3^- \Longrightarrow H^+ + CO_3^{2-}$$

因此，碳酸盐有两类：碳酸（正）盐和酸式碳酸盐（碳酸氢盐）。

A 盐的溶解性

ⅠA族（除Li外）和铵的碳酸盐都易溶于水，其他碳酸盐都难溶于水，碳酸氢盐都溶于水。碳酸盐在自然界中分布很广，如石灰石、大理石、方解石等的主要成分都是结构不同的 $CaCO_3$。

B 热稳定性

碳酸盐的热稳定性比相应的酸式盐的热稳定性强。例如，$NaHCO_3$（俗称小苏打）在270℃便分解：

$$2NaHCO_3(s) \Longrightarrow Na_2CO_3(s) + CO_2(g)\uparrow + H_2O(g)$$

碳酸盐中，ⅠA、ⅡA（除Be外）族的碳酸盐较稳定，其他碳酸盐受热都易分解。碳酸盐热分解后都生成金属氧化物和二氧化碳：

$$CaCO_3(s) \Longrightarrow CaO(s) + CO_2(g)\uparrow$$

含氧酸盐的热稳定性有以下规律：

（1）酸不稳定，其盐稳定性也差，但盐的稳定性比相应的酸高。碳酸不稳定，故碳酸盐的稳定性也差；

（2）正盐的热稳定性大于酸式盐，碳酸盐比碳酸氢盐稳定；

（3）在正盐中，热稳定性一般是碱金属盐>碱土金属盐>过渡金属盐>铵盐。

9.2.3.3 硅酸及其盐

SiO_2 不溶于水，故硅酸不能用 SiO_2 与水作用来制得，用可溶性硅酸盐（如 Na_2SiO_3）与盐酸作用即可制得：

$$Na_2SiO_3 + 2HCl \Longrightarrow H_2SiO_3 + 2NaCl$$

　　开始主要是生成可溶于水的单分子硅酸（H_4SiO_4），后单分子硅酸逐渐缩合成各种多硅酸的硅酸溶胶。硅酸的形式很多，其组成常以 $xSiO_2 \cdot yH_2O$ 来表示。在各种硅酸中，组成最简单的是 $SiO_2 \cdot H_2O$。所以常用 H_2SiO_3 代表硅酸。若在稀的硅酸溶胶中加入电解质，或在适当浓度的硅酸盐溶液中加酸，则可生成硅酸凝胶。

　　硅酸凝胶软而透明，有弹性。如果将硅酸凝胶干燥，脱去大部分水，则得到白色稍透明的固体，即硅胶。硅胶内有很多微小的孔隙，内表面积很大，因此有很强的吸附能力。可用作吸附剂、干燥剂或催化剂载体，实验室常用变色硅胶作精密仪器的干燥剂，变色硅胶内含有二氯化钴。无水时二氯化钴呈蓝色，含水时呈粉红色，因此，可根据颜色的变化来显示其吸湿程度。当变色硅胶呈粉红色时，表明它已失去吸湿能力。再烘干它又变成蓝色，表示硅胶又恢复了干燥能力，可以再使用。

　　硅酸盐是硅酸或多硅酸的盐。所有硅酸盐中，只有碱金属的硅酸盐（如 Na_2SiO_3）可溶于水。工业上将 Na_2CO_3 与 SiO_2 共熔制得硅酸钠，其透明浆状水溶液称为水玻璃，又称"泡花碱"。它实际上是多种硅酸钠的混合物。硅酸盐分布很广，它是组成地壳的主要矿石。种类繁多，结构十分复杂。为了便于表示其组成，通常写成氧化物形式。下面列出几种天然硅酸盐的化学式：钾（正）长石（$K_2O \cdot Al_2O_3 \cdot 6SiO_2$）、高岭土（$Al_2O_3 \cdot 2SiO_2 \cdot 2H_2O$）、白云母（$K_2O \cdot 3Al_2O_3 \cdot 6SiO_2$）、石棉（$CaO \cdot 3MgO \cdot 4SiO_2$）、滑石（$3MgO \cdot 4SiO_2 \cdot H_2O$）、泡沸石（$Na_2O \cdot Al_2O_3 \cdot SiO_2 \cdot nH_2O$）。

9.2.3.4　氮的含氧酸及其盐

氮的含氧酸主要有两种：亚硝酸（HNO_2）和硝酸（HNO_3）。

A　亚硝酸及其盐

亚硝酸是弱酸，极不稳定，只能存在于很稀的溶液中。亚硝酸盐较稳定，所有亚硝酸盐都有剧毒。亚硝酸盐具有氧化性和还原性，但在酸性介质中主要表现氧化性，反应中一般被还原为 NO。例如：

$$2NaNO_2 + 2KI + 2H_2SO_4 === Na_2SO_4 + K_2SO_4 + I_2 + 2NO\uparrow + 2H_2O$$

亚硝酸盐在空气中会逐渐被氧化成硝酸盐，亚硝酸盐的水溶液更易被空气所氧化：

$$2NaNO_2 + O_2 === 2NaNO_3$$

B　硝酸及其盐

硝酸是强酸，纯硝酸是无色液体，浓硝酸不稳定，受热或光照射会分解：

$$4HNO_3 \xrightarrow{\text{加热}} 4NO_2\uparrow + O_2\uparrow + 2H_2O$$

硝酸含有 NO_2 呈黄色或红棕色，硝酸不论浓或稀，都具有强氧化性。可氧化许多非金属单质，而 HNO_3 被还原为 NO。例如：

$$S + 2HNO_3 === H_2SO_4 + 2NO\uparrow$$

$$3C + 4HNO_3 === 3CO_2\uparrow + 4NO\uparrow + 2H_2O$$

硝酸能与绝大多数金属反应，溶解金属。在反应中硝酸被还原的产物取决于硝酸的浓度和金属的活泼性，一般来说，浓 HNO_3 被还原为 NO_2，稀 HNO_3 被还原为 NO。极稀的 HNO_3 与活泼金属（如 Mg、Zn）反应，HNO_3 可被还原为 NH_3，NH_3 与 HNO_3 生成 NH_4NO_3。例如：

$$Cu + 4HNO_3(浓) \rightleftharpoons Cu(NO_3)_2 + 2NO_2 \uparrow + 2H_2O$$

$$3Cu + 8HNO_3(稀) \rightleftharpoons 3Cu(NO_3)_2 + 2NO \uparrow + 4H_2O$$

$$4Zn + 10HNO_3(极稀) \rightleftharpoons 4Zn(NO_3)_2 + NH_4NO_3 + 3H_2O$$

冷的浓硝酸可使铝、钛、铬、铁、钴、镍等金属"钝化"，生成一层致密的氧化膜，阻止硝酸对金属的进一步氧化。

硝酸作为强酸、强氧化剂和硝化剂，在工业上应用很广。浓硝酸与浓盐酸体积以1:3的混合酸称为"王水"。可溶解金、铂等贵重（不活泼）金属。

硝酸盐都溶于水，在溶液中相当稳定。但固体硝酸盐的热稳定性较差，加热会分解。金属硝酸盐热分解方式，有如下三种情况：

（1）活泼金属（比 Mg 活泼的碱金属和碱土金属）的硝酸盐分解生成亚硝酸盐和氧气。如：

$$2NaNO_3 \xrightarrow{加热} 2NaNO_2 + O_2 \uparrow$$

（2）活泼性较小的金属（活泼性在 Mg 与 Cu 之间）的硝酸盐分解生成金属氧化物、二氧化氮和氧气。如：

$$2Pb(NO_3)_2 \xrightarrow{加热} 2PbO + 4NO_2 \uparrow + O_2 \uparrow$$

（3）不活泼金属（活泼性比 Cu 差）的硝酸盐分解为金属单质、二氧化氮和氧气。如：

$$2AgNO_3 \xrightarrow{加热} 2Ag + 2NO_2 \uparrow + O_2 \uparrow$$

上述三种分解方式都有氧气放出，高温时硝酸盐是很好的供氧剂，常用于制造火药、焰火。硝酸铵热稳定性更差，缓慢加热到200℃，分解为 N_2、O_2 和 H_2O，加热过猛可能使硝酸铵发生爆炸，是硝铵炸药的主体。

9.2.3.5 磷的含氧酸及其盐

磷有多种含氧酸，以磷酸（H_3PO_4）最为重要，也最稳定。纯净的磷酸是无色透明晶体，熔点42.3℃，易溶于水。市售的磷酸是无色黏稠的浓溶液，浓度为85%~98%。磷酸是一种无氧化性，不挥发的三元中强酸，可形成三种类型的盐。以钠盐为例：磷酸钠 Na_3PO_4、磷酸氢二钠 Na_2HPO_4、磷酸二氢钠 NaH_2PO_4。

磷酸正盐和磷酸一氢盐中，除钾、钠和铵盐外，都难溶于水，而大多数的磷酸二氢盐都溶于水。溶于水的各种磷酸盐，都可作为磷肥使用。磷酸盐除用作化肥外，还可用作洗涤剂，动物饲料的添加剂等。某些磷酸盐用于钢铁制品的磷化处理。例如，磷酸铁锰 $xFe(H_2PO_4)_2 \cdot yMn(H_2PO_4)_2$ 和硝酸锌的混合溶液，可使浸入其中的钢铁制品表面生成一层薄的灰黑色的磷化膜，即磷酸铁、磷酸锰和磷酸锌的不溶性磷酸盐的保护膜，磷化处理广泛用于钢铁制品的抗蚀处理。

9.2.3.6 硫的含氧酸及其盐

硫是有多种氧化态的元素，有多种含氧酸及含氧酸盐。

A 亚硫酸及其盐

亚硫酸（H_2SO_3）不稳定，只能存在于水溶液中，易分解出 SO_2。H_2SO_3 是二元中强酸，可形成正盐和酸式盐。绝大多数正盐（除 K^+、Na^+、NH_4^+ 盐外）都不溶于水，酸式盐都溶于水。亚硫酸及其盐中，硫的氧化数为+4，可失去电子变为+6，表现出还原性，也可获得电子而表现出氧化性。但亚硫酸及其盐主要表现出还原性。如亚硫酸盐在空气中易被氧化成硫酸盐：

$$2Na_2SO_3 + O_2 =\!=\!= 2Na_2SO_4$$

亚硫酸盐在印染工业中用作还原剂。

　　B　硫酸及其盐

硫酸是 SO_3 的水合物，除 H_2SO_4 外，还有 $H_2SO_4 \cdot H_2O$，$H_2SO_4 \cdot 2H_2O$，$H_2SO_4 \cdot 4H_2O$，这些水合物很稳定。浓硫酸与水混合时，形成水合物放出大量的热，热量可使溶液局部暴沸而飞溅。稀释浓硫酸时，只能在不断搅拌下将浓硫酸慢慢地倒入水中，切不可将水倒入浓硫酸中。

浓硫酸具有强的吸水性、脱水性（能从一些有机化合物中，按 2∶1 的比例夺取 H 原子和 O 原子）、强酸性和强氧化性，是重要的无机酸。热浓硫酸氧化性很强，几乎能氧化所有金属，氧化一些非金属，而本身一般被还原为 SO_2。例如：

$$Cu + 2H_2SO_4(浓) \xrightarrow{\text{加热}} CuSO_4 + SO_2\uparrow + 2H_2O$$

$$C + 2H_2SO_4(浓) \xrightarrow{\text{加热}} CO_2\uparrow + 2SO_2\uparrow + 2H_2O$$

浓硫酸的氧化性指酸溶液中硫元素的氧化性。稀硫酸的氧化作用是 H^+ 获得电子生成 H_2。故稀硫酸只能与电势顺序在氢以前的金属（如 Zn，Fe 等）反应。与硝酸一样，浓硫酸也会使铝、钛、铬、铁、钴、镍等金属"钝化"。

硫酸能形成正盐和酸式盐两类。正盐中除 $BaSO_4$、$PbSO_4$、$CaSO_4$ 等难溶或微溶于水外，其他盐都能溶于水。硫酸盐比硝酸盐、碳酸盐稳定很多。活泼金属的硫酸盐如 Na_2SO_4、K_2SO_4、$BaSO_4$ 等，在 1000℃时也不分解。

　　C　硫代硫酸盐

最常用的硫代硫酸盐是硫代硫酸钠（$Na_2S_2O_3 \cdot 5H_2O$），商品名为海波，俗称大苏打。硫代硫酸钠无色透明晶体，易溶于水，其水溶液呈碱性，在中性、碱性溶液中稳定，在酸性溶液中易发生歧化反应生成单质硫和二氧化硫。所以，硫代硫酸钠在酸性溶液中不稳定，往往出现混浊现象（单质硫的沉淀）：

$$S_2O_3^{2-} + 2H^+ =\!=\!= S\downarrow + SO_2\uparrow + H_2O$$

硫代硫酸根（$S_2O_3^{2-}$）可认为是 SO_4^{2-} 中的一个氧原子被硫原子所取代，$S_2O_3^{2-}$ 中两个硫原子的氧化数不同，其平均氧化数为+2。$S_2O_3^{2-}$ 具有一定的还原性，与强氧化剂（如 Cl_2、Br_2）作用，被氧化生成 SO_4^{2-}：

$$Na_2S_2O_3 + 4Cl_2 + 5H_2O =\!=\!= Na_2SO_4 + H_2SO_4 + 8HCl$$

在纺织和造纸工业中，用 $Na_2S_2O_3$ 作除氯剂。

$Na_2S_2O_3$ 与 I_2 反应，在中性或弱酸性溶液中硫代硫酸钠能被碘定量地氧化生成连四硫酸钠，而且反应迅速。用淀粉作指示剂，这一反应成为碘量法滴定分析的基本反应：

$$2Na_2S_2O_3 + I_2 =\!=\!= Na_2S_4O_6 + 2NaI$$

在照相术中，用 $Na_2S_2O_3$（定影剂）将未曝光的溴化银溶解（生成配合物）：

$$AgBr(s) + 2Na_2S_2O_3 \longrightarrow Na_3[Ag(S_2O_3)_2] + NaBr$$

9.2.3.7 氯的含氧酸及其盐

氯的含氧酸有：次氯酸（$HClO$）、亚氯酸（$HClO_2$）、氯酸（$HClO_3$）、高氯酸（$HClO_4$）四种，其中氯的氧化数分别为 +1、+3、+5、+7。在氯的各种含氧酸中，亚氯酸最不稳定，容易歧化，常见的含氧酸是 $HClO$、$HClO_3$、$HClO_4$，这些含氧酸及其盐的化学性质变化规律很特别：

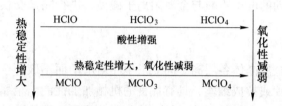

$HClO \rightarrow HClO_3 \rightarrow HClO_4$ 的氧化性依次减弱，由此可见氧化性的强弱与氯元素在含氧酸中氧化数的高低没有直接的联系，如 $HClO_4$ 中 Cl 的氧化数（+7）最高，而其氧化性在氯的含氧酸中却最弱。

氯的含氧酸盐广泛应用于工业。次氯酸盐溶液有氧化性和漂白作用。漂白粉是用氯气与消石灰作用制得的次氯酸钙、氯化钙的混合物，其有效成分是次氯酸钙 $[Ca(ClO)_2]$。漂白粉是廉价的漂白剂、消毒剂和杀菌剂：

$$2Cl_2 + 2Ca(OH)_2 \longrightarrow Ca(ClO)_2 + CaCl_2 + 2H_2O$$

固体氯酸钾在高温下是强氧化剂，实验室用它制取氧气：

$$2KClO_3 \xrightarrow[\text{加热}]{MnO_2} 2KCl + 3O_2\uparrow$$

$KClO_3$ 与易燃物（如碳、硫黄、磷、有机物等）混合后，经摩擦或撞击会爆炸，这一性质被用于制造炸药、焰火等。

$KClO_4$ 比较稳定，但与有机物接触时也容易着火，在 610℃ 时熔化并发生分解：

$$KClO_4 \longrightarrow KCl + 2O_2\uparrow$$

$KClO_4$ 常用于制造炸药，由于产生的氧比 $KClO_3$ 多，可制得比 $KClO_3$ 威力更大的炸药。

高氯酸铵（NH_4ClO_4）的分解反应如下：

$$4NH_4ClO_4 \xrightarrow{\text{加热}} 2N_2\uparrow + 4HCl\uparrow + 5O_2\uparrow + 6H_2O$$

分解产生大量气体物质，是某些炸药的主要成分，也是火箭固体推进剂的成分。

9.3 金属元素

9.3.1 金属元素概述

9.3.1.1 金属的物理性质

金属都有一些共同的物理化学特性，如特殊的光泽、易传热导电，良好的机械加工性能。这些都与金属中存在自由电子有关。

A　光泽

金属晶体中的自由电子很容易吸收可见光，使金属具有不透明性；当吸收能量被激发到较高能级的电子再回到较低能级时，可以放射出一定波长的光，而使金属具有光泽。如铜、金和铋分别显紫、黄和淡红色，其他大多数金属都显深浅不同的银白色或银灰色。

B　传热导电

在外电场作用下，金属晶体中的自由电子作定向运动形成电流，使金属能导电。金属能够传热，是由于运动的电子不断与金属阳离子碰撞，进行能量交换，使整块金属温度趋于一致。

C　延展性

在外力作用下，金属晶体各层离子间能发生相对滑动而不破坏金属键。所以，金属可被锻打成型，压成薄片或拉成细丝，具有优良的机械加工性能。金属的延展性，一般随温度的升高而增大。因此，金属的锻造、拉、轧等工艺往往在炽热时进行。

9.3.1.2　金属的化学性质

在化学反应中，金属一般容易失去外层电子表现出还原性。例如大多数金属容易与氧、硫、卤素等非金属进行化合反应，活泼金属能置换水或某些酸中的氢。各种金属还原性的强弱，与金属活动性顺序一致。ⅠA、ⅡA族金属具有很强的还原性，在与活泼非金属反应时，通常形成离子键。过渡金属的还原性一般较弱，与非金属反应时难以形成典型的离子键。位于ⅢA~ⅣA族的金属，许多具有两性，在和非金属反应时，形成的化学键往往具有共价性质。

9.3.1.3　金属的存在和冶炼

A　金属的存在

金属在自然界中的存在状态和金属的化学性质密切相关（表 9-11）。金、银等少数金属以游离态存在于自然界，其他金属都以化合态存在于矿石中。

表 9-11　金属化学性质和金属活动顺序的关系

金属活动顺序	K	Ba	Ca	Na	Mg	Al	Mn	Zn	Cr	Fe	Ni	Sn	Pb	H	Cu	Hg	Ag	Pt	Au
原子失去电子能力	强 ——————————————— 渐 弱 ——————————→ 弱																	
离子获得电子能力	弱 ——————————————— 渐 强 ——————————→ 强																	
在空气中与氧的作用	易氧化			常温时能被氧化								—	加热时能被氧化		不能被氧化	
和水作用	常温时能置换水中氢			加热时能置换水中的氢								—	不能置换水中的氢			
和酸作用	能置换盐酸或稀硫酸中的氢												—	不能置换稀酸中的氢			
自然界中存在	仅呈化合状态存在												—	呈化合态和游离态存在		呈游离状态存在	

从矿石中提炼金属的一般方法	电解熔融化合物					用碳还原或铝热法							加热或其他方法				
金属活动顺序	K	Ba	Ca	Na	Mg	Al	Mn	Zn	Cr	Fe	Ni	Sn	Pb	H	Cu	Hg	Ag	Pt	Au

重要的氧化物矿石有：赤铁矿（Fe_2O_3）、磁铁矿（Fe_3O_4）、软锰矿（MnO_2）等。重要的硫化物矿石有：方铅矿（PbS）、辉铜矿（Cu_2S）、辰砂（HgS）等。重要的碳酸盐矿石有：石灰石（$CaCO_3$）、菱铁矿（$FeCO_3$）、菱镁矿（$MgCO_3$）等。

B 金属的冶炼

金属冶炼是由矿石中制取金属的过程。其实质是金属离子获得电子从化合物中被还原出来。金属的化学活泼性不同，其离子获得电子还原成金属原子的难易程度也不同。相应的有各种不同的冶炼方法。

（1）热分解法。金属活动性顺序位于铜以后的不活泼金属，可用加强热分解的方法将其冶炼出来。例如冶炼汞：

$$2HgO \xlongequal{\quad} 2Hg + O_2 \uparrow$$

（2）高温还原法。在金属活动顺序中，铝到汞之间的金属冶炼是将矿石与加入的还原剂（碳、一氧化碳、氢气或活泼金属铝等）共热，使金属还原。如铁的冶炼就是采用这类方法。

金属硫化物矿石或金属碳酸盐矿石，需先在通入空气条件下煅烧，变成氧化物，再还原。例如工业上从闪锌矿中制取锌：

$$2ZnS + 3O_2 \xlongequal{加热} 2ZnO + 2SO_2 \uparrow$$

$$ZnO + C \xlongequal{加热} Zn + CO \uparrow$$

要制取纯净的金属单质（如钨、钼、锗）时，常用氢气作还原剂。冶炼锰、铬、钛等熔点较高的金属时，常用活泼金属（如镁、铝）作还原剂。

（3）电解还原法。活泼金属的冶炼常用电解法（金属活动顺序中锰以前的金属）。如钠和镁的制取，可分别电解熔融的氯化钠和氯化镁。

C 合金

纯金属的许多性能（如硬度、强度、耐腐蚀性等）不能满足工程技术上的要求，所以工业上很少用纯金属。例如，纯铜电导性好，通常用于制造电器，但其硬度和强度不大，而不宜制造机器零件和日用器具。铝质轻，但纯铝硬度和强度不够、熔点低，不宜制造飞机零部件。随着生产和科学技术的不断发展，对材料的很多性能提出了特殊要求，如耐高温、耐高压、耐腐蚀、高强度、高硬度、易熔等。而纯金属的性能很难满足要求，所以工业上使用的金属材料大多数是合金。

合金由两种或两种以上的金属（或金属与非金属）熔合而成，具有金属特性。如常用的黄铜是铜锌合金，铸铁和钢是铁碳合金。广义地讲，合金是一种固态溶液，即固溶体。固溶体保持着溶剂金属原有的晶格点阵，溶质原子可以有限或无限地熔入溶剂金属的晶格。根据溶质原子在溶剂晶格点阵所处的位置，固溶体可分为置换固溶体和间隙固溶体两大类。

在置换固溶体中，溶质原子取代部分溶剂原子并排列在溶剂晶格结点的位置。当两种金属原子的半径差别很小、电子层和化学活泼性相似、晶格类型相同时容易形成置换固溶体。在间隙固溶体中，溶质原子分布在溶剂晶格的间隙，又称间充固溶体。只有当溶质原子（如 C、B、N 等非金属元素的原子）半径很小时才能形成间隙固溶体。

无论是形成置换固溶体还是间隙固溶体，由于溶剂原子和溶质原子的半径及化学性质不尽一致，都将造成合金晶格的扭曲或变形（畸变）。因此，晶面之间相对滑动的阻力增大，使金属材料抵抗变形的能力增强，表现为合金的强度和硬度都高于纯金属。例如，铸铁和钢比纯铁的硬度大。在铜中加入 1%（质量分数）的铍所得到的合金，硬度比纯铜大7倍。

此外，多数合金的熔点低于组成它的任何一种金属的熔点。例如，锡、铋、镉、铅的熔点分别是 232℃、271℃、321℃、277℃，而这 4 种金属按 1∶4∶1∶2 的质量比组成合金、熔点只有 67℃。合金的硬度比组成金属的硬度要大，合金的导电传热性比纯金属低很多。合金的化学性质也与组分金属有些不同。例如，不锈钢与铁比较，不易被腐蚀。镁和铝化学性质都活泼，而组成合金后就比较稳定。合金各组分的比例能够在很大范围内变化，并能以此来调节合金的性能。

9.3.2 s 区金属元素

s 区元素位于周期表的最左侧，其最外层电子构型为 $ns^{1\sim2}$，包括周期表中第一主族 I A 和第二主族 II A。I A 族元素有氢、锂、钠、钾、铷、铯和钫 7 个元素，其中锂、钠、钾、铷、铯、钫的氧化物和氢氧化物都易溶于水，而且呈强碱性，统称为碱金属。II A 族包括铍、镁、钙、锶、钡和镭 6 个元素。钙、锶、钡的氧化物既有碱性（与碱金属相似），又有土性（与黏土中的氧化铝相似，熔点高又难溶于水），故第二主族 II A 元素称为碱土金属，在这两族中，钫和镭是放射性元素。

9.3.2.1 碱金属和碱土金属的通性

碱金属和碱土金属元素的一些主要性质见表 9-12 和表 9-13。两族元素原子的最外层分别有 1 个和 2 个 s 电子，都具有熔点、沸点低，硬度小，电导性好的特点。由于碱土金属元素原子半径比相邻的碱金属小，失去电子较难，因而金属活泼性比碱金属小，熔点、沸点都比碱金属高，硬度比碱金属大。在 I A、II A 各族元素中，从上到下，随着元素原子序数的增加，金属活泼性依次增加。

表 9-12　碱金属的性质

元　素	锂（Li）	钠（Na）	钾（K）	铷（Rb）	铯（Cs）
原子序数	3	11	19	37	55
价电子层结构	$2s^1$	$3s^1$	$4s^1$	$5s^1$	$6s^1$
氧化值	+1	+1	+1	+1	+1
熔点/℃	189.6	97.8	63.7	39	28.8
沸点/℃	1336	881.4	765.5	694	678.5

元 素	锂（Li）	钠（Na）	钾（K）	铷（Rb）	铯（Cs）
金属原子半径/pm	152	185	227.2	247.5	265.4
离子半径 M^+/pm	60	95	133	148	169
第一电离能/kJ·mol^{-1}	520.2	495.8	418.8	403.0	272.5
第二电离能/kJ·mol^{-1}	7298	4563	3051	2632	2422
电负性	1.0	0.9	0.8	0.8	0.7

表 9-13　碱土金属的性质

元 素	铍（Be）	镁（Mg）	钙（Ca）	锶（Sr）	钡（Ba）
原子序数	4	12	20	38	56
价电子层结构	$2s^2$	$3s^2$	$4s^2$	$5s^2$	$6s^2$
氧化值	+2	+2	+2	+2	+2
熔点/℃	1277	650	850	769	725.1
沸点/℃	2484	1105	1487	1381	1849
金属原子半径/pm	110	160	197.3	215.1	217.3
离子半径 M^{2+}/pm	31	65	99	113	135
第一电离能/kJ·mol^{-1}	899.4	737.9	589.8	459.5	502.9
第二电离能/kJ·mol^{-1}	1757	1451	1145	1064	965.3
电负性	1.5	1.2	1.0	1.0	0.9

这两族金属的表面都具有银白色光泽，最显著的特点是化学性质非常活泼，都容易与空气中的氧化合。这种作用在同一族中从上到下逐渐增强，在同一周期中，碱金属比碱土金属更易被氧化。碱金属新切开的表面，在空气中迅速失去光泽，就是被氧化生成氧化物的缘故。所以贮存这些金属时不能使其与水和空气接触，通常放在煤油中。碱金属及钙、锶、钡都能和冷水作用放出氢气。这类反应在同一族越往下越剧烈，锂与水反应不及钠剧烈；钠与水反应猛烈，放出的热量可使钠熔化，甚至爆炸；钾、铷、铯遇水就发生燃烧，易爆炸。同周期比较，钙、锶、钡与冷水作用的剧烈程度远不及相应的碱金属。铍、镁虽然能与水反应，但由于表面形成一层难溶的氢氧化物，阻止与水进一步反应，因此实际上和冷水几乎没有作用。碱金属和碱土金属在空气中燃烧时，除生成正常氧化物外，还生成过氧化物，如 Na_2O_2、BaO_2；在较纯氧气中燃烧，有的金属还生成超氧化物，如 KO_2。超氧化钾在防毒面具、高空飞行和潜水作业中用作二氧化碳吸收剂，并提供氧气。

$$4KO_2 + 2CO_2 =\!=\!= 2K_2CO_3 + 3O_2 \uparrow$$

与相应的碱金属相比，碱土金属的金属键比较强。因此硬度、密度较大，不过还是轻金属。由于外层电子数比碱金属多，核电荷也较多，因此第一电离能远较碱金属大，可失去两个电子变成正价的离子。碱土金属中用途较大的是金属镁，可制造轻合金（镁约90%，其余为铝、锌、锰），应用于飞机和汽车工业。

9.3.2.2　s区金属的重要化合物

A　钠的重要化合物

a　氧化物和过氧化物

氧化钠是碱性氧化物，能与水反应生成强碱：

$$Na_2O + H_2O \Longrightarrow 2NaOH$$

过氧化钠为淡黄色粉末或粒状物，易吸潮，加热至熔融不分解，但遇到棉花、木炭或铝粉等还原性物质时，会引起燃烧或爆炸，使用时应特别注意安全。过氧化钠与水或稀酸反应，生成过氧化氢，同时放出大量的热，过氧化氢又迅速分解放出氧气：

$$Na_2O_2 + 2H_2O \Longrightarrow 2NaOH + H_2O_2$$
$$Na_2O_2 + H_2SO_4 \Longrightarrow Na_2SO_4 + H_2O_2$$
$$2H_2O_2 \Longrightarrow 2H_2O + O_2 \uparrow$$

因此，过氧化钠是一种强氧化剂，广泛用于纤维、纸浆的漂白以及消毒、杀菌和除臭等。

过氧化钠与二氧化碳反应，也能放出氧气，所以过氧化钠适用于防毒面具、高空飞行和潜水作业等工作中二氧化碳的吸收剂和供氧剂，吸收人体呼出的二氧化碳和补充吸入的氧气：

$$2Na_2O_2 + 2CO_2 \Longrightarrow 2Na_2CO_3 + O_2 \uparrow$$

过氧化钠在碱性介质中也是一种强氧化剂，是分析化学中分解矿石常用的熔剂，其能将矿石中的铬、锰、钒等氧化成可溶性的含氧酸盐，再用水提取出来。例如：

$$3Na_2O_2 + Cr_2O_3 \Longrightarrow 2Na_2CrO_4 + Na_2O$$
$$Na_2O_2 + MnO_2 \Longrightarrow Na_2MnO_4$$

b　氢氧化钠

氢氧化钠又称苛性碱、烧碱或火碱。是白色固体，在空气中易吸水而潮解，因而固体氢氧化钠常用作干燥剂。氢氧化钠易溶于水，溶解时放出大量的热，水溶液显强碱性，与酸、酸性氧化物及某些盐类均能发生化学反应。

氢氧化钠极易吸收二氧化碳生成碳酸钠：

$$2NaOH + CO_2 \Longrightarrow Na_2CO_3 + H_2O$$

因此，存放时必须注意密封。

氢氧化钠的浓溶液对纤维、皮肤、玻璃陶瓷等有强烈的腐蚀作用。制备浓碱液或熔融烧碱时，常用铸铁、镍或银制器皿。氢氧化钠与玻璃中的主要成分二氧化硅发生反应生成硅酸钠：

$$2NaOH + SiO_2 \Longrightarrow Na_2SiO_3 + H_2O$$

硅酸钠的水溶液俗称水玻璃，是一种胶黏剂。实验室盛放氢氧化钠及其溶液的玻璃瓶，长期存放玻璃塞和瓶口会黏在一起，导致瓶塞无法打开，故不用玻璃塞而用橡胶塞。

氢氧化钠是重要的化工原料之一。广泛用于造纸、制皂、化学纤维、纺织、无机合成等工业中。工业上主要采用隔膜电解食盐水的方法生产氢氧化钠。

c　重要的钠盐

钠盐一般是无色或白色固体（除少数阴离子有颜色外），绝大多数易溶于水，具有较高的熔点和较高的热稳定性。卤化钠在高温时只挥发，不易分解；硫酸盐、碳酸盐在高温下既不挥发也难分解；只有硝酸盐热稳定性差，加热到一定温度时发生分解。

以下是几种重要的钠盐：

（1）氯化钠（NaCl）。氯化钠广泛存在于海洋、盐湖和岩盐中。不仅是人类生活的必需品，还是化学工业的基本原料。如烧碱、纯碱（Na_2CO_3）、盐酸等都以氯化钠为原料制备。

（2）碳酸钠（Na_2CO_3）。即纯碱，又称苏打。有无水盐粉末和一水盐、十水盐、七水盐三种结晶水合物几种物质状态。常见工业品不含结晶水，为白色粉末。碳酸钠是一种基本的化工原料，除用于制备化工产品外，还广泛用于玻璃、造纸、制皂和水处理等工业。工业上常用氨碱法制取纯碱。

（3）碳酸氢钠（$NaHCO_3$）。俗称小苏打，加热至160℃即分解产生 CO_2 气体，是食品工业的膨化剂。还用于泡沫灭火器中。

B　镁的重要化合物

a　氧化镁

氧化镁是松软的白色粉末，不溶于水。熔点高达2800℃，可做耐火材料，制备坩埚、耐火砖、高温炉的衬里等。

b　氢氧化镁

氢氧化镁是微溶于水的白色粉末，是中等强度的碱。可用易溶镁盐和石灰水反应制取。

造纸工业中用氢氧化镁做填充材料，制牙膏、牙粉时也要用氢氧化镁。

c　氯化镁

氯化镁（$MgCl_2 \cdot 6H_2O$）是无色晶体，味苦，极易吸水。从海水晒盐的母液中制得不纯的 $MgCl_2 \cdot 6H_2O$，叫卤块。工业上常用卤块作为生产碳酸镁及其他镁化合物的原料。$MgCl_2 \cdot 6H_2O$ 加热至527℃以上，分解为氧化镁和氯化氢气体。

$$MgCl_2 \cdot 6H_2O \xrightarrow{527℃} MgO + 2HCl\uparrow + 5H_2O$$

所以，仅用加热的方法得不到无水氯化镁。要得到无水氯化镁，必须在干燥的氯化氢气流中加热 $MgCl_2 \cdot 6H_2O$ 使其脱水。

C　钙的重要化合物

a　氧化钙

氧化钙是白色块状或粉末状固体，俗名生石灰。生石灰是碱性氧化物，在高温下能和二氧化硅、五氧化二磷等化合。

$$CaO + SiO_2 \xrightarrow{高温} CaSiO_3$$
$$3CaO + P_2O_5 \xrightarrow{高温} Ca_3(PO_4)_2$$

在冶金工业中利用这两个反应，可将矿石中的硅、磷等杂质转入矿渣而除去。

氧化钙的熔点高达2570℃，是耐火材料的原料，还是重要的建筑材料。

b　氢氧化钙

氢氧化钙是白色粉末，微溶于水，其溶解度随温度的升高而减小。其饱和溶液叫石灰水。氢氧化钙是最便宜的强碱，在工业生产中，若不需要很纯的碱，可将氢氧化钙制成石灰乳代替烧碱用。纯碱工业、制糖工业，以及制取漂白粉，都需要大量的氢氧化钙，但其更多是被用作建筑材料。

　　c　硫酸钙

　　天然的硫酸钙有硬石膏（$CaSO_4$）和石膏（$CaSO_4 \cdot 2H_2O$）。石膏为无色晶体，微溶于水。石膏加热至120℃时失去3/4的水而转变为熟石膏：

$$2(CaSO_4 \cdot 2H_2O) \stackrel{120℃}{=\!=\!=} (CaSO_4)_2 \cdot H_2O + 3H_2O$$

　　此反应可以逆转。用水将熟石膏拌成浆状物后，又会转变为石膏并凝固为硬块，其体积略有增大，因而可用熟石膏制造塑像、模型、粉笔和医疗用的石膏绷带。如把石膏加热到500℃以上，便脱水得到硬石膏，硬石膏无可塑性。

9.3.3　p 区金属元素

　　p 区金属位于周期系ⅢA～ⅥA族中，具有 $ns^2np^{1\sim4}$ 的价电子层构型。包括ⅢA族的铝、镓、铟、铊；ⅣA族的锗、锡、铅；ⅤA族的锑、铋和ⅥA族的钋。钋是稀有放射性元素。锗、锡、铅、铋出现了过渡型晶体结构，表明这些元素处于周期系中金属向非金属过渡的位置上，因而表现出某些较为特殊的性质。

9.3.3.1　物理性质

　　表 9-14 列出了 p 区金属单质的物理性质。

表 9-14　p 区金属单质的物理性质

族	元素	原子序数	原子半径/pm	密度/g·cm^{-3}	熔点/K	沸点/K	硬度（金刚石=10）	电导性（Hg=1）
ⅢA	Al	13	143	2.70	933	2720	2.9	36.1
	Ga	31	141	5.93	303	2510	1.5	1.7
	In	49	166	7.29	429	2320	1.2	10.6
	Tl	81	171	11.85	577	1743	1.0	5.0
ⅣA	Ge	32	137	5.36	1233	3103	6.5	0.001
	Sn	50	162	5.77	505	2960	2.0	8.3
	Pb	82	175	11.34	601	2024	1.5	4.6
ⅤA	Sb	51	159	6.6	903	1910	3.0	2.5
	Bi	83	170	9.8	545	1832	2.5	0.8
ⅥA	Po	84	176	9.2	527	1235		

　　由表 9-14 所列数据可知，金属铝的密度小，属于轻金属，其余为重金属。金属铝具有银白色光泽，导电性仅次于铜、银、金。铝的导电率虽然只有铜的60%，但质量只有铜的一半，因此铝代替铜做电源线，特别是高压电缆线。铝虽然是活泼金属，但表面易形成致密的氧化膜，有很高的稳定性，广泛用来制造日用器皿。铝合金、镁合金及铍合金，都是密度小、强度大的重要轻型结构材料，大量用于宇宙飞船、航空、汽车、机械工业。例

如，超音速飞机使用了 70%的铝及铝合金。

最重要的铝合金是坚铝（含 Al 94%，Cu 4%，Mg、Mn、Fe、Si 各 0.5%），其坚固性与优质钢材相似，而质量仅为钢制品的 1/4，但坚铝的耐腐蚀性较差。

镓、铟、铊和锗的高纯金属及其合金都是半导体材料，导电能力在导体与绝缘体之间，且随温度升高而增加，因此被广泛用于制造半导体元件。

锡、铅、铋属于低熔点重金属，是制造低熔合金的重要原料，如铋的某些合金熔点在 100℃以下。这类合金可用来制造自动灭火设备，锅炉安全装置、信号仪表、电路中的保险丝和焊锡等。锡和铅都是比较活泼的金属，锡主要用来制造马口铁（镀锡铁片）和合金，如黄铜（铜、锌、锡合金）、焊锡（锡和铅合金）、铅字合金（锡、锑、铅和铜合金）。金属铅材质较软，强度低，但密度较大（$11.34g/cm^3$），在常见金属中仅次于汞（$13.6g/cm^3$）和金（$19.3g/cm^3$），常用来制造铅合金和铅蓄电池。

9.3.3.2 化学性质

p 区金属元素原子的最外层电子数较多，当它们参加化学反应时，这些电子可全部或部分失去，因此有可变氧化数。p 区金属主要氧化数见表 9-15。

表 9-15 p 区金属的主要氧化数

元素	ⅢA				ⅣA			ⅤA	
	Al	Ga	In	Tl	Ge	Sn	Pb	Sb	Bi
主要氧化数	+3	+3	+3	+3	+4	+4	+4	+5	+5
	+1	+1	+1	+2	+2	+2	+3	+3

锡、铅、锑、铋和铝，与空气中的氧气都能直接反应，但常温下因生成各种不同程度的氧化膜而钝化，因此这些金属在空气中无显著反应。但在高温下，它们能发生剧烈程度不同的燃烧，并放出大量的热。特别是金属铝粉在氧气中加热，可以燃烧发光，生成氧化铝，同时放出大量的热：

$$4Al(s) + 3O_2(g) \xrightarrow{\text{加热}} 2Al_2O_3(s) + 3340kJ$$

利用这一特性，用铝粉作为冶金工业的还原剂，将高熔点的金属氧化物还原为相应的金属单质，这种冶炼方法称为铝热法。由铝粉和粉末状的四氧化三铁组成的混合物，称为铝热剂。用点燃金属镁条产生高温的方法引燃铝热剂，反应立即猛烈进行，同时放出大量的热：

$$8Al + 3Fe_3O_4 \xrightarrow{\text{点燃}} 4Al_2O_3 + 9Fe + 3329kJ$$

温度可上升到 3000℃，生成的熔融态铁可用于野外焊接铁轨。

新切开的铅可见金属光泽，由于发生了下述反应，很快变成暗灰色：

$$Pb + O_2 + H_2O + CO_2 \Longrightarrow Pb(OH)_2CO_3$$

失去光泽，生成的碱式碳酸铅，在铅的表现形成一层保护膜，使铅钝化。

p 区金属在常温下不与水作用，除锑和铋外，p 区金属的标准电极电位都为负值，因此可与盐酸、稀硫酸反应置换出氢气。

p 区金属的铝、锡、铅是"两性"元素，与碱溶液作用，生成氢气和相应的含氧酸盐，例如：

$$2Al + 2NaOH + 2H_2O \rightleftharpoons 2NaAlO_2 + 3H_2 \uparrow$$

$$Sn + 2NaOH \rightleftharpoons Na_2SnO_2 + H_2 \uparrow$$

锡、锑、铋的盐易水解生成碱式盐或酰基盐，且难溶于水，例如：

$$SnCl_2 + H_2O \rightleftharpoons Sn(OH)Cl \downarrow + HCl$$

$$SbCl_3 + H_2O \rightleftharpoons SbOCl \downarrow + 2HCl$$

$$BiCl_3 + H_2O \rightleftharpoons BiOCl \downarrow + 2HCl$$

在配制这类盐的水溶液时，为抑制其水解，应先将盐溶于少量浓盐酸中，再加水稀释到所需浓度。

锡和铅虽都有氧化数为+2 和+4 的化合物，但氧化数为+2 的铅比氧化数为+4 的铅稳定，氧化数为+4 的锡比氧化数为+2 的锡稳定，故二氯化锡常用作还原剂，二氧化铅常用作氧化剂。实验室常利用氧化数为+4 的二氧化铅氧化浓盐酸制取氯气：

$$PbO_2 + 4HCl(浓) \xrightarrow{加热} PbCl_2 + Cl_2 \uparrow + 2H_2O$$

9.3.3.3　p 区金属的重要化合物

A　铝的重要化合物

a　氧化铝

氧化铝（Al_2O_3）是白色难溶于水的粉末，为典型的两性氧化物。新制氧化铝的反应能力很强，既溶于酸又溶于碱：

$$Al_2O_3 + 6H^+ \rightleftharpoons 2Al^{3+} + 3H_2O$$

$$Al_2O_3 + 2OH^- \rightleftharpoons 2AlO_2^- + H_2O$$

经过活化处理的 Al_2O_3，有巨大的表面积，吸附能力强，称为活性氧化铝。常用于催化剂的载体和化学实验室的色层分析。

经高温（大于 900℃）煅烧后的 Al_2O_3 晶体，化学稳定性强，反应能力差。不溶于酸、碱溶液，但能和熔融碱作用，与其他试剂也不反应。其熔点高达 2050℃，硬度仅次于金刚石，称为刚玉。自然界中的刚玉含有多种杂质，故显不同颜色。例如，含微量氧化铬呈红色，称为红宝石；含微量钛、铁氧化物呈蓝色，称为蓝宝石，常用作装饰品和仪表中的轴承。人造刚玉广泛用作研磨材料，制造坩埚、瓷器及耐火材料。

b　氢氧化铝

氢氧化铝是白色胶状物质，常以铝盐和氨水反应来制备。

$$Al^{3+} + 3NH_3 \cdot H_2O \rightleftharpoons Al(OH)_3 \downarrow + 3NH_4^+$$

氢氧化铝是典型的两性氢氧化物，能溶于酸或碱性溶液，但不溶于氨水。所以铝盐和氨水作用，能使含 Al^{3+} 的盐沉淀完全。若用苛性碱代替氨水，则过量的碱又使生成的 $Al(OH)_3$ 沉淀逐渐溶解。

氢氧化铝和酸或碱（除氨水外）反应的离子方程式为：

$$Al(OH)_3 + 3H^+ \rightleftharpoons Al^{3+} + 3H_2O$$

$$Al(OH)_3 + OH^- \rightleftharpoons [Al(OH)_4]^-$$

或　　　　　　　　$$Al(OH)_3 + OH^- \rightleftharpoons AlO_2^- + 2H_2O$$

氢氧化铝在水中存在着如下电离平衡：

$$Al^{3+} + 3OH^- \rightleftharpoons Al(OH)_3 \rightleftharpoons AlO_2^- + H_2O + H^+$$

加酸时，进行碱式电离，平衡向左移动，$Al(OH)_3$ 生成相应酸的铝盐。反之，加碱时，进行酸式电离，平衡向右移动，$Al(OH)_3$ 不断溶解转为铝酸盐。

事实上，在溶液中并未找到偏铝酸根 AlO_2^-，AlO_2^- 和 Al^{3+} 在溶液中分别以水合离子 $[Al(OH)_4]^-$（$AlO_2^- \cdot H_2O$）和 $[Al(H_2O)_6]^{3+}$ 形式存在。所以在水溶液 $NaAlO_2$ 的组成为 $Na[Al(OH)_4]$。因此铝及其化合物与烧碱溶液反应，生成的铝酸盐不是 AlO_2；只有在干燥状态和熔融态与苛性碱作用时，才生成 $NaAlO_2$，但习惯上将铝酸钠简写为 $NaAlO_2$。

铝酸盐易发生水解，溶液呈碱性：

$$AlO_2^- + 2H_2O = Al(OH)_3 + OH^-$$

该溶液中通入二氧化碳时，促使水解平衡右移，产生氢氧化铝沉淀。这也是工业上制取氢氧化铝的一种方法：

$$2[Al(OH)_4]^- + CO_2 = 2Al(OH)_3\downarrow + CO_3^{2-} + H_2O$$

或

$$2AlO_2^- + 3H_2O + CO_2 = 2Al(OH)_3\downarrow + CO_3^{2-}$$

氢氧化铝用于制备铝盐和纯氧化铝。

c 无水三氯化铝

无水三氯化铝（$AlCl_3$）为白色粉末或颗粒状结晶，工业品因含有杂质呈淡黄色或红棕色。大量用作有机合成的催化剂，如石油裂解、合成橡胶、树脂及洗涤剂等用于制备铝的有机化合物。

无水三氯化铝暴露在空气中，极易吸收水分并水解，甚至放出 HCl 烟雾。其水中的溶解并水解的同时放出大量的热，并有强烈喷溅现象。人体沾染三氯化铝时，如直接用少量水洗，有烧皮肉产生疼感，最好迅速拭去后，再用大量水冲洗。

无水三氯化铝有强烈的水解性，只能用干法合成，在氯气流中或氯化氢气流中熔融金属铝，才能制得无水三氯化铝。

d 硫酸铝和铝矾

（1）硫酸铝 $[Al_2(SO_4)_3]$。无色硫酸铝为白色粉末，从饱和溶液中析出的白色针状结晶为 $Al_2(SO_4)_3 \cdot 18H_2O$，受热时会逐渐失去结晶水，至 250℃ 失去全部结晶水。约 600℃ 时即分解成 Al_2O_3。硫酸铝易溶于水，水解呈酸性。反应式如下：

$$Al^{3+} + H_2O = [Al(OH)]^{2+} + H^+$$

$[Al(OH)]^{2+}$ 进一步水解：

$$[Al(OH)]^{2+} + H_2O = [Al(OH)_2]^+ + H^+$$

$$[Al(OH)_2]^+ + H_2O = Al(OH)_3 + H^+$$

水解形成的 $Al(OH)_3$ 为胶体物质，能以细密分散状态沉积在棉纤维上，并牢固地吸附染料，因此硫酸铝是优良的媒染剂，也常用作水净化的凝聚剂和造纸工业的胶粘材料等。

（2）铝钾矾 $[K_2SO_4 \cdot Al_2(SO_4)_3 \cdot 24H_2O]$。铝钾矾是硫酸铝、硫酸钾的二十四水复盐，俗称明矾，易溶于水，水解生成 $Al(OH)_3$ 或碱式盐的胶状沉淀。广泛用于水的净化、造纸业的上浆剂，印染业的媒染剂及医药上的防腐、收敛和止血剂等。

B　锡的重要化合物

a　氯化亚锡

氯化亚锡（$SnCl_2 \cdot 2H_2O$）是白色晶体，能溶于水。在水溶液中强烈水解生成难溶的碱式氯化亚锡沉淀：

$$SnCl_2 + H_2O =\!=\!= Sn(OH)Cl\downarrow + HCl$$

$$Sn^{2+} + O_2 + 4H^+ =\!=\!= Sn^{4+} + 2H_2O$$

$$Sn^{4+} + Sn =\!=\!= 2Sn^{2+}$$

配制 $SnCl_2$ 溶液时必须先加入适量的盐酸抑制水解。同时还需加锡粒防止 Sn^{2+} 氧化。$SnCl_2$ 是实验室中常用的还原剂，$SnCl_2$ 也是有机合成中重要的还原剂。

b　四氯化锡

四氯化锡常温下为无色液体，不导电，易溶于四氯化碳等有机溶剂，是典型的共价化合物。沸点较低，易挥发，遇水强烈水解产生锡酸，并释放出氯化氢而呈现白烟。在加热条件下，可由金属锡与氯气充分反应制取四氯化锡（$SnCl_4$）：

$$SnCl_4 + 3H_2O =\!=\!= H_2SnO_3 + 4HCl$$

无水四氯化锡有毒并有腐蚀性，工业上用作媒染剂和有机合成的氯化催化剂，在电镀锡和电子工业等方面也有应用。

C　铅的重要化合物

a　铅的氧化物

常见铅的氧化物有 PbO，PbO_2 及 Pb_3O_4。

一氧化铅（PbO）俗称密陀增，有黄色及红色两种变体。用空气氧化熔融铅得到黄色变体，在水中煮沸立即转变成红色变体。PbO 用于制造铅白粉、铅皂，在油漆中作催干剂。PbO 是两性物质，与 HNO_3 或 $NaOH$ 作用可分别得到 $Pb(NO_3)_2$ 和 Na_2PbO_2。

二氧化铅（PbO_2）是棕黑色固体，加热时逐步分解为低价氧化物（Pb_2O_3，Pb_3O_4，PbO）和氧气。PbO_2 具有强氧化性，在酸性介质中可将 Cl^- 氧化成 Cl_2，将 Mn^{2+} 氧化为 MnO_4^-。PbO_2 遇有机物易引起燃烧或爆炸，与硫、磷等一起摩擦可燃烧。二氧化铅（PbO_2）是铅蓄电池的阳极材料，也是火柴制造业的原料。工业上用 PbO 在碱性溶液中通入氯气制取 PbO_2：

$$PbO + 2NaOH + Cl_2 =\!=\!= PbO_2 + 2NaCl + H_2O$$

四氧化三铅（Pb_3O_4）俗称铅丹，是鲜红色固体，可看作正铅酸的铅盐 $Pb_2(PbO_4)$ 或复合氧化物 $2PbO \cdot PbO_2$。铅丹的化学性质稳定，常用作防锈漆；水暖管工使用的红油也含有铅丹。Pb_3O_4 与热稀 HNO_3 作用，能溶出总铅量的 2/3：

$$Pb_3O_4 + 4HNO_3 =\!=\!= 2Pb(NO_3)_2 + PbO_2 + 2H_2O$$

b　铅盐

铅盐通常指 $Pb(II)$ 盐，多数难溶，广泛用作颜料或涂料，如 $PbCrO_4$ 是一种常用的黄色颜料（铬黄）；$Pb_2(OH)_2CrO_4$ 为红色颜料；$PbSO_4$ 制白色油漆；PbI_2 配制黄色颜料。可溶性的铅盐有两种：$Pb(NO_3)_2$ 和 $Pb(Ac)_2$，其中 $Pb(NO_3)_2$ 尤为重要，是制备难溶铅盐的原料。

9.3.4 过渡金属元素

过渡元素包括周期表中ⅢB~Ⅷ、ⅠB~ⅡB族元素，即d区和ds区元素（见表9-16），由于处于主族金属元素（s区）和主族非金属元素（p区）之间，故称过渡元素。它们都是金属，也称过渡金属。

表9-16 周期表中的过渡元素

周期	ⅠA	ⅡB	ⅢB	ⅣB	ⅤB	ⅥB	ⅦB	Ⅷ			ⅠB	ⅡB	ⅢA~ⅧA
1													
2													
3						d 区						ds 区	
4	s		Sc	Ti	V	Cr	Mn	Fe	Co	Ni	Cu	Zn	p 区
5	区		Y	Zr	Nb	Mo	Tc	Ru	Rh	Pd	Ag	Cd	
6			Lu	Hf	Ta	W	Re	Os	Ir	Pt	Au	Hg	
7			Lr	Rf	Db	Sg	Bh	Hs	Mt				

通常按不同周期将过渡元素分为下列3个过渡系：

第一过渡系：第4周期元素从 Sc 到 Zn。

第二过渡系：第5周期元素从 Y 到 Cd。

第三过渡系：第6周期元素从 Lu 到 Hg。

d区元素的一般性质按上述3个过渡系见表9-16中。

9.3.4.1 过渡元素的通性

A 原子的电子层结构和原子半径

过渡元素原子结构的共同特点是：随着核电荷的增加，电子依次填充在外层的 d 轨道上，最外层只有 1~2 个 s 电子。其价层电子构型通式为 $(n-1)d^{1~10}ns^{1~2}$。其中，除 ds 区元素的 $(n-1)d$ 轨道为电子全充满外，其余 d 区元素（Pd 除外）原子的 d 轨道皆未填满。

同一过渡系的元素，随着原子序数的增加，原子半径依次缓慢减小，直至铜族前后略有增大。此变化规律是由于 d 电子填充在次外层上，未填满 d^x 电子对核的屏蔽作用比外层电子的大，使有效核电荷增加不多。因此在同一周期，自左向右原子半径仅略有减小。直到 d 亚层电子填 d^{10} 时，该充满结构具有更大的屏蔽效应，故原子半径又略有增大。

同族过渡元素自上而下，原子半径增加也不大。特别由于镧系收缩的影响，导致第二和第三过渡系元素的原子半径十分接近。过渡元素原子的性质见表9-17。

表9-17 d区元素的一般性质

第一过渡系	价层电子构型	熔点/℃	沸点/℃	原子半径/pm	离子半径 M^{2+}/pm	第一电离能/kJ·mol^{-1}	氧化值
Sc	$3d^14s^2$	1541	2836	161	—	639.5	3

第一过渡系	价层电子构型	熔点/℃	沸点/℃	原子半径/pm	离子半径 M^{2+}/pm	第一电离能/kJ·mol^{-1}	氧化值
Ti	$3d^2 4s^2$	1668	3287	145	90	664.6	−1, 0, 2, 3, 4
V	$3d^3 4s^2$	1917	3421	132	88	656.5	−1, 0, 2, 3, 4, 5
Cr	$3d^5 4s^1$	1907	2679	125	84	659.0	−2, −1, 0, 2, 3, 4, 5, 6
Mn	$3d^5 4s^2$	1244	2095	124	80	723.8	−2, −1, 0, 2, 3, 4, 5, 6, 7
Fe	$3d^6 4s^2$	1535	2861	124	76	765.7	0, 2, 3, 4, 5, 6
Co	$3d^7 4s^2$	1494	2927	125	74	764.9	0, 2, 3, 4
Ni	$3d^8 4s^2$	1453	2884	125	72	742.5	0, 2, 3, (4)
Cu	$3d^{10} 4s^1$	1085	2562	128	69	751.7	1, 2, 3
Zn	$3d^{10} 4s^2$	420	907	133	74	912.6	2

第二过渡系	价层电子构型	熔点/℃	沸点/℃	原子半径/pm	第一电离能/kJ·mol^{-1}	氧化值
Y	$4d^1 5s^2$	1522	3345	181	606.4	3
Zr	$4d^2 5s^2$	1852	3577	160	642.6	2, 3, 4
Nb	$4d^4 5s^1$	2468	4860	143	642.3	2, 3, 4, 5
Mo	$4d^5 5s^1$	2622	4825	136	691.2	0, 2, 3, 4, 5, 6
Tc	$4d^5 5s^2$	2157	4265	136	708.2	0, 4, 5, 6, 7
Ru	$4d^7 5s^1$	2334	4150	133	707.6	0, 3, 4, 5, 6, 7, 8
Rh	$4d^8 5s^1$	1963	3727	135	733.7	0, (1), 2, 3, 4, 6
Pd	$4d^{10} 5s^0$	1555	3167	138	810.5	0, (1), 2, 3, 4
Ag	$4d^{10} 5s^1$	962	2164	144	737.2	1, 2, 3
Cd	$4d^{10} 5s^2$	321	765	149	874.0	2

第三过渡系	价层电子构型	熔点/℃	沸点/℃	原子半径/pm	第一电离能/kJ·mol^{-1}	氧化值
Lu	$5d^1 6s^2$	1663	3402	173	529.7	3
Hf	$5d^2 6s^2$	2227	4450	159	660.7	2, 3, 4
Ta	$5d^3 6s^2$	2996	5429	143	720.3	2, 3, 4, 5
W	$5d^4 6s^2$	3387	5900	137	739.3	0, 2, 3, 4, 5, 6
Re	$5d^5 6s^2$	3180	5678	137	754.7	0, 2, 3, 4, 5, 6, 7
Os	$5d^6 6s^2$	3045	5225	134	804.9	0, 2, 3, 4, 5, 6, 7, 8
Ir	$5d^7 6s^2$	2447	2550	136	874.7	0, 2, 3, 4, 5, 6
Pt	$5d^9 6s^1$	1769	3824	136	836.8	0, 2, 4, 5, 6
Au	$5d^{10} 6s^1$	1064	2856	144	896.3	1, 3
Hg	$5d^{10} 6s^2$	−39	357	160	1013.3	1, 2

　　镧系元素因增加的电子填充在外数第三层 $(n-2)$f 轨道上，故对核电荷的屏蔽作用比

较大，原子核作用在外层电子的有效核电荷随原子序数的增加仅略有增加，致使镧系元素的原子半径从 La 到 Lu 略微减少，这一现象即为镧系收缩。

B　氧化数

过渡元素的又一显著特征是有多种可变的氧化数。由于过渡元素外层的 s 电子与次外层的 d 电子能级相近，所以除 s 电子可作为价电子外，次外层的 d 电子也可部分或全部作为价电子参与成键，形成多种氧化数。过渡元素的氧化数与主族元素的变化不同，过渡元素的氧化数大多连续变化。例如，Mn 有+2，+3，+4，+6，+7 等。许多过渡元素的最高氧化数等于其所在族数，这一点和主族元素相似。

C　单质的物理性质

过渡元素与同周期主族元素相比，一般有较小的原子半径，而单质有较大的密度。另外，过渡金属的 d 轨道参与成键，增大了金属键的强度，使大多数过渡金属都有较高的硬度、熔点和沸点（ⅡB 族元素除外）。例如，单质中第三过渡系的锇、铱、铂密度最大，都在 $20g/cm^3$ 以上，其中金属锇为 $22.48g/cm^3$，为所有元素中密度最大。熔点最高的是金属钨（3370℃），硬度最大的是金属铬（9）。此外，过渡金属有较好的延展性和机械加工性能。彼此之间及与非过渡金属之间，可组成具有多种特殊性能的合金。而且都是电和热的良好导体。

D　单质的化学性质

金属单质参与化学反应的能力，主要取决于其提供电子的倾向及金属表面的性质。由标准电极电势来衡量。第一过渡系金属的标准电极电势见表 9-18。

表 9-18　第一过渡系金属的标准电极电势（$\varphi^{\ominus}/V$）

电对	Sc	Ti	V	Cr	Mn	Fe	Co	Ni	Cu	Zn
M^{2+}/M	—	-1.63	-1.2(估计值)	-0.86	-1.17	-0.44	-0.29	-0.25	+0.34	-0.763
M^{3+}/M	-2.08	-1.21	-0.885	-0.71	-0.284	-0.036	+0.41	—	—	—

从表 9-18 可以看出，除 Cu 外，第一过渡系都是比较活泼的金属，它们的标准电极电势都是负值。

与第一过渡系相比，第二、三过渡系元素（ⅢB 族除外）较不活泼，即同族元素自上而下，金属活泼性逐渐减弱（由于镧系收缩所致）。过渡元素单质的化学活性分类见表 9-19。

表 9-19　过渡元素单质的化学活性分类

化学活性分类	金属			可以作用的介质
	第一过渡系	第二过渡系	第三过渡系	
很活泼金属	Sc	Y	Lu	H_2O
活泼金属	V、Cu 除外	Cd	—	非氧化性酸
不活泼金属	V、Cu	Mo, Tc, Pd, Ag	Re, Hg	HNO_3 浓硫酸
极不活泼金属	—	Zr	Hf, Pt, Au	王水
惰性金属	—	Nb	Ta, W	HNO_3+HF
		Ru, Rh	Os, Ir	NaOH+氧化剂

E 水合离子的颜色

过渡元素的水合离子大都具有颜色，其原因很复杂。这种现象与过渡元素的离子具有未成对 d 电子有关。其大致规律是：没有未成对 d 电子的水合离子都是无色的；而有未成对 d 电子的水合离子一般都有颜色。过渡元素水合离子的颜色见表9-20。

表 9-20 过渡元素水合离子的颜色

未成对的 d 电子	水合离子的颜色	未成对的 d 电子	水合离子的颜色
0	Ag^+, Zn^{2+}, Cd^{2+}, Sc^{3+}, Ti^{4+} 等均无色	3	Cr^{3+}（蓝紫色），Co^{2+}（粉红色）
1	Cu^{2+}（天蓝色），Ti^{3+}（紫色）	4	Fe^{2+}（浅绿色）
3	Ni^{2+}（绿色），V^{3+}（绿色）	5	Mn^{2+}（极浅粉红色）

F 配位性

过渡元素的另一特性是，与主族元素相比易形成配合物。由于过渡元素的离子有全空的 ns、np、nd 轨道及部分空或全空的 $(n-1)d$ 轨道，这种构型使得它们具有接受配位体孤对电子并形成外轨或内轨型配位化合物的条件。另外，过渡元素离子半径较小，并有较大的有效核电荷，对配位体有较强的吸引力。

过渡元素的原子也因具有空的价电子轨道，同样能接受配体的孤对电子，形成具有特殊性质的配合物，如 $[Fe(CO)_5]$、$[Ni(CO)_4]$ 及 $[Cr(C_6H_6)_2]$ 等。

G 磁性及催化性

具有未成对电子的物质会呈现顺磁性。而多数过渡元素的原子或离子具有未成对 d 电子，它们的单质及化合物因此呈现顺磁性。铁系元素（Fe、Co、Ni）能被磁场强烈吸引，并在磁场移去后仍保持磁性，而表现出铁磁性。

另外，许多过渡元素及其化合物具有独特的催化性能，使化工生产上许多重要的反应得以实现。例如，合成氨以铁和钼作催化剂，硫酸工业中五氧化二钒是 SO_2 氧化成 SO_3 的催化剂，氨氧化成 NO 以制取 HNO_3 的催化剂是铂和铑等。

过渡元素的催化作用与它们具有多种氧化数，以及能够提供适宜的反应表面有密切关系。

9.3.4.2 铜副族

周期系第ⅠB族元素包括铜、银、金三种元素，又称铜族元素。与其前面的各族过渡元素相比，铜族元素原子的次外层 d 道都充满了电子，其价层电子构型为 $(n-1)d^{10}ns^1$。

A 铜族元素的单质

铜、银、金的熔点和沸点都不太高，延展性、电导性和热导性比较突出。例如，1g 金可抽成长达 3km 的丝，也能压辗成仅有 0.0001mm 厚的薄片（称为金箔）。500 张金箔的总厚度不及人的一根头发的直径。它们的导电性在所有金属中居于前列（银第一，铜第二，金第三），在电气工业上（特别是铜）得到广泛的应用。

铜、银、金的化学活泼性较差，室温下不与氧或水作用。在含有 CO_2 的潮湿空气中，铜的表面会逐渐蒙上绿色的铜锈（铜绿—碱式碳酸铜 $Cu_2(OH)_2CO_3$）：

$$2Cu + O_2 + H_2O + CO_2 == Cu_2(OH)_2CO_3$$

银或金在潮湿空气中不发生变化。加热时铜与氧化合生成黑色的氧化铜，铜、银、金即使在高温下也不与氢、氮或碳反应。常温下，铜能与卤素反应。银与卤素反应较慢，只有在加热时金与干燥的卤素才反应。

由于铜、银、金的活动顺序位于氢之后，不能从稀酸中置换出氢气。铜、银能溶于硝酸，也能溶于热的浓硫酸，金只能溶于浓硝酸和浓盐酸的混合溶液——王水：

$$Au + 4HCl + HNO_3 == H[AuCl_4] + NO\uparrow + 2H_2O$$

想一想 3

单独用浓硝酸或浓盐酸不能溶解金或铂等不活泼金属，但是用王水却能使之溶解，这是为什么？

想一想 3 解答

当非氧化性酸中有适当的配位剂时，铜有时能从该酸中置换出氢气。例如，铜能在溶有硫脲 $[CS(NH_2)_2]$ 的盐酸中置换出氢气：

$$2Cu + 2HCl + 4CS(NH_2)_2 == 2[Cu(CS(NH_2)_2)]^+ + H_2\uparrow + 2Cl^-$$

原因是硫脲能与 Cu^+ 生成二硫脲合铜（Ⅰ）配离子，使铜的失电子能力增强。

在空气中，铜、银、金都能溶于氰化钾或氰化钠溶液中：

$$4M + O_2 + 2H_2O + 8CN^- == 4[M(CN)_2]^- + 4OH^-$$

M 代表 Cu、Ag、Au，该现象也是由于其离子能与 CN^- 形成配合物，使其单质的还原性增强，以致空气中的氧能将其氧化，上述反应常用于从矿石中提取银和金。铜、银、金的活泼性依次递减，但银与硫的亲合作用较强，如在空气中银与硫化氢迅速反应生成硫化银，使银的表面变黑，反应如下：

$$4Ag + 2H_2S + O_2 == 2Ag_2S + 2H_2O$$

自然界中除铜以辉铜矿（Cu_2S）、孔雀石 $[Cu_2(OH)_2CO_3]$ 等，银以辉银矿（Ag_2S）、金以碲金矿（$AuTe_2$）的形成存在外，它们也以单质的形式存在，其中以金最为突出。单质金常与砂子混在一起（矿物称金沙）。这三种金属发现较早，古代的货币、器皿和首饰等常用其单质或合金制成。银、金作为高级仪器的导线或焊接材料，用量正逐年增大。铜、银、金都可以形成合金，特别是铜的合金如黄铜（铜、锌）、青铜（铜、锡）等应用较广。铜可作为高温超导材料的组分。

B　铜族元素的化合物

a　铜的化合物

铜主要形成氧化值为+1，+2的化合物。Cu^+ 的价电子构型为 d^{10}，不发生 d-d 跃迁，所以 Cu（Ⅰ）的化合物一般为白色或无色。Cu^+ 在溶液中不稳定。Cu（Ⅱ）为 d^9 构型，其化合物或配合物常因 Cu^{2+} 可发生 d-d 跃迁而呈现颜色。Cu（Ⅱ）的化合物种类较多，较稳定。

一般在固态时，Cu（Ⅰ）的化合物比 Cu（Ⅱ）的化合物热稳定性高。例如，CuO 在 100℃时分解为 Cu_2O 和 O_2，而 Cu_2O 到 1800℃时才分解。又如无水 $CuCl_2$，受强热时分解为 CuCl，说明 CuCl 比 $CuCl_2$ 的稳定性高。在水溶液中 Cu（Ⅰ）容易被氧化为 Cu（Ⅱ），水溶液中 Cu（Ⅱ）的化合物稳定，几乎所有 Cu（Ⅰ）的化合物都难溶于水。常见的 Cu（Ⅰ）化合物在水中的溶解度按下列顺序降低：

$$CuCl > CuBr > CuI > CuSCN > CuCN > Cu_2S$$

Cu（Ⅱ）的化合物则溶于水的较多。

溶液中结晶的硫酸铜晶体 $CuSO_4 \cdot 5H_2O$，俗称胆矾。在晶体中，4 个水分子与铜离子配位，第 5 个水分子通过氢键将硫酸根与其他水分子相连。$CuSO_4 \cdot 5H_2O$ 受热后逐步脱水，最终变为白色粉末状的无水硫酸铜：

$$CuSO_4 \cdot 5H_2O \xrightarrow{102℃} CuSO_4 \cdot 3H_2O \xrightarrow{113℃} CuSO_4 \cdot H_2O \xrightarrow{258℃} CuSO_4$$

无水 $CuSO_4$ 易吸水，吸水后呈蓝色，常被用来鉴定液态有机物中的微量水。工业上常用硫酸铜作为电解铜的原料。农业上将其与石灰乳混合，消灭果树上的害虫。$CuSO_4$ 加在贮水池中可阻止藻类的生长。

b　银、金的化合物

银和金都有氧化值为+1，+2 和+3 的化合物。银的化合物中，Ag（Ⅰ）的化合物最稳定，种类也较多。已知 Ag（Ⅱ）和 Ag（Ⅲ）的二元化合物分别有 AgO、AgF_2 和 Ag_2O_3 等，但都有很强的氧化性。例如，在酸性溶液中，AgO 能把 Co^{2+} 氧化为 Co^{3+}，是仅次于 O_3 和 F_2 的强氧化剂。

与 Cu（Ⅰ）的化合物相似，Au（Ⅰ）的化合物几乎都难溶于水。在水溶液中，Au（Ⅰ）的化合物很不稳定，容易歧化为 Au（Ⅲ）和 Au。Au（Ⅱ）的化合物很少见，常是 Au（Ⅲ）化合物被还原时的中间产物。Au（Ⅲ）的化合物较稳定，在水溶液中多以配合物形式存在。Au（Ⅰ）和 Au（Ⅲ）化合物的氧化性都较强。

Ag（Ⅰ）的化合物热稳定性较差，较多难溶于水，且见光易分解。

一般，Ag（Ⅰ）的许多化合物加热到一定温度会发生分解。例如，300℃ Ag_2O 即分解为 Ag 和 O_2，320℃以上 $AgCN$ 即分解出 Ag 和氰（CN）$_2$。$AgNO_3$ 在 440℃时按下式分解：

$$2AgNO_3 \xlongequal{440℃} 2Ag + 2NO_2 \uparrow + 2O_2 \uparrow$$

易溶于水的 Ag（Ⅰ）化合物有：高氯酸银（$AgClO_4$），氟化银（AgF），氟硼酸银（$AgBF_4$）和硝酸银（$AgNO_3$）等。其他 Ag（Ⅰ）的常见化合物（不包括配盐）几乎都难溶于水。卤化银的溶解度按 $AgF>AgCl>AgBr>AgI$ 的顺序减小。Ag^+ 有较强的极化作用，卤素离子的极化率从 F^- 到 I^- 依次增大。离子极化观点认为，阳、阴离子相互极化作用依次增强，从离子键占优势的 AgF 逐步到共价键占优势的 AgI，在水中的溶解度依次减小。Ag^+ 为 d^{10} 构型，化合物一般呈白色或无色，$AgBr$ 呈淡黄色，AgI 呈黄色，这与卤素阴离子和 Ag^+ 之间发生的电荷跃迁有关。

许多 Ag（Ⅰ）的化合物对光敏感。例如，$AgCl$、$AgBr$、AgI 见光都按下式分解：

$$AgX \xlongequal{光照} Ag + 1/2X_2$$

X 代表 Cl、Br 和 I。$AgBr$ 常用于制造照相底片或印相纸等，AgI 可用于人工增雨。

9.3.4.3　锌副族

周期系第ⅡB 族元素包括锌、镉、汞三种元素，称为锌族元素。锌族元素是与 p 区元素相邻的 d 区元素，具有与 d 区元素相似的性质，如易于形成配合物等。在某些性质上又与第四、五、六周期的 p 区金属元素有些相似，如熔点都较低，水合离子都无色等。

A　锌族元素的单质

锌、镉、汞是银白色金属（锌略带蓝色）。锌和镉的熔点都不高，分别为 420℃ 和 321℃。汞是在室温下唯一的液态金属，在 0～200℃，汞的膨胀系数随温度升高而均匀地增大，并且不润湿玻璃，在制造温度计时常利用汞的这一特性。另外常用汞填充在气压计中，测量气压。在电弧作用下汞蒸气能导电，并发出含有紫外线的光，故汞被用于制造日光灯。

锌、镉、铜、银、金、钠、钾等金属易溶于汞中形成合金，这种合金称为汞齐。汞齐有液态、糊状和固态三种形式。液态和糊状汞齐是汞中溶有少量其他金属形成的合金，固态汞齐则含有较多的其他金属。汞齐中的其他金属仍保留着原有的性质，如钠汞齐仍能从水中置换出氢气，只是反应变得缓和些，钠汞齐常用于有机合成中作还原剂。

一般说来，锌、镉、汞的化学活泼性从锌到汞降低，在干燥的空气中都稳定。潮湿空气中存在 CO_2 时，锌的表面常生成一层碱式碳酸盐薄膜，保护锌不被继续氧化。锌和镉在空气中加热到足够高的温度时能发生燃烧，分别产生蓝色和红色的火焰，生成 ZnO 和 CdO。工业上常用燃烧锌的方法来制 ZnO。在空气中加热金属汞，能生成 HgO（红色）。当温度超过 400℃ 时，HgO 又分解为 Hg 和 O_2。汞与硫黄粉混合，不用加热就容易地生成 HgS。因此，若不慎将汞泼撒在地上无法收集，可撒硫黄粉，并适当搅拌或研磨，使硫黄与汞化合生成 HgS，可防止有毒的汞蒸气进入空气中。锌和镉与硫黄粉在加热时才生成硫化物。室温下，汞蒸气与碘蒸气相遇时，能生成 HgI_2，因此，可以把碘升华为气体，以除去空气中汞蒸气。

锌的 $\varphi^{\ominus}(Zn^{2+}/Zn) = -0.763V$，故锌有较强的还原性，在室温下不能从水中置换出氢气，原因是锌的表面已形成有一层碱式碳酸锌薄膜。工业上常将锌镀在铁制品表面，保护铁不生锈。锌和镉都能从盐酸或稀硫酸中置换出氢气。汞只能与氧化性硝酸反应而溶解。金属锌具有两性，在强碱溶液中由于保护膜被溶解，可从强碱溶液中置换出氢气：

$$Zn + 2OH^- + 2H_2O === [Zn(OH)_4]^{2-} + H_2\uparrow$$

Zn^{2+} 在碱溶液中生成配离子 $[Zn(OH)_4]^{2-}$，降低了电极电势，提高了锌的还原能力，促成这一反应的进行。

$$[Zn(OH)_4]^{2-} + 2e^- === Zn + 4OH^-　　　　\varphi^{\ominus} = -1.19V$$

在标准电极电势条件时，pH 值为 14，$\varphi^{\ominus}(H^+/H_2) = -0.8288V$，两电势差值仍较大，故金属锌可从碱溶液中置换出氢气。

B　锌族元素的化合物

锌、镉、汞原子的价层电子构型为 $(n-1)d^{10}ns^2$。锌和镉通常形成氧化值为 +2 的化合物。汞除形成氧化值为 +2 的化合物外，还有氧化值为 +1（Hg_2^{2+}）的化合物。锌和镉的化合物在某些方面较相似，但锌和镉的化合物与汞的化合物有许多不同之处。

a　锌、镉的化合物

锌和镉的卤化物，除氟化物微溶于水外，其余均易溶于水。锌和镉的硝酸盐、硫酸盐也易溶于水。锌的化合物大多数为无色。锌和镉的化合物通常可用它们的单质或氧化物为原料来制取。常见的几种锌和镉的化合物列在表 9-21 中。

表 9-21　锌和镉的常见化合物

项　目	颜色和状态	密度/g·cm^{-3}	熔点/℃	受热时的变化	每 100g 水中溶解度/g（无水盐）
氧化锌（ZnO）	白色粉末	5.60	1975	1800℃升华，加热时变成黄色，冷后又变白色	1.6×10^{-4}（29℃）溶于酸和碱
硫酸锌（ZnSO$_4$·7H$_2$O）	无色晶体	1.97		39℃时溶于其结晶水，250～270℃脱去结晶水，灼烧至红热时分解为 ZnO 和 SO$_3$	54.4，不溶于乙醇
氯化锌（ZnCl$_2$·1.5H$_2$O）	无色晶体	2.907（无水）	290（无水）	26℃熔化，无水 ZnCl$_2$ 为白色粉末，灼烧时升华，并呈白烟	432（25℃）368（20℃），易溶于乙醇、醚和甘油中
硫酸镉（3CdSO$_4$·8H$_2$O）	无色粗大晶体	3.08	1000（无水）	加热到 100℃ 时，失去 1 个结晶水，灼烧时可全部脱水	113（0℃），不溶于酒精
氯化镉（CdCl$_2$）	白色物质	4.05	568	568℃熔化，含水氯化镉有 CdCl$_2$·2.5H$_2$O，在 34℃ 以上变为 CdCl$_2$·2H$_2$O，低于 5.6℃ 时为 CdCl$_2$·4H$_2$O	134.5，溶于乙醇中

　　一般，Zn(Ⅱ) 和 Cd(Ⅱ) 的化合物受热时，氧化值不改变。其含氧酸盐受热时分解，分别生成 ZnO 和 CdO，其无水卤化物受热时往往经熔化、沸腾成为气态的卤化物。

　　b　汞的化合物

　　在氧化值为+1 的汞的化合物中，汞以 Hg_2^{2+}（—Hg-Hg—）的形式存在。Hg(Ⅰ) 的化合物称亚汞化合物，绝大多数亚汞的无机化合物难溶于水，较多的 Hg(Ⅱ) 的化合物难溶于水，易溶于水的汞的化合物都有毒。许多汞的化合物以共价键结合。汞的常见化合物列于表 9-22 中。

表 9-22　汞的常见化合物

项　目	颜色和状态	密度/g·cm^{-3}	熔点/℃	受热时的变化	每 100g 水中溶解度/g
氯化汞（升汞）（HgCl$_2$）	无色针状晶体	5.4	277	304℃沸腾，有剧毒	6.5（20℃）它的水溶液受空气及光的作用，逐渐分解为 Hg$_2$Cl$_2$
氯化亚汞（甘汞）（Hg$_2$Cl$_2$）	白色粉末	7.16	525	缓慢加热至 383.2℃升华而不分解，长时间照光会析出 Hg	2×10^{-4}（25℃）不溶于乙醇及稀酸中，溶于热的 HNO$_3$ 及 H$_2$SO$_4$ 中，并形成 Hg(Ⅱ) 盐
硝酸汞 [Hg(NO$_3$)$_2$·0.5H$_2$O]	无色晶体	4.3（无水）	79（无水）	受热分解出 HgO，NO$_2$ 和 O$_2$ 剧毒	极易溶于水，并发生水解
硝酸亚汞 [Hg$_2$(NO$_3$)$_2$·2H$_2$O]	无色晶体	4.79	70	高于 70℃ 时分解为 HgO、NO$_2$ 和 O$_2$，剧毒	易溶于水，在水中易被氧化为 Hg(Ⅱ)，储存时加 Hg 防止 Hg^{2+} 生成

项　目	颜色和状态	密度 /g·cm⁻³	熔点 /℃	受热时的变化	每100g水中溶解度/g
氧化汞（HgO）	鲜红色和黄色两种	11.14		高于400℃即分解为 Hg 和 O_2，细心加热颜色变黑，冷又恢复原色	红色的为 1∶20500（水）黄色的为 1∶19500（水）不溶于乙醇，但溶于 HCl、HNO_3 中

氯化汞（$HgCl_2$）可由 $HgSO_4$ 与 NaCl 固体混合物加热制得：

$$HgSO_4 + 2NaCl \xmapsto{440℃} Na_2SO_4 + HgCl_2 \uparrow$$

所得 $HgCl_2$ 气体冷却后变为 $HgCl_2$ 固体。由于 $HgCl_2$ 能升华，称为升汞。$HgCl_2$ 也可用 Hg 和 Cl_2 直接反应制得。$HgCl_2$ 有剧毒，微溶于水，在酸性溶液中是较强的氧化剂，当与适量的 $SnCl_2$ 作用时，生成白色丝状 Hg_2Cl_2 沉淀，$SnCl_2$ 过量，Hg_2Cl_2 会被进一步还原为金属汞，沉淀变黑：

$$2HgCl_2 + SnCl_2 === Hg_2Cl_2 \downarrow（白）+ SnCl_4$$
$$Hg_2Cl_2 + SnCl_2（过量）=== 2Hg \downarrow（黑）+ SnCl_4$$

分析化学中常用上述反应鉴定 Hg^{2+} 或 Sn^{2+}。

医疗上常用 $HgCl_2$ 的稀溶液（1∶1000）作器械消毒剂，中医称 $HgCl_2$ 为白降丹，用以治疗疔疮之毒。

氯化亚汞（Hg_2Cl_2），又称甘汞，是微溶于水的白色粉末，无毒。可由固体升汞（$HgCl_2$）和金属汞研磨而得：

$$HgCl_2 + Hg === Hg_2Cl_2$$

Hg_2Cl_2 不如 $HgCl_2$ 稳定，见光易分解（上式的逆反应），所以要保存在棕色瓶中。Hg_2Cl_2 在医药上用作轻泻药。分析化学中常用甘汞制造甘汞电极。

9.3.4.4　钛、铬、钼、钨、锰、铁、钴、镍

A　钛及其化合物

钛在地壳中的丰度为 0.42%，在所有元素中居第 10 位。钛的主要矿物有钛铁矿（$FeTiO_3$）和金红石（TiO_2）。我国的钛资源丰富，已探明的钛矿储量位于世界前列。

a　钛的单质

钛是银白色金属，其密度（$4.506g/cm^3$）约为铁的一半，具备很高的力学性能（接近于钢）。钛的表面易形成致密的氧化物保护膜，使其具有良好的抗腐蚀性能，特别是对湿的氯气和海水有良好的抗蚀性能。因此，自 1940 年代以来，钛就是工业上最重要的金属之一，被用来制造超音速飞机、海军舰艇以及化工厂的某些设备等。钛易于和肌肉长在一起，可用于制造人造关节，所以也称"生物金属"。

室温下，钛在空气和水中十分稳定。能缓慢地溶解在浓盐酸或热的稀盐酸中，生成 Ti^{3+}。热的浓硝酸与钛作用也很缓慢，最终生成不溶性的二氧化钛的水合物 $TiO_2 \cdot nH_2O$。

在高温下，钛能与许多非金属反应，例如，与氧、氯气作用分别生成 TiO_2 和 $TiCl_4$。在高温下，钛也能与水蒸气反应，生成 TiO_2 和 H_2，钛能与许多金属形成合金。

b　钛的化合物

钛原子的价层电子构型为 $3d^2 4s^2$。钛可形成最高氧化值为 +4 的化合物，也可形成氧化值为 +3，+2，0，-1 的化合物。在钛的化合物中，氧化值为 +4 的化合物比较稳定，应用较广。Ti（Ⅳ）的氧化性并不太强，因此钛不仅能与电负性大的氟、氧形成二元化合物 TiF_4 和 TiO_2，还能与氯、溴、碘形成二元化合物 $TiCl_4$，$TiBr_4$，TiI_4，但 $TiBr_4$ 和 TiI_4 较不稳定。在 Ti（Ⅳ）的化合物中，比较重要的是 TiO_2，$TiOSO_4$，$TiCl_4$。从钛矿石中常常先制取钛的这类化合物，再以其为原料来制取钛的其他化合物。

用热水水解硫酸氧钛 $TiOSO_4$ 可得到难溶于水的二氧化钛水合物 $TiO_2 \cdot nH_2O$。加热 $TiO_2 \cdot n_2O$ 可得到白色粉末状的 TiO_2：

$$TiO_2 \cdot nH_2O \xrightarrow{300℃} TiO_2 + nH_2O$$

自然界中存在的金红石是 TiO_2 的另一种形式，由于含有少量的铁、铌、钽、钒等而呈红色或黄色。金红石的硬度高，化学稳定性好。

二氧化钛在工业上除作白色涂料外，最重要的用途是用来制造钛的其他化合物。由二氧化钛直接制取金属钛比较困难，原因是 TiO_2（金红石）的生成热（-944.7kJ/mol）很大，即 TiO_2 的热稳定性很强，例如，用碳还原二氧化钛：

$$TiO_2(s) + 2C(s) === Ti(s) + 2CO_2(g) - 615.2kJ$$

这个反应难以进行。通常用 TiO_2、碳和氯气在 800~900℃ 时进行反应，首先制得四氯化钛：

$$TiO_2(s) + 2C(s) + 2Cl(g) \xrightarrow{800 \sim 900℃} TiCl_4(l) + CO(g)$$

然后用金属镁还原 $TiCl_4$，可得到海绵钛：

$$TiCl_4(l) + 2Mg(s) === Ti(s) + 2MgCl_2(s)$$

B　铬、钼、钨

铬、钼、钨同属ⅥB族元素，又称铬分族，其中钼和钨为稀有金属元素。铬在自然界的主要矿物是铬铁矿，其组成为 $FeO \cdot Cr_2O_3$ 或 $FeCr_2O_4$。钼常以硫化物形式存在，片状的辉钼矿 MoS_2 是含钼的重要矿物。重要的钨矿有黑色的钨锰矿（Fe，Mn）WO_4，又称黑钨矿；黄灰色的钨酸钙矿 $CaWO_4$，又称白钨矿。

a　铬、钼、钨的性质和用途

铬、钼、钨均为银白色的金属，价电子层都有 6 个价电子，可参与形成较强的金属键，且原子半径都比较小，因此它们的熔点、沸点在各自的周期中最高，硬度也大。

铬的单质是最硬的金属，主要用于电镀和制造合金钢。在汽车、自行车和精密仪器等器件表面镀铬，可使器件表面光亮、耐磨、耐腐蚀。含铬 12% 的钢称为"不锈钢"，有极强的耐腐蚀性能。

钼和钨也大量用于制造合金钢，可提高钢的耐高温强度，耐磨性，耐腐蚀性等。钼钢和钨钢在机械工业中可做刀具、钻头等各种机器零件。钼和钨的合金在武器制造，导弹火箭等尖端领域里也有重要用途。

钨的熔点和沸点在所有金属中最高，常用作灯泡的灯丝、高温电炉的发热元件等。

常温下，铬、钼、钨因表面形成致密氧化膜，在空气和水中相当稳定。铬可缓慢地溶于稀盐酸、稀硫酸中，生成蓝色 Cr^{2+}，与空气接触很快被氧化成绿色的 Cr^{3+}：

$$Cr + 2HCl = CrCl_2 + H_2\uparrow$$

$$4CrCl_2 + 4HCl + O_2 = 4CrCl_3 + 2H_2O$$

铬与浓硫酸作用，反应如下：

$$2Cr + 6H_2SO_4 = Cr_2(SO_4)_3 + 3SO_2\uparrow + 6H_2O$$

由于表面生成紧密的氧化物薄膜而呈钝态，金属铬不溶解于硝酸。

钼和钨的化学性质较稳定。钼与稀、浓盐酸都不反应，只与浓硝酸、王水作用。钨不溶于盐酸、硫酸和硝酸，只有王水或氢氟酸和硝酸的混合酸才与钨反应。由此可见，铬分族元素的金属活泼性从铬到钨逐渐降低，例如它们与卤素反应的情况：都能与氟发生剧烈反应，加热时，铬能与氯、溴、碘反应，钼只能与氯和溴化合，钨则不能与溴和碘作用。

b　铬的重要化合物

铬（$3d^5 4s^1$）的6个价电子都参与成键，所以铬能生成多种氧化态的化合物，其中以氧化数为+3和+6的化合物较为常见。在酸性溶液中，氧化数为+6的铬成 $Cr_2O_7^{2-}$ 状态，有较强的氧化性。在碱性溶液中，氧化数为 +6 的铬呈 CrO_4^{2-} 状态，其氧化性很弱。$Cr(III)$ 易被氧化为 $Cr(VI)$。

（1）铬（III）化合物。

三氧化二铬（Cr_2O_3）微溶于水，熔点2708K，为绿色晶体，常作为绿色颜料，俗称铬绿。广泛应用于陶瓷、玻璃、涂料、印刷等工业，在有机合成中可作催化剂，是冶炼金属铬和制取铬盐的原料。

三氧化二铬（Cr_2O_3）的两性：

溶于酸：　　　　$Cr_2O_3 + 3H_2SO_4 = Cr_2(SO_4)_3 + 3H_2O$

溶于碱：　　　　$Cr_2O_3 + 2NaOH = 2NaCrO_2 + H_2O$

常见的铬（III）盐有 $CrCl_3\cdot 6H_2O$（紫色或绿色），$Cr_2(SO_4)_3\cdot 18H_2O$（紫色），铬钾矾 $KCr(SO_4)_2\cdot 12H_2O$（紫蓝色），都易溶于水。$CrCl_3\cdot 6H_2O$ 易潮解，在工业上用作催化剂、媒染剂和防腐剂等，以铬酐（CrO_3）、水和盐酸为原料制备 $CrCl_3$：

$$CrO_3 + H_2O = H_2CrO_4(铬酸)$$

$$2H_2CrO_4 + 12HCl = 2CrCl_3 + 3Cl_2\uparrow + 8H_2O$$

铬（III）能与 H_2O，Cl^-、NH_3、CN^-、SCN^-、$C_2O_4^{2-}$ 等形成配合物，如 $[Cr(H_2O)_6]^{3+}$、$[CrCl_6]^{3-}$、$[Cr(NH_3)_6]^{3+}$、$[Cr(CN)_6]^{3-}$ 等，配位数一般为6。

（2）铬（VI）的化合物。三氧化铬（CrO_3），暗红色晶体，俗名"铬酐"，遇水生成铬酸，溶于碱生成铬酸盐：

$$CrO_3 + H_2O = H_2CrO_4(铬酸)$$

$$CrO_3 + 2NaOH = Na_2CrO_4 + H_2O$$

CrO_3 有毒，熔点为196℃，对热不稳定，加热超过熔点则分解：

$$4CrO_3 \xrightarrow{加热} 2Cr_2O_3 + 3O_2\uparrow$$

CrO_3 具有强氧化性，与有机物剧烈发生反应，甚至着火，爆炸。广泛用作有机反应的氧化剂和电镀工业的镀铬液成分，也可制取高纯金属铬。

（3）铬酸盐和重铬酸盐。铬酸根（CrO_4^{2-}）和重铬酸根（$Cr_2O_7^{2-}$）之间存在以下平衡关系：

$$2CrO_4^{2-}（黄色） + 2H^+ \rightleftharpoons Cr_2O_7^{2-}（橙红色） + H_2O$$

加酸时，平衡向右移动，溶液以 $Cr_2O_7^{2-}$ 为主，加入碱时，平衡向左移动，溶液中以 CrO_4^{2-} 为主。在酸性溶液中，重铬酸盐具有较强的氧化性，可以氧化 H_2S、H_2SO_3、HCl、HBr、HI、$FeSO_4$ 等许多物质，本身被还原为 Cr^{3+}，如：

$$Cr_2O_7^{2-} + 8H^+ + 3SO_3^{2-} = 2Cr^{3+} + 3SO_4^{2-} + 4H_2O$$

$$Cr_2O_7^{2-} + 14H^+ + 6Cl^- = 2Cr^{3+} + 3Cl_2\uparrow + 7H_2O$$

重要的铬（Ⅵ）盐是重铬酸钾，在分析化学中，常用 $K_2Cr_2O_7$ 配制标准滴定溶液，来测定试液中铁的含量：

$$Cr_2O_7^{2-} + 14H^+ + 6Fe^{2+} = 2Cr^{3+} + 6Fe^{3+} + 7H_2O$$

铬酸洗液的组成为饱和 $K_2Cr_2O_7$ 溶液和浓硫酸的混合物（5g $K_2Cr_2O_7$ 配制的热饱和溶液中加入 100mL 浓硫酸制得），实验室常用来洗涤化学玻璃容器，除去器壁上沾附的还原性污物。洗液经过多次使用后，由棕红色变为暗绿色，表明铬（Ⅵ）已被还原为铬（Ⅲ），洗液已经失效。

钾、钠的铬酸盐和重铬酸盐是最重要的铬盐，K_2CrO_4 为黄色晶体，$K_2Cr_2O_7$ 为橙红色晶体（俗名红矾钾），$K_2Cr_2O_7$ 在低温下溶解度极小，不含结晶水，易通过重结晶法提纯，且 $K_2Cr_2O_7$ 不易潮解，故在分析化学中常用作基准物质。在工业上 $K_2Cr_2O_7$ 大量用于鞣革、印染、颜料、电镀等方面。

含铬废水的处理　冶炼、电镀、金属加工、制革、油漆、颜料、印染等工业废水都含有铬。铬盐能够降低生化过程的需氧量，从而发生内窒息。其对胃、肠等有刺激作用，对鼻黏膜的损伤较大，长期吸入会引起鼻膜炎，甚至鼻中膈穿孔，并有致癌作用。铬的化合物中，Cr（Ⅵ）的毒性最大，Cr（Ⅲ）次之，金属铬毒性最小。我国规定工业废水中含 Cr（Ⅵ）的排放标准为 0.1mg/L。

c　钼和钨的重要化合物

钼和钨可形成从 +2 到 +6 的连续氧化态，其中以氧化数为 +6 的化合物最稳定，如三氧化物、钼酸、钨酸及其盐是重要的化合物。

（1）三氧化钼（MoO_3）和三氧化钨（WO_3）。MoO_3 为白色固体，受热时变为黄色，熔点为 1068K，沸点为 1428K，具有显著的升华现象。WO_3 为淡黄色粉末，加热时变为橙黄色，冷却后又恢复原来的颜色，熔点 1746K，沸点 2023K。皆难溶于水，不与酸（氢氟酸除外）反应，仅能溶于氨水和强碱溶液生成相应的含氧酸盐：

$$MoO_3 + 2NH_3 \cdot H_2O = (NH_4)_2MoO_4 + H_2O$$

$$WO_3 + 2NaOH = Na_2WO_4 + H_2O$$

这两个氧化物的氧化性极弱，仅在高温下才被氢气、碳或铝还原，如：

$$MoO_3 + 3H_2 = Mo + 3H_2O$$

$$WO_3 + 3H_2 = W + 3H_2O$$

MoO_3 和 WO_3 均可用金属在空气或氧气中灼烧得到，通常由含氧酸加热脱水制备，如：

$$(NH_4)_2MoO_4 + 2HCl \xrightarrow{\hspace{1cm}} H_2MoO_4\downarrow + 2NH_4Cl$$

$$2Mo + 3O_2 \xrightarrow{\hspace{1cm}} 2MoO_3$$

$$2W + 3O_2 \xrightarrow{\hspace{1cm}} 2WO_3$$

$$H_2MoO_4 \xrightarrow{\hspace{1cm}} MoO_3 + H_2O$$

$$H_2WO_4 \xrightarrow{\hspace{1cm}} WO_3 + H_2O$$

（2）钼酸、钨酸及其盐。钼和钨的含氧酸盐，有铵、钠、钾、铷、锂、镁、铍和铊（Ⅰ）的盐可溶于水，其余的含氧酸盐都难溶于水。钼酸盐可用作颜料、催化剂和防腐剂，钨酸盐用于使织物耐火和制造荧光屏。

当可溶性的钼酸盐和钨酸盐用强酸酸化时，可析出黄色水合钼酸（$H_2MoO_4 \cdot H_2O$）和白色水合钨酸（$H_2WO_4 \cdot H_2O$），如冷的 Na_2MoO_4 溶液中加入浓硝酸，析出的 $H_2MoO_4 \cdot H_2O$ 受热脱水，则变为白色无水钼酸（H_2MoO_4）：

$$MoO_4^{2-} + 2H^+ + 2H_2O \xrightarrow{\hspace{1cm}} H_2MoO_4 \cdot H_2O\downarrow（黄色）$$

$$H_2MoO_4 \cdot H_2O（黄色）\xrightarrow{\hspace{1cm}} H_2MoO_4（白色）+ H_2O$$

类似地，在钨酸盐的热溶液中加入盐酸，则析出黄色钨酸（H_2WO_4）：

$$WO_4^{2-} + 2H^+ + xH_2O \xrightarrow{\hspace{1cm}} H_2WO_4 \cdot xH_2O\downarrow（白色）$$

$$H_2WO_4 \cdot xH_2O（白色）\xrightarrow{\hspace{1cm}} H_2WO_4（黄色）+ xH_2O$$

铬酸、钼酸和钨酸的酸性和氧化性依次减弱。

C　锰及其化合物

a　锰的单质

锰是ⅦB族元素，锰在地壳中的含量为 0.1%，属于丰度较高的元素。于 1774 年在软锰矿中被发现。近年来，在深海海底发现大量以锰结核形式存在的锰矿。锰结核指一层层铁锰氧化物被黏土重重包围，形成一个个同心圆形团块，其中包含有铜、钴、镍等金属元素。地壳上锰的主要矿石有软锰矿（$MnO_2 \cdot xH_2O$），黑锰矿（Mn_3O_4），水锰矿 $[MnO(OH)_2]$。

金属锰外形似铁，致密的块状锰为银白色，粉末状为灰色。纯金属锰用途不多，但用于合金制造非常重要。锰钢（含 Mn 12%~15%，Fe 83%~87%，C 2%）硬度大，抗冲击，耐磨损，大量用于制造钢轨、钢甲、破碎机等。锰可替代镍制造不锈钢，其成分（质量分数）为 Cr 16%~20%，Mn 8%~10%，C 0.1%。在镁铝合金中加入锰可使抗腐蚀性和机械性得到改进。

金属锰可由软锰矿还原（用铝热法）制得，由于铝与软锰矿反应剧烈，故先将软锰矿强热使之转变为 Mn_3O_4，再与铝粉混合燃烧。

$$3MnO_2 \xrightarrow{\hspace{1cm}} Mn_3O_4 + O_2\uparrow$$

$$3Mn_3O_4 + 8Al \xrightarrow{\hspace{1cm}} 9Mn + 4Al_2O_3$$

锰原子的价电子构型为 $3d^5 4s^2$，其氧化数有 +7、+6、+4、+3、+2、0。其中以 +7、+4、+2 的化合物较为重要。

锰元素标准电势图（φ/V）如下：

$$\varphi_A^{\ominus} \; MnO_4^- \xrightarrow{+0.564} MnO_4^{2-} \xrightarrow{+2.26} MnO_2 \xrightarrow{+0.95} Mn^{3+} \xrightarrow{+1.5} Mn^{2+} \xrightarrow{-1.182} Mn$$

（上方跨度 +5.1，中段 +1.695）

$$\varphi_B^{\ominus} \; MnO_4^- \xrightarrow{+0.564} MnO_4^{2-} \xrightarrow{+0.60} MnO_2 \xrightarrow{-0.10} Mn(OH)_3 \xrightarrow{-0.40} Mn(OH)_2 \xrightarrow{-1.47} Mn$$

（下段 +0.588）

由电势图可知，在酸性介质中，MnO_4^- 和 MnO_2 具有较强氧化性，Mn^{2+} 较为稳定，不易被氧化和被还原，Mn^{3+} 和 MnO_4^{2-} 都易发生歧化反应。

$$2Mn^{3+} + 2H_2O =\!=\!= Mn^{2+} + MnO_2 \downarrow + 4H^+$$

$$3MnO_4^{2-} + 4H^+ =\!=\!= 2MnO_4^- + MnO_2 \downarrow + 2H_2O$$

在碱性介质中，MnO_4^{2-} 也能发生歧化反应，但没有在酸性介质中进行得完全。$Mn(OH)_2$ 不稳定，易被氧化。

b　锰的化合物

（1）锰（Ⅱ）的化合物。锰（Ⅱ）离子常以淡红色的水合离子 $[Mn(H_2O)_6]^{2+}$ 形式存在，稀溶液几乎无色。其盐除碳酸锰、磷酸锰和硫化锰等少数盐外，一般都溶于水。从溶液中结晶出来的锰（Ⅱ）盐是带结晶水的粉红色晶体，如：$MnCl_2 \cdot 4H_2O$，$Mn(NO_3)_2 \cdot 6H_2O$，$Mn(ClO_4)_2 \cdot 6H_2O$ 等。

由锰的标准电势图可知，Mn^{2+} 在酸性介质中较为稳定，只有在高酸度的热溶液中才与强氧化剂作用，例如过硫酸铵或二氧化铅等才能使 Mn^{2+} 氧化为 MnO_4^- 离子：

$$2Mn^{2+} + 5S_2O_8^{2-} + 8H_2O \xrightarrow{\triangle,\; Ag^+ \text{催化}} 16H^+ + 10SO_4^{2-} + 2MnO_4^-$$

$$2Mn^{2+} + 5PbO_2 + 4H^+ =\!=\!= 2MnO_4^- + 5Pb^{2+} + 2H_2O$$

在碱性介质中，Mn^{2+} 易被氧化，例如向锰（Ⅱ）的溶液中加入强碱，生成 $Mn(OH)_2$ 白色沉淀，其在碱性条件下不稳定，与空气接触即被氧化为棕色的 $MnO(OH)_2$ 或 $MnO_2 \cdot H_2O$：

$$MnSO_4 + 2NaOH =\!=\!= Mn(OH)_2 \downarrow + Na_2SO_4$$

$$2Mn(OH)_2 + O_2 =\!=\!= 2MnO(OH)_2 \downarrow$$

（2）锰（Ⅳ）的化合物。MnO_2 是较为重要的锰（Ⅳ）的化合物，稳定的黑色粉末状物质，不溶于水，是自然界中软锰矿的主要成分，也是制备其他锰化合物的原料。可用于干电池中，以氧化在电极上产生的氢；在玻璃工业中作脱色剂，除去带色杂质；在电子工业中可用来制作锰锌铁氧体磁性材料；可作为油漆、油墨的干燥剂，同时还是一种重要的催化剂。

在酸性介质中，MnO_2 具有较强的氧化性，和浓盐酸作用产生氯气（实验室常用此反应制备少量氯气），和浓硫酸作用产生氧气：

$$MnO_2 + 4HCl =\!=\!= MnCl_2 + Cl_2 \uparrow + 2H_2O$$

$$2MnO_2 + 2H_2SO_4 =\!=\!= 2MnSO_4 + O_2 \uparrow + 2H_2O$$

在碱性介质中，能被氧化为锰（Ⅵ）的化合物，例如 MnO_2 和碱的混合物在有空气存在下，或者与 $KClO_3$、KNO_3 等氧化剂加热熔融，得到绿色的锰酸钾（K_2MnO_4）：

$$2MnO_2 + 4KOH + O_2 === 2K_2MnO_4 + 2H_2O$$

$$2MnO_2 + 6KOH + KClO_3 === 3K_2MnO_4 + KCl + 3H_2O$$

（3）锰（Ⅶ）的化合物。锰（Ⅶ）的化合物中，最重要的是高锰酸钾 $KMnO_4$（俗名灰锰氧），深紫色的晶体，有光泽，热稳定性差，加热至473K以上能分解放出氧气，是实验室制备氧气的一个简便方法。基于此性质，高锰酸钾与有机物或易燃物混合，易发生燃烧或爆炸：

$$2KMnO_4 === K_2MnO_4 + MnO_2 + O_2\uparrow$$

高锰酸钾水溶液呈紫红色，在酸性溶液中能缓慢分解：

$$4MnO_4^- + 4H^+ === 4MnO_2 + 3O_2\uparrow + 2H_2O$$

在中性或微碱性溶液中，分解速度更慢，但光对该反应起催化作用，所以固体高锰酸钾及其溶液都应保存在棕色玻璃瓶中。

由于酸性溶液中 $\varphi^\ominus(MnO_4^-/MnO_2) = 1.695V$，故高锰酸钾为强氧化剂，无论在酸性、中性或碱性溶液中，都能发挥氧化作用，即使是稀溶液也有强氧化性，这是其他氧化剂所不能比的，其还原产物因介质的酸碱性不同而有所差异：

在酸性溶液中，MnO_4^- 为较强的氧化剂，被还原为 Mn^{2+}：

$$MnO_4^- + 5Fe^{2+} + 8H^+ === Mn^{2+} + 5Fe^{3+} + 4H_2O$$

分析化学中，高锰酸钾法测定铁的含量就是利用该反应。如果 MnO_4^- 过量，将和它自身的还原产物 Mn^{2+} 发生逆歧化反应生成 MnO_2 沉淀。

$$2MnO_4^- + 3Mn^{2+} + 2H_2O === 5MnO_2\downarrow + 4H^+$$

在弱酸性、中性或弱碱性溶液中，MnO_4^- 还原为 MnO_2，例如：

$$2MnO_4^- + 3SO_3^{2-} + H_2O === 2MnO_2\downarrow + 3SO_4^{2-} + 2OH^-$$

在强碱性溶液中，还原为锰酸根（MnO_4^{2-}）：

$$2MnO_4^- + SO_3^{2-} + 2OH^- === 2MnO_4^{2-} + SO_4^{2-} + H_2O$$

高锰酸钾的强氧化性被广泛用于容量分析中，同时在医药上可用作消毒剂，0.1%的稀溶液常用于水果、碗、水杯等物质的消毒和杀菌，5%的溶液可以治疗轻度烫伤，此外，高锰酸钾也应用于制作油脂及蜡的漂白剂和有机物的制备。

工业上常以 MnO_2 为原料制取高锰酸钾。在强碱性溶液中将其氧化为锰酸钾，然后进行电解氧化，反应方程式如下：

$$2MnO_2 + 4KOH + O_2 \xrightarrow{加热} 2K_2MnO_4 + 2H_2O$$

$$2K_2MnO_4 + 2H_2O \xrightarrow{电解} 2KMnO_4 + 2KOH + H_2\uparrow$$
$$\qquad\qquad 阳极\qquad\quad 阴极$$

D 铁钴镍

a 铁、钴、镍的单质

铁、钴、镍属于周期表第一过渡系第Ⅷ族元素，性质相似，被称为铁系元素。铁、钴、镍的单质都是具有光泽的白色金属，铁、钴略带灰色，镍为银白色。铁和镍有很好的延展性，而钴则较硬而脆。它们都有铁磁性，合金是很好的磁性材料。三种金属按照铁、钴、镍的顺序，原子半径逐渐减小，密度依次增大，熔点和沸点都较高。

铁在地壳中的丰度居第 4 位，仅次于铝。铁矿主要有磁铁矿（Fe_3O_4）、赤铁矿（Fe_2O_3）、褐铁矿（$Fe_2O_3 \cdot H_2O$）等。常说的生铁含碳在 1.7% ~ 4.5%，熟铁含碳在 0.1% 以下，钢的含碳量介于两者之间。其在工农业、国防、军工以及人们的生活中起着不可替代的作用，在常用金属中算得上最廉价、最富有、最重要。同时，铁还是植物所必需的营养元素，在植物的细胞代谢中起重要作用，植物缺铁会出现黄叶病。动物血液中的血红蛋白是铁的配合物，在血液中担负着运输氧的任务，铁还是血色素的重要成分。钴是维生素 B_{12} 的主要成分，为哺乳类动物所必需。能活化一些酶，家畜体内造血作用与铁、钴、镍三种元素密切相关。钴对植物有剧毒。镍对大多数植物有剧毒。

铁、钴、镍属于中等活泼金属，在高温下分别和氧、硫、氯等非金属作用，铁溶解于盐酸、稀硫酸和硝酸，但冷的浓硫酸和浓硝酸会使其发生钝化。钴和镍在盐酸和稀硫酸中的溶解比铁缓慢，遇到冷的硝酸也会发生钝化。浓碱对铁有缓慢的腐蚀作用，而钴和镍在浓碱中较稳定，可用镍制的容器盛熔融碱。

铁、钴、镍原子的价电子层构型分别为：$Fe(3d^6 4s^2)$、$Co(3d^7 4s^2)$、$Ni(3d^8 4s^2)$。

铁在化合物中的氧化数主要是 +2 和 +3，其中以氧化数为 +3 的化合物较为稳定。钴有 +2 和 +3 两种氧化态，但以 +2 的氧化态较为稳定。只有在强氧化剂作用下才能得到 +3 的氧化物。镍的氧化态通常只有 +2。

b　铁、钴、镍的氧化物和氢氧化物

铁、钴、镍的氧化物如下：

$$FeO（黑色）\qquad CoO（茶绿色）\qquad NiO（暗绿色）$$
$$Fe_2O_3（砖红色）\qquad Co_2O_3（褐色）\qquad Ni_2O_3（黑色）$$

这些氧化物难溶于水，具有碱性，溶于强酸而难溶于碱。

Fe_2O_3 俗称铁红，可作红色颜料、磨光剂和磁性材料。是两性偏碱性的氧化物，难溶于水，与酸作用时生成 $Fe(III)$ 盐：

$$Fe_2O_3 + 6HCl = 2FeCl_3 + 3H_2O$$

Co_2O_3 及 Ni_2O_3 有强氧化性，溶解于盐酸时，得不到 $Co(III)$ 和 $Ni(III)$ 盐，而被还原为 $Co(II)$ 和 $Ni(II)$ 盐，例如：

$$Ni_2O_3 + 6HCl = 2NiCl_2 + Cl_2\uparrow + 3H_2O$$

在 $Fe(II)$、$Co(II)$ 和 $Ni(II)$ 的盐溶液中加入强碱，均能得到相应的氢氧化物沉淀：

$$Fe^{2+} + 2OH^- = Fe(OH)_2\downarrow（白）$$
$$Co^{2+} + 2OH^- = Co(OH)_2\downarrow（蓝或桃红）$$
$$Ni^{2+} + 2OH^- = Ni(OH)_2\downarrow（苹果绿）$$

$Co(OH)_2$ 沉淀的颜色由生成条件决定。桃红色的化合物比蓝色的稳定，将后者放置或加热，可转化为前者。在空气中 $Fe(OH)_2$ 易被氧化，成为棕红色的水合氧化铁（III），习惯上写作 $Fe(OH)_3$：

$$4Fe(OH)_2 + O_2 + 2H_2O = 4Fe(OH)_3\downarrow$$

$Co(OH)_2$ 在空气中也易被氧化为棕黑色的水合氧化钴 $CoO(OH)$，但比 $Fe(OH)_2$ 的氧化趋势小，反应速率慢。在空气中 $Ni(OH)_2$ 不能被氧化，只能在强碱性溶液中用强氧化

剂如 $NaClO$、Cl_2、Br_2 等，才会被氧化为黑色的水合氧化镍 $NiO(OH)$：

$$2Ni(OH)_2 + ClO^- \Longrightarrow 2NiO(OH)\downarrow(黑色) + H_2O + Cl^-$$

$Fe(OH)_2$ 和 $Co(OH)_2$ 略显两性，在浓的强碱溶液中，分别形成 $[Fe(OH)_6]^{4-}$ 和 $[Co(OH)_4]^{2-}$。$Co(OH)_2$ 和 $Ni(OH)_2$ 可溶于氨水，生成土黄色的 $[Co(NH_3)_6]^{2+}$ 和蓝紫色的 $[Ni(NH_3)_6]^{2+}$。新沉淀出来的 $Fe(OH)_3$ 也显两性，溶于酸生成相应的铁（Ⅲ）盐，溶于热浓强碱溶液，生成 $[Fe(OH)_6]^{3-}$。$CoO(OH)$ 为碱性，可溶于酸，但在酸性溶液中，$Co(Ⅲ)$ 是极强的氧化剂，能氧化 H_2O 释放出 O_2，氧化 Cl^- 放出 Cl_2，自身被还原为 $Co(Ⅱ)$ 盐。$NiO(OH)$ 的氧化能力比 $CoO(OH)$ 更强。

$$4CoO(OH) + 8H^+ \Longrightarrow 4Co^{2+} + O_2\uparrow + 6H_2O$$

$$2CoO(OH) + 6H^+ + 2Cl^- \Longrightarrow 2Co^{2+} + Cl_2\uparrow + 4H_2O$$

由此可见，铁系元素氢氧化物的氧化还原性随 $Fe\rightarrow Co\rightarrow Ni$ 的顺序递变：氧化值为 +2 的氢氧化物按 Fe-Co-Ni 的顺序还原性递减，氧化值为 +3 的氢氧化物按 $Fe\rightarrow Co\rightarrow Ni$ 的顺序氧化性递增。

c 铁、钴、镍的盐类

（1）硫酸亚铁。铁屑与硫酸作用后，经浓缩、冷却，可析出绿色的 $FeSO_4 \cdot 7H_2O$ 晶体，俗称为绿矾。$FeSO_4 \cdot 7H_2O$ 经加热失水，可得无水 $FeSO_4$，若加强热则分解产生 Fe_2O_3：

$$2FeSO_4 \xrightarrow{加热} Fe_2O_3 + SO_2\uparrow + SO_3\uparrow$$

$FeSO_4 \cdot 7H_2O$ 晶体在空气中可逐渐失去一部分水而风化，表面容易被氧化，生成黄褐色碱式硫酸铁 $Fe(OH)SO_4$：

$$4FeSO_4 + 2H_2O + O_2 \Longrightarrow 4Fe(OH)SO_4$$

在酸性溶液中，Fe^{2+} 在空气中被氧化，所以保存铁（Ⅱ）盐溶液时，应加入足够浓度的酸，同时加几颗铁钉。

$FeSO_4$ 和硫酸铵形成复盐硫酸亚铁铵 $[(NH_4)_2SO_4 \cdot FeSO_4 \cdot 6H_2O]$，俗称摩尔氏盐，为绿色晶体，在空气中比绿矾稳定，分析化学中常用作还原剂。

$FeSO_4$ 与鞣酸作用，可生成易溶的鞣酸亚铁，在空气中易被氧化为黑色的鞣酸铁，可用来制蓝黑墨水，用于染色和木材防腐，农业上可作杀虫剂，医药上用于治疗缺铁性贫血。用 $FeSO_4$ 浸泡种子，对防治小麦、元麦的黑穗病、条纹病有较好的效果。

（2）三氯化铁。$FeCl_3 \cdot 6H_2O$ 为深黄色固体，易潮解，易溶于水，其水溶液因 Fe^{3+} 水解而显酸性。$FeCl_3$ 能使蛋白质凝聚，在医药用作止血剂。

在酸性溶液中，Fe^{3+} 是中强的氧化剂，能氧化一些还原性较强的物质，例如：

$$2Fe^{3+} + 2I^- \Longrightarrow 2Fe^{2+} + I_2$$

$$2Fe^{3+} + Fe \Longrightarrow 3Fe^{2+}$$

$$2Fe^{3+} + Cu \Longrightarrow 2Fe^{2+} + Cu^{2+}$$

工业上用 $FeCl_3$ 在铁制品上刻蚀字样，或在铜板上制造印刷电路，就是利用了 Fe^{3+} 的氧化性。

（3）二氯化钴（$CoCl_2$）。二氯化钴是常见的钴盐，由于所含结晶水的数目不同而呈现多种颜色，随着温度升高，所含结晶水逐渐减少，颜色发生变化。

$$CoCl_2 \cdot 6H_2O \xleftrightarrow{52.3℃} CoCl_2 \cdot 2H_2O \xleftrightarrow{90℃} CoCl_2 \cdot H_2O \xleftrightarrow{120℃} CoCl_2$$
$$\text{粉红色} \qquad\qquad \text{紫红色} \qquad \text{蓝紫色} \qquad \text{蓝色}$$

由于 $[Co(H_2O)_6]^{2+}$ 在溶液中呈粉红色，用该稀溶液在白纸上写的字看不清颜色，但烘干之后立即显出蓝色字迹，所以氯化钴溶液可作隐显墨水。同时，其吸水色变的性质可被用于干燥剂的干湿指示剂。

（4）硫酸镍。七水合硫酸镍（$NiSO_4 \cdot 7H_2O$）是工业上重要的镍化合物，将 NiO 或 $NiCO_3$ 溶于稀硫酸中，在室温下即可结晶析出绿色的 $NiSO_4 \cdot 7H_2O$。大量用于电镀，制镍镉电池和媒染剂等。

d　铁系元素的配位化合物

铁系元素是很好的配合物形成体，可形成多种配合物，配位数多为 6。

（1）氨合物。Fe^{2+}、Co^{2+}、Ni^{2+} 均能和氨形成氨合配离子，其配离子的稳定性，按 Fe^{2+}、Co^{2+}、Ni^{2+} 顺序依次增大，Fe^{2+} 所形成的 $[Fe(NH_3)_6]^{2+}$ 极不稳定，遇水分解。

$$[Fe(NH_3)_6]^{2+} + 6H_2O \xrightarrow{\quad} Fe(OH)_2 \downarrow + 4NH_3 \cdot H_2O + 2NH_4^+$$

由于 Fe^{3+} 强烈水解，与氨水作用时生成 $Fe(OH)_3$ 沉淀，不形成氨合物。Co^{2+} 与大量氨水反应，可形成土黄色的 $[Co(NH_3)_6]^{2+}$，此配合物不稳定，在空气中可慢慢被氧化为更稳定的红棕色 $[Co(NH_3)_6]^{3+}$，反应方程式如下：

$$4[Co(NH_3)_6]^{2+} + O_2 + 2H_2O \xrightarrow{\quad} 4[Co(NH_3)_6]^{3+} + 4OH^-$$

Ni^{2+} 在过量的氨水中可生成 $[Ni(NH_3)_6]^{2+}$、$[Ni(NH_3)_4(H_2O)_2]^{2+}$，通常显蓝色，较为稳定。

（2）氰合物。Fe^{2+}、Co^{2+}、Ni^{2+}、Fe^{3+} 都能与 CN^- 形成稳定的配合物。

$Fe(\text{II})$ 盐与 KCN 溶液作用，首先析出白色 $Fe(CN)_2$ 沉淀，KCN 过量时沉淀溶解，结晶析出柠檬黄色六氰合铁（Ⅱ）酸钾 $K_4[Fe(CN)_6]$ 晶体，简称亚铁氰化钾，俗名黄血盐。

$$Fe^{2+} + 2CN^- \xrightarrow{\quad} Fe(CN)_2 \downarrow$$
$$Fe(CN)_2 + 4KCN \xrightarrow{\quad} K_4[Fe(CN)_6]$$

黄血盐主要用于制造颜料、油漆、油墨。$[Fe(CN)_6]^{4-}$ 在溶液中相当稳定，其溶液几乎检测不出 Fe^{2+} 的存在，通入氯气或加入其他氧化剂，可将 $[Fe(CN)_6]^{4-}$ 氧化为 $[Fe(CN)_6]^{3-}$：

$$2[Fe(CN)_6]^{4-} + Cl_2 \xrightarrow{\quad} 2[Fe(CN)_6]^{3-} + 2Cl^-$$

此溶液可析出棕红色晶体六氰合铁（Ⅲ）酸钾 $K_3[Fe(CN)_6]$，简称高铁氰化钾，俗名赤血盐。主要用于印刷制版、照片洗印、显影及制晒蓝图纸等。

在含有 Fe^{2+} 的溶液中加入赤血盐溶液，在含有 Fe^{3+} 的溶液中加入黄血盐溶液，均能生成蓝色沉淀：

$$3Fe^{2+} + 2[Fe(CN)_6]^{3-} \xrightarrow{\quad} Fe_3[Fe(CN)_6]_2 \downarrow （\text{腾氏蓝}）$$
$$4Fe^{3+} + 3[Fe(CN)_6]^{4-} \xrightarrow{\quad} Fe_4[Fe(CN)_6]_3 \downarrow （\text{普鲁氏蓝}）$$

上述两个反应可用来鉴定 Fe^{2+} 和 Fe^{3+} 的存在。产生的蓝色配合物广泛用于油漆和油墨工业，也用于蜡笔图画颜料的制造。

Co^{2+} 与 CN^- 反应，先生成浅棕色水合氰化物沉淀，此沉淀溶于 CN^- 溶液，形成 $[Co(CN)_6]^{4-}$ 配离子，此配离子在空气中易被氧化为黄色的 $[Co(CN)_6]^{3-}$。Ni^{2+} 和 CN^- 生成稳定的橙黄色 $[Ni(CN)_4]^{2-}$，在较浓的 CN^- 溶液中，形成深红色的 $[Ni(CN)_5]^{3-}$。

(3) 硫氰化物。Fe^{2+} 的硫氰合物不稳定。Fe^{3+} 与 SCN^- 反应，生成血红色的配合物：

$$Fe^{3+} + nSCN^- \Longrightarrow [Fe(NCS)_n]^{3-n} \quad (n = 1 \sim 6)$$

n 值随溶液中的 SCN^- 浓度和酸度而定。该反应非常灵敏，用来检出 Fe^{3+} 和比色法测定 Fe^{3+} 的含量。

Co^{2+} 与 SCN^- 反应，形成蓝色的 $[Co(NCS)_4]^{2-}$，在定性分析化学中用于鉴定 Co^{2+}。但是，$[Co(NCS)_4]^{2-}$ 在水溶液中不稳定，用水稀释时变为粉红色的 $[Co(H_2O)_6]^{2+}$，故用 SCN^- 检验 Co^{2+} 时，常用浓 NH_4SCN 溶液，抑制 $[Co(NCS)_4]^{2-}$ 的离解，并用丙酮或戊醇萃取。

Ni^{2+} 可与 SCN^- 反应，形成 $[Ni(NCS)]^+$、$[Ni(NCS)_3]^-$ 等配合物，但这些配离子都不稳定。

练一练 2

向 Fe^{3+} 的溶液中加入硫氰化钾或硫氰化铵溶液，然后再加入少许铁粉，有何现象并加以说明。

练一练 2 解答

(4) 羰基化合物。铁系元素都易与 CO 形成羰基配合物，如：$Fe(CO)_5$、$Ni(CO)_4$、$Co_2(CO)_8$ 等。在这些配合物中，铁、钴、镍的氧化数为零，故化学性质比较活泼，熔点、沸点一般不高，热稳定性较差，较易挥发（有毒），容易分解析出单质。不溶于水，易溶于有机溶剂。

利用上述性质可以提纯金属，例如将不纯的镍粉于 $323 \sim 373K$（$50 \sim 100℃$）通入 CO，得到气态的羰基镍，再加热到 $200℃$ 令其分解，得到纯度高达 99.99% 的镍粉。

9.4 本章主要知识点

(1) 非金属单质的存在、制备及其化学性质。

(2) 氢化物、卤化物、氧化物、碳化物、氮化物和硼化物的分类、化学性质及其应用，其中重点介绍了氧化物及其水合物的酸碱性。

(3) 硼酸、碳酸、硅酸、硝酸、亚硝酸、磷酸、硫酸、亚硫酸、次氯酸、氯酸、高氯酸及其盐的化学性质和应用，其中重点介绍了碳酸盐的热稳定性，硝酸盐的热分解产物。

(4) 金属单质的物理性质、化学性质、存在和冶炼方式。

(5) s 区金属、p 区金属的单质及其化合物的物理性质、化学性质及应用。

(6) 过渡金属元素的电子层结构、原子半径、氧化数、单质的物理性质、单质的化学性质、水合离子的颜色、配位性、磁性及催化性，其中重点介绍了铜、银、金及其化合物，锌、镉、汞及其化合物，钛、铬、钼、钨、锰、铁、钴、镍及其化合物的物理性质、化学性质及应用。

思考与习题
参考答案

思考与习题

一、填空题

9-1 在 Cl_2、I_2、CO、NH_3、H_2O_2、BF_3、HF、Fe 等物质中，_____与 N_2 的性质十分相似，_____能溶解 SiO_2，_____能与 CO 形成羰基配合物，_____、_____能溶于 KI 溶液，_____、_____能在 $NaOH$ 溶液中发生歧化反应，_____具有缺电子化合物特征，_____、_____既有氧化性又有还原性，_____是非水溶剂。

9-2 元素在地壳中丰度值最大的 3 个元素是_____。金属元素的丰度值最大的 8 个元素顺序是_____。地壳中含量最大的含氧酸盐是_____。

9-3 产量居前三位的金属依次是_____。

9-4 在元素周期表金属单质中，熔点最低的是_____，最高的是_____；硬度最小的是_____；密度最大的是_____，最小的是_____；导电性最好的是_____；延展性最好的是_____；第一电离能最大的是_____；电负性最小的是_____，电负性最大的是_____。

9-5 实验室中作干燥剂用的硅胶浸有_____，吸水后成为_____色水合物，分子式是_____，在_____K 下干燥后呈_____色，可以重复利用。

9-6 由于钠、钾、铷、铯的氧化物溶于水呈强碱性，所以 ⅠA 族元素称为_____金属；因为钙、锶钡的氧化物在性质上介于碱性和土性之间，故 ⅡA 族元素称为_____金属。

9-7 王水的组成是_____；漂白粉的组成是_____；普钙的组成是_____；水煤气的组成是_____；铬酸洗液的组成是_____。

9-8 赤铁矿的化学式是_____；磁铁矿的化学式是_____；褐铁矿的化学式是_____；菱铁矿的化学式是_____；软锰矿的化学式是_____；白钨矿的化学式是_____；金红石的化学式是_____；钛铁矿的化学式是_____；锆石的化学式是_____；黄铜矿的化学式是_____；孔雀石的化学式是_____；闪锌矿的化学式是_____。

二、选择题

9-9 用浓盐酸处理 $Fe(OH)_3$ 和 $Co(OH)_3$ 沉淀时观察到的现象是（　　）。
    A. 都有氯气产生 　　　　　　　　　　B. 都无氯气产生
    C. 只有 $Co(OH)_3$ 与盐酸作用时才产生氯气 　　D. 只有 $Fe(OH)_3$ 与盐酸作用时才产生氯气

9-10 黄血盐与赤血盐的化学式分别为（　　）。
    A. 都为 $K_3[Fe(CN)_6]$ 　　　　　　　B. $K_3[Fe(CN)_6]$ 和 $K_2[Fe(CN)_4]$
    C. $K_4[Fe(CN)_5]$ 和 $K_4[Fe(CN)_4]$ 　　D. $K_4[Fe(CN)_6]$ 和 $K_3[Fe(CN)_6]$

9-11 关于过渡元素，下列说法中哪种是不正确的（　　）。
    A. 所有过渡元素都有显著的金属性 　　　B. 大多数过渡元素仅有一种价态
    C. 水溶液中它们的简单离子大都有颜色 　D. 绝大多数过渡元素的 d 轨道未充满电子

9-12 在酸性介质中，用亚硫酸钠还原高锰酸钾，则反应产物为（　　）。
    A. 二价锰离子和硫酸根 　　　　　　　　B. 二价锰离子和二氧化硫
    C. 二氧化锰和硫酸根 　　　　　　　　　D. 锰酸根和硫酸根

9-13 波尔多液是硫酸铜和石灰乳配成的农药乳液，它们的有效成分是（　　）。
    A. 硫酸铜 　　　　　　　　　　　　　　B. 硫酸钙
    C. 氢氧化钙 　　　　　　　　　　　　　D. 碱式硫酸铜

9-14 ⅠB 族金属元素导电性的顺序是（　　）。

    A. Cu>Ag>Au   B. Au>Ag>Cu

    C. Ag>Cu>Au   D. Ag>Au>Cu

9-15 我国金属矿产资源中，居世界首位的是（　　）。

    A. 钨、铁、锌   B. 铬、铝、铜

    C. 钨、锑、稀土   D. 铝、铅、锌

9-16 下列各组金属单质中，可以和碱溶液发生作用的是（　　）。

    A. 铬、铝、锌   B. 铅、锌、铝

    C. 镍、铝、锌   D. 锡、铍、铁

9-17 下列各组金属单质中，可以和稀盐酸发生反应的是（　　）。

    A. 铬、铝、锰   B. 铅、铁、金

    C. 铜、铅、锌   D. 镍、银、铁

9-18 下列关于二氧化硅，叙述正确的是（　　）。

    A. 二氧化硅与氢氧化钠共熔反应生成硅酸钠

    B. 二氧化硅是不溶于水的碱性氧化物

    C. 二氧化硅是分子晶体，与二氧化碳晶体相似

    D. 二氧化硅是半导体，可以用于芯片的制造

9-19 下列无机酸中能溶解酸性氧化物二氧化硅的是（　　）。

    A. 盐酸   B. 浓硫酸   C. 氢氟酸   D. 浓硝酸

9-20 硼元素与下列哪个元素的性质最相似（　　）。

    A. 铝元素   B. 硅元素   C. 镁元素   D. 碳元素

9-21 在常温下，氟和氯是气体，溴是易挥发的液体，碘为固体，在各卤素分子之间是靠（　　）结合的。

    A. 离子键   B. 共价键   C. 氢键   D. 分子间作用力

9-22 将 NO_2 气体通入 NaOH 溶液，反应的产物应该是（　　）。

    A. $NaNO_3$、$NaNO_2$ 和 H_2O B. $NaNO_3$ 和 $NaNO_2$

    C. $NaNO_3$ 和 H_2O D. $NaNO_2$ 和 H_2O

9-23 以下含氧酸中，二元酸是（　　）。

    A. 焦磷酸   B. 次磷酸   C. 亚磷酸   D. 磷酸

9-24 下列金属中最软的是（　　）。

    A. 锂   B. 钠   C. 铯   D. 铍

9-25 与同族元素相比，有关铍的性质描述中不正确的是（　　）。

    A. 熔点最高   B. 密度最大

    C. 原子半径最小   D. 硬度最大

9-26 下列物质中碱性最强的是（　　）。

    A. 氢氧化锂   B. 氢氧化镁

    C. 氢氧化铍   D. 氢氧化钙

9-27 工业上制备无水三氯化铝常用的方法是（　　）。

    A. 加热使 $AlCl_3 \cdot H_2O$ 脱水   B. 三氧化二铝与浓盐酸作用

    C. 熔融的铝与氯气反应   D. 硫酸铝水溶液与氯化钡溶液反应

三、判断题（正确的划"√"，错误的划"×"）

9-28 卤素是最活泼的非金属，它们在碱溶液中都能发生歧化反应，反应产物随浓度及温度的不同而不同。（　　）

9-29 氧族元素和卤族元素的氢化物的酸性和还原性都是从上到下逐渐增强。（　　）

9-30 氧族元素和卤族元素的氢化物的热稳定性从上到下逐渐减弱。(　　)

9-31 二氧化硫和氯气都具有漂白作用,它们的漂白原理是相同的。(　　)

9-32 钻石所以那么坚硬是因为碳原子间都是共价键结合起来的,但它的稳定性在热力学上比石墨要差一些。(　　)

9-33 非金属单质不生成金属键的结构,所以熔点比较低,硬度比较小,都是绝缘体。(　　)

9-34 非金属单质与碱作用都是歧化反应。(　　)

9-35 真金不怕火炼,说明金的熔点在金属中最高。(　　)

9-36 在所有的金属中,熔点最高的是副族元素,熔点最低的也是副族元素。(　　)

9-37 除ⅢB外,所有过渡元素在化合物中的氧化态都是可变的,这个结论也符合于ⅠB族元素。(　　)

9-38 ⅢB族是副族元素中最活泼的元素,它们的氧化物碱性最强,接近于对应的碱土金属氧化物。

(　　)

9-39 元素的金属性越强,则其相应氧化物水合物的碱性就越强;元素的非金属性越强,则其相应氧化物水合物的酸性就越强。(　　)

9-40 第Ⅷ族在周期系中位置的特殊性是与它们之间性质的类似和递变关系相联系的,除了存在通常的垂直相似性外,还存在更为突出的水平相似性。(　　)

9-41 铁系元素不仅可以和氰根、氟离子、草酸根、硫氰根、氯离子等离子形成配合物,还可以与一氧化碳、一氧化氮等分子以及许多有机试剂形成配合物,但2价铁离子和3价铁离子均不能形成稳定的氨合物。(　　)

9-42 铁系元素和铂系元素因同处于第Ⅷ族,它们的价电子构型完全一样。(　　)

四、问答题

9-43 氯的电负性比氧小,但为什么很多金属都比较容易和氯作用,而与氧反应较困难?

9-44 为什么 AlF_3 的熔点高达1290℃,而 $AlCl_3$ 却只有190℃?

9-45 为什么在室温下 H_2S 是气态而 H_2O 是液体?

9-46 分别向硝酸银、硝酸铜和硝酸汞溶液中,加入过量的碘化钾溶液,各得到什么产物? 写出化学反应方程式。

参 考 文 献

[1] 曹素忱. 无机化学［M］. 北京：高等教育出版社，1993.
[2] 北京师范大学，华中师范大学，南京师范大学，等. 无机化学［M］. 北京：高等教育出版社，1993.
[3] 高职高专化学教材编写组. 无机化学［M］. 北京：高等教育出版社，1993.
[4] 李学孟，李广贤. 无机化学［M］. 北京：化学工业出版社，1995.
[5] 高职高专化学教材编写组. 分析化学［M］. 2版. 北京：高等教育出版社，2000.
[6] 高职高专化学教材编写组. 分析化学实验［M］. 2版. 北京：高等教育出版社，2000.
[7] 武汉大学. 分析化学［M］. 4版. 北京：高等教育出版社，2000.
[8] 钟国清，赵明宪. 大学基础化学［M］. 北京：科学出版社，2003.
[9] 浙江大学. 无机及分析化学［M］. 北京：高等教育出版社，2003.
[10] 倪静安. 无机及分析化学［M］. 北京：化学工业出版社，1998.
[11] 陈必友，李启华. 工厂分析化验手册［M］. 北京：化学工业出版社，2002.
[12] 林树昌，胡乃非，曾泳淮. 分析化学［M］. 2版. 北京：高等教育出版社，2004.
[13] 天津大学无机化学教研室. 无机化学［M］. 3版. 北京：高等教育出版社，2002.
[14] 杨宏秀，傅希贤，宋宽秀. 大学化学［M］. 天津：天津大学出版社，2001.
[15] 高职高专化学教材编写组. 无机化学［M］. 2版. 北京：高等教育出版社，2000.
[16] 黄秀景. 无机及分析化学［M］. 北京：科学出版社，2004.
[17] 邬凤仙. 化学基础与定量分析［M］. 武汉：理工大学继续教育学院.
[18] 谢运芳，潘银山，胡明方，等. 分析化学［M］. 重庆：西南师范大学出版社，1987.
[19] 季剑波，凌昌都. 定量化学分析例题与习题［M］. 北京：化学工业出版社，2004.
[20] 王宝仁. 无机化学（理论篇）［M］. 2版. 大连：大连理工大学出版社，2009.
[21] 王永丽. 无机化学及分析化学［M］. 3版. 北京：化学工业出版社，2020.
[22] 高职高专化学教材编写组. 无机化学［M］. 5版. 北京：高等教育出版社，2019.
[23] 高职高专化学教材编写组. 分析化学［M］. 5版. 北京：高等教育出版社，2019.
[24] 王晶，毕华林. 化学（必修）（第一册）［M］. 北京：人民教育出版社，2019.

附 录

附录1 弱酸和弱碱的离解常数

附表 1-1 酸

名 称	温度/℃	离解常数 K_a	pK_a
砷酸 H_3AsO_4	18	$K_{a1} = 5.6 \times 10^{-3}$	2.25
		$K_{a2} = 1.7 \times 10^{-7}$	6.77
		$K_{a3} = 3.0 \times 10^{-12}$	11.50
硼酸 H_3BO_3	20	$K_a = 5.7 \times 10^{-10}$	9.24
氢氰酸 HCN	25	$K_a = 6.2 \times 10^{-10}$	9.21
碳酸 H_2CO_3	25	$K_{a1} = 4.2 \times 10^{-7}$	6.38
		$K_{a2} = 5.6 \times 10^{-11}$	10.25
铬酸 H_2CrO_4	25	$K_{a1} = 1.8 \times 10^{-1}$	0.74
		$K_{a2} = 3.2 \times 10^{-7}$	6.49
氢氟酸 HF	25	$K_a = 3.5 \times 10^{-4}$	3.46
亚硝酸 HNO_2	25	$K_a = 4.6 \times 10^{-4}$	3.37
磷酸 H_3PO_4	25	$K_{a1} = 7.6 \times 10^{-3}$	2.12
		$K_{a2} = 6.3 \times 10^{-8}$	7.20
		$K_{a3} = 4.4 \times 10^{-13}$	12.36
硫化氢 H_2S	25	$K_{a1} = 1.0 \times 10^{-7}$	6.89
		$K_{a2} = 7.1 \times 10^{-15}$	14.15
亚硫酸 H_2SO_3	18	$K_{a1} = 1.5 \times 10^{-2}$	1.82
		$K_{a2} = 1.0 \times 10^{-7}$	7.00
硫酸 H_2SO_4	25	$K_{a2} = 1.0 \times 10^{-2}$	1.99
甲酸 HCOOH	20	$K_a = 1.8 \times 10^{-4}$	3.74
醋酸 CH_3COOH	20	$K_a = 1.8 \times 10^{-5}$	4.74
一氯乙酸 $CH_2ClCOOH$	25	$K_a = 1.4 \times 10^{-3}$	2.86
二氯乙酸 $CHCl_2COOH$	25	$K_a = 5.0 \times 10^{-2}$	1.30

续附表 1-1

名　称	温度/℃	离解常数 K_a	pK_a
柠檬酸　$\begin{array}{c} CH_2COOH \\ | \\ C(OH)COOH \\ | \\ CH_2COOH \end{array}$	18	$K_{a1}=7.4\times10^{-4}$	3.13
		$K_{a2}=1.7\times10^{-5}$	4.76
		$K_{a3}=4.0\times10^{-7}$	6.40
苯酚　C_6H_5OH	20	$K_a=1.1\times10^{-10}$	9.95
苯甲酸　C_6H_5COOH	25	$K_a=6.2\times10^{-5}$	4.21
水杨酸　$C_6H_4(OH)COOH$	18	$K_{a1}=1.07\times10^{-3}$	2.97
		$K_{a2}=4\times10^{-14}$	13.40
邻苯二甲酸　$C_6H_4(COOH)_2$	25	$K_{a1}=1.1\times10^{-3}$	2.95
		$K_{a2}=2.9\times10^{-6}$	5.54

附表 1-2　碱

名　称	温度/℃	离解常数 K_b	pK_b
氨水　$NH_3 \cdot H_2O$	25	$K_b=1.8\times10^{-5}$	4.74
羟胺　NH_2OH	20	$K_b=9.1\times10^{-9}$	8.04
苯胺　$C_6H_5NH_2$	25	$K_b=4.6\times10^{-10}$	9.34
乙二胺　$H_2NCH_2CH_2NH_2$	25	$K_{b1}=8.5\times10^{-5}$	4.07
		$K_{b2}=7.1\times10^{-8}$	7.15
六亚甲基四胺　$(CH_2)_6N_4$	25	$K_b=1.4\times10^{-9}$	8.85
吡啶	25	$K_b=1.7\times10^{-9}$	8.77

附录2　常用酸碱溶液的相对密度、质量分数与物质的量浓度

附表 2-1　酸

相对密度 (15℃)	HCl		HNO₃		H₂SO₄	
	$w/\%$	$c/mol \cdot L^{-1}$	$w/\%$	$c/mol \cdot L^{-1}$	$w/\%$	$c/mol \cdot L^{-1}$
1.02	4.13	1.15	3.70	0.6	3.1	0.3
1.04	8.16	2.3	7.26	1.2	6.1	0.6
1.05	10.2	2.9	9.0	1.5	7.4	0.8
1.06	12.2	3.5	10.7	1.8	8.8	0.9
1.08	16.2	4.8	13.9	2.4	11.6	1.3
1.10	20.0	6.0	17.1	3.0	14.4	1.6
1.12	23.8	7.3	20.2	3.6	17.0	2.0

相对密度 (15℃)	HCl		HNO₃		H₂SO₄	
	$w/\%$	$c/mol \cdot L^{-1}$	$w/\%$	$c/mol \cdot L^{-1}$	$w/\%$	$c/mol \cdot L^{-1}$
1. 14	27. 7	8. 7	23. 3	4. 2	19. 9	2. 3
1. 15	29. 6	9. 3	24. 8	4. 5	20. 9	2. 5
1. 19	37. 2	12. 2	30. 9	5. 8	26. 0	3. 2
1. 20			32. 3	6. 2	27. 3	3. 4
1. 25			39. 8	7. 9	33. 4	4. 3
1. 30			47. 5	9. 8	39. 2	5. 2
1. 35			55. 8	12. 0	44. 8	6. 2
1. 40			65. 3	14. 5	50. 1	7. 2
1. 42			69. 8	15. 7	52. 2	7. 6
1. 45					55. 0	8. 2
1. 50					59. 8	9. 2
1. 55					64. 3	10. 2
1. 60					68. 7	11. 2
1. 65					73. 0	12. 3
1. 70					77. 2	13. 4
1. 84					95. 6	18. 0

附表 2-2　碱

相对密度 (15℃)	NH₃ · H₂O		NaOH		KOH	
	$w/\%$	$c/mol \cdot L^{-1}$	$w/\%$	$c/mol \cdot L^{-1}$	$w/\%$	$c/mol \cdot L^{-1}$
0. 88	35. 0	18. 0				
0. 90	28. 3	15				
0. 91	25. 0	13. 4				
0. 92	21. 8	11. 8				
0. 94	15. 6	8. 6				
0. 96	9. 9	5. 6				
0. 98	4. 8	2. 8				
1. 05			4. 5	1. 25	5. 5	1. 0
1. 10			9. 0	2. 5	10. 9	2. 1
1. 15			13. 5	3. 9	16. 1	3. 3
1. 20			18. 0	5. 4	21. 2	4. 5
1. 25			22. 5	7. 0	26. 1	5. 8
1. 30			27. 0	8. 8	30. 9	7. 2
1. 35			31. 8	10. 7	35. 5	8. 5

附录3　常用的缓冲溶液

附表3-1　几种常用缓冲溶液的配制

pH 值	配 制 方 法
0	1mol/L HCl[①]
1	0.1mol/L HCl
2	0.01mo/L HCl
3.6	NaAc·3H$_2$O 8g，溶于适量水中，加 6mol/L HAc 134mL，稀释至 500mL
4.0	NaAc·3H$_2$O 20g，溶于适量水中，加 6mol/L HAc 134mL，稀释至 500mL
4.5	NaAc·3H$_2$O 32g，溶于适量水中，加 6mol/L HAc 68mL，稀释至 500mL
5.0	NaAc·3H$_2$O 50g，溶于适量水中，加 6mol/L HAc 34mL，稀释至 500mL
5.7	NaAc·3H$_2$O 100g，溶于适量水中，加 6mol/L HAc 13mL，稀释至 500mL
7	NH$_4$Ac 77g，用水溶解后，稀释至 500mL
7.5	NH$_4$Cl 60g，溶于适量水中，加 15mol/L 氨水 1.4mL，稀释至 500mL
8.0	NH$_4$Cl 50g，溶于适量水中，加 15mol/L 氨水 3.5mL，稀释至 500mL
8.5	NH$_4$Cl 40g，溶于适量水中，加 15mol/L 氨水 8.8mL，稀释至 500mL
9.0	NH$_4$Cl 35g，溶于适量水中，加 15mol/L 氨水 24mL，稀释至 500mL
9.5	NH$_4$Cl 30g，溶于适量水中，加 15mol/L 氨水 65mL，稀释至 500mL
10.0	NH$_4$Cl 27g，溶于适量水中，加 15mol/L 氨水 197mL，稀释至 500mL
10.5	NH$_4$Cl 9g，溶于适量水中，加 15mol/L 氨水 175mL，稀释至 500mL
11	NH$_4$Cl 3g，溶于适量水中，加 15mol/L 氨水 207mL，稀释至 500mL
12	0.01mol/L NaOH[②]
13	0.1mol/L NaOH

①Cl$^-$对测定有妨碍时，可用 HNO$_3$。

②Na$^+$对测定有妨碍时，可用 KOH。

附表3-2　不同温度下，标准缓冲溶液的 pH 值

温度/℃	0.05mol/L 草酸三氢钾	25℃饱和 酒石酸氢钾	0.05mol/L 邻苯二甲酸氢钾	0.025mol/L KH$_2$PO$_4$+ 0.025mol/L Na$_2$HPO$_4$	0.008695 mol/L KH$_2$PO$_4$+ 0.03043 mol/L Na$_2$HPO$_4$	0.01mol/L 硼砂	25℃饱和 氢氧化钙
10	1.670	—	3.998	6.923	7.472	9.332	13.011
15	1.672	—	3.999	6.900	7.448	9.276	12.820
20	1.675	—	4.002	6.881	7.429	9.225	12.637
25	1.679	3.559	4.008	6.865	7.413	9.180	12.460
30	1.683	3.551	4.015	6.853	7.400	9.139	12.292
40	1.694	3.547	4.035	6.838	7.380	9.068	11.975
50	1.707	3.555	4.060	6.833	7.367	9.011	11.697
60	1.723	3.573	4.091	6.836	—	8.962	11.426

附录4　常用基准物质的干燥条件和应用

附表 4-1　常用基准物质的干燥条件和应用

基础物质		干燥后组成	干燥条件/℃	标定对象
名称	分子式			
碳酸氢钠	$NaHCO_3$	Na_2CO_4	270~300	酸
碳酸钠	$Na_2CO_3 \cdot 10H_2O$	Na_2CO_3	270~300	酸
硼砂	$Na_2B_4O_7 \cdot 10H_2O$	$Na_2B_4O_7 \cdot 10H_2O$	放在含 NaCl 和絮糖饱和液的干燥器中	酸
碳酸氢钾	$KHCO_3$	K_2CO_3	270~300	酸
草酸	$H_2C_2O_2 \cdot 2H_2O$	$H_2C_2O_4 \cdot 2H_2O$	室温空气干燥	碱或 $KMnO_4$
邻苯二甲酸氢钾	$KHC_8H_4O_4$	$KHC_8H_4O_4$	110~120	碱
重铬酸钾	$K_2Cr_2O_7$	$K_2Cr_2O_7$	140~150	还原剂
溴酸钾	$KBrO_3$	$KBrO_3$	130	还原剂
碘酸钾	KIO_3	KIO_3	130	还原剂
铜	Cu	Cu	室温干燥器中保存	还原剂
三氧化二砷	As_2O_3	As_2O_3	室温干燥器中保存	氧化剂
草酸钠	$Na_2C_2O_4$	$Na_2C_2O_4$	130	氧化剂
碳酸钙	$CaCO_3$	$CaCO_3$	110	EDTA
锌	Zn	Zn	室温干燥器中保存	EDTA
氧化锌	ZnO	ZnO	900~1000	EDTA
氯化钠	NaCl	NaCl	500~600	$AgNO_3$
氯化钾	KCl	KCl	500~600	$AgNO_3$
硝酸银	$AgNO_3$	$AgNO_3$	280~290	氯化物
氨基碳酸	$HOSO_2NH_2$	$HOSO_2NH_2$	在真空 H_2SO_4 干燥器中保存 18h	碱
氟化钠	NaF	NaF	钢坩埚中 500~550℃下保持 40~50min 后, H_2SO_4 干燥器中冷却	

附录 5 国际相对原子质量表（1997 年）

附表 5-1 国际相对原子质量表（1997 年）

符号	名称	相对原子质量	符号	名称	相对原子质量	符号	名称	相对原子质量	符号	名称	相对原子质量
Ac	锕	[227]	Er	铒	167.26	Mn	锰	54.93805	Ru	钌	101.07
Ag	银	107.8682	Es	锿	[252]	Mo	钼	95.94	S	硫	32.066
Al	铝	26.98154	Eu	铕	151.964	N	氮	14.00674	Sb	锑	121.760
Am	镅	[243]	F	氟	18.99840	Na	钠	22.98977	Sc	钪	44.95591
Ar	氩	39.948	Fe	铁	55.845	Nb	铌	92.90638	Se	硒	78.96
As	砷	74.92160	Fm	镄	[257]	Nd	钕	144.24	Si	硅	28.0855
At	砹	[210]	Fr	钫	[223]	Ne	氖	20.1797	Sm	钐	150.36
Au	金	196.96655	Ga	镓	69.723	Ni	镍	58.6934	Sn	锡	118.710
B	硼	10.811	Gd	钆	157.25	No	锘	[254]	Sr	锶	87.62
Ba	钡	137.327	Ge	锗	72.61	Np	镎	237.0482	Ta	钽	180.9479
Be	铍	9.01218	H	氢	1.00794	O	氧	15.9994	Tb	铽	158.92534
Bi	铋	208.98038	He	氦	4.00260	Os	锇	190.23	Tc	锝	98.9062
Bk	锫	[247]	Hf	铪	178.49	P	磷	30.97376	Te	碲	127.60
Br	溴	79.904	Hg	汞	200.59	Pa	镤	231.03588	Th	钍	232.0381
C	碳	12.0107	Ho	钬	164.93032	Pb	铅	207.2	Ti	钛	47.867
Ca	钙	40.078	I	碘	126.90447	Pd	钯	106.42	Tl	铊	204.3833
Cd	镉	112.411	In	铟	114.818	Pm	钷	[145]	Tm	铥	168.93421
Ce	铈	140.116	Ir	铱	192.217	Po	钋	[210]	U	铀	238.0289
Cf	锎	[251]	K	钾	39.0983	Pr	镨	140.90765	V	钒	50.9415
Cl	氯	35.4527	Kr	氪	83.80	Pt	铂	195.078	W	钨	183.84
Cm	锔	[247]	La	镧	138.9055	Pu	钚	[244]	Xe	氙	131.29
Co	钴	58.93320	Li	锂	6.941	Ra	镭	226.0254	Y	钇	88.90585
Cr	铬	51.9961	Lr	铹	[260]	Rb	铷	85.4678	Yb	镱	173.04
Cs	铯	132.90545	Lu	镥	174.967	Re	铼	186.207	Zn	锌	65.39
Cu	铜	63.546	Md	钔	[258]	Rh	铑	102.90550	Zr	锆	91.224
Dy	镝	162.50	Mg	镁	24.3050	Rn	氡	[222]			

附录6　一些化合物的相对分子质量

附表 6-1　一些化合物的相对分子质量

化 合 物	相对分子质量	化 合 物	相对分子质量
$AgBr$	187.78	Cu_2O	143.09
$AgCl$	143.32	$CuSO_4$	159.61
AgI	234.77	$CuSO_4 \cdot 5H_2O$	249.69
$AgNO_3$	169.87		
Al_2O_3	101.96	$FeCl_3$	162.21
$Al_2(SO_4)_3$	342.15	$FeCl_3 \cdot 6H_2O$	270.30
As_2O_3	197.84	FeO	71.85
As_2O_5	229.84	Fe_2O_3	159.69
		Fe_3O_4	231.54
$BaCO_3$	197.34	$FeSO_4 \cdot H_2O$	169.93
BaC_2O_4	225.35	$FeSO_4 \cdot 7H_2O$	278.02
$BaCl_2$	208.24	$Fe_2(SO_4)_3$	399.89
$BaCl_2 \cdot 2H_2O$	244.27	$FeSO_4 \cdot (NH_4)_2SO_4 \cdot 6H_2O$	392.14
$BaCrO_4$	253.32		
$BaSO_4$	233.39	H_3BO_3	61.83
		HBr	80.91
$CaCO_3$	100.09	H_2CO_3	62.03
CaC_2O_4	128.10	$H_2C_2O_4$	90.04
$CaCl_2$	110.99	$H_2C_2O_4 \cdot 2H_2O$	126.07
$CaCl_2 \cdot H_2O$	129.00	$HCOOH$	46.03
CaO	56.08	HCl	36.46
$Ca(OH)_2$	74.09	$HClO_4$	100.46
$CaSO_4$	136.14	HF	20.01
$Ca_3(PO_4)_2$	310.18	HI	127.91
$Ce(SO_4)_2 \cdot 2(NH_4)_2SO_4 \cdot 2H_2O$	632.54	HNO_2	47.01
CH_3COOH	60.05	HNO_3	63.01
CH_3OH	32.04	H_2O	18.02
CH_3COCH_3	58.08	H_2O_2	34.02
C_6H_5COOH	122.12	H_3PO_4	98.00

化 合 物	相对分子质量	化 合 物	相对分子质量
$C_6H_4COOHCOOK$（苯二甲酸氢钾）	204.23	H_2S	34.08
		H_2SO_3	82.08
CH_3COONa	82.03	H_2SO_4	98.08
C_6H_5OH	94.11	$HgCl_2$	271.50
$(C_9H_7N)_3H_3(PO_4 \cdot 12MoO_3)$（磷钼酸喹啉）	2212.74	Hg_2Cl_2	472.09
CCl_4	153.81	$KAl(SO_4)_2 \cdot 12H_2O$	474.39
CO_2	44.01	$KB(C_6H_5)_4$	358.33
CuO	79.54	KBr	119.01
$KBrO_3$	167.01	Na_3PO_4	163.94
K_2CO_3	138.21	Na_2S	78.05
KCl	74.56	$Na_2S \cdot 9H_2O$	240.18
$KClO_3$	122.55	Na_2SO_3	126.04
$KClO_4$	138.55	Na_2SO_4	142.04
K_2CrO_4	194.20	$Na_2SO_4 \cdot 10H_2O$	322.20
$K_2Cr_2O_7$	294.19	$Na_2S_2O_3$	158.11
$KHC_2O_4 \cdot H_2C_2O_4 \cdot 2H_2O$	254.19	$Na_2S_2O_3 \cdot 5H_2O$	248.19
KI	166.01	$NH_2OH \cdot HCl$	69.49
KIO_3	214.00	NH_3	17.03
$KIO_3 \cdot HIO_3$	389.92	NH_4Cl	53.49
$KMnO_4$	158.04	$(NH_4)_2C_2O_4 \cdot H_2O$	142.11
KNO_2	85.10	$NH_3 \cdot H_2O$	35.05
KOH	56.11	$NH_4Fe(SO_4)_2 \cdot 12H_2O$	482.20
$KSCN$	97.18	$(NH_4)_2HPO_4$	132.05
K_2SO_4	174.26	$(NH_4)_3PO_4 \cdot 12MoO_3$	1876.35
		NH_4SCN	76.12
$MgCO_3$	84.32	$(NH_4)_2SO_4$	132.14
$MgCl_2$	95.21	$NiC_8H_{14}O_4N_4$（丁二酮肟镍）	288.91
$MgNH_4PO_4$	137.33		
MgO	40.31	P_2O_5	141.95
$Mg_2P_2O_7$	222.60	$PbCrO_4$	323.19
MnO_2	86.94	PbO	223.19
		PbO_2	239.19

续附表 6-1

化 合 物	相对分子质量	化 合 物	相对分子质量
$Na_2B_4O_7 \cdot 10H_2O$	381. 37	Pb_3O_4	685. 57
$NaBiO_3$	279. 97	$PbSO_4$	303. 26
$NaBr$	102. 90		
Na_2CO_3	105. 99	SO_2	64. 06
$Na_2C_2O_4$	134. 00	SO_3	80. 06
$NaCl$	58. 44	Sb_2O_3	291. 52
NaF	41. 99	Sb_2S_3	339. 72
$NaHCO_3$	84. 01	SiF_4	104. 08
NaH_2PO_4	119. 98	SiO_2	60. 08
Na_2HPO_4	141. 96	$SnCl_2$	189. 62
$Na_2H_2Y \cdot 2H_2O$（EDTA 二钠盐）	372. 26	TiO_2	79. 88
NaI	149. 89		
$NaNO_2$	69. 00	$ZnCl_2$	136. 30
Na_2O	61. 98	ZnO	81. 39
$NaOH$	40. 01	$ZnSO_4$	161. 45

附录 7　一些氧化还原电对的条件电极电位

附表 7-1　一些氧化还原电对的条件电极电位

半反应	$\varphi^{\ominus}/V$	介 质
$Ag(\text{II})+e^- \Longrightarrow Ag^+$	1. 927	4mol/L HNO_3
	1. 74	1mol/L $HClO_4$
$Ce(\text{IV})+e^- \Longrightarrow Ce(\text{III})$	1. 44	0. 5mol/L H_2SO_4
	1. 28	1mol/L HCl
$Co^{3+}+e^- \Longrightarrow Co^{2+}$	1. 84	3mol/L HNO_3
$Co(乙二胺)_3^{3+}+e^- \Longrightarrow Co(乙二胺)_3^{2+}$	−0. 2	0. 1mol/L KNO_3
		0. 1mol/L 乙二胺
$Cr(\text{III})+e^- \Longrightarrow Cr(\text{II})$	−0. 40	5mol/L HCl
	1. 08	3mol/L HCl
$Cr_2O_7^{2-}+14H^++6e^- \Longrightarrow 2Cr^{3+}+7H_2O$	1. 15	4mol/L H_2SO_4
	1. 025	1mol/L $HClO_4$
$CrO_4^{2-}+2H_2O+3e^- \Longrightarrow CrO_2^-+4OH^-$	−0. 12	1mol/L $NaOH$

半反应	$\varphi^{\ominus}/V$	介　质
Fe(Ⅲ) +e⁻ ===Fe²⁺	0.767	1mol/L HClO₄
	0.71	0.5mol/L HCl
	0.68	1mol/L H₂SO₄
	0.68	1mol/L HCl
	0.46	2mol/L H₃PO₄
	0.51	1mol/L HCl+0.25mol/L H₃PO₄
Fe(EDTA)⁻+e⁻ ===Fe(EDTA)²⁻	0.12	0.1mol/L EDTA　pH值为4~6
Fe(CN)₆³⁺+e⁻ ===Fe(CN)₆⁴⁻	0.56	0.1mol/L HCl
FeO₄²⁻+2H₂O+3e⁻===FeO₂⁻+4OH⁻	0.55	10mol/L NaOH
I₃⁻+2e⁻ ===3I⁻	0.5446	0.5mol/L H₂SO₄
I₂(水) +2e⁻ ===2I⁻	0.6276	0.5mol/L H₂SO₄
MnO₄⁻+8H⁺+5e⁻===Mn²⁺+4H₂O	1.45	1mol/L HClO₄
SnCl₆²⁻+2e⁻===SnCl₄²⁻+2Cl⁻	0.14	1mol/L HCl
Sb(Ⅴ) +2e⁻ ===Sb(Ⅲ)	0.75	3.5mol/L HCl
Sb(OH)₆⁻+2e⁻ ===SbO₂⁻+2OH⁻+2H₂O	−0.428	3mol/L NaOH
SbO₂⁻+2H₂O+3e⁻===Sb+4OH⁻	−0.675	10mol/L KOH
Ti(Ⅳ) +e⁻ ===Ti(Ⅲ)	−0.01	0.2mol/L H₂SO₄
	0.12	2mol/L H₂SO₄
	0.10	3mol/L HCl
	−0.04	1mol/L HCl
	−0.05	1mol/L H₃PO₄
Pb(Ⅱ) +2e⁻ ===Pb	−0.32	1mol/L NaAc

附录8　金属配合物的稳定常数

附表8-1　金属配合物的稳定常数

金属离子	离子强度	n	$\lg\beta_n$
氨配合物			
Ag⁺	0.1	1, 2	3.40, 7.23
Cd²⁺	0.1	1, …, 6	2.60, 4.65, 6.04, 6.92, 6.6, 4.9
Co²⁺	0.1	1, …, 6	2.05, 3.62, 4.61, 5.31, 5.43, 4.75
Cu²⁺	2	1, …, 4	4.13, 7.61, 10.48, 12.59
Ni²⁺	0.1	1, …, 6	2.75, 4.95, 6.64, 7.79, 8.50, 8.49
Zn²⁺	0.1	1, …, 4	2.27, 4.61, 7.01, 9.06

金属离子	离子强度	n	$\lg\beta_n$
氯配合物			
Ag^+	0.2	1, …, 4	2.9, 4.7, 5.0, 5.9
Hg^{2+}	0.5	1, …, 4	6.7, 13.2, 14.1, 15.1
碘配合物			
Cd^{2+}	①	1, …, 4	2.4, 3.4, 5.0, 6.15
Hg^{2+}	0.5	1, …, 4	12.9, 23.8, 27.6, 29.8
氰配合物			
Ag^+	0~0.3	1, …, 4	一, 21.1, 21.8, 20.7
Cd^{2+}	3	1, …, 4	5.5, 10.6, 15.3, 18.9
Cu^+	0	1, …, 4	一, 24.0, 28.6, 30.3
Fe^{2+}	0	6	35.4
Fe^{3+}	0	6	43.6
Hg^{2+}	0.1	1, …, 4	18.0, 34.7, 38.5, 41.5
Ni^{2+}	0.1	4	31.3
Zn^{2+}	0.1	4	16.7
硫氰酸配合物			
Fe^{3+}	①	1, …, 5	2.3, 4.2, 5.6, 6.4, 6.4
Hg^{2+}	1	1, …, 4	一, 16.1, 19.0, 20.9
硫代硫酸配合物			
Ag^+	0	1, 2	8.82, 13.5
Hg^{2+}	0	1, 2	29.86, 32.26
柠檬酸配合物			
Al^{3+}	0.5	1	20.0
Cu^{2+}	0.5	1	18
Fe^{3+}	0.5	1	25
Ni^{2+}	0.5	1	14.3
Pb^{2+}	0.5	1	12.3
Zn^{2+}	0.5	1	11.4
磺基水杨酸配合物			
Al^{3+}	0.1	1, 2, 3	12.9, 22.9, 29.0
Fe^{3+}	3	1, 2, 3	14.4, 25.2, 32.2
邻二氮菲配合物			
Ag^+	0.1	1, 2	5.02, 12.07
Cd^{2+}	0.1	1, 2, 3	6.4, 11.6, 15.8
Co^{2+}	0.1	1, 2, 3	7.0, 13.7, 20.1
Cu^{2+}	0.1	1, 2, 3	9.1, 15.8, 21.0
Fe^{2+}	0.1	1, 2, 3	5.9, 11.1, 21.3
Hg^{2+}	0.1	1, 2, 3	一, 19.65, 23.35
Ni^{2+}	0.1	1, 2, 3	8.8, 17.1, 24.8
Zn^{2+}	0.1	1, 2, 3	6.4, 12.15, 17.0

金属离子	离子强度	n	$\lg\beta_n$
乙酰丙酮配合物			
Al^{3+}	0.1	1, 2, 3	8.1, 15.7, 21.2
Cu^{2+}	0.1	1, 2	7.8, 14.3
Fe^{3+}	0.1	1, 2, 3	9.3, 17.9, 25.1
氟配合物			
Al^{3+}	0.53	1, …, 6	6.1, 11.15, 15.0, 17.7, 19.4, 19.7
Fe^{3+}	0.5	1, 2, 3,	5.2, 9.2, 11.9
Th^{4+}	0.5	1, 2, 3	7.7, 13.5, 18.0
TiO^{2+}	3	1, …, 4	5.4, 9.8, 13.7, 17.4
Sn^{4+}	①	6	25
Zr^{4+}	2	1, 2, 3	8.8, 16.1, 21.9
乙二胺配合物			
Ag^{+}	0.1	1, 2	4.7, 7.7
Cd^{2+}	0.1	1, 2	5.47, 10.02
Cu^{2+}	0.1	1, 2	10.55, 19.60
Co^{2+}	0.1	1, 2, 3	5.89, 10.72, 13.82
Hg^{2+}	0.1	2	23.42
Ni^{2+}	0.1	1, 2, 3	7.66, 14.06, 18.59
Zn^{2+}	0.1	1, 2, 3	5.71, 10.37, 12.08

①离子强度不定。

附录 9　难溶化合物的溶度积常数（18℃）

附表 9-1　难溶化合物的溶度积常数（18℃）

难溶化合物	化学式	K_{sp}	备注
氢氧化铝	$Al(OH)_3$	2×10^{-32}	
溴酸银	$AgBrO_3$	5.77×10^{-5}	25℃
溴化银	$AgBr$	5.0×10^{-13}	
碳酸银	Ag_2CO_3	8.1×10^{-12}	25℃
氯化银	$AgCl$	1.8×10^{-10}	25℃
铬酸银	Ag_2CrO_4	1.1×10^{-12}	25℃
氢氧化银	$AgOH$	1.52×10^{-8}	25℃
碘化银	AgI	8.3×10^{-17}	25℃
硫化银	Ag_2S	1.6×10^{-49}	
硫氰酸银	$AgSCN$	1.0×10^{-12}	25℃
碳酸钡	$BaCO_3$	8.1×10^{-9}	25℃

难溶化合物	化学式	K_{sp}	备注
铬酸钡	$BaCrO_4$	1.6×10^{-10}	
草酸钡	$BaC_2O_4 \cdot 3.5H_2O$	1.62×10^{-7}	
硫酸钡	$BaSO_4$	1.1×10^{-10}	25℃
氢氧化铋	$Bi(OH)_3$	4.0×10^{-31}	
氢氧化铬	$Cr(OH)_3$	5.4×10^{-31}	
硫化镉	CdS	3.6×10^{-29}	
碳酸钙	$CaCO_3$	2.8×10^{-9}	25℃
氟化钙	CaF_2	5.3×10^{-9}	25℃
草酸钙	$CaC_2O_4 \cdot H_2O$	1.78×10^{-9}	
硫酸钙	$CaSO_4$	9.1×10^{-6}	25℃
硫化钴	$CoS(\alpha)$	4×10^{-21}	
	$CoS(\beta)$	2×10^{-25}	
碘酸铜	$CuIO_3$	1.4×10^{-7}	25℃
草酸铜	CuC_2O_4	2.87×10^{-8}	25℃
硫化铜	CuS	6.3×10^{-36}	25℃
溴化亚铜	$CuBr$	4.15×10^{-9}	(18~20℃)
氯化亚铜	$CuCl$	1.02×10^{-6}	(18~20℃)
碘化亚铜	CuI	1.1×10^{-12}	(18~20℃)
硫化亚铜	Cu_2S	2×10^{-47}	(16~18℃)
硫氰酸亚铜	$CuSCN$	4.8×10^{-15}	
氢氧化铁	$Fe(OH)_3$	2.79×10^{-39}	25℃
氢氧化亚铁	$Fe(OH)_2$	4.87×10^{-17}	25℃
草酸亚铁	FeC_2O_4	2.1×10^{-7}	25℃
硫化亚铁	FeS	3.7×10^{-19}	
硫化汞	HgS	$4 \times 10^{-53} \sim 2 \times 10^{-49}$	
溴化亚汞	Hg_2Br_2	5.8×10^{-23}	
氯化亚汞	Hg_2Cl_2	1.3×10^{-18}	
碘化亚汞	Hg_2I_2	4.5×10^{-29}	
磷酸铵镁	$MgNH_4PO_4$	2.5×10^{-13}	25℃
碳酸镁	$MgCO_3$	2.6×10^{-5}	12℃
氟化镁	MgF_2	7.1×10^{-9}	
氢氧化镁	$Mg(OH)_2$	1.8×10^{-11}	

难溶化合物	化学式	K_{sp}	备注
草酸镁	MgC_2O_4	8.57×10^{-5}	
氢氧化锰	$Mn(OH)_2$	1.9×10^{-13}	25℃
硫化锰	MnS	1.4×10^{-15}	
氢氧化镍	$Ni(OH)_2$	6.5×10^{-18}	
碳酸铅	$PbCO_3$	3.3×10^{-14}	
铬酸铅	$PbCrO_4$	1.77×10^{-14}	
氟化铅	PbF_2	3.2×10^{-8}	
草酸铅	PbC_2O_4	2.74×10^{-11}	
氢氧化铅	$Pb(OH)_2$	1.43×10^{-15}	25℃
硫酸铅	$PbSO_4$	1.6×10^{-8}	25℃
硫化铅	PbS	3.4×10^{-28}	
碳酸锶	$SrCO_3$	1.6×10^{-9}	25℃
氟化锶	SrF_2	2.8×10^{-9}	
草酸锶	SrC_2O_4	5.61×10^{-8}	
硫酸锶	$SrSO_4$	3.81×10^{-7}	17.4℃
氢氧化锡	$Sn(OH)_4$	1×10^{-57}	
氢氧化亚锡	$Sn(OH)_2$	5.45×10^{-28}	25℃
氢氧化钛	$TiO(OH)_2$	1×10^{-29}	
氢氧化锌	$Zn(OH)_2$	3×10^{-17}	25℃
草酸锌	ZnC_2O_4	1.35×10^{-9}	
硫化锌	ZnS	1.2×10^{-23}	

附录 10　标准电极电势（18~25℃）

附表 10-1　标准电极电势（18~25℃）

半　反　应	$\varphi^{\ominus}/V$
$F_2(g) + 2H^+ + 2e^- \rightleftharpoons 2HF$	3.06
$O_3 + 2H^+ + 2e^- \rightleftharpoons O_2 + H_2O$	2.07
$S_2O_8^{2-} + 2e^- \rightleftharpoons 2SO_4^{2-}$	2.01
$H_2O_2 + 2H^+ + 2e^- \rightleftharpoons 2H_2O$	1.77
$MnO_4^- + 4H^+ + 3e^- \rightleftharpoons MnO_2(s) + 2H_2O$	1.695

半 反 应	$\varphi^{\ominus}/V$
$PbO_2(s)+SO_4^{2-}+4H^++2e^-\Longrightarrow PbSO_4(s)+2H_2O$	1.685
$HClO_2+2H^++2e^-\Longrightarrow HClO+H_2O$	1.64
$HClO+H^++e^-\Longrightarrow 1/2Cl_2+H_2O$	1.63
$Ce^{4+}+e^-\Longrightarrow Ce^{3+}$	1.61
$H_5IO_6+H^++2e^-\Longrightarrow IO_3^-+3H_2O$	1.60
$HBrO+H^++e^-\Longrightarrow 1/2Br_2+H_2O$	1.59
$BrO_3^-+6H^++5e^-\Longrightarrow 1/2Br_2+3H_2O$	1.52
$MnO_4^-+8H^++5e^-\Longrightarrow Mn^2+4H_2O$	1.51
$Au(\text{Ⅲ})+3e^-\Longrightarrow Au$	1.50
$HClO+H^++2e^-\Longrightarrow Cl^-+H_2O$	1.49
$ClO_3^-+6H^++5e^-\Longrightarrow 1/2Cl_2+3H_2O$	1.47
$PbO_2(s)+4H^++2e^-\Longrightarrow Pb^2+2H_2O$	1.455
$HIO+H^++e^-\Longrightarrow 1/2I_2+H_2O$	1.45
$ClO_3^-+6H^++6e^-\Longrightarrow Cl^-+3H_2O$	1.45
$BrO_3^-+6H^++6e^-\Longrightarrow Br^-+3H_2O$	1.44
$Au(\text{Ⅲ})+2e^-\Longrightarrow Au(\text{Ⅰ})$	1.41
$Cl_2(g)+2e^-\Longrightarrow 2Cl^-$	1.3595
$ClO_4^-+8H^++7e^-\Longrightarrow 1/2Cl_2+4H_2O$	1.34
$Cr_2O_7^{2-}+14H^++6e^-\Longrightarrow 2Cr^{3+}+7H_2O$	1.33
$MnO_2(s)+4H^++2e^-\Longrightarrow Mn^{2+}+2H_2O$	1.23
$O_2(g)+4H^++4e^-\Longrightarrow 2H_2O$	1.229
$IO_3^-+6H^++5e^-\Longrightarrow 1/2I_2+3H_2O$	1.20
$ClO_4^-+2H^++2e^-\Longrightarrow ClO_3^-+H_2O$	1.19
$Br_2^-(l)+2e^-\Longrightarrow 2Br^-$	1.087
$NO_2+H^++e^-\Longrightarrow HNO_2$	1.07
$Br_3^-+2e^-\Longrightarrow 3Br^-$	1.05
$HNO_2+H^++e^-\Longrightarrow NO(g)+H_2O$	1.00
$VO_2^++2H^++e^-\Longrightarrow VO^{2+}+H_2O$	1.00
$HIO+H^++2e^-\Longrightarrow I^-+H_2O$	0.99
$NO_3^-+3H^++2e^-\Longrightarrow HNO_2+H_2O$	0.94

半 反 应	$\varphi^{\ominus}/V$
$ClO^- + H_2O + 2e^- \Longrightarrow Cl^- + 2OH^-$	0.89
$H_2O_2 + 2e^- \Longrightarrow 2OH^-$	0.88
$Cu^{2+} + I^- + e^- \Longrightarrow CuI(s)$	0.86
$Hg^{2+} + 2e^- \Longrightarrow Hg$	0.845
$NO_3^- + 2H^+ + e^- \Longrightarrow NO_2 + H_2O$	0.80
$Ag^+ + e^- \Longrightarrow Ag$	0.7995
$Hg_2^{2+} + 2e^- \Longrightarrow 2Hg$	0.793
$Fe^{3+} + e^- \Longrightarrow Fe^{2+}$	0.771
$BrO^- + H_2O + 2e^- \Longrightarrow Br^- + 2OH^-$	0.76
$O_2(g) + 2H^+ + 2e^- \Longrightarrow H_2O_2$	0.682
$AsO_2^- + 2H_2O + 3e^- \Longrightarrow As + 4OH^-$	0.68
$2HgCl_2 + 2e^- \Longrightarrow Hg_2Cl_2(s) + 2Cl^-$	0.63
$Hg_2SO_4(s) + 2e^- \Longrightarrow 2Hg + SO_4^{2-}$	0.6151
$MnO_4^- + 2H_2O + 3e^- \Longrightarrow MnO_2(s) + 4OH^-$	0.588
$MnO_4^- + e^- \Longrightarrow MnO_4^{2-}$	0.564
$H_3AsO_4 + 2H^+ + 2e^- \Longrightarrow HAsO_2 + 2H_2O$	0.559
$I_3^- + 2e^- \Longrightarrow 3I^-$	0.545
$I_2(s) + 2e^- \Longrightarrow 2I^-$	0.5345
$Mo(VI) + e^- \Longrightarrow Mo(V)$	0.53
$Cu^+ + e^- \Longrightarrow Cu$	0.52
$4SO_2(l) + 4H^+ + 6e^- \Longrightarrow S_4O_6^{2-} + 2H_2O$	0.51
$HgCl_4^{2-} + 2e^- \Longrightarrow Hg + 4Cl^-$	0.48
$2SO_2(l) + 2H^+ + 4e^- \Longrightarrow S_2O_3^{2-} + H_2O$	0.40
$Fe(CN)_6^{2-} + e^- \Longrightarrow Fe(CN)_6^{4-}$	0.36
$Cu^{2+} + 2e \Longrightarrow Cu$	0.337
$VO_2^+ + 2H^+ + e^- \Longrightarrow V^{3+} + H_2O$	0.337
$BiO^+ + 2H^+ + 3e \Longrightarrow Bi + H_2O$	0.32
$Hg_2Cl_2(s) + 2e^- \Longrightarrow 2Hg + 2Cl^-$	0.2676
$HAsO_2 + 3H^+ + 3e^- \Longrightarrow As + 2H_2O$	0.248
$AgCl(s) + e^- \Longrightarrow Ag + Cl^-$	0.2223

半 反 应	$\varphi^{\ominus}/V$
$SbO^+ + 2H^+ + 3e^- \!=\!=\!= Sb + H_2O$	0.212
$SO_4^{2-} + 4H^+ + 2e^- \!=\!=\!= SO_2(1) + 2H_2O$	0.17
$Cu^{2+} + e^- \!=\!=\!= Cu^+$	0.159
$Sn^{4+} + 2e^- \!=\!=\!= Sn^{2+}$	0.154
$S + 2H^+ + 2e^- \!=\!=\!= H_2S(g)$	0.141
$Hg_2Br_2 + 2e^- \!=\!=\!= 2Hg + 2Br^-$	0.1395
$TiO^{2+} + 2H^+ + e^- \!=\!=\!= Ti^{3+} + H_2O$	0.1
$S_4O_6^{2-} + 2e^- \!=\!=\!= 2S_2O_3^{2-}$	0.08
$AgBr(s) + e^- \!=\!=\!= Ag + Br^-$	0.071
$2H^+ + 2e^- \!=\!=\!= H_2$	0.000
$O_2 + H_2O + 2e^- \!=\!=\!= HO_2^- + OH^-$	−0.067
$TiOCl^+ + 2H^+ + 3Cl^- + e^- \!=\!=\!= TiCl_4^- + H_2O$	−0.09
$Pb^{2+} + 2e^- \!=\!=\!= Pb$	−0.126
$Sn^{2+} + 2e^- \!=\!=\!= Sn$	−0.136
$AgI(s) + e^- \!=\!=\!= Ag + I^-$	−0.152
$Ni^{2+} + 2e^- \!=\!=\!= Ni$	−0.246
$H_3PO_4 + 2H^+ + 2e^- \!=\!=\!= H_3PO_3 + H_2O$	−0.276
$Co^{2+} + 2e^- \!=\!=\!= Co$	−0.277
$Tl^+ + e^- \!=\!=\!= Tl$	−0.3360
$In^{3+} + 3e^- \!=\!=\!= In$	−0.345
$PbSO_4(s) + 2e^- \!=\!=\!= Pb + SO_4^{2-}$	−0.3553
$SeO_3^{2-} + 3H_2O + 4e^- \!=\!=\!= Se + 6OH^-$	−0.366
$As + 3H^+ + 3e^- \!=\!=\!= AsH_3$	−0.38
$Se + 2H^+ + 2e^- \!=\!=\!= H_2Se$	−0.40
$Cd^{2+} + 2e^- \!=\!=\!= Cd$	−0.403
$Cr^{3+} + e^- \!=\!=\!= Cr^{2+}$	−0.41
$Fe^{2+} + 2e^- \!=\!=\!= Fe$	−0.440
$S + 2e^- \!=\!=\!= S^{2-}$	−0.48
$2CO_2 + 2H^+ + 2e^- \!=\!=\!= H_2C_2O_4$	−0.49
$H_3PO_3 + 2H^+ + 2e^- \!=\!=\!= H_3PO_2 + H_2O$	−0.50

半 反 应	$\varphi^{\ominus}/V$
$Sb+3H^++3e^-\!=\!=\!SbH_3$	-0.51
$HPbO_2^-+H_2O+2e^-\!=\!=\!Pb+3OH^-$	-0.54
$Ga^{3+}+3e^-\!=\!=\!Ga$	-0.56
$TeO_3^{2-}+3H_2O+4e^-\!=\!=\!Te+6OH^-$	-0.57
$2SO_3^{2-}+3H_2O+4e^-\!=\!=\!S_2O_3^{2-}+6OH^-$	-0.58
$SO_3^{2-}+3H_2O+4e^-\!=\!=\!S+6OH^-$	-0.66
$AsO_4^{3-}+2H_2O+2e^-\!=\!=\!AsO_2^-+4OH^-$	-0.67
$Ag_2S(s)+2e^-\!=\!=\!2Ag+S^{2-}$	-0.69
$Zn^{2+}+2e^-\!=\!=\!Zn$	-0.763
$2H_2O+2e^-\!=\!=\!H_2+2OH^-$	-0.828
$Cr^{2+}+2e^-\!=\!=\!Cr$	-0.91
$HSnO_2^-+H_2O+2e^-\!=\!=\!Sn+3OH^-$	-0.91
$Se+2e^-\!=\!=\!Se^{2-}$	-0.92
$Sn(OH)_6^{2-}+2e^-\!=\!=\!HSnO_2^-+H_2O+3OH^-$	-0.93
$CNO^-+H_2O+2e^-\!=\!=\!CN^-+2OH^-$	-0.97
$Mn^{2+}+2e^-\!=\!=\!Mn$	-1.182
$ZnO_2^{2-}+2H_2O+2e^-\!=\!=\!Zn+4OH^-$	-1.216
$Al^{3+}+3e^-\!=\!=\!Al$	-1.66
$H_2AlO_3^-+H_2O+3e^-\!=\!=\!Al+4OH^-$	-2.35
$Mg^{2+}+2e^-\!=\!=\!Mg$	-2.37
$Na^++e^-\!=\!=\!Na$	-2.714
$Ca^{2+}+2e^-\!=\!=\!Ca$	-2.87
$Sr^{2+}+2e^-\!=\!=\!Sr$	-2.89
$Ba^{2+}+2e^-\!=\!=\!Ba$	-2.90
$K^++e^-\!=\!=\!K$	-2.925
$Li^++e^-\!=\!=\!Li$	-3.042

元 素 周 期 表

图例说明：

- 原子序数 —— 92 U
- 元素名称 —— 铀
- 注＊的是人造元素
- 价层电子排布，括号指向可能的电子排布 —— $5f^36d^17s^2$
- 相对原子质量（加括号的数据为该放射性元素半衰期最长同位素的质量数）—— 238.0

- 非金属元素
- 金属元素
- 过渡元素
- 稀有气体元素

周期	I A 1	II A 2	III B 3	IV B 4	V B 5	VI B 6	VII B 7	VIII 8	VIII 9	VIII 10	I B 11	II B 12	III A 13	IV A 14	V A 15	VI A 16	VII A 17	O 18
1	1 H 氢 $1s^1$ 1.008																	2 He 氦 $1s^2$ 4.003
2	3 Li 锂 $2s^1$ 6.941	4 Be 铍 $2s^2$ 9.012											5 B 硼 $2s^22p^1$ 10.81	6 C 碳 $2s^22p^2$ 12.01	7 N 氮 $2s^22p^3$ 14.01	8 O 氧 $2s^22p^4$ 16.00	9 F 氟 $2s^22p^5$ 19.00	10 Ne 氖 $2s^22p^6$ 20.18
3	11 Na 钠 $3s^1$ 22.99	12 Mg 镁 $3s^2$ 24.31											13 Al 铝 $3s^23p^1$ 26.98	14 Si 硅 $3s^23p^2$ 28.09	15 P 磷 $3s^23p^3$ 30.97	16 S 硫 $3s^23p^4$ 32.06	17 Cl 氯 $3s^23p^5$ 35.45	18 Ar 氩 $3s^23p^6$ 39.95
4	19 K 钾 $4s^1$ 39.10	20 Ca 钙 $4s^2$ 40.08	21 Sc 钪 $3d^14s^2$ 44.96	22 Ti 钛 $3d^24s^2$ 47.87	23 V 钒 $3d^34s^2$ 50.94	24 Cr 铬 $3d^54s^1$ 52.00	25 Mn 锰 $3d^54s^2$ 54.94	26 Fe 铁 $3d^64s^2$ 55.85	27 Co 钴 $3d^74s^2$ 58.93	28 Ni 镍 $3d^84s^2$ 58.69	29 Cu 铜 $3d^{10}4s^1$ 63.55	30 Zn 锌 $3d^{10}4s^2$ 65.38	31 Ga 镓 $4s^24p^1$ 69.72	32 Ge 锗 $4s^24p^2$ 72.63	33 As 砷 $4s^24p^3$ 74.92	34 Se 硒 $4s^24p^4$ 78.96	35 Br 溴 $4s^24p^5$ 79.90	36 Kr 氪 $4s^24p^6$ 83.80
5	37 Rb 铷 $5s^1$ 85.47	38 Sr 锶 $5s^2$ 87.62	39 Y 钇 $4d^15s^2$ 88.91	40 Zr 锆 $4d^25s^2$ 91.22	41 Nb 铌 $4d^45s^1$ 92.91	42 Mo 钼 $4d^55s^1$ 95.96	43 Tc 锝 $4d^55s^2$ [98]	44 Ru 钌 $4d^75s^1$ 101.1	45 Rh 铑 $4d^85s^1$ 102.9	46 Pd 钯 $4d^{10}$ 106.4	47 Ag 银 $4d^{10}5s^1$ 107.9	48 Cd 镉 $4d^{10}5s^2$ 112.4	49 In 铟 $5s^25p^1$ 114.8	50 Sn 锡 $5s^25p^2$ 118.7	51 Sb 锑 $5s^25p^3$ 121.8	52 Te 碲 $5s^25p^4$ 127.6	53 I 碘 $5s^25p^5$ 126.9	54 Xe 氙 $5s^25p^6$ 131.3
6	55 Cs 铯 $6s^1$ 132.9	56 Ba 钡 $6s^2$ 137.3	57~71 La~Lu 镧系	72 Hf 铪 $5d^26s^2$ 178.5	73 Ta 钽 $5d^36s^2$ 180.9	74 W 钨 $5d^46s^2$ 183.8	75 Re 铼 $5d^56s^2$ 186.2	76 Os 锇 $5d^66s^2$ 190.2	77 Ir 铱 $5d^76s^2$ 192.2	78 Pt 铂 $5d^96s^1$ 195.1	79 Au 金 $5d^{10}6s^1$ 197.0	80 Hg 汞 $5d^{10}6s^2$ 200.6	81 Tl 铊 $6s^26p^1$ 204.4	82 Pb 铅 $6s^26p^2$ 207.2	83 Bi 铋 $6s^26p^3$ 209.0	84 Po 钋 $6s^26p^4$ [209]	85 At 砹 $6s^26p^5$ [210]	86 Rn 氡 $6s^26p^6$ [222]
7	87 Fr 钫 $7s^1$ [223]	88 Ra 镭 $7s^2$ [226]	89~103 Ac~Lr 锕系	104 Rf 𬬻 ＊ $(6d^27s^2)$ [265]	105 Db 𬭊 ＊ $(6d^37s^2)$ [268]	106 Sg 𬭳 ＊ [271]	107 Bh 𬭛 ＊ [270]	108 Hs 𬭶 ＊ [277]	109 Mt 鿏 ＊ [276]	110 Ds 𫟼 ＊ [281]	111 Rg 𬬭 ＊ [280]	112 Cn 鎶 ＊ [285]	113 Nh 鿭 ＊ [284]	114 Fl 𫓧 ＊ [289]	115 Mc 镆 ＊ [288]	116 Lv 𫟷 ＊ [293]	117 Ts 鿬 ＊ [294]	118 Og 鿫 ＊ [294]

镧系

57 La 镧 $5d^16s^2$ 138.9	58 Ce 铈 $4f^15d^16s^2$ 140.1	59 Pr 镨 $4f^36s^2$ 140.9	60 Nd 钕 $4f^46s^2$ 144.2	61 Pm 钷 ＊ $4f^56s^2$ [145]	62 Sm 钐 $4f^66s^2$ 150.4	63 Eu 铕 $4f^76s^2$ 152.0	64 Gd 钆 $4f^75d^16s^2$ 157.3	65 Tb 铽 $4f^96s^2$ 158.9	66 Dy 镝 $4f^{10}6s^2$ 162.5	67 Ho 钬 $4f^{11}6s^2$ 164.9	68 Er 铒 $4f^{12}6s^2$ 167.3	69 Tm 铥 $4f^{13}6s^2$ 168.9	70 Yb 镱 $4f^{14}6s^2$ 173.1	71 Lu 镥 $4f^{14}5d^16s^2$ 175.0

锕系

89 Ac 锕 $6d^17s^2$ [227]	90 Th 钍 $6d^27s^2$ 232.0	91 Pa 镤 $5f^26d^17s^2$ 231.0	92 U 铀 $5f^36d^17s^2$ 238.0	93 Np 镎 $5f^46d^17s^2$ [237]	94 Pu 钚 $5f^67s^2$ [244]	95 Am 镅 $5f^77s^2$ [243]	96 Cm 锔 $5f^76d^17s^2$ [247]	97 Bk 锫 $5f^97s^2$ [247]	98 Cf 锎 $5f^{10}7s^2$ [251]	99 Es 锿 $5f^{11}7s^2$ [252]	100 Fm 镄 $5f^{12}7s^2$ [257]	101 Md 钔 $5f^{13}7s^2$ [258]	102 No 锘 $5f^{14}7s^2$ [259]	103 Lr 铹 $5f^{14}6d^17s^2$ [262]

0族电子数 / 电子层

电子层	0族电子数
K	$1s^2$ 2
L / K	8 / 2
M / L / K	8 / 8 / 2
N / M / L / K	8 / 18 / 8 / 2
O / N / M / L / K	8 / 18 / 18 / 8 / 2
P / O / N / M / L / K	8 / 18 / 32 / 18 / 8 / 2
Q / P / O / N / M / L / K	8 / 18 / 32 / 32 / 18 / 8 / 2

冶金工业出版社部分图书推荐

书　名	作　者	定价(元)
稀土冶金学	廖春发	35.00
计算机在现代化工中的应用	李立清　等	29.00
化工原理简明教程	张廷安	68.00
传递现象相似原理及其应用	冯权莉　等	49.00
化工原理实验	辛志玲　等	33.00
化工原理课程设计（上册）	朱　晟　等	45.00
化工原理课程设计（下册）	朱　晟　等	45.00
化工设计课程设计	郭文瑶　等	39.00
水处理系统运行与控制综合训练指导	赵晓丹　等	35.00
化工安全与实践	李立清　等	36.00
现代表面镀覆科学与技术基础	孟　昭　等	60.00
耐火材料学（第2版）	李　楠　等	65.00
耐火材料与燃料燃烧（第2版）	陈　敏　等	49.00
生物技术制药实验指南	董　彬	28.00
涂装车间课程设计教程	曹献龙	49.00
湿法冶金———浸出技术（高职高专）	刘洪萍　等	18.00
冶金概论	宫　娜	59.00
烧结生产与操作	刘燕霞　等	48.00
钢铁厂实用安全技术	吕国成　等	43.00
金属材料生产技术	刘玉英　等	33.00
炉外精炼技术	张志超	56.00
炉外精炼技术（第2版）	张士宪　等	56.00
湿法冶金设备	黄　卉　等	31.00
炼钢设备维护（第2版）	时彦林	39.00
镍及镍铁冶炼	张凤霞　等	38.00
炼钢生产技术	韩立浩　等	42.00
炼钢生产技术	李秀娟	49.00
电弧炉炼钢技术	杨桂生　等	39.00
矿热炉控制与操作（第2版）	石　富　等	39.00
有色冶金技术专业技能考核标准与题库	贾菁华	20.00
富钛料制备及加工	李永佳　等	29.00
钛生产及成型工艺	黄　卉　等	38.00
制药工艺学	王　菲　等	39.00